科学出版社"十四五"普通高等教育研究生规划教材

茶树生理生态学

宋传奎　王玉花　王坤波　主　编

科 学 出 版 社
北 京

内 容 简 介

本书全面系统地介绍了茶树生理生态学知识，全书共分八章，涉及四部分内容。第一部分为绪论，简要叙述了茶树生理生态学的概念与特点、形成与发展及研究内容；第二部分包括第二至六章，系统归纳并阐明了茶树的生长环境，光、温度、水分及矿质元素与茶树生理生态，为茶树生理生态理论知识的运用提供依据并奠定良好基础；第三部分为第七章，根据国内外现有的研究和实践资料，论述和分析了逆境胁迫与茶树生理生态；第四部分为第八章，详述了生态环境与茶树次生代谢的关系。

本书重视理论与实际的结合，可作为高等院校培养茶学专门人才的教材，也可作为广大茶学科技工作者和茶叶生产农业技术人员的参考用书。

图书在版编目（CIP）数据

茶树生理生态学/宋传奎，王玉花，王坤波主编. —北京：科学出版社，2024.6
科学出版社"十四五"普通高等教育研究生规划教材
ISBN 978-7-03-078659-3

Ⅰ. ①茶… Ⅱ. ①宋… ②王… ③王… Ⅲ. ①茶树-植物生理学-高等学校-教材 ②茶树-植物生态学-高等学校-教材 Ⅳ. ①S571.1

中国国家版本馆 CIP 数据核字（2024）第 111370 号

责任编辑：张静秋 赵萌萌/责任校对：宁辉彩
责任印制：赵 博/封面设计：无极书装

科学出版社 出版
北京东黄城根北街 16 号
邮政编码：100717
http://www.sciencep.com
北京市金木堂数码科技有限公司 印刷
科学出版社发行 各地新华书店经销

*

2024 年 6 月第 一 版 开本：787×1092 1/16
2024 年 10 月第二次印刷 印张：17 3/4
字数：480 000

定价：89.00 元
（如有印装质量问题，我社负责调换）

本书编委会

主　　编　宋传奎　王玉花　王坤波

副主编　郭　飞　王伟东　岳　川　曾兰亭

编　　委（单位及姓名均按拼音排序）

安徽农业大学	高　婷	黄　山	姜　浩	荆婷婷
	刘琳琳	宋传奎	杨天元	张显晨
湖南农业大学	李　娟	王坤波		
华中农业大学	郭　飞	王　璞	王明乐	赵　华
南京农业大学	王玉花			
武夷学院	王飞权			
西北农林科技大学	王伟东			
西南大学	吴致君	岳　川		
信阳师范大学	崔继来			
浙江大学	徐　平			
浙江农林大学	吕务云	任恒泽	王玉春	
中国科学院华南植物园	曾兰亭			
中国农业科学院	郝心愿	李　鑫	孙晓玲	王　璐
茶叶研究所	张　新	张群峰		

前　言

茶在我国历史悠久，据说中国人发现并利用茶已有 4000 年的历史。茶从开始的食用、药用，后转为饮用，在人们日常生活中占据着越来越重要的地位。人们在历史的长河中对于茶树的量产、优产积累了宝贵的经验，随着现代科技的迅速发展，茶叶生产等相关理论被逐渐收集、整理，并用于教学，形成了茶树栽培学、茶树育种学等学科，解释了一系列茶树种植难题，本书主要阐释茶树生长与环境的关系。

在系统发育过程中，茶树经历了漫长的演化，并逐渐适应了当地的生态环境条件。因此，茶树在个体发育上既表现出与环境的统一性，又形成了与其相适应的结构和器官，具有自身所特有的生理生态学性状。茶树生理生态学是研究茶树生命活动规律、机制及其与生态因子之间关系的学科，其研究可以在不同的尺度水平上展开，从分子、细胞、组织、器官、个体，到种群、群落，甚至生态系统等。本书内容主要从以下几个方面展开，包括：①茶树与环境的相互作用和基本机制；②茶树的生命过程；③环境因素影响下的茶树代谢作用与能量转换；④有机体适应环境因子改变的能力。具体分为以下四部分。

第一部分简要叙述了茶树生理生态学的概念与特点、形成与发展及研究内容。系统介绍了茶树生理生态是一门怎样的学科，使我们能了解国内外学者对于茶树生理生态学的研究和见解，并学习其是如何逐步发展起来的。同时了解茶树的一生是如何建立、生存并发育结果的。重点概括了茶树和环境生态的相互作用。

第二部分详细讲述了茶树的生长环境，以及光、温度、水分、矿质元素与茶树生理生态。生态因子作为环境的综合体，其在环境中的质量、性能和强度等会对茶树起着主要或次要、直接或间接、有利或有害的生态作用，而且这种作用随时间、空间的变化而变化。这一部分包括植物光合作用，茶树光合特性与生长发育，茶园光控管理技术，温度变化的规律，温度与茶树生长发育，水分对茶树生理生态的作用，茶树的水分平衡，茶树必需矿质元素及其生理作用，茶树对矿质元素的吸收、运输和利用，为茶树生理生态理论知识的运用提供了依据并奠定了良好基础。

第三部分根据国内外现有的研究和实践资料，论述和分析了非生物胁迫、虫害胁迫、微生物及环境污染与茶树适应性。了解茶树生长发育适宜的环境，以及遇到天灾、病虫害时所需的应对方法，以便更好地指导茶树的生产管理，加强对茶树的防护，减少茶园中茶树发育生产时的经济损失。

第四部分详述了生态环境与茶树次生代谢。茶树主要的代谢物质有儿茶素、咖啡碱、茶氨酸和芳香物质。这些次生代谢物质的组成决定了茶叶的主要品质，生态环境的任何变化都会引起茶树次生代谢物质的变化，如气候因子、土壤因子、地形因子等。了解主要环境因子与茶树主要次生代谢物质合成与代谢的影响，可为茶叶品质改良与生态环境调控提供依据。

本书共分八章，第一章由宋传奎、王玉花和王坤波编写，第二章由王玉花、王伟东和王飞权编写，第三章由吴致君、刘琳琳和李娟编写，第四章由郝心愿、王璐和高婷编写，第五章由王飞权、王伟东、王璞、岳川、黄山和张显晨编写，第六章由赵华、王明乐、杨天元和张群峰编写，第七章由李鑫、孙晓玲、王玉春、荆婷婷、徐平、王璐、姜浩、岳川、张显晨、张新、吕务云和任恒泽编写，第八章由宋传奎、王坤波、曾兰亭、郭飞、崔继来和王飞权编写。

　　本书编写过程中得到了各参编单位的支持，众多专家、学者给予了帮助和指导。书中引用了诸多学者的研究成果，谨致谢意。书中存在的疏漏之处，恳请读者提出宝贵意见，以使再版时更正。

编　者

2024 年 5 月

目　　录

教学课件申请单

凡使用本书作为所授课程配套教材的高校主讲教师，填写以下表格后扫描或拍照发送至联系人邮箱，可获赠教学课件一份。

姓名:		职称:		职务:	
手机:		邮箱:		学校及院系:	
本门课程名称:			本门课程选课人数:		
开课时间: □春季　□秋季　□春秋两季			是否已选用本书: □是　□否　□其他_____		
您对本书的评价及修改建议（必填）:					

联系人：张静秋　编辑　　　电话：010-64004576　　　邮箱：zhangjingqiu@mail.sciencep.com

| 第一章 |

绪　论

◆ 第一节　茶树生理生态学的概念与特点

茶树［*Camellia sinensis*（L.）Kuntze］是被子植物门双子叶植物纲杜鹃花目山茶科山茶属的一种叶用经济作物，具有喜温、喜湿、喜阴的生态特性。茶树的生长发育与环境息息相关，在我国的华南、西南、江南及江北地区均有种植，且各个茶区气候条件、土壤状况迥异，茶叶品质及风味也有不同。研究茶树生长及茶叶品质与环境条件的关系，尤其是与光照、温度和水分的关系，有助于掌握茶树的生长发育规律，对于选择优良茶树品种、掌握有针对性的栽培技术及提高茶叶产量和品质有重要意义（黎健龙等，2023）。由此可见，学习和研究茶树生理生态学（tea plant ecophysiology）对促进茶叶科学研究及茶产业发展至关重要，茶树生理生态学将成为茶学领域重要的学科方向之一。

一、茶树生理生态学的概念

生理学（physiology）是生物学的一个主要分支，是研究生物机体的各种生命现象，特别是机体各组成部分的功能及实现其功能的内在机制的一门学科（王自勇，2006）。生态学（ecology）是研究有机体与其周围环境（包括非生物环境和生物环境）相互关系的科学，已经发展为"研究生物与其环境之间的相互关系的科学"（谢平，2013）。生理生态学是生理学与生态学的交叉学科，是研究生物对环境适应性生理机制的一门学科。

蒋高明（2022）主编的《植物生理生态学》一书中，将植物生理生态学定义为用生理学的观点和方法来分析生态学现象，它研究生态因子及植物生理现象之间的关系，即生态学与生理学的结合。顾名思义，茶树生理生态学是植物生理生态学的一个分支，是一门有关茶树与环境相互作用中生命过程和生命现象的科学，它主要研究生态因子及茶树生理现象之间的关系。

研究表明，茶树所属的山茶科植物起源于上白垩纪至新生代第三纪的劳亚古大陆的热带和亚热带地区，至今已有 6000 万～7000 万年的历史（骆耀平，2015）。伴随着漫长的古地质和气候等的变迁，茶树形成了与其他作物不同的生理学特性，即特有的形态特征、生长发育和遗传规律（骆耀平，2015）。深入了解茶树生理特性，对于茶树的优质、高效、高产具有重要意义。中国对茶树生理的研究，最早可追溯至唐代陆羽的《茶经》："其地，上者生烂石，中者生砾壤，下者生黄土"。近代对茶树生理特性的研究，最早是探测茶叶中的内含成分，继而深入研究其化学成分的结构等。20 世纪初开始研究光照条件和土壤条件对茶叶品质的影响。20 世纪 50 年代，日本、印度、锡兰（今斯里兰卡）和苏联等开始从事茶树树体物质的形成和转化的研究，随后相继开展了对茶树光合作用、呼吸作用、水分代谢、矿质营养、抗性生理、剪和采生理等的研究。20 世纪 60 年代全面开展了对茶树生理特性的研究，累积了相当多的理论基础资料。近 20 年来，茶树生理生态学的研究日新月异，研究广度和深度都不断增加。

二、茶树生理生态学的特点

生理生态学的同义语很多，以下这些术语有时在文献中是交互使用的，如生态生理学（ecophysiology or ecological physiology）、比较生理学（comparative physiology）、环境生理学（environmental physiology）、生态相关生理学（ecologically relevant physiology）、进化生理学（evolutionary physiology）、功能生态学（functional ecology），甚至生物物理学（biophysics）等，这些学科中的许多内容与生理生态学的内容是相似的，但每个学科有自己的侧重点。这些名称覆盖了当今生理生态学的范畴，也反映了学科发展和进化过程中不同的研究途径及研究的兴趣和侧重点。

茶树生理生态学是生理生态学的重要分支，其学科范畴很广，如茶树对环境的适应进化策略方面包括：茶树对热环境的适应、茶树对冷环境的适应、茶树对高渗或低渗的适应、茶树对光的适应、茶树对水环境的适应、茶树对高海拔寒冷环境的适应等，这些适应包括生理、行为和形态上的调节。

茶树生长发育及品质对环境适应的概念是茶树生理生态学的核心，生理生态学研究可以在茶树生物组织的不同层次上进行，从分子、细胞、组织、器官、个体，到种群、群落，甚至生态系统等都可以进行相关的研究，但研究的焦点是有机体本身，也就是说在个体水平上，无论哪个尺度的研究都要围绕个体的基本性能表现进行。个体是自然选择的主体，个体层次起承上启下的作用（戈峰，2002）。

◆ 第二节　茶树生理生态学的形成与发展

茶树生理生态学是植物生理生态学的一个分支，它研究生态因子及茶树生理现象之间的关系，即生态学与生理学的结合。茶树作为一种重要的经济作物，对于人类和环境的作用不可小觑，因此茶树生理生态学这门学科也应运而生。它主要结合了植物生理学和植物生态学两门学科的优势来分析茶树所涉及的生态学现象，为解决目前地球所面临的环境问题提供帮助。采用生理的观点和方法来分析生态学现象，研究茶树取得资源及将资源用于生长、竞争、生殖和保护的结构和生理机制，在很大程度上是借助生态系统生态学、微气候学、土壤学、植物生理学、生物化学和功能解剖学等学科的研究知识。茶树生理生态学是认识茶树与各种生态关系的基础，对于现代化茶园的开发利用与管理、水土保持和控制环境污染等方面有预测和指导作用。茶树生理生态学的学科定位是：①研究种群、群落和生态系统功能的学科；②宏观与微观生物学研究的结合点；③个体水平以下研究结果的证明和理解等。

一、学科起源和发展阶段

（一）思辨和准试验阶段

在古代社会生产力低下的条件下，人们只能依靠通过感官进行表面观察所获得的不完全充分的事实，进行简单的逻辑推理及非逻辑的构思，得出一些带有猜测性的笼统的结论。北宋（960～1127年）《东溪试茶录》的"茶宜高山之阴，而喜日阳之早"是关于茶树与光照的辩证关系的记载；唐朝陆羽《茶经》的"其地，上者生烂石，中者生砾壤，下者生黄土，凡艺而不实，植而罕茂"。就对茶树品质与土壤类型进行了描述；宋徽宗赵佶《大观茶论》的"茶工作于惊蛰，尤以得天时为急"就记载了气候与茶树品质的关系。可以看出，人们这种"因地制宜"

的朴素生态观在古代就已经形成。

1. 适宜茶树生长的区域地理 据中国古茶书记载：唐代最有名的茶是阳羡茶（江苏宜兴），宋人则重建州茶（福建建州），明以后至今，武夷山一直是中国的名茶产区。除此之外，蜀地所产的蒙顶茶（四川雅安）、楚地所产的宝庆茶（湖南邵阳）和庐州所产的六安茶（安徽合肥）都名声卓著。由此来看，北回归线（23°26′N）以北至北纬30°附近是适宜中国古代茶树生长的黄金地带。

2. 适宜茶树生长的地势 中国史书中大多记载，生长于高山的茶叶品质优良。宋子安在描写建安茶山之高时说道："丛然而秀，高崎数百丈。"陈师的《茶考》有关于蜀茶的记载："我闻蒙顶之巅多秀岭，恶草不生生淑茗。"熊明遇在《罗岕茶记》中记载了明清时期的贡茶："岕茗产于高山，浑是风露清虚之气。"岕茶产于宜兴南部山区，即唐宋时期的阳羡茶。根据地理位置和气候条件的差异，中国古代茶树种植的海拔从几百米到上千米不等，但从生态环境和生物条件方面考虑，针阔混交林地带最适宜茶树生长。在针阔混交林地带的茶区植被、植物群落、动物群落等自然生态对维系茶树生长和茶叶品质的形成具有重要意义。

3. 适宜茶树生长的土壤 种植茶树的土壤以肥沃的黑土为佳，并且土壤透气性要好，土壤含水量要适宜。早在宋代，宋子安就比较了生长在两种不同土壤中茶叶品质的区别：若茶树种植在山的阳面，土为红壤，那么种出来的茶叶黄白，没有茶香味；若茶树种在山的阴面，土为黑壤，生长出来的茶叶则色香俱佳。若是种在贫瘠的土地上，茶树则营养不良，"土瘠而芽短"，茶叶细小，芽头不肥硕，内含成分低，冲泡出来的茶汤、茶味都差强人意。相对而言，植茶之地"其土性愈厚，则茶树愈壮"，叶片也更加肥厚、宽大。林馥泉在武夷山对茶叶进行调查时，提到"山腹岩罅之处，每多腐质肥土流入，肥分既多，气水透通，此均适宜于根深植物如茶树之丛生"。"烂石""岩罅"可以使根深类的植物保持"气水透通"，避免肥分过多。

4. 适宜茶树生长的气候条件 茶树喜欢温暖湿润的气候。许次纾在《茶疏》中记述："江南地暖，故独宜茶。"《蜀中广记》记载："蒙者，沐也。言雨露常沐，因以为名。山顶受全阳气，其茶香芳。"茶树喜欢生长在光照充足、多云雾的环境中，这样易形成对茶树生长有利的漫射光，且湿度大，所以才会有"茶之为物，其感雾露愈深，其味愈浓"的说法。在这样的光、热、水、湿综合作用下所形成的微域气候条件是优质茶品质形成的重要因素。茶叶品质的好坏是随着时间和自然环境的变化而变化的，不是一成不变。宋代赵佶在《大观茶论》中就谈到茶："固有前优而后劣者，昔负百今胜者"，明代黄龙德在《茶说》中也表示赞同往昔被当作佳品的茶，到了今天还有更胜一筹的。这说明种植茶树的园地不可能永远固定不变，适宜茶树种植的自然环境改变了，茶叶品质及名茶产地也就随之发生变化。

5. 适宜茶树生长的生态系统多样性 某种或几种茶树类群在自然界常与多种其他植物、多种动物、多种微生物自由组合在一起，共同生活在某一特定的气候和土壤里，从而构成一种生态系统，如云南大叶种的茶与杉树等亚热带针叶林及相关的动物、微生物在亚热带气候下组成的生态系统。根据中国古代茶书记载，茶树多生长在高山、泉边，因此我国名优茶产区皆具有"高山""邻水"特征。陈师在《茶考》中就描写了在人迹罕至的茶山环境中可以见到"虎豹龙蛇"等动物的身影。李白《答族侄僧中孚赠玉泉仙人掌茶》一诗提到生长在玉泉山中的"茗"，这里"山洞多乳窟""仙鼠如白鸦""玉泉流不歇"。这种生态系统的多样性为茶树提供了丰富的自然选择机会，为茶种发展进化、扩大种族及栽培种的品种多样化创造了前提。宋代宋子安在《东溪试茶录》中提到了苦竹园、鸡薮窠、鼯鼠窠，鸡薮窠里"竹萧翳，昔多飞雉"，为茶树提供了多样的生态环境，并为其生态种和变种形成提供了环境资源，促进了茶树的多样化发展。"苦竹""飞雉""鼯鼠"不仅为茶叶提供了生存竞争对手，推动茶树种族的进化，扩大其适应性，还提供了种间竞争的帮手，这些天敌和蔽阴植物保护茶树种族能够延续、繁衍，帮助茶树更好地生长。

6. 茶树种植的生态规律性　　对古代先民而言，人们的利益来自自然的恩赐，茶树种植不仅具备农作物生产所需的耕作、播种、施肥、管理、收获等生产环节，还要求生产活动服从自然秩序。茶树初次新梢的生长一般来说集中在大地复苏、气温回暖之时，"春夏之交，方发萌莛"，根据自然物候的变化和茶树生长规律严格规定了采茶的时间。黄龙德认为"采茶，应于清明之后，谷雨之前"。许次纾提出"谷雨前后，其时适中"。赵汝砺在《北苑别录》中记载：待到夏天，草木生长最盛之时，每年六月开始对茶园进行除草。草本植物与茶树混生，平日里可以固土，减少水土流失，但到夏日最烈时，茶树需要大量水分，便开畲除草，"以渗雨露之泽"，调节茶园水分。夏秋季翻地三四次后，若觉茶园土壤不肥沃，可"用米泔浇之"。秋燥后，待到茶籽成熟时期，茶农开始摘茶籽，并对摘下来的茶籽进行选择、处理。为了使茶种达到"勿令冷损"以便过冬的目的，晒后的茶籽应用沙子拌匀后贮藏在竹篓里，等到来年春天再进行播种。古代茶农依据草木枯荣等规律性自然变化安排生产活动——"春采茶、夏除茶、秋摘籽、冬藏种"，蕴含着"顺应天道，万物自然"的生产观。在漫长岁月中，当地人与大自然朝夕相处得出的生态智慧被茶农世代继承，这种茶树种植的生态规律性也就演变成了坚实且规范的生态自觉性。

（二）观察与描述阶段

茶树作为一种重要的经济作物，其生理生态学的发展始终追随着植物生理生态学的发展。在生态学的初创时期，生态学研究基本上停留在描述阶段，而生理学研究则大部分局限在实验室内。在植物生态学创立之初，Haberlandt（1554）、Sehimpe（1595）、Warming（1896）、Clements（1907）等就分别从植物解剖学、植物地理学和生态学的观点提出了植物对生境条件的反应和适应性方面的一系列重要的猜测和假说。观察是生态学研究的一种重要方法（罗汉军，1982）。但是，相对于后来的实验方法而言，观察有很多缺点和局限性：①研究结果具有不确定性；②只能得到关于事物本质的某些现存现象，而某些现象往往时过境迁，不能自发重现，限制了进一步深入研究；③只能得到事物整体综合的表面现象，无法了解原因。生命现象是自然界最复杂的运动形式，其中生态学过程尤其复杂，仅仅运用观察方法远远不能深入地解决问题，必须采用实验方法。

（三）实验探索阶段

实验方法是利用仪器或控制设施有意识地控制自然过程条件，并模拟自然现象，在研究某种因子对茶树的影响时，控制其他环境条件尽量不发生改变。这样就避开了干扰因素，从而突出主要因素，在特定条件下探索客观规律。实验方法与观察方法的不同在于：①改变单个因素，保持其他因素不变，从而判断各个因素的作用，使研究对象以纯粹的、更便于观察和分析的形态表现出来；②实验结果能够反复再现，重复研究。生物与环境之间的相互影响，是地球上的生命出现以来就普遍存在的一种自然现象。自1866年诞生生态学以来，人类对其规律性的认识经历了一个由浅入深、由片面到全面的较长历史过程。在方法上，从逐渐摆脱直接观察的"猜测思辨法"，到野外定性描述的"经验归纳法"，再到野外定位定量测试与室内实验相结合的"系统综合法"。上述方法虽然有力地推动生态学取得了长足发展，但其研究视野仍局限在宏观水平上，因而表现出外貌或形态相同的生命有机体，由于所处的环境条件不同，因此其生理功能也不相同；亲代外貌、形态和生理功能相同的生命有机体，子代却因所处的环境条件不同而产生新的变异。因此，宏观生态现象的多样性需要用微观的室内实验分析来揭示其生态本质的一致性也就成为生态学宏观与微观相结合发展的必然趋势。分子生物学原理和技术应用于生态学研究而形成的生态学新的分支科学——分子生态学，使生态学的实验研究一跃进入分子水平。

（四）理论归纳与综合阶段

茶树生理生态学主要发展于20世纪下半叶。在自然科学迅速发展的形势下，作为科学研究的工具，运用单一的研究方法已经不能满足需要了。研究对象和研究方法之间的关系已经发生了根本性变化，研究方法呈现出交叉化、多元化、综合化的发展趋势。自然科学甚至一些社会科学的先进的方法和理论开始相互渗透。实验技术的进步也为茶树生理生态学的发展奠定了坚实的技术基础。便携式快速而精确的测定仪器不断推出，可以实现在野外自然状态下对植物的气体交换过程、叶绿素荧光、能量交换、水势、水分在植物体内的流动、冠层与根系生长的分析。各种环境控制手段的不断完善使实验的重复性加强，而室内稳定性同位素技术（Edwards et al.，1983）、元素分析技术的成功应用则给许多生态学现象和野外观测的结果以机制性的解释。除此以外，系统科学的原理和方法，如系统论、控制论、耗散结构理论、分形理论等也广泛应用（常杰等，1995），使得精确地测定茶树代谢与其微环境变化成为可能。

我国早期茶学家对茶学的教育及科学研究、资料收集、专著出版，都促进了该学科在我国的发展。1983年，庄晚芳等收集了国内外有关茶树生理方面的资料，出版了《茶树生理》专著，全书结合栽培技术，在植物生理学的基础上，重点探讨茶树光合作用和呼吸作用的特征、茶树营养吸收及运转规律、茶树生长发育特性、修剪和采摘的生理作用及植物激素在茶树上的应用效果。20世纪90年代初期，王镇恒组织有关专家，主持编写并出版了高等农业院校茶学专业教材《茶树生态学》。全书设绪论、茶树与环境、茶树与光的生态关系、茶树与大气的生态关系、茶树与水分的生态关系、茶树与土壤的生态关系、环境对茶树物质转运的作用、茶树生态在生产上的应用、茶树生态型共九章。全面阐述了茶树与周围环境之间的关系及环境对茶树的作用，主要包括两方面的内容：一方面研究各种环境因子中光、大气、温度、水分和土壤等在空间和时间上的变化与生态意义，同时研究茶树与这些因子的耐性和适应性及其生态类型；另一方面，研究茶树对这些因子的反作用，及茶树对环境的改造和保护。这些茶学专著和教材的出版，都为茶树生理生态学这门新的茶学分支学科奠定了坚实的理论基础。

（五）现代发展阶段

近代的生理生态学，一方面向分子生态学、化学生态学、生物化学生态学、生物物理生态学等更微观的方向发展；另一方面，也加强了与种群生态学、群落生态学结合点的研究。进行茶树生理生态学研究可以在不同的尺度水平上展开，从分子、细胞、组织、器官、个体到种群、群落，甚至生态系统等都可以进行有关的研究。但研究的焦点都是茶树本身，即无论在哪个尺度上的研究都要围绕茶树个体的基本性能表现（performance）来进行。

二、国内外茶树生理生态学的近代发展

（一）1960～1990年

我国在茶树生理生态学方面的研究始于20世纪60年代，当时一些前辈如陈琇、庄晚芳、费达云等在茶树研究方面的工作涉及茶树生长发育与修剪、昆虫、施肥之间的关系，是我国茶树生理生态学早期的启蒙性工作。陈琇（1957）在《茶叶》上发表的论文《我国的茶树害虫》是我国最早期的有关于茶树生物胁迫方面的论文。同年，庄晚芳等（1957）发表的论文《幼龄

茶树修剪时期试验》及费达云和胡月龄（1957）发表的论文《茶树肥料盆栽实验》被认为是我国茶园生态管理的先驱文章。随后，国内学者开始广泛关注茶树生理生态与光照、温度、水分等生态因子之间关系的研究。在光照生理的研究方面，21 世纪 60 年代初，庄晚芳、庄雪岚等研究了茶树群体结构、叶面积系数和光能利用率。1978 年后，随着红外线 CO_2 分析仪和同位素示踪技术的应用，茶树细胞、单叶、群体、碳同化酶系和光合机制等的研究取得了很大进展，并应用于生产实践中。陶汉之研究团队开展了大量茶树光合作用的研究，包括光合作用对生态因子（温度、光质、水分、施肥、遮阴等）的响应、茶树光合日变化和季节变化及光合产物运输、分配和积累等（图 1-1）。

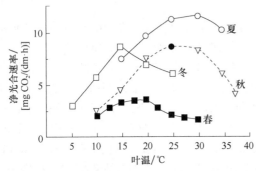

图 1-1　茶树光合适温的季节变化（陶汉之，1981）

在营养生理方面，刘祖香（1957）在《茶叶》上发表的《为茶树所需要的营养问题进一言》开创了茶树营养生理研究的先河，并引起当时诸多茶树生理学专家的激烈讨论。随后，大量学者开始致力于对茶树生长与土壤营养元素之间关系的研究，其中氮、磷、钾及多种矿质营养元素如钙、镁、铝等受到了广泛关注（中国农业科学院茶叶研究所，1976，1977）。大量的研究表明：土壤中营养元素的缺乏或过剩，往往会导致茶树生理病态。因此，茶园施肥技术的优化成了当时热门的研究方向。

在水分生理研究中，Carr（1971）用浸入法测定气孔导度与叶片水势之间的线性关系，当水势变化时，同无性系之间在气孔反应的敏感性上有较大差异。Hadfield（1968）报道，叶片小而直立的中国类型茶树由于在单位面积叶片上所截留的辐射能量较少，因此在耐热和抗旱能力上优于叶片大而水平着生的阿萨姆类型茶树。此后，国内外学者开始了茶树对抗旱性的基础研究，包括不同抗旱性的无性系茶树品种在根生长上的差异（Nagarajah，1981）、低水势下耐旱茶树品系的生理特征（Sandanam，1981）、渗透调节（杨跃华，1985）和茶树细胞原生质的耐脱水能力。此外，对茶树抗旱性与其他生理过程的相互关系也展开了相当一部分的研究，如光合作用、氮素代谢、膜脂代谢、矿质营养和激素调节等。

在抗寒生理方面，早在 1957 年刘祖生便报道了《茶树冻害及其防治》，详细地综述了茶树受冻后在形态上的表现并查实受冻害的原因。在 20 世纪七八十年代，国内学者主要集中于茶树抗寒在组织和细胞水平上的研究（陈席卿，1980）。这一阶段将茶树叶片总厚度、栅栏组织厚度、海绵组织厚度作为主要的生理指标来衡量不同茶树品种的抗寒能力。同时，相关研究学者应用数学模型建立了茶树的生理解剖特征与其抗寒性相关的回归模型。随后，国内茶树抗寒生理研究逐步从细胞水平向分子水平发展，并从细胞内某些细胞器和大分子，如细胞膜和酶的结构、功能、特性变化等方面探讨抗寒和冻害的本质。然而 20 世纪 70 年代初期，国外已有报道，茶树的抗寒性与茶树植株体内的水分状况、糖类、脂类和含氮化合物的转化、叶片中维生素 C 的含量及细胞原生质的特性有关（中国农业科学院茶叶研究所，1973）。随后国内许多学者研究指出，低温胁迫影响原生质膜透性，并因此引起茶树体内一系列生理代谢过程失调，导致叶片受伤甚至死亡（李元钦等，1985；黄华涛等，1986）（图 1-2）。

在茶园生态方面，20 世纪 80 年代国内外不少学者开展了茶园生态条件对茶树生长和茶叶产量、品质的影响研究。当时茶园间作研究大多为林茶间作模式，通过高大的香须树、合欢树、泡桐为茶树进行天然遮阴，进而研究林茶间作模式下光合作用的生理生态。

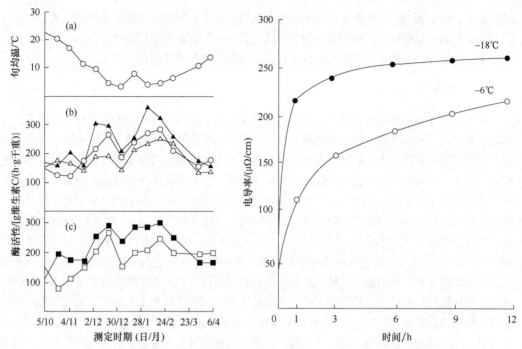

图1-2 越冬期间茶树叶片过氧化氢酶活性变化（左）与低温下茶树叶片细胞膜
透性变化（右）曲线（黄华涛等，1986）

左图中，(a)为越冬期间旬均温，(b)和(c)为'黄叶早'（▲）、'福建水仙'（△）、'浙农21'（□）、
'福鼎白茶'（○）和'浙农113'（■）在越冬期间过氧化氢酶活性变化

（二）1990～2000 年

20 世纪 90 年代，国内学者开展了大量茶园间作的大田试验项目，旨在通过研究茶园间作模式下茶树的生理特性和生态结构特征，建立生态茶园，改善茶园和茶区的生态环境，促进优质高效茶业的可持续发展。当时，茶树生态栽培的主要模式包含覆草栽培，绿肥覆盖，茶林、茶果、茶农间作，大棚及地膜覆盖等。茶树生态栽培能明显改善茶园小气候，增强茶树的抗逆能力。茶林间作能够有效降低春夏茶期茶树蓬面光强，降低茶园气温、土温，提高茶园相对湿度，减少水分蒸发，提高茶树的抗逆能力（刘桂华和李宏开，1996）。此外，茶树生态栽培对降低土壤容重、增强土壤渗水性和持水能力有显著的促进作用。据研究报道，林茶间作由于植株大量根系伸入土壤，纵横交错及每年的大量落叶、落花，增加了地面覆盖，改善了土壤结构和性状（贺民等，1995），同时还能够改善茶园土壤系统的营养元素循环，增加土壤有机质，提高茶园的水土保持能力（郭素英和段建真，1995）。此外，这一时期大量的研究也表明了生态茶园的建设十分有效地改善了茶树的光合能力（图1-3），提高茶树对营养元素的吸收并促进茶树的生长发育（刘桂华，1997）。20 世纪末，茶树生态栽培的飞速发展改善了茶园生态条件，提高了土壤肥力，进而促进了茶树的生长发育。

此外，20 世纪 90 年代国内外学者开始深入研究环境因子对茶树生理的影响。童启庆等（1992）指出茶树品种成熟叶中逆境诱导的超氧化物歧化酶和过氧化氢酶的活性升高，它们和还原型谷胱甘肽、

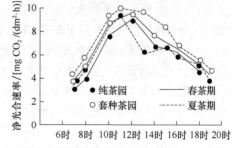

图1-3 纯茶园与间作茶园茶树净光合速率
日变化（刘桂华，1997）

维生素 C、维生素 E、类胡萝卜素等非酶保护系统及原生质膜的通透性呈显著正相关，可作为茶树抗旱性的重要指标。潘根生等（1996）认为在胁迫下脯氨酸累积速率与茶树的抗旱性有一定相关，耐旱性的品种累积速率相对较小且急剧增加出现的时间相对较迟。

（三）2000 年至今

国内外生态学者围绕着土壤、大气和水质污染开展了茶树与环境污染物质关系的研究，分别就有机农药、多环芳烃及重金属的吸收积累与分配和植物的净化功能进行了研究。夏会龙在多种植物对有机农药的吸收研究中发现茶树作为一种木本植物，其根系吸收的有机农药牢固地被根系固定，很难向茎叶转移。现代工业的快速发展，使茶产地不可避免地受到大气和土壤中多环芳烃的污染。林道辉等报道了茶树根系中多环芳烃的浓度可达到茶园土壤中的十倍以上，证明了茶树根系可以强烈地主动吸收和富集多环芳烃（林道辉和朱利中，2008）。梅鑫等对茶树体内多环芳烃总浓度的检测结果表明，各组织中多环芳烃总浓度的高低顺序依次为老叶＞须根＞嫩叶＞生产枝＞主根，这也说明了叶面气孔为有机污染物进入茶树体内提供了另一个途径。随后，黄文婷等利用茶园选址、种植防护林和遮阴树、利用微生物降解、茶园堆肥和合理施肥、利用植物修复结合生物间作、改善能源结构并实现清洁化加工 6 种生态方式分析了茶树多环芳烃的防治措施。多数研究表明进入茶树体内的重金属在不同部位的分布存在组织特异性，其分布规律一般为根系＞茎＞老叶＞新梢。土壤中的重金属会对茶树生长产生严重影响，诸多学者随后开始关注重金属胁迫对茶树抗氧化系统和生理代谢方面的影响。随着国内外学者对于茶树重金属胁迫研究的推进，茶树中重金属的生物有效性和重金属解毒措施也逐渐成了主要的研究方向，如硒能够抑制茶树对镉的吸收，氟和铝能够络合降低彼此的毒性，生物炭能够吸附土壤中的重金属并影响重金属在土壤中的赋存形态进而降低茶树对重金属的吸收等。

此外，大气中的 CO_2 浓度升高是工业革命以来全球范围内最重要的生态变化之一，并将直接影响植物的生长发育和代谢过程。蒋跃林等在研究中发现大气中 CO_2 浓度升高能够有效地减弱、消除茶树"光合午休"现象（midday depression of photosynthesis）。进一步的研究发现：大气 CO_2 浓度升高促进了茶树叶片中碳水化合物的合成但减少了新梢内的氮元素的含量。随后，针对 CO_2 浓度升高背景下茶树的树体管理技术、茶园养分管理技术及茶园病虫害防控技术也开展了相当一部分研究。

三、茶树生理生态学的发展趋势

茶树生理生态学的特点表明，它具有茶树生态学与茶树生理学双亲起源的特点，是一门明显的交叉学科。在学科成熟过程中，庄晚芳、费达云、陶汉之、潘根生等专家的贡献是不可磨灭的。茶树生理生态学最近的迅速发展说明，它能够对一些生态学现象及资源的可持续利用给予机制上的解释，受到了国内外学者越来越多的重视。这门学科的交叉特点使得在某些场合下难以区分学者所做的工作属于茶树生理学还是茶树生态学，但有一点可以肯定，即这门学科包括了生理学的严谨实验与生态学的宏观思路的研究，并在一定程度上为开展研究提供了新思路。今后我国的茶树生理生态学研究：一是要紧紧抓住我们中国自己的生态问题，如由人类活动引起的退化生态系统的恢复、极端天气的特殊环境、全球变化下的中国陆地生态系统响应、环境污染的修复作用等；二要保证研究手段的不断更新，如将分子生物学与生理生态学相结合，形成了茶树分子生态学的新领域；研究茶树与环境之间的能量和物质交换的茶树物理生态学，以及把茶树生态学研究与遗传进化研究结合起来的茶树遗传生理学研究，也将是重要的研究领域。

◆ 第三节 茶树生理生态学的研究内容

茶树和大多数植物一样，由根、茎、叶、花、果和种子等器官构成。茶树的根、茎、叶为营养器官，主要负责营养和水分的吸收、运输、合成和贮藏及气体交换等。茶树的花、果和种子是繁殖器官，主要担负繁殖后代的任务（骆耀平，2015）。在茶树的系统发育过程中，经历了漫长的演化，并逐渐适应了当地的生态环境条件。因此，茶树在个体发育上，既表现出与环境的统一性，又形成了与其相适应的结构和器官，具有自身生理生态学所特有的性状。茶树生理生态学是研究茶树生命活动规律、机制及其与生态因子之间关系的学科，可以在不同的尺度水平上开展研究。茶树生理生态学的研究内容主要从以下几个方面展开。

一、茶树与环境的相互作用和基本机制

茶树生长有其自身的生育规律，但茶树生育过程中受到所处环境的影响，如气象要素、土壤条件、生物因子及地形、地势、人为活动等都会影响茶树的生育，因此茶树与环境的相互作用和基本机制是茶树生理生态所要研究的重点内容之一。

气象条件对茶树生育环境的影响十分明显，其中光、热、水等气象因子对茶树生育的影响尤其重要。茶树与其他作物一样利用光能进行光合作用，合成自身生长所需的糖类，其生物产量的 90%～95%是光合作用产物。它喜光耐阴，忌强光直射。在其生育过程中，茶树对光谱成分（光质）、光照强度、光照时间等有着与其他作物不完全一致的要求与变化。光影响茶树的代谢状况，也影响大气和土壤的温湿度变化，进而影响茶叶的产量和品质。热量的来源是阳光辐射，光照强度的变化直接影响温度变化，进而影响茶树的地理分布，制约着茶树的生育速度。水分既是茶树有机体的重要组成部分，也是茶树生育过程中不可缺少的生态因子，同时它也影响生境中的其他气象因子。茶树光合、呼吸等生理活动的进行及营养物质的吸收和运输，都必须有水分的参与。纬度、坡向、坡度、地形、地势、海拔等因子都对气象因子产生重要的影响，从而综合地影响茶树生育和茶叶的品质。

茶园地上部和地下部的生物因子对茶树的生理生态也有较大影响。例如，地上部生物因子主要包括动物、植物和微生物，地下部生物因子则主要包括一些土壤动物和微生物等。

土壤是茶树赖以立足、从中摄取水分和养分的场所，它具有满足茶树对水、肥、气、热需求的能力，是茶叶生产的重要资源，因此茶园土壤与茶树相互作用和基本机制也是茶树生理生态研究的重点内容之一。土壤条件与茶树的关系主要受土壤物理条件（如土层厚度、土壤质地、结构、容重和孔隙度、土壤空气、土壤水分和土壤温度等）和化学条件（如土壤酸碱度、土壤有机质和矿质元素）的影响。

二、茶树的生命过程

生长（growth）是指原生质的增加而引起的植物体或某些部分的体积、干重或细胞数目增长的过程。发育（development）是用于描述植物及其各部分在个体内（个体发育）和世代演替中（系统发育）的发生、生长、成熟和衰老过程中，其结构和功能方面发生变化的术语。生长和发育是紧密联系的，有时又是交叉和重叠出现的。

茶树的生长发育有它自己的规律，这种规律是受茶树有机体的生理代谢所支配而发生、发展的。同时，它又受到环境条件的影响，从而发生时间及质、量上的变化。茶树从受精的卵细胞（合子）开始就成为一个独立的、有生命的有机体。合子经过一年左右的时间，在母树上生

长发育并成为一粒成熟的茶籽。茶籽播种后发芽，出土形成一株茶苗。茶苗不断地从环境中获取营养元素和能量，逐渐生长，发育成一株根深叶茂的茶树，并开花、结实，繁殖出新的后代。茶树自身也在人为和自然条件下，逐渐趋于衰老，最终死亡。

茶树在自然条件下生长发育的时间为其生物学年龄。按照茶树的生育特点和生产实际应用，常把茶树划分为 4 个生物学年龄时期，即幼苗期、幼年期、成年期、衰老期。幼苗期是指从茶籽萌发到茶苗出土直至第一次生长休止时为止；幼年期是从第一次生长休止到茶树正式投产这一时期；成年期是指茶树正式投产到第一次进行更新改造为止的时期，也称青壮年时期；衰老期是指茶树从第一次自然更新开始到植株死亡的时期。

茶树的年生育是指茶树在一年中的生长发育进程。茶树在一年中由于受到自身的生育特性和外界环境的双重影响，因此表现出在不同的季节具有不同的生育特点，如芽的萌发、休止，叶片的展开、成熟，根的生长和死亡，开花、结实等。因此，年发育周期主要是茶树的各个器官在外形和内部组织结构及内含物质成分等方面的生理、生化及形态学变化。

三、环境因素影响下的茶树代谢作用与能量转换

新陈代谢是生命的基本特征之一，是指活细胞中全部化学反应的总称，包括物质代谢和能量代谢两个方面。物质代谢和能量代谢是密不可分的，物质代谢是完成能量代谢的重要环节。茶树的代谢作用和能量转化主要涉及茶树的需水特性、营养与生长特性、光合作用、呼吸作用等方面，这些方面也受到各种环境因素的影响。因此，环境因素影响下的茶树代谢作用与能量转换也是茶树生理生态学研究的重要内容之一。

（一）光合作用

光合作用，通常是指绿色植物（包括藻类）吸收光能，把二氧化碳和水合成富能有机物，同时释放氧气的过程（潘业兴和王帅，2016）。其主要包括光反应、暗反应两个阶段，涉及光吸收、电子传递、光合磷酸化、碳同化等重要反应步骤，对实现自然界的能量转换、维持大气的碳、氧平衡具有重要意义（潘业兴和王帅，2016；崔晓芳，2013）。

茶树属 C_3 植物，光合作用是其能量和物质的来源。茶树通过光合作用不断生成和积累有机物质——糖类、蛋白质、有机酸、脂肪等。这些物质通过茶树体内一系列的氧化还原作用，分解、合成或转化为各种组成茶树不同器官的结构物质和决定茶叶品质优劣的物质，并在代谢过程中不断释放光合作用贮藏的能量，以供茶树生命活动的需要。茶树的干物质中有 90%～95% 是有机物质，如糖类、脂肪、蛋白质、核酸、氨基酸、茶氨酸、茶多酚和咖啡碱等，这些物质基本都是从光合产物衍生的（孙君等，2015），而 5%～10% 是由土壤及肥料提供的无机物。

茶树在光合作用过程中形成的碳水化合物，一部分运输到根、茎、叶等生长部位，另一部分则供给呼吸消耗，剩余部分积累于贮藏器官中。茶树成熟叶光合产物除供应本身需要外，还输向其他新器官，其运输方向有明显的定向转移性。在同一枝条上，主要运向顶芽和中部生长势旺盛的侧梢。生长季节中，根、茎部贮藏的和老叶中形成的光合产物，主要向上运输，供给芽梢生长需要。休止期或休眠期，光合产物主要向下运输，以淀粉的形式贮存于根部和茎部。

茶树为多年生常绿 C_3 短日照叶用经济作物，对光强的需求比较低，光能利用率较低，但对光质要求相对较高。在自然条件下，茶树光合（净光合速率）日变化曲线可分为双峰型和单峰型，因季节、天气而异（孙君等，2015）。茶树叶片光合特性因冠层、叶位、叶龄及品种特性的不同而异，受蒸腾速率、叶温、气孔导度、胞间 CO_2 浓度和磷含量等生理因子，以及温度、水分、CO_2、营养条件等生态因子的影响（孙君等，2015）。

（二）呼吸作用

植物体内有机物质分解并释放能量和二氧化碳的过程，是新陈代谢的异化作用，包括有氧呼吸和无氧呼吸。有氧呼吸是茶树生活组织在氧的参与下，将有机物彻底氧化，释放出二氧化碳和水，同时释放能量的过程；无氧呼吸是在无氧条件下，把有机物分解为不彻底的氧化产物（如乙醇、乳酸等），并释放能量的过程。

呼吸作用为茶树的生命活动提供了能量，为细胞内合成其他物质提供了原料，并对茶树抵抗病菌的侵害有重要意义。新梢的呼吸强度，以 11~12 时最高，23 时~次日 3 时最低；年周期中以 7~8 月最高；根系中以吸收根、根尖最高。

茶树呼吸作用最适温度为 30~35℃。在一定限度内，呼吸强度随组织含水量的增加而增强，大气或土壤中氧气不足、二氧化碳浓度过高时，呼吸强度减弱，生育受阻。

（三）需水特性

需水特性指植物对水分的需求和反应的性能，包括生理需水和生态需水。前者是茶树进行各种生理作用所需的水分，后者是用以调节和改善茶树生活环境条件所需的水分，是茶园合理灌溉的重要依据。

茶树一生中，通过植株蒸腾和株间地表蒸发消耗的水量，按不同生长阶段和日期计算，分别称阶段需水量和日需水量。幼小茶树的阶段需水量和日需水量少，并随茶树成长和叶面积的增加而增大，以新梢生长期需水量最大，新梢生育初期是茶树对缺水最敏感的时期。茶树平日平均耗水量随树冠覆盖度的增加和产量的提高而增大。土壤水分充足，表现为上层耗水型，水分不足表现为全层耗水型。茶树吸收根多的区域耗水多。导致茶树耗水多的因素有土壤含水量高、气温高、蒸发量大、树冠覆盖度大、单产高、密植程度高等。每公顷产干茶 3000kg 的茶园，在 0~40cm 土层内的土壤含水率每天平均减少 1%，相当于日耗水量 5mm 左右。

蒸腾作用是茶树体内的水分以水蒸气形式从树体内通过表皮、气孔散发到大气中的过程。茶树吸收的水分中，用于组成干物质的不足 1%，绝大部分通过蒸腾作用散失，包括三种：①气孔蒸腾，是茶树蒸腾作用的主要方式，通过叶片下表皮的气孔将水分散失到大气中；②角质蒸腾，是指水分通过表皮细胞的角质层蒸腾，茶树幼苗及幼叶角质层薄，角质蒸腾量可达总蒸腾量的 30%~50%；③皮孔蒸腾，只占总蒸腾量的 0.1%左右。蒸腾作用可以促进茶树对水和无机盐的吸收及运转，降低茶树体的温度，增强茶树对机械伤害的抵抗力。

茶树生长发育过程中，始终存在着根系吸水和蒸腾失水的矛盾。在一定的限度内，茶树具有利用气孔开度及启闭进行自我调节的能力。蒸腾作用的强弱用蒸腾速率表示。

（四）营养与生长特性

有关研究表明，茶树生长发育过程中，树体吸收了 40 余种营养元素，主要来自空气、水和土壤（瞿征兵和李录久，2017）。其中，茶树生长所必需的矿质元素有氮、磷、钾、钙、铁、镁、硫等大量元素和锰、锌、铜、硼、钼、铝、氟等微量元素（李建兰，2016）。

茶树喜酸性土壤，对矿质营养的需求表现为多元性、喜氨性、嫌钙性、聚铝性和低氯性，在养分吸收利用方面表现有明显的持续性、阶段性和季节性（禹利君，2014；曾新明，2013）。除碳、氢、氧外，茶树吸收最多的是氮、磷、钾 3 种大量元素。茶树对氮吸收最多，磷最少，钾介于两者之间，不同地区、不同品种和不同生长阶段的茶树对氮、磷、钾的吸收比例存在差异（瞿征兵和李录久，2017）。

科学合理施肥能维持茶叶的旺盛生长态势，发挥施肥的增产作用，保持和提高茶叶的优良品质，同时有利于恢复和提高土壤肥力（苏庆萍和们发友，2015）。除根据茶树品种、树龄、产量，合理制定茶园施肥（基、追肥）计划外，茶树施肥还应注意以下几个原则：①重施有机肥，有机肥与无机肥相结合；②氮肥为主，氮、磷、钾肥和其他元素肥料相结合；③重视基肥，基肥与追肥相结合；④掌握肥料性质，做到合理用肥；⑤根部施肥为主，根部施肥与叶面施肥相结合（苏庆萍等，2015）。

四、有机体适应环境因子改变的能力

自然条件下，生态因子的质量及自身的量值大小随时间和空间的变化而变化，并非量值越大越好（蒋高明，2022）。茶树的生长、发育对生态因子的需求也有一定的适度范围。近年来，全球气候发生了很大的变化，从而造成生态因子量或质上都发生了异常变化，致使茶树在栽培过程中更容易遭受非生物（温度、干旱、盐碱和重金属等）与生物（病和虫）的胁迫，最终使茶树的生长发育、产量和品质受到极大的影响。茶树必须适应这种胁迫，才能正常生存和繁衍。因此，适应环境因子改变的能力也是茶树生理生态学的重要研究内容之一。

茶树是多年生经济作物，茶树的抗逆性是由一系列相关的直接或间接作用的生理指标形成的复杂的调控网络，其中涉及诸多物质及其生理生化变化。

（一）水分胁迫

干旱胁迫严重影响了茶树的生长和发育，最终导致茶树产量和品质显著下降。据报道，干旱胁迫下，茶叶产量减少了14%～33%，植株的死亡率达6%～19%（Cheruiyot et al.，2010）。茶树在干旱胁迫下有一定的适应能力，能通过自身的生理代谢、结构发育和形态建造等适应干旱的环境条件，如通过渗透调节、清除活性氧、植物激素等来适应（Das et al.，2015；Liu et al.，2015；Maritim et al.，2015）。

在涝害胁迫下，茶树根系缺氧，引起叶片气孔关闭，光合产物运输受阻，从而导致与光合作用相关的酶活性降低，进而造成叶片中叶绿素合成减少，光合作用减弱，甚至引起植株枯萎（黎健龙等，2023）。渍水条件下，土壤环境恶化，毒性物质增加，茶树抗病力低（蒋双丰等，2020）。在涝害胁迫下，植物体通过降低渗透势、增强抗氧化保护来应对逆境，增强抗逆能力（黎健龙等，2023）。

（二）温度胁迫

茶树适宜生长在温暖湿润的气候环境中，其生长最适温度为20～25℃，高于40℃或低于−6℃将会严重受害（杨亚军，2005）。

高温影响茶树正常的生长发育，茶树叶面温度过高容易导致气孔关闭，光合能力下降，叶绿素降解，叶片功能丧失（韩冬等，2016），严重时导致茶叶萎蔫、茶叶品质下降，甚至最终导致茶树死亡，给茶叶生产带来巨大的损失（何辰宇等，2016）。低温是影响茶树的关键环境因素之一，它影响茶树的生长发育、产量、种植范围和茶叶品质（Wang et al.，2012）。茶树的低温胁迫主要分为越冬期胁迫和芽萌发以后的"倒春寒"胁迫两种，越冬期胁迫是冬季0℃以下低温对茶树生长的影响，抗寒性差的品种其成熟叶片受到低温损伤后变得枯焦脱落，严重的会导致茶树死亡；而"倒春寒"胁迫则是指初春气温上升、茶芽萌动伸展后突然发生的急剧降温，导致幼嫩新梢受冻褐变、焦枯坏死。受"倒春寒"胁迫的茶树茶叶品质下降，产量锐减甚至绝收，给茶农造成巨大的经济损失（王新超等，2022）。

在遭受温度胁迫时，茶树会在细胞（叶片结构调节）、生理（生物膜减轻或避免膜脂相变的发生、活性氧清除能力提高、胞内渗透调节物代谢、香气及其糖苷化合物等抗性相关代谢物合成增强等）、分子（抗性、激素信号转导、抗性相关代谢物合成等通路相关基因上调）等方面发生相应的响应，以应对温度胁迫的影响（王新超等，2022）。

（三）盐碱胁迫

在盐碱胁迫下，茶树的生长（姚元涛等，2009）、光合作用与抗氧化酶活性（周旋，2014）、内源激素的积累（廖岩等，2007）等受到很大影响。研究表明，在盐胁迫下，茶树中的渗透调节物质如丙二醛、可溶性糖、可溶性蛋白等含量增加，从而降低茶树细胞水势，防止水分外渗，防止质膜在高盐环境下受到伤害。为了应对盐碱胁迫，茶树自身还会调节一些响应盐碱胁迫的基因与蛋白质，如CsRAV2（吴致君等，2014）、CsbZIP1（Cao et al.，2015）、CsZfp（Paul et al.，2012）、CsINV10（Qian et al.，2016）、CsARFs（Xu et al.，2016）等。茶树的另一个调节机制通过抗氧化酶实现，在盐胁迫下，茶树中抗氧化酶活性呈现上升的趋势，帮助清除自由基、降低膜脂的过氧化程度（万思卿，2018；胡国策，2018）。

（四）病虫害胁迫

茶树性喜温暖、湿润，而这样的气候也为茶树病虫害发生提供了有利条件，在茶树生产过程中，病虫害的发生严重影响茶叶的产量及质量。近年来，随着气候、栽培方式及耕作模式的变化，茶树病虫害种类逐渐增加，且危害程度逐渐加重，危害范围呈扩大趋势（杨妮娜等，2019）。

害虫为害除显著降低茶叶的产量以外，还会降低茶叶品质，干扰农事活动（Li et al.，2018；周孝贵和肖强，2020）。据统计，茶树各类病害约140种，多发生在茶树叶部、枝干、根部，对茶树生长及茶叶产量和品质产生了不利影响，极大地制约了茶产业的发展（孙春霞等，2020）。

为了抵御病虫害的影响，植物在进化过程中形成了包括组成抗性和诱导抗性在内的复杂防御体系。在通过受体识别茶树病虫害后，茶树会启动早期信号事件，继而激活茉莉酸、水杨酸、乙烯和赤霉素等植物激素信号通路，从而引起次生代谢物的积累，最终对病虫害产生直接和间接抗性（张瑾等，2022）。同时，茶树病虫害还会诱导茶树释放挥发物，以参与害虫绿色防控（Jing et al.，2019，2021）。

（五）其他胁迫

茶树具有喜湿、耐阴的特点，对光质要求较高，对光照强度需求较低。在自然条件下，强光是茶树产生"光合午休"现象的主要原因，易发生光抑制现象。

重金属胁迫也是非生物胁迫的一种常见方式。土壤中低浓度的重金属能够促进茶树的生长、发芽，增强茶叶的品质，但是高浓度的重金属（锌、铅、铝等）会影响土壤微生物的生长、土壤酸度等，从而影响茶树对营养物质的吸收，抑制茶树的生长发育，降低茶叶品质。研究表明，铅胁迫导致茶树叶片中抗氧化酶活性下降（叶江华等，2017）。韩文炎等（1994）研究表明过量锌胁迫会抑制茶树生长，导致茶树产量和品质下降。唐迪等（2013）研究表明过量的镉胁迫影响茶树生长，并使茶树中丙二醛、叶绿素和类胡萝卜素含量下降。细胞壁和液泡在茶树应对重金属胁迫中发挥着重要作用，二者都是通过降低体内重金属的生物有效性来减轻胁迫伤害（葛高飞等，2022）。茶树在受到金属胁迫时，其体内可诱导谷胱甘肽的合成与再生，进而提高茶树对重金属的耐受性（王海宾，2020）。同时，其体内的抗氧化物质会通过各种途径实现对活性氧的清除、抑制膜脂过氧化和修复损伤的DNA等，从而降低过氧化胁迫对自身的伤害（郜孟雅等，2023）。

主要参考文献

陈席卿. 1980. 茶树叶片解剖结构与抗寒性的相关性研究. 蚕桑茶叶通讯, 3：11～14.

陈琇. 1957. 我国的茶树害虫. 茶叶, 1：31～35.

崔晓芳. 2013. 生物化学. 昆明：云南科技出版社.

费达云, 胡月龄. 1957. 茶树肥料盆栽试验. 茶叶, 1：23～27.

戈峰. 2002. 现代生态学. 北京：科学出版社.

葛高飞, 沈旭松, 陈诺, 等. 2022. 茶多酚和钙离子添加对茶树叶片铅吸收和亚细胞分布的影响. 农业环境科学学报, 41（8）：1682～1688.

郭素英, 段建真. 1995. 茶园生态环境及其调控. 茶叶, 1：26～29.

韩冬, 杨菲, 杨再强, 等. 2016. 高温对茶树叶片光合及抗逆特性的影响和恢复. 中国农业气象, 37（3）：297～306.

韩文炎, 许允文, 伍炳华. 1994. 铜与锌对茶树生育特性及生理代谢的影响Ⅱ. 锌对茶树的生长和生理效应. 茶叶科学, 1：23～29.

何辰宇, 李蓓蓓, 杨菲. 2016. 高温干旱对茶叶生产的影响及应对措施. 江苏农业科学, 44（4）：215～217.

贺民, 张桦, 韩梁, 等. 1995. 国外松与茶树间作的调查. 茶业通报, 1：10～11.

胡国策. 2018. 氮素形态及酸碱盐胁迫对茶树生理特性和氮代谢的影响. 合肥：安徽农业大学硕士学位论文.

黄华涛, 刘祖生, 庄晚芳. 1986. 茶树抗寒生理的研究——酶和细胞膜透性与茶树抗寒性. 茶叶科学, 1：41～48.

蒋高明. 2022. 植物生理生态学. 2 版. 北京：高等教育出版社.

蒋双丰, 周凯, 付群英, 等. 2020. 夏季茶树旱害, 热害, 湿害及其防护. 河南农业, 23：29～30.

黎健龙, 张曼, 唐颢, 等. 2023. 影响茶树生长和茶叶品质的主要环境因子及其适应机制. 茶叶通讯, 50（4）：437-445.

李建兰. 2016. 浅谈云南江城县茶叶高产优质栽培技术. 农业工程技术, 7：60.

李元钦, 叶乃兴, 张绍铃. 1985. 电导法在茶树抗性研究中的应用——茶树品种抗寒力的鉴定. 茶叶科学简报, 2：26～29.

廖岩, 彭友贵, 陈桂珠. 2007. 植物耐盐性机理研究进展. 生态学报, 27（5）：2077～2089.

林道辉, 朱利中. 2008. 交通道路旁茶园多环芳烃的污染特征. 中国环境科学, 7：577～581.

刘桂华. 1997. 柿茶套种模式茶园效益研究. 经济林研究, 1：47～50.

刘桂华, 李宏开. 1996. 柏茶间作立体经营模式的生态学基础. 安徽农业科学, 2：145～148.

刘祖生. 1957. 茶树冻害及其防治. 茶叶, 4：14～17.

刘祖香. 1957. 为茶树所需要的营养问题进一言. 茶叶, 2：9～11.

骆耀平. 2008. 茶树栽培学. 4 版. 北京：中国农业出版社.

骆耀平. 2015. 茶树栽培学. 5 版. 北京：中国农业出版社.

潘根生, 吴伯千, 沈生荣, 等. 1996. 水分胁迫过程中茶树新梢内源激素水平的消长及其与耐旱性的关系. 中国农业科学, 5：10～16.

潘业兴, 王帅. 2016. 植物生理学. 延吉：延边大学出版社.

瞿征兵, 李录久. 2017. 茶树营养特性与施肥技术研究进展. 现代农业科技, 15：19～20.

苏庆萍, 们发友. 2015. 茶树如何合理施肥. 现代园艺, 4：50.

孙春霞, 邵元海, 周红, 等. 2020. 茶树六种重要叶部病害研究进展. 茶叶, 2：71～76.

孙君，朱留刚，林志坤，等. 2015. 茶树光合作用研究进展. 福建农业学报，30（12）：1234～1237.

邰孟雅，丁旭欢，姬伟，等. 2023. 茶树对重金属的积累及调控机制研究进展. 南方农业，17（7）：61～65.

唐迪，徐晓燕，李树炎，等. 2013. 重金属镉对茶树生理特性的影响. 湖北农业科学，52（12）：2839～2843.

陶汉之. 1981. 遮阴茶树生理生态的初步研究. 茶业通报，2：29～36.

童启庆，陆德彪，骆耀平，等. 1992. 茶树种质资源抗旱力筛选的酶学指标（英文）. 浙江大学学报：农业与生命科学版，S1：121～124.

万思卿. 2018. 茶树对NaCl胁迫的生理响应及基因差异表达分析. 杨凌：西北农林科技大学硕士学位论文.

王海宾. 2020. 铜镉胁迫对茶树抗坏血酸-谷胱甘肽循环系统的影响. 南京：南京农业大学硕士学位论文.

王新超，王璐，郝心愿，等. 2022. 茶树抗寒机制研究进展与展望. 茶叶通讯，49（2）：139～148.

王自勇. 2006. 实用医药基础. 杭州：浙江大学出版社.

吴致君，黎星辉，房婉萍，等. 2014. 茶树 CsRAV2 转录因子基因的克隆与表达特性分析. 茶叶科学，34（3）：297～306.

谢平. 2013. 从生态学透视生命系统的设计、运作与演化——生态、遗传和进化通过生殖的融合. 北京：科学出版社.

杨妮娜，黄大野，万鹏，等. 2019. 茶树主要害虫研究进展. 安徽农业科学，47（22）：4.

杨亚军. 2005. 茶树栽培学. 上海：上海科学技术出版社.

杨跃华. 1985. 茶园水分状况对茶树生育及产量、品质的影响. 茶叶，3：6～8，16.

姚元涛，刘谦，张丽霞，等. 2009. 山东棕壤茶园幼龄茶树叶片黄化病因诊断与防治研究. 植物营养与肥料学报，15（1）：219～224.

叶江华，贾小丽，陈晓婷，等. 2017. 铅胁迫下不同茶树的生理响应及其亚细胞水平铅分布特性分析. 中国农业科技导报，19（11）：92～99.

禹利君. 2014. 茶树的平衡施肥. 湖南农业，9：36～37.

曾新明. 2013. 山地绿茶园施肥技术要点. 福建稻麦科技，31（2）：45～46.

张瑾，邢玉娴，韩涛，等. 2022. 茶树诱导抗虫性的研究进展. 昆虫学报，3：65.

中国农业科学院茶叶研究所. 1973. 日本对茶树抗寒的研究. 国外茶叶动态，2：6～8.

中国农业科学院茶叶研究所. 1976. 谈谈茶树的矿物质营养及施肥技术. 茶叶科技简报，10：11～14.

中国农业科学院茶叶研究所. 1977. 谈谈茶树的矿物营养及施肥技术. 茶叶科技简报，1：13～15；2：16～18；3：20～25.

周孝贵，肖强. 2020. 茶树食叶害虫-茶黑毒蛾. 中国茶叶，42（4）：13～15.

周旋. 2014. 盐胁迫下茶树对外源水杨酸的生理响应. 杨凌：西北农林科技大学硕士学位论文.

庄晚芳，张家驹，费达云. 1957. 幼龄茶树修剪时期试验. 茶叶，1：11～16.

Nagarajah, Ratnasuriya G B. 1981. 无性系茶树根系的生长状况和抗旱性的差异. 谢宁，译. 蚕桑茶叶通讯，4：35～36.

Cao H L, Wang L, Yue C, et al. 2015. Isolation and expression analysis of 18 *CsbZIP* genes implicated in abiotic stress responses in the tea plant (*Camellia sinensis*). Plant Physiology and Biochemistry, 97: 432～442.

Carr M. 1971. The internal water status of the tea plant (*Camellia sinensis*): Some results illustrating the use of the pressure chamber technique. Agricultural Meteorology, 9: 447～460.

Cheruiyot E K, Mumera L M, Ngetich W K, et al. 2010. High fertilizer rates increase susceptibility of tea to water stress. Journal of Plant Nutrition, 33 (1): 115～129.

Das A, Mukhopadhyai M, Sarkar B, et al. 2015. Influence of drought stress on cellular ultrastructure and antioxidant system in tea cultivars with different drought sensitivities. Journal of Environmental Biology, 36 (4): 875～882.

Hadfield W. 1968. Leaf temperature, leaf pose and productivity of the tea bush. Nature, 219 (51): 282～284.

Jing T T, Du W K, Gao T, et al. 2021. Herbivore-induced DMNT catalyzed by CYP82D47 plays an important role in the induction of JA-dependent herbivore resistance of neighboring tea plants. Plant, Cell & Environ, 44 (4): 1178～1191.

Jing T T, Zhang N, Gao T, et al. 2019. Glucosylation of (Z) -3-hexenol informs intraspecies interactions in plants: A case study in *Camellia sinensis*. Plant, Cell & Environment, 42 (4): 1352～1367.

Li J Y, Shi M Z, Fu J W, et al. 2018. Physiological and biochemical responses of *Camellia sinensis* to stress associated with *Empoasca vitis* feeding. Arthropod-Plant Interactions, 12 (1): 65～75.

Liu S C, Yao M Z, Ma C L, et al. 2015. Physiological changes and differential gene expression of tea plant under dehydration and rehydration conditions. Scientia Horticulturae, 184: 129～141.

Maritim T K, Kamunya S M, Mireji P, et al. 2015. Physiological and biochemical response of tea [*Camellia sinensis* (L.) O. Kuntze] to water-deficit stress. Journal of Horticultural Science and Biotechnology, 90 (4): 395～400.

Paul A, Lal L, Ahuja P S, et al. 2012. Alpha-tubulin (*CsTUA*) up-regulated during winter dormancy is a low temperature inducible gene in tea [*Camellia sinensis* (L.) O. Kuntze]. Molecular Biology Reports, 39 (4): 3485～3490.

Qian W J, Yue C, Wang Y C, et al. 2016. Identification of the invertase gene family (*INVs*) in tea plant and their expression analysis under abiotic stress. Plant Cell Reports, 35 (11): 2269～2283.

Sandanam S, Gee G W, Mapa R B. 1981. Leaf water diffusion resistance in clonal tea (*Camellia sinensis* L.): Effects of water stress, leaf age and clones. Annals of Botany, 3: 339～349.

Wang Y, Jiang C J, Li Y Y, et al. 2012. CsICE1 and CsCBF1: Two transcription factors involved in cold responses in *Camellia sinensis*. Plant Cell Reports, 31 (1): 27～34.

Xu Y X, Mao J, Chen W, et al. 2016. Identification and expression profiling of the auxin response factors (ARFs) in the tea plant [*Camellia sinensis* (L.) O. Kuntze] under various abiotic stresses. Plant Physiology and Biochemistry, 98: 46～56.

第二章

茶树的生长环境

◆ 第一节　环境与生态因子

茶树生理生态学研究茶树与所在外界环境之间的相互关系，既包括茶树个体在不同环境中的适应过程和环境对茶树生长生理、次生代谢及茶叶品质的影响作用，又包括茶树群体在不同环境中的形成过程及其对环境的改造作用，即通过进化，茶树的形态、结构、生理、行为等特征与环境相适应，同时茶树也能在一定程度上改变环境特征（龙文兴，2016）。因此，研究茶树与环境之间的相互关系是茶树生理生态学的基础。

一、环境的概念与类型

（一）环境的概念

在植物生态学中，环境（environment）是指围绕植物并构成植物生存条件的各种要素的总和，包括自然的、社会的要素。环境是一个相对的概念，与特定的主体有关。主体不同，环境的概念会有所差异，环境分类也有所不同。例如，植物所需的物质由地球提供，而能源最根本上由太阳辐射提供。因此，太阳是地球上植物生存的宇宙环境，地球是植物生存的地球环境。

对茶树而言，环境是指在茶树生存环境中各自存在的条件，这些条件是原来客观存在的，在没有茶树存在以前就自然存在，它们同任何植物种或植物群落都没有联系。因此，这些条件中包括茶树生长发育所需要的、不需要的，或者对茶树生长发育有害的条件（王镇恒，1995）。

（二）环境的类型

1. 按照性质分类　按照性质可分为自然环境和人工环境。自然环境是指不受人类控制和干预，或仅受人类活动局部轻度影响的天然环境，如原始森林中茶树生活的环境。广义的人工环境包括所有的栽培植物、引种驯化及所有农作物需要的环境（龙文兴，2016）。狭义的人工环境指人工控制下的植物环境，如茶园遮阴、设施栽培茶园、茶园喷灌等。

2. 按照范围分类　可划分为以下几类。

（1）宇宙环境（cosmic environment）　指大气层以外的宇宙空间。

（2）地球环境（global environment）　指大气圈的对流层、水圈、岩石圈、土壤圈及生物圈的总和。

地球表面大气圈的厚度虽在 1000km 以上，但直接构成茶树气体环境的部分只是对流层。大气中含有茶树进行光合作用、呼吸作用等生命活动所需要的物质或原料，如 CO_2、O_2 等，大气中还含有水汽、粉尘等物质，它们在气温的作用下形成风、雨、霜、雪、雾、露和雹等，一方面对地球环境的水分平衡起着调节作用，有利于茶树的生长发育；另一方面也会给茶树带来威胁和危害。此外，大气圈中的臭氧层对茶树的生长发育也有重要的保护作用。

地球表面的水圈指占全球面积71%的海洋、江、河、湖泊，还有地下水、气态水、雪山冰盖的固态水等，它们共同构成了茶树丰富水分的物质基础。液态水中溶解的各种化学物质（矿物营养和有机营养物质）、CO_2 和 O_2 等均为茶树生存提供了必要条件。水体进行不断的物理化学过程、生物过程和地质过程，均影响水体溶液总浓度的变化，特别是水热条件的差异，可促进水热的重新分配，影响着地区性气候变化，如液态水通过蒸发、蒸腾，转为大气圈中的水汽，再成为降水回到地面上，这一切均影响着茶树与生态环境。

岩石圈是指地球表面 30～40km 厚的地壳，是水圈和土壤圈的牢固基础，植物生长发育所需的矿质养料也贮藏于岩石圈中。由于各种岩石的组成成分不同，风化后形成的土壤成分也不同，从而给茶树的生存提供了类型各异的土壤。

土壤圈是覆盖在陆地表面及海水和淡水的底层，由岩石圈表面的土壤母质、水分、有机物及有生命的生物体（如微生物群），在长时间作用下，形成的地球表面一层很薄的土壤圈层。因此，土壤圈和植物之间的关系是十分密切的。改良土壤可以控制和促进茶树的生长发育。

生物圈是指海平面以上 10km 高度、海平面以下 12km 深度的范围。

生物圈环境是由地球表层的大气圈、水圈、岩石圈和土壤圈与界面上的生物共同组成（王镇恒，1995）。茶树作为地球上生物的组成部分，其生长发育与生物圈环境密切相关。

（3）区域环境（regional environment） 区域环境指地球表面 5 个自然圈形成的有差异的地区环境，如江河湖海、陆地、平原、丘陵、热带、亚热带等。不同区域环境形成不同的植被类型，如森林、草原、荒漠、沼泽、农田等。根据茶区生态环境等的差异，我国一级茶区划分为华南茶区、西南茶区、江南茶区和江北茶区四大茶区，其中华南茶区属于茶树生态适宜性区划最适宜区，西南和江南茶区属于茶树生态适宜性区划适宜区，江北茶区属于茶树生态适宜性区划次适宜区（骆耀平，2015）。

1）华南茶区。包括福建和广东中南部，广西和云南南部及海南和台湾，是我国气温最高的一个茶区。该茶区年均温超 20℃，绝大部分地区最冷月平均气温在 12℃以上；大部分地区极端低温不低于−3℃，最热月平均气温在 27.0～29.1℃，≥10℃积温达 6500℃以上，年活动积温 6500℃以上，无霜期 300～350d。全年降水量在 1500mm 左右，全年降水量分布不均，70%～80%的降水量集中在 4～9 月，而 11 月至翌年初往往干旱，干燥指数大部分小于 1。该茶区的土壤类型以砖红壤和赤红壤为主，部分是黄壤。在有森林覆盖的情况下，茶园的土层相当深厚，且富含有机质。该区茶树资源极其丰富，茶树品种主要为乔木型或小乔木型，灌木型的茶种也有分布。由于生态条件适宜，茶树生长良好，茶叶品质优良。生产的茶类有红茶、普洱茶、六堡茶、绿茶和乌龙茶等（骆耀平，2015）。

2）西南茶区。包括贵州、四川、重庆、云南的中北部及西藏的东南部等地。该茶区年均温 14～18℃。除个别特殊地区低至−8℃外，冬季极端低温一般在−3℃，1 月平均气温都在 4℃以上，7 月一般都低于 28℃，≥10℃积温为 5500℃以上。全年大部分地区无霜期 220d 以上。年降水量 1000mm 以上，降水量以夏季最高，占全年 40%～50%，且多暴雨和阵雨。秋季次之，冬春季降雨较少。干燥指数小于 1，部分地区小于 0.75。茶区雾日多，四川全年雾日 100d 以上，而贵州部分地区多达 170d，日照较少，相对湿度大，形成了与其他茶区不同的气候特点。大部分地区是盆地、高原，土壤类型较多，滇中北主要为赤红壤、山地红壤和棕壤；川、黔及藏东南以黄壤为主，川北土壤变化尤其大。pH 5.5～6.5，土壤质地较黏重，有机质含量一般较低。区内茶树资源较丰富，所栽培的茶树品种类型有灌木型、小乔木型和乔木型，生产的茶类有红茶、绿茶、普洱茶、边销茶和花茶等（骆耀平，2015）。

3）江南茶区。该茶区囊括了广东、广西北部和福建中北部，以及安徽、江苏、湖北南部和湖南、江西、浙江等省，是我国茶叶的主产区。该区具有四季分明的气候特点，即春温、夏热、秋爽、冬寒；年均温在 15.5℃以上，1 月平均气温 3～8℃，部分地区有时达−5℃，有的年份甚至下降至−16～−8℃，7 月平均气温在 27～29℃，极端最高气温有时达 40℃以上，因此部分区域因高温会出现伏旱或秋旱的现象。全年无霜期 230～280d，常有晚霜，茶树生长期为 225～270d，≥10℃的积温在 4800℃以上。年降水量在 1000～1400mm，其中春季降水量充沛，而秋冬季降水量较少，该茶区适宜种茶的土壤类型基本上是红壤，部分为黄壤或黄棕壤，还有部分黄褐土、紫色土、山地棕壤和冲积土等，pH 5.0～5.5。在自然植被覆盖下的茶园及部分高山茶园，其土壤层深厚，腐殖质层达 20～30cm；但在植被缺乏覆盖的土壤，尤其是低丘红壤，其土壤发育与结构差，表现为土层浅薄，有机质含量低的特点。该茶区茶叶生产历史悠久，资源丰富。茶树品种以灌木型中叶种和小叶种为主，同时也分布有小乔木型的中叶种和大叶种。生产的茶类有绿茶、红茶、乌龙茶、白茶、黑茶及各种特种名茶，品质优异，具有较高的经济价值，且驰名中外（骆耀平，2015）。

4）江北茶区。包括甘肃、陕西和河南南部，湖北、安徽和江苏北部及山东东南部等地，是我国最北的茶区。该茶区处于北亚热带和暖温带季风气候区，区内地形复杂，与其他茶区相比，气温低，积温少。大部分地区的年均气温低于 15.5℃，其中 1 月的平均气温在 1～5℃，而多年极端最低气温在−10℃左右，有些地区甚至达−15℃，3 月底 4 月初常出现晚霜，全年无霜期为 200～250d。高于 10℃的持续天数介于 180～225d，≥10℃的积温为 4500～5200℃，年茶树生长期为 6～7 个月。年降水量为 700～1000mm，四季降水不均，以夏季最多，占全年降水量的 40%～50%；冬季最少，仅为全年降水量的 5%～10%，往往有冬春干旱。干燥指数为 0.75～1.00，空气相对湿度为 75%。因地形较复杂，有的茶区 pH 略偏高，宜茶土壤多为黄棕壤，部分为山地棕壤，是在常绿阔叶混交林的作用下形成的，土质黏重，肥力不高。该区种植的茶树品种以灌木型中小叶种为主，具有抗寒性较强的特点。该区以绿茶生产为主，由于生长季节昼夜温差大，所制绿茶香高味浓、品质较优（骆耀平，2015）。

（4）生境（habitat）　指茶树个体、种群或群落在其生长、发育和分布的特定地段上，发挥综合作用的各种生态因子。茶树的生境有好有坏，如在阳坡上生长得较好，在阴坡上则不能生长或生长不良；在酸性适宜的土壤中生长得较好，而在过酸或碱性土壤中不能生长或生长不良等。

（5）小环境（microenvironment）　指茶树个体表面或个体表面不同部位的环境，如叶片表面由温度、湿度、气流变化所形成的大气环境。

（6）内环境（internal environment）　指茶树体内组织或细胞所生存的环境，如叶片内部直接与叶肉细胞接触的气腔、气室、通气系统等。内环境中的温度、水分、CO_2 和 O_2 的供应状况，都直接影响细胞的代谢速率。

（三）环境因子

环境因子（environmental factor）是从环境中分析出来的条件单位，也指构成环境的各种要素，包括直接或间接与茶树发生作用的要素，包括自然的和社会的，有气候、土壤、生物三大类和土壤、水分、温度、光照、大气、火、生物因子 7 个并列项目，以及生产活动、城市化、全球变化等人类活动。

二、生态因子

（一）生态因子的概念

生态因子（ecological factor）指环境中直接或间接影响茶树的形态、结构、生长、发育、生殖、生理、次生代谢及地理分布的环境要素，如光照、温度、水分、O_2、CO_2 及其他相关生物等。生态因子可以认为是环境中对茶树起作用的要素，而环境则包括茶树体外全部的要素。故环境因子包含生态因子，所有生态因子构成茶树的生态环境。

在各种生态因子中，并非所有的因子都为茶树生长所必需，通常把茶树生长所必需的因子称为生活因子（life factor）。所有生活因子构成生存条件，茶树缺少它们就不能生长，如 O_2、CO_2、光、热、水、矿质元素等。

（二）茶树生态因子的分类

生态因子因其类型多种多样，所以分类的方法难以统一。传统、简单的方法是把生态因子划分为生物因子（biotic factor）和非生物因子（abiotic factor）两大类。其中生物因子包括生物种内和种间的相互关系，非生物因子包括气候、土壤、地形等。生态因子可分为以下五类。

1. 气候因子（climatic factor）　　气候因子也称地理因子，主要包括光、温度、水分、空气等非生物因子。根据各因子的特点和性质还可再细分，如茶树生长发育所需的光照又可分为光强、光谱成分（光质）和光照时间等；所需的温度因子可分为气温、地温、积温等。

2. 土壤因子（edaphic factor）　　土壤因子是气候因子与生物因子共同作用的产物，它既包括土壤结构、土壤的物理化学性质和营养状况等非生物因子，如土壤母质、厚度、结构、容重、pH 及有机质与矿物质含量等，又包括土壤生物和微生物等生物因子，如蚯蚓、鼠妇、跳虫、线虫、步甲等土壤中的动物及维氏固氮菌、拜尔固氮菌、土壤杆菌、微球菌等土壤微生物。

3. 地形因子（terrain factor）　　地形因子指地面的起伏、山脉的走向、坡度、坡向及海拔等，通过影响气候和土壤因子，间接地影响茶树的分布及成长发育、次生代谢等，如高山茶与平地茶，月均温、年均温、活动积温及日照强度与光质，降水量与湿度等气候因子的差异，致使茶树在叶片形态、产量及品质上存在明显差异。

4. 生物因子（biological factor）　　生物因子包括动物（天敌、害虫等）、植物（茶树个体、杂草、绿肥植物，间种、套种植物）、微生物（有益或有害微生物）之间的各种相互关系，如捕食、寄生、竞争和互惠共生等。

5. 人为因子（anthropic factor）　　将人为因子从生物因子中分离出来作为一个类别，是为了强调人对茶树作用的特殊性及重要性。随着人类活动范围或强度的增加，其对茶树的影响日益显著，如人类对茶树资源的利用、改造、发展和破坏过程中的作用，以及汽车尾气过度排放、化学农药与化学肥料的过度使用等造成的环境污染给茶树带来的危害作用。

以上 5 个因子中，人为因子有时对茶树的影响远远超过其他生态因子，这是因为人为的活动通常具有目的性，可以对自然环境中的生态关系起着促进或抑制、改造或建设的作用。但自然因子也有其强大的作用，如生物因子中的昆虫授粉，可使茶花在广阔的地域里传粉结实，这非人工授粉所能胜任。人类能采取有效措施，帮助前 4 类因子发挥更大作用。

（三）茶树生态因子的作用特点

生态因子不是孤立、单独地对茶树的生长发育发生作用，而是综合在一起对茶树发生作用，每个生态因子之间及其与茶树之间是时刻互相影响的，这些生态因子构成了茶树的生态环境。

1. 作用的综合性　　生态环境是由各个生态因子组合起来的综合体，对茶树起着综合性的生态作用。环境中任何一个因子的改变，必将引起其他因子不同程度的改变，如茶园光照强度的日变化，不仅直接影响茶园空气温度和湿度等气候因子的日变化，同时会引起土壤温度和湿度等土壤因子的变化。因此，环境对茶树的生态作用，通常指的是各个生态因子的综合作用。

2. 作用的主导性　众多生态因子对茶树的作用并非等价，其中必有一个或两个对茶树起决定性作用，称为主导因子。例如，引起茶树生长的季节性变化或茶树分布纬度变化的主导因子是温度和光照。主导因子的含义可以从两个方面理解：第一，从因子本身而言，当所有因子在质和量相等时，某一因子的变化能引起茶树全部生态关系发生变化，这个能对环境起主导作用的因子称为主导因子，如茶园土壤因子中的 pH；第二，对茶树而言，某一因子的存在与否或数量变化，使茶树的生长发育状况发生明显变化，这类因子也称为主导因子，如茶树光周期现象中的日照长度等。

3. 不可替代性和可补偿性　茶树在生长发育过程中所需要的生存条件，如光、热、水分、空气、无机盐等因子，若缺少其中的一种，便会造成茶树的正常生活失调，生长受到阻碍，甚至发病死亡，或者说任何一个因子都不能由另一个因子来代替，这就是生态因子的不可替代性。生态因子的补偿作用体现在：某一生态因子的数量不足，在一定情况下可以通过其他因子的增加或加强而得到调剂或补偿，结果仍可以得到相似的生态效应。例如，光照减弱引起茶树光合速率下降，可通过增加 CO_2 浓度来补偿。但这种因子之间的补偿作用，并不是普遍和经常的。

4. 作用的阶段性　每一个生态作用或彼此有关联的若干因子的结合，对茶树的总（年）发育周期中各个不同发育阶段所起的生态作用是不相同的，即茶树对各个生态因子的需要是有阶段性的，在一生中所需要的生态因子，是随其生长发育的推移而发生变化的。

5. 作用的直接性与间接性　在对茶树生长发育状况及其分布原因的分析研究中，必须区别生态因子的直接作用和间接作用。直接生态因子往往直接作用于茶树，如光照、温度、水分等对植物的直接作用，茶树与其他生物之间的寄生、共生等。间接生态因子间接作用于茶树，如地形因子中的海拔、坡度、坡向、经纬度等不能直接作用于茶树，但它们能通过影响光照、温度、降水、风速和土壤质地等因子，对茶树产生影响，从而引起茶树和环境的生态关系发生变化。

三、茶树与环境的相互作用关系

在茶树和环境的相互作用关系中，一方面环境对茶树具有生态作用，能影响和改变茶树的形态结构和生理生化及次生代谢等特性；另一方面，茶树对环境具有适应性，茶树以自身的变异来适应外界环境变化，这在茶树引种过程中被称为驯化。

（一）环境对茶树的限制作用

1. 限制因子法则　茶树的生长发育依赖于各种生态因子的综合作用。在众多因子中，任何接近或超过植物的耐受极限而阻止其生存、生长、繁殖或扩散的因子，称为限制因子（limiting factor）。一般来说，如果茶树对某一稳定生态因子的耐受范围很宽，那么这个因子就不太可能成为茶树的限制因子；相反，若茶树对某一易变化的生态因子的耐受范围很窄，那么这个因子就很可能成为茶树的限制因子。例如，空气对茶树而言，一般不会成为限制因子，而低温及极限最低温度往往是茶树品种分布的主要限制因素。

2. 利比希最小因子定律　1840 年，德国化学家利比希（Liebig）在其所著的《有机化学及其在农业和生理学中的应用》中，通过分析土壤营养元素与植物生长的关系，认为在植物生长所必需的元素中，供给量最少（少于植物的需要量）的元素决定着植物的产量，这被称为利比希最小因子定律（Liebig's law of the minimum）。1973 年，奥德姆进一步对上述定律作了补充：①这一定律只有在相对稳定状态下才能应用，在不稳定的状态下，许多因子的量和作用处于激烈变动中，很难确定哪个单因子是限制因子；②要考虑因子的替代作用，生物（茶树）能以某种物质代替环境中的某一限制因子，如光照强度不足时，通过提高 CO_2 的浓度可起到部分补偿作用，从而提高植物的光合作用速率。

该定律同样适用于环境对茶树的限制作用，如在茶树的栽培管理过程中，当土壤中某一必需矿质元素的含量低于茶树需要量时，茶树的生长发育就会受到影响或限制，呈现出相应的病症。

3. 谢尔福德的"耐受性定律"　　1913 年，美国生态学家谢尔福德（Shelford）提出了谢尔福德耐受性定律（Shelford's law of tolerance），认为不仅因子处于最小量时可以成为限制因子，而且因子过量也有可能成为限制因子，即茶树对每一生态因子都有一个耐受的上限和下限，上下限之间是茶树对这种生态因子的耐受范围。茶树对某种生态因子的适应范围称作生态幅（ecological amplitude），如茶树表现出的"喜光怕晒、喜暖怕寒、喜酸怕碱、喜湿怕涝"的特点，就是茶树对光照、温度、土壤 pH、水分等生态幅的具体表现。

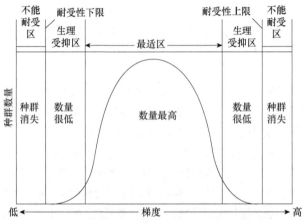

图 2-1　谢尔福德耐受性定律图解（戈锋，2008）

谢尔福德耐受性定律可以形象地用钟形耐受曲线表示（图 2-1）。茶树在最适点或接近最适点时才能很好生活，趋向两端时生命力减弱，甚至被抑制，如茶树适宜生长的土壤 pH 为 4.5～5.5，过酸或碱性土壤都会对茶树产生不利影响，从而抑制茶树的正常生长发育。

一些学者对耐受性定律作了补充：①生物可能对某一个因子的耐受范围很广，但对另一因子的耐受范围很窄；②对各种生态因子耐受范围都很广的生物，分布范围一般也很广，反之对生态因子耐受范围很窄的生物，分布范围一般也很窄，如来源于云南南部、广东中南部等地区的茶树种质，其分布范围受气温的影响明显较窄；③当一种生物处在某种因子的不适状态时，对另一因子的耐受能力也可能下降，如在夏季干旱条件下，茶树叶片容易高温灼伤，同时也影响对光能的利用率；④自然界中有些生物实际上并不总是在环境因子最适范围内生活，在此情况下可能有其他的更重要的生态因子在起作用；⑤环境因子对繁殖期生物的限制作用更明显，繁殖期的个体、种子、种苗和幼苗等一般都比非繁殖期成体的耐受限度低，致使其在繁殖期的生态幅变小，如茶苗对高温干旱或低温冻害比成龄茶树更为敏感。

根据任何一种植物对自然环境中的各种理化生态因子都有一定的耐受范围的特点，许多学者将植物划分为广适性植物和窄适性植物（图 2-2）。根据对温度和土壤酸碱度的耐受能力和生态幅宽度，茶树应属于窄温性和窄 pH 性植物。

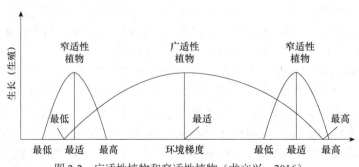

图 2-2　广适性植物和窄适性植物（龙文兴，2016）

（二）茶树对生态因子耐受限度的调整

茶树对生态因子的耐受限度不是固定不变的。在进化过程中，茶树的耐受限度和生存范围可能扩大，也可能受到其他生物的竞争而被缩小。即使在较短的时间范围内，茶树对生态因子的耐受限度也会出现较小的调整。

1. 驯化 茶树由原产地进入另一地区，多数情况下，新地区的环境因子与原产地存在差异，外来茶树品种需要经过一定时间的适应，这一过程称为驯化（acclimatization）。

茶树体内酶只能在一定环境条件范围内最有效地发挥作用，这决定着茶树原来的耐受限度。驯化过程通过酶系统调整实现，可以理解为茶树体内决定代谢速率的酶系统适应性发生改变。如果茶树长期生活在适宜其生存的生态因子范围一侧，会导致茶树耐受曲线位置的移动，并形成一个新的生态因子范围及新适宜范围的上下限，如云南'凤庆大叶种'引种到浙南茶区后，株型变紧凑，叶片变小，芽重变轻，抗寒性增强（陈宗懋，2000）。据调查，在长江北岸的安徽怀宁县茶场，'福鼎大白茶'扦插幼苗成活率为81.5%，表现出发芽早、产量高及适应能力强的特点，经数年低温驯化，具备较强的抗寒性，其抗旱能力强于当地品种（郑安南，1989）。

2. 休眠 休眠（dormancy）是茶树抵御暂时性不良环境条件时的一种有效的生理机制。茶树一旦进入休眠期，它们对环境条件的耐受幅度要比正常活动期宽得多。因而环境条件超出茶树的适宜范围（但不超出致死限度）时，茶树能维持生命，以度过不良环境。例如，通过休眠，茶树可以度过低温的冬季。

（三）茶树对环境的适应

适应（adaptation）是茶树在环境中经过生存竞争而形成的一种适应环境条件的特性，是千百万年来长期自然选择的结果。茶树有机体的适应性在经常变化的环境中不断得到发展和完善，并在茶树的外貌结构、生理生态习性上反映出来。这种生态适应过程是构成茶树生态分化的基础。所以，外界环境条件促使茶树深刻分化。同时，生态适应过程也是构成茶树进化的基础，使茶树的进化在不断适应中向前发展。茶树对环境条件的适应关系可分为以下两种。

1. 趋同适应（convergent adaptation） 不同茶树品种或种质生长在相同（或相似）的环境条件时，往往形成相同（或相似）的适应方式和途径，称为趋同适应。趋同适应的结果使不同茶树品种或种质在外貌、内部结构和发育上表现出一致性或相似性。例如，高山云雾茶区的环境温度比低海拔茶树低，茶树的叶面积比低海拔的小。

2. 趋异适应（divergent adaptation） 茶树的不同种群，由于分布地区的间隔，长期接受不同环境条件的综合影响，因此产生了相应的生态变异，如我国四大茶区，由于气候类型等的差异，其栽培种植的茶树种质的生态类型明显不同，从而形成了我国丰富多样的茶树种质资源类型。或者是同一区域的不同茶树品种或种质，由于对环境资源利用的差异，从而进化形成不同的形态结构和生理、生化特征，如福建省武夷山市拥有丰富多样的茶树种质资源，虽然它们生长的环境条件相对一致，但其形态特征、生化特性及制茶品质存在显著差异，这也为武夷茶产品类型的丰富多样奠定了重要的物质基础。

同一品种引种到不同茶区后，原产地与引种地生态环境的差异，导致茶树品种在形态特征、生理生化等方面发生变异，表现出明显的区域差异性，如'福鼎大白茶'在原产地（福安）春季一芽二叶的多酚类总量为20.26%，秋季为24.75%，咖啡碱的含量为春2.79%、秋3.19%，引种到川东永川后，其一芽二叶春、秋季茶多酚总量分别为28.64%、30.62%，咖啡碱含量分别为3.35%、3.46%，表现出C、N物质均增加的特点。与杭州的'福鼎大白茶'内含物进行比较，引种到重庆永川和雅安名山（东种西引）后，儿茶素总量、各组分均呈有规律的递增或递减，其中非酯型儿茶素的含量下降（没食子儿茶素 L-EGC、D.L-GC 最明显），酯型儿茶素含量上升（表 2-1、表 2-2）（李家光，1986）。南茶北引后，新梢茶多酚含量减少、氨基酸含量增加，如'黔湄 502''楮叶齐'分别从原产地贵州湄潭（北纬 27.74°）和湖南长沙引种到四川雅安（北纬 30.06°）后，茶多酚含量减少、氨基酸含量增加（表 2-3）（寒葭，1990）。

表 2-1　'福鼎大白茶'在不同引种地区内含物的变异（无性系、春茶、一芽二叶）（李家光，1986）

地区（海拔）	氨基酸/%	L-EGC		D.L-GC		L-EC+D.L-C		L-EGCG		L-ECG		总量	
		mg/g	%	mg/g	%	mg/g	%	mg/g	%	mg/g	%	mg/g	%
杭州（7.2m）	—	18.37	15.52	11.18	9.45	10.90	9.24	69.51	58.74	8.38	7.08	118.34	100
永川（650m）	—	18.72	13.08	5.19	3.64	16.19	11.31	81.80	57.13	21.27	14.85	143.17	100
名山（950m）	4.07	7.84	7.45	3.39	3.23	10.22	9.72	69.32	65.95	14.35	13.65	105.11	100

表 2-2　'福鼎大白茶'在不同引种地区儿茶素的变异（李家光，1986）

地区	非酯型儿茶素/%	酯型儿茶素/%
杭州	34.18	65.82
永川	28.03	71.98
名山	20.40	79.60

表 2-3　两个品种从原产地引种到四川雅安后茶多酚和氨基酸含量的变化（寒葭，1990）（单位：%）

品种	茶多酚/氨基酸含量		
	贵州湄潭（原产地）	湖南长沙（原产地）	四川雅安（引入地）
'黔湄 502'	37.72/1.13	—	30.91/2.76
'楮叶齐'	—	26.64/2.39	25.17/4.19

◆ 第二节　影响茶树生理生态的主要生态因子

一、非生物因子

（一）光

1. 光合作用　　光合作用是绿色植物利用光能将 CO_2 和水同化为有机物质的过程。光合作用将茶树从土壤中吸收的水分和矿物质、从空气中吸收的 CO_2，利用太阳光能进行生物合成。茶树体内的有机物质，如糖、脂肪、蛋白质、核酸、游离氨基酸、茶多酚、咖啡碱等都是光合作用的产物和衍生物。茶树光合量子效率以红光最高，其次是蓝紫光，绿光最低（陶汉之，1991a）。研究表明，茶树光合日变化的曲线呈双峰型和单峰型，温度、湿度及光照强度对光合日变化曲线有一定的影响，即早春、晚秋、冬季和夏季阴天呈单峰型，夏季晴天多呈双峰型（陶汉之，1991b）。不过光合日变化曲线也受茶树品种的影响，'浙农 139''浙农 117''乌牛早'和'龙井 43'的光合曲线为单峰型，'迎霜'为双峰型（杜旭华等，2007）。夏季净光合速率最高，秋季次之，春季最低（邹瑶等，2018）。

2. 光强　　在一定的光照强度内，光合作用随着光强的增加而增强。但当光强增至某一数值时，光合强度不再增加，这种现象称为光饱和现象。这时的光强称为光饱和点。如果光强很弱，光合强度也显著下降。当光强减弱至光合作用的产物合成量等于呼吸作用消耗量时，这时的光强称为光补偿点。茶树喜光怕晒，对光强的要求较低，光饱和点普遍低于其他 C_3 植物。据测定，幼年茶树的光饱和点大致为 $2.1J/（cm^2 \cdot min）$，成年茶树达 $2.9\sim3.0J/（cm^2 \cdot min）$（孙君等，2015）。

夏季，在光照强度较强的情况下，茶树光合效率高，含碳有机物积累量多，次级代谢产物茶多酚含量高。茶氨酸经根部合成运输到叶后，会因光照过强而分解（沈生荣和杨贤强，1990），酚氨比大，所以夏茶品质较差。光照强度对茶叶香气成分的比例影响较大，在强光下具有青草气的化合物比例较弱光下高（陈席卿，1989）。

遮阴使辐射到茶树冠层的蓝紫光增加，有利于氮代谢的进行，有利于含氮化合物如叶绿素、咖啡碱、氨基酸和蛋白质等的合成；遮阴能使茶树新梢叶绿素总量增加，且有随着遮光度的提高而增加的趋势（陈佩，2010）。叶绿素含量的增加有利于茶树吸收利用更多的光能。同时叶绿素 b 对波长较短的光吸收能力较强（骆耀平，2008），遮阴处理下蓝紫光含量增加，茶树遮阴后叶绿素 b 含量增加，有利于其对蓝紫光的应用，是遮阴条件下茶树也能良好生长的生理学基础。夏季适当遮阴的茶树其茶叶中茶多酚物质有所减少，但脂溶性色素、氨基酸、咖啡碱均有明显增加，这说明，在遮阴条件下，不利于绿茶品质的内含成分均有所减少，而有利于绿茶品质的成分有所增加（程明和田华，1998）。夏季遮阴处理的茶园，茶树叶片含水量更高，叶面积更大，新梢持嫩性更强（陈佩，2010）。

3. 光质　茶树叶绿素吸收最多的为红、橙光和蓝、紫光。在不同的光质条件下，茶树叶片光合强度（净光合速率）随各光质辐射能的增加而增加，其高低顺序依次为：黄光＞红光＞绿光＞蓝光＞紫光（骆耀平，2008）。茶树喜漫射光和散射光。蓝、紫、绿光下，茶树氮代谢旺盛，氨基酸总量、叶绿素和水浸出物含量较高，而具有苦涩味的茶多酚含量较低；红光下茶树碳代谢旺盛，光合速率高于蓝、紫光，以促进碳水化合物、茶多酚的形成（图 2-3）（孙君等，2015）。高山地区云雾缭绕，漫射光即蓝、紫光含量增加，促进了茶树氮代谢，茶叶滋味鲜爽，香气馥郁。

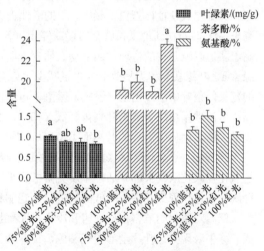

图 2-3　不同红、蓝光配比对茶树生化成分含量的影响（王加真等，2019）
同一指标不同小写字母表示差异达显著水平（$P<0.05$）

4. 光照时间　光照时间对茶树营养生长和生殖生长的影响较大。光照充足，茶树光合作用增强，同化产物积累量增加，为茶树生殖生长提供了丰富的物质和能量；同时光照充足，茶树的碳代谢得到了加强，茶树体内的碳氮比会相应的提高，这样促进了茶树的生殖生长。采取遮阴措施，可以减少花果的量（杨昌云和朱永兴，1999）。

秋季光照时间缩短是决定茶树进入休眠的关键因素。光照时间的缩短，致使茶树体内的脱落酸大量积累，促进茶树的休眠（潘根生等，2000）。有研究报道，光照 11 小时 15 分是茶树休眠的临界长度，在长日照（光照时间大于 11 小时 15 分）的条件下休眠可以被打破。在南北纬 18°区域内，茶树几乎全年生长，新梢萌发次数多，而在这个区域以外，茶树则季节性生长，主要就是光照长度的原因（王利溥，1995）。

（二）温度

1. 温度对茶树生长发育的作用　　茶树的生长发育过程有三个重要的温度界限，分别为最低温度、最高温度和最适温度。茶树的生物学最低温度是春季茶芽开始萌发的温度，一般认为，茶芽萌动的起始温度是日平均气温稳定在 10℃，但不同品种间有差异（骆耀平，2008）。茶树的生物学最适温度是茶树生命活动最活跃和最强烈的温度，多数品种在 20～30℃。此时茶梢生长活跃，对温度反应十分敏感，在适宜范围内，温度越高，茶树生长越快（王加真等，2019）。茶树的生物学最高温度，一般认为是 35℃，在这样的温度条件下，新梢生长缓慢或停止，连续几天则枝梢枯萎、叶片脱落（黄寿波，1985）。

茶树生长对积温有一定的要求。积温可用活动积温和有效积温表示。活动积温是植物在某时段内的活动温度总和，有效积温是植物某时段内有效温度的总和。茶树需要≥10℃的活动积温在 3000℃以上，在其他因子满足的情况下，全年≥10℃的活动积温越多，茶叶采摘次数越多，茶叶产量越高。茶树完成某个生长周期需要一定的有效积温。据赵学仁（1962）研究，从茶芽萌动到一芽三叶需要≥10℃有效积温在 110～124℃。春季温度越高的地方，茶树春季发芽越早，生长越快；温度越低，则春季发芽越迟，生长越慢，如西南茶区温度较江南茶区高，春茶 2～3月就全面开采，而江南茶区的春茶在 2～3 月只有少量采摘。

高温对茶树的危害包括旱害和热害。旱害是由于水分亏缺而影响茶树的生理活动，热害是超临界高温致使植株蛋白质凝固，酶的活性丧失（骆耀平，2008）。在自然条件下，日平均气温高于 30℃时茶树新梢生长就会缓慢或停止，若气温持续几天高于 35℃，新梢就会枯萎、落叶。高温胁迫影响茶树的生理代谢活动。研究表明，高温胁迫下茶树光合速率持续下降，叶片中叶绿素 a、叶绿素 b 和类胡萝卜素含量减少（莫晓丽和黄亚辉，2021）。此外，随着高温持续时间的延长，茶叶中水浸出物、游离氨基酸、可溶性糖含量逐渐降低，茶多酚、咖啡碱含量逐渐升高，可溶性蛋白质含量先升高再降低（韩冬，2016）。当温度达到 45℃时，茶叶内多酚含量达到最大值，而后随温度的升高而下降（韩文炎，2003）。高温处理下叶片中丙二醛（MDA）含量不断增加，过氧化物酶（POD）和过氧化氢酶（CAT）活性随着时间的延长先升高后降低，超氧化物歧化酶（SOD）活性呈现先降低、再升高、后降低的趋势；严重高温处理的叶片中 3种酶活性均呈现先升高后降低的趋势（莫晓丽和黄亚辉，2021）。

低温对茶树的危害包括冻害和冷害，前者由 0℃以下的低温引起，后者由 0℃以上的低温造成。冻害表现为：叶片全部变成赭色，顶芽和上部芽叶变暗褐色；叶片出现焦枯、卷缩、易脱落及黑色斑点等现象，有些枝条外皮裂开，再甚者地上部分全部叶片枯萎脱落，枝条大部分或全部枯死（陈芳等，2018）。冷害表现为：叶片变红或黄褐色，若冷害时间短，天气回暖时叶片可复原。在低温胁迫下，茶树叶片的电导率增大，叶片气孔关闭，叶绿素含量降低，光合作用强度降低，水分代谢失去平衡、呼吸代谢异常、物质代谢失调、酶促反应失衡；叶片中的 MDA、脯氨酸、可溶性蛋白、可溶性糖含量增加；谷胱甘肽还原酶（GR）、抗坏血酸过氧化物酶（APX）、CAT、POD 与 SOD 活性都显著增加。另有研究表明，低温对茶树叶片中可溶性蛋白、可溶性糖、脯氨酸及 MDA 含量的影响以冷害和冻害相区别：零度以上低温对茶树存在冷驯化过程，部分新蛋白组分形成以抵御冷害；零度以下低温可以导致茶树叶片细胞膜结构改变，叶片受到机械性损伤或破坏，引起体内相关的合成酶活性降低，水解酶活性增强，各项指标均下降（莫晓丽和黄亚辉，2021）。

2. 温度对茶树分布的影响　　在中国，97%的茶树分布在亚热带区域，分布范围从东经

94°到122°，北纬18℃到37℃（沈朝栋和黄寿波，2001）。茶树自然生长要求≥10℃的年活动积温在3000℃以上，不过目前中国茶树栽培北界附近区域的年活动积温可达4000℃，完全满足茶树的生长需要，影响其分布的关键因素是冬季的最低温度（蒋跃林和李倬，2000）。蒋跃林和李倬（2000）将年极端最低气温≤−15℃和−5℃低温出现频率10%分别作为划分灌木型中小叶型茶树和乔木大叶型茶树栽培北界的气候指标，以及将年极端最低气温多年平均值−10℃和−3℃分别作为二者的栽培垂直高度界限。目前，茶树栽培北界位于秦岭和淮河。此界西段为秦岭山脉，因地形原因较稳定，东段为平原丘陵，随气候冷暖变化栽培界限变化较大。随着全球变暖，未来茶树栽培北界东段会进一步朝北移动（杨书运和江昌俊，2008）。

3. 温度变化对茶树的影响　温度对茶树品质的影响，最明显的是表现在茶叶品质的季节性变化方面。我国长江以南的大部分茶区四季分明，茶叶有春、夏、秋茶之分。就绿茶品质而言，以春茶最好，秋茶次之，夏茶最差。绿茶品质的这种季节性变化，主要是气温的变化造成的。很多与茶叶品质有关的化学成分都随着气温的变化而变化，如与绿茶品质关系最密切的氨基酸在茶树新梢中的含量便是随着季节气温的升高而减少的。这说明在一定范围内，气温较低时，有利于茶树体内氨基酸、蛋白质等含氮化合物的合成；气温过高时，氨基酸分解速度加快，积累量少。当然，气温的变化不仅仅影响氨基酸，对其他物质的影响也相当明显。具有清香的戊烯醇、己烯醇在气温较低时形成较多，所以这些清香成分在春茶中的含量要高于夏茶，使得春季绿茶比夏季绿茶具有更好的清鲜香气和醇爽滋味，而夏季绿茶因其茶多酚、花青素含量高，氨基酸含量低，滋味常显苦涩（程明和田华，1998）。

春茶采摘之前，温度升降的快慢也影响茶叶品质。例如，浙江黄岩茶区，一般4月中旬开始采春茶，4月下旬旺采，如果这时温度突然升高，则茶芽伸育快，促使茶叶纤维化，持嫩性差，品质下降，即使产量增加了，产值反而降低了（黄寿波，1985）。

自秋入冬，气温不断降低，为了适应低温环境、成功度过冬季，从秋季开始，茶树地上部逐渐进入休眠状态，到春季气温回升时茶芽再萌发。随着纬度升高，休眠的时间不断增加。在华南茶区的海南省，茶树终年无休眠期；在江南茶区的杭州，茶树休眠起止时间为10月下旬至翌年3月中旬，休眠期达150d；江北茶区的胶东半岛，茶树休眠起止时间为10月上旬至翌年4月中旬，休眠期达195d（晏嫦好等，2012）。在江北茶区，极端最低气温往往低于零下，容易导致茶园冻害的发生（图2-4）。

彩图

图2-4　高纬度地区的茶园冻害

（三）水

1. 水是茶树的重要组成部分　水是有机体的重要组成部分，一年之中，茶树叶片的含水量随季节变化而波动，但均值保持在 60%左右（王玺，2013）。茶树一生中不断地从土壤里吸收水分，经过体内运转而交换到大气中，这个过程称为水分代谢，即土壤水分经根→茎→叶→大气。水分代谢是生物体内一切代谢的基础，同样是茶树体内一切代谢的基础；一切生理生化过程均不能缺少水。细胞原生质的重要组成部分是水，活的原生质含水 90%以上，如果原生质严重脱水，细胞就会失去活力。水是光合作用的原料之一，根系从土壤中吸收养料和茶树制造的有机养料，必须要有水才能运输到各个部位。水可以稳定茶树体温以利新陈代谢，并避免炎热季节使茶树受旱。水还可以保持茶树体细胞与组织的应有紧张程度，使茶树维持固有的形态，以利光合作用、呼吸作用、蒸腾作用等生理活动。

2. 水对茶树生长发育的作用　　茶树在长期的系统发育过程中形成了耐阴喜湿的特性，所以，凡是生长在风和日丽、风调雨顺、时晴时雨环境中的茶树，生长发育好，茶芽生长快，新梢持嫩性强，内含物丰富，叶质柔软，制成的绿茶品质也好。当空气相对湿度在 70%左右时，茶树的光合—呼吸强度较高，若降低到 60%左右，则呼吸作用加强，光合作用减弱，光合积累少于呼吸消耗；当相对湿度低于 50%时，叶片蒸腾作用加强，根系所吸收的水分不能弥补地上部分的消耗，茶树的水分代谢平衡被破坏，正常的膨压得不到维持，此时细胞膜系统的结构及功能遭到损害，通透性增大，细胞原生理代谢活性失调，从而使茶树枯萎落叶，甚至死亡（俞诗雯，2010）。因而，在空气相对湿度大的茶区，鲜叶的自然品质高，即品质影响成分含量高（王建国，1983）。

茶树喜湿怕涝。据测定，0～30cm 土层内的土壤相对含水量为 73.4%～83.2%时，茶树生长正常而旺盛；93%以上时，茶树根系生长不良，部分根系霉烂，有死根现象。因此，土壤含水率达到田间持水量的 70%～90%时比较适宜（黄寿波，1985）。在旱季，1mm 降水量的变化会导致每公顷茶叶产量 0.3～0.8kg 的变化。在许多产茶国家，降水分布不均和降水强度过高/过低显著影响茶叶产量。有研究表明，降水量与茶叶产量呈正相关关系，然而，强降水可能导致洪水、山体滑坡，从而耗尽茶园表层土壤的肥力，尤其是在高海拔地区，从而对茶叶产量产生负面影响（Jayasinghe and Kumar，2021）。茶树所处生长环境的年降水量至少要达到 1000mm，最适是 1500mm。我国大部分茶区年降水量为 1200～1800mm，从雨水总量来说，已能满足茶树生长对水分的需求，但我国华东沿海地区，7～8 月的降水量虽不少，但这时气温高，光照强，土壤蒸发大，茶树蒸腾作用强，因此茶树常感水分不足，甚至出现伏旱，对茶树发育极为不利，严重影响茶叶的产量和品质（程明和田华，1998）。在水分缺失情况下，茶树叶片会萎蔫卷曲，产生焦斑甚至枯死凋落，严重时还可导致植株死亡，严重影响茶叶产量（刘声传和陈亮，2014）。研究发现，干旱胁迫会导致茶叶中茶多酚、水浸出物、总灰分、氨基酸和咖啡碱含量降低，从而使茶叶品质下降（Safaei et al.，2020）。此外，干旱胁迫导致茶树的生理水平发生一系列变化，如根系活力、光合作用能力及叶绿素含量下降，细胞质膜通透性、MDA、可溶性蛋白质及可溶性糖含量增加，多酚氧化酶（PPO）、POD 和 CAT 等保护酶呈先上升后下降的趋势。植物在受到干旱胁迫时会积累脯氨酸、可溶性糖等渗透调节物质以提高细胞液浓度，从而降低细胞渗透压，以维持细胞内水分（莫晓丽和黄亚辉，2021）。一般来说，干旱会造成 14%～20%的产量损失和 6%～19%的植株死亡率（Jayasinghe and Kumar，2021）。不过干旱胁迫可以促使茶叶中芳香成分种类的增加，当土壤相对含水量为 53.90%时，鲜叶中芳香成分种类最多，土壤相对含水量为 99.75%时最少（Cao et al.，2007）。

茶树在水分充足的情况下，营养生长比较旺盛，生殖生长延缓。适度干旱的年份，茶树开花结果往往较多。在江南，5 月下旬至 6 月是茶树花芽分化的重要时期，营养生长和生殖生长都很旺盛，此时如遇轻中度的干旱，往往会导致花芽分化增多（杨昌云和朱永兴，1999），重度干旱则会导致茶园树丛枯死（图 2-5）。

彩图

图 2-5　茶园因干旱导致的枯死树丛

（四）二氧化碳

1. CO_2 是光合作用的原料　　茶树光合作用所需的 CO_2 分别来源于叶片与周围空气的交换，叶肉组织呼吸作用的释放及根部从土壤吸收的 CO_2，其中，叶片与周围空气的交换是最主要的来源。茶树的光合作用需要不断的吸收 CO_2 并放出氧气。茶叶产量与 CO_2 浓度呈正相关。升高的 CO_2 浓度可以增加茶树的光合作用和呼吸作用，从而增加茶树的总干物质含量。有研究将茶苗暴露在 CO_2 环境和升高的 CO_2 环境中 25d。结果表明，CO_2 浓度升高不仅使植株株高提高了 13.46%，而且使地上部和根系干重分别提高了 24.68% 和 67.80%（Li et al.，2017）。CO_2 浓度的升高刺激了茶树地上部和地下部生物量的积累，与空气中的 CO_2 相比，根冠比下降了 27.66%。CO_2 浓度升高后，茶树的净光合速率迅速增加，最终在 12d 达到最大水平，然后在 24d 大致保持稳定。第 6 天、12 天、18 天和 24 天，CO_2 浓度升高使净光合速率分别增加了 141.98%、122.25%、136.93 和 87.90%（Li et al.，2017）。

尽管随着 CO_2 浓度的升高，茶叶产量增加，但它削弱了茶树对一些生物胁迫的耐受性和抗性机制，包括害虫和病原体，对未来整个茶系统构成了严重威胁（Li et al.，2019）。

2. CO_2 对茶树生长发育的作用　　CO_2 浓度升高增加了茶叶中糖、蔗糖和淀粉的浓度，使茶叶中总碳浓度增加，总氮浓度降低。这些变化最终导致了 CO_2 浓度升高时茶树碳氮比的增加。CO_2 浓度升高时，茶多酚和氨基酸的总浓度分别增加了 28.21% 和 13.49%，而咖啡碱的浓度较环境 CO_2 下降了 23.64%（Li et al.，2017）。CO_2 浓度升高对 GC 和 C 的浓度没有影响，然而，EGC 和 EGCG 浓度显著增加，最终导致儿茶素含量总体增加。随着 CO_2 浓度的升高，茶叶中天冬氨酸、茶氨酸、脯氨酸、丙氨酸和苯丙氨酸的浓度升高，苏氨酸和丝氨酸的浓度降低，而谷氨酸、甘氨酸、缬氨酸、异亮氨酸、酪氨酸、组氨酸、赖氨酸和精氨酸的浓度没有受到影响（Li et al.，2017）。不过与现有文献中报道的 CO_2 浓度升高对茶氨酸的影响有一定的差异，有研究发现茶幼苗用高浓度的 CO_2（800μmol/mol 和 770μmol/mol）处理 24～60d，在 CO_2 浓度升高的条件下，茶叶中茶氨酸浓度显著增加（Li et al.，2019）。另一研究发现茶树幼苗在高浓度 CO_2（750μmol/mol）下处理 6 个月，叶片中茶氨酸含量明显下降（蒋跃林等，2006）。可能是长期暴露于高浓度 CO_2 下影响了茶树的碳氮平衡，导致碳氮比的增加，影响了茶氨酸等含氮化合物的生物合成。同样地，有研究也发现了 CO_2 浓度升高对氨基酸含量的负面影响，最终增加了茶叶中多酚与氨基酸的比例（图 2-6）（徐辉等，2016）。

咖啡碱是茶树重要的次生代谢产物，可以起到抑菌抗虫的作用（张和禹等，2012）。在 CO_2 浓度升高的条件下，茶叶中咖啡碱含量的降低增加了茶树对炭疽病病菌的易感性，这种病菌在

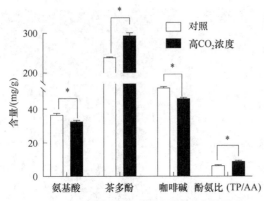

图2-6 CO_2浓度升高对茶树品质成分的影响
（徐辉等，2016）

*表示两种处理下同一指标的差异达显著水平（$P<0.05$）

不同的地理位置引起茶树的炭疽病、褐斑病和顶梢枯死（Li et al.，2016）。有趣的是，外源咖啡因的应用抑制了茶树炭疽病病菌引起的坏死病变，这可能是由于咖啡因诱导了高 CO_2条件下茶树内源茉莉酸含量的升高。研究还显示，高 CO_2 浓度下，咖啡因通过诱导脂氧合酶生物合成通路合成茉莉酸来促进茉莉酸浓度的增加（Ahammed et al.，2020）。然而在 CO_2 浓度升高后，咖啡因的生物合成减少，茶树病原菌的抗性自然降低了。

CO_2 浓度升高也会增加茶叶中的水杨酸浓度。研究表明，水杨酸介导 CO_2 诱导的类黄酮的生物合成，其通过在 CO_2 的下游起作用并增强 NO 的产生来提高类黄酮的合成（Xin et al.，2019）。

在 CO_2 浓度升高的情况下，茶叶的营养成分更加丰富，但这往往会吸引更多的吸吮汁液的昆虫如蚜虫、白蝇、飞虱等，并导致炭疽病、褐斑病、梢枯病等的发生，对茶叶种植产生诸多负面影响（Li et al.，2019）。

（五）氧气

1. 氧气参与茶树的分解代谢　　氧气是茶树呼吸作用的必要元素，影响茶树的生长和发育。茶树中碳水化合物的氧化分解，不仅可以产生能量，还能给其他必要产物如氨基酸、核苷酸、叶卟啉、色素、类胡萝卜素、脂肪等提供碳骨架（蒋高明，2004）。当空气中氧气不足时，茶树的呼吸作用开始下降，同时 ATP 释放的热量也远远低于有氧状态下的分解代谢，不利于茶树生长。

2. 氧气与茶树根系的生长关系密切　　土壤中如果氧气不足，植物根系的呼吸受到阻害，对养分和水分的吸收下降，如果氧气含量进一步下降，就会引起根的腐烂。茶树根的数量、重量和最长根的长度等，都随着氧气含量的减少而下降。另外，土壤微生物把大量的氧气用来分解有机质，以形成无机成分来提高土壤养分含量，但如果氧气不足，这种分解过程的活动也就无法进行（此木晴夫和吴洵，1981）。

（六）土壤

1. 机械支持　　土壤是岩石圈表面能够生长植物的疏松表层，是陆生植物生活的基质总和。土壤为茶树提供必需的营养和水分，作为一种重要的环境因子，它为茶树根系提供了赖以生存的栖息场所，起着固定茶树的作用。

2. 土壤质地对茶树的影响　　不同的土壤质地对茶树生长发育及茶叶品质有很大的影响。茶树根系构型的构建受土壤质地类型的影响。前人研究得出：土壤黏粒含量高，通透性变差，会造成根系变短。而土壤颗粒之间间隙大，根系生长所遇到的阻力会变小，根系下扎会较深（黄冠华和詹卫华，2002）。黏粒比例小，细砂和粗砂比例适中，石砾最高，土壤颗粒间隙适中的土壤，利于根系的生长和摄取，茶树总根长最长，根总表面积、总体积最大，根尖个数最多，细根生长良好。且此种土壤下生长的茶树的叶片、茎、主根及吸收根的生物量积累，根系的可溶性糖含量和茶氨酸含量都更高（曾艳，2014）。在含沙量30%～70%的土壤中，茶树插穗的生根量有显著的提高，当含沙量为70%时，生根量最多（谷美仪等，2021）。

3. 土壤 pH 对茶树的影响　　土壤 pH 与茶树两者相互作用。一方面，茶树自身会造成土壤 pH 的降低，首先，其在生长过程中会吸收大量盐离子，为维持电荷平衡，植株会释放大量的 H^+；其次，茶树作为聚铝作物，生长过程中吸收大量铝的同时又会释放一些 H^+；最后，茶树含有大量多酚类物质，这些物质以凋落物的形式进入土壤，凋落物中多是单宁酸等有机物（樊战辉等，2020）。且随着茶树种植年份越长，茶园土壤 pH 下降越多（王海斌等，2018）。另一方面，茶树为喜酸性植物，适合生长于 pH 4.0～6.5 的土壤中，以 pH 5.5 最适宜。当 pH 过高时，土壤中钙含量的增加及可交换铝含量减少，不利于茶树生长发育。当 pH 低于 4.0 时茶树生长受到限制，而且土壤的理化性状也发生恶化，磷、钾、钙、镁等易淋失，形成铝、铁、锰等毒害（Hu et al.，2019）。低 pH 显著减少了根系对氮元素的累积，不过在铁离子充足供应的条件下，茶树根系对土壤酸化的耐受性增加，即氮吸收过程正常进行（Zhang et al.，2019）。研究表明，在 4 个土壤酸度的茶园（pH 分别为 3.29、4.74、5.32 和 6.38）中，土壤 pH 5.32 的茶园，茶叶产量及品质成分均达到最高值，且随着茶园土壤 pH 的下降，茶叶产量和品质都呈下降趋势（陈晓婷等，2021）。茶树根际土壤的酸化会导致土壤微生物群落多样性水平降低，同时有益微生物繁殖受阻，有害微生物繁殖加快，进而造成土壤微生态系统的结构失衡、茶树生长发育不良（王海斌等，2018）。

（七）矿质元素

1. 茶树对矿质元素的吸收规律　　茶树在年发育的不同周期中对营养元素的需求情况不一致。据研究资料，一年中对氮的吸收以 4～11 月为多。而 4～8 月的吸收量占全年总吸氮量的 55% 以上。磷的吸收主要集中在 4～7 月和 9 月。对钾的吸收则以 7～9 月为最多。此外，茶树各个器官对氮、磷和钾的要求在不同时期也有一定差别，如茶树根系需要氮主要是在 9～11 月，茎在 7～11 月，这两个阶段占全年总吸收量的 60%～70%。叶对氮的要求量，4～9 月要占全年总量的 80%～90%。茶树根对磷需求的高峰期是 9～11 月，茎在 9 月，叶、芽等器官是在 4～10 月，其中以 7 月的需求量最多。茶树根系对钾的需求，主要是 9～11 月，占全年的 50%～60%，茎在 4～9 月，以 9 月的需求量最多（叶秋萍，2007）。

　　茶树在自身发育生长的不同阶段，对各种营养元素的需求和吸收是有所侧重的。例如，幼年期的茶树以营养器官生长为主，地上部的枝梢生长超过地下部根系，合成多于分解，对磷、钾肥的需求量多，生产上多施磷、钾肥，可促进茶树幼苗生长，为以后茶叶高产优质打下基础。处于青壮年期的茶树，由于营养生长和生殖生长并举，这就要大量增施氮肥，以促进茶芽大量萌发并以磷、钾和多种元素配施来促进高产优质。

2. 主要矿质元素对茶树生长发育的作用　　氮对茶树生育的影响是多方面的，氮供应充足时，生理活动加强，营养生长旺盛，促进了茶芽萌发和新梢伸长，使发芽多，着叶数多，叶大，节间长，生长快，嫩度提高，适采时间延长，增加了年内的新梢轮次（骆耀平，2008）。氮还是茶叶中蛋白质、氨基酸、咖啡碱等含氮化合物的重要组成部分，各种酶类、维生素等也离不开氮，这些物质不仅是茶树体的基础，而且是茶树新陈代谢的重要产物。在一定的范围内，增施氮肥能显著提高茶叶蛋白质和氨基酸的含量，这些成分对提高绿茶品质特别是提高汤色与鲜爽度很有利（刘美雅等，2021）。

　　磷对促进幼苗生长和根系分支，提高根的吸收能力有良好的效果，对产量和品质的影响很大，如施用过磷酸钙的茶苗比不施用的根幅增加 32%，根重量增加 28%。磷酸能加强茶树生殖器官的生长和发育，主要是促进花芽分化，增加开花与结实数目（骆耀平，2008）。磷还参与茶树体内蛋白质、糖类和单宁等主要成分的合成和转化，可有效促进类黄酮物质的形成及茶多酚、氨基酸和咖啡碱含量的增加，从而提高茶叶营养价值和香气浓厚度（李源华，2014）。

钾可以促进茶树的茎粗增长、茶树增高、树幅和叶层厚度增加、茶芽萌发、芽头密度增大、芽叶重增大、枝条生长加快、着叶量增多等（吕连梅和董尚胜，2003）。钾对茶叶品质也有明显的促进作用。根据对茶叶品质成分——氨基酸、茶多酚、咖啡碱和水浸出物的测定，结果表明，茶园施钾后，这些物质在茶叶中的含量均有不同程度提高，以硫酸钾的使用效果较明显。茶园施钾还能提高茶叶香气，如乌龙茶中的橙花叔醇和2-苯乙醇均有明显提高（韩文炎等，2004）。

锰是维持叶绿体结构的关键元素，在茶树体内参与水的光解，当锰供应充足时可以提高茶树的光合作用；促进茶树中氨基酸和维生素C的合成，抑制茶多酚的合成（姚元涛等，2009）。适当的锌浓度可以增加茶树新梢叶绿素的含量，加强新梢的光合作用，增强茶树根系活力，增加根系数量特别是吸收根的数量，使根系具有更强的吸收和物质合成代谢能力；能增强各种酶的活性，使碳氮代谢向着有利于提高茶叶产量和品质的方向发展（段继春，2005）。镁是叶绿素的组成成分，同时也是许多酶正常发挥功能所必需的元素。镁可以提高茶叶中氨基酸、咖啡因含量，改善茶叶香气品质（张群峰等，2021）。

铝在较低水平下会促进茶树的生长，可增加茶树叶片叶绿素的含量，并提高 SOD、CAT、POD 活性，使 MDA 含量降低。随着铝浓度的增加，茶树叶片栅栏组织细胞的排列趋向疏松，空隙增大，海绵组织细胞排列无序程度增加。此外，铝参与茶氨酸转化儿茶素的过程，可以改善茶汤的汤色和滋味，但降低绿茶的嫩度；在水培时，铝浓度为 10～50mg/L 时可以提高茶多酚、氨基酸和维生素 C 等与茶叶品质密切相关的化学成分含量（钟秋生等，2018b）。

茶树是一种富氟作物，在相似的生长环境下，茶树的氟含量是其他植物的 10～100 倍（贾培凝等，2020）。过高的氟化物进入植物体内，会损伤细胞膜，破坏叶绿体结构，影响代谢过程中多种酶的活性，导致提早落叶、衰老甚至死亡。氟含量过高时茶树同样会受到毒害。在培养液中加入 0.5～1.0μg/g 的氟，3 个月后就会出现叶色变黄，根系、顶芽生长受阻的症状，当浓度为 4～5μg/g 时，症状加重，约 2 个月后，茶树嫩梢焦枯，老叶脱落，仅剩光枝，根系发黑而死（杨培迪等，2010）。

（八）其他非生物因子

由于我国处在北半球的地理位置，南坡受到光照时间更长且昼夜温差大，有助于茶叶内涵物质的积累，因此理想坡向以南向和水平坡最好，北坡最差。此外，坡底等地势平坦、不利于排水的地方可能出现茶树烂根现象，不利于茶叶生长。一般阴山阳坡，光照时间短，温度低，湿度适宜，鲜叶柔软肥厚，持嫩性好，生长一致；阳山阴坡，日照长，阳光强，温度高，茶芽生长不一致，易纤维化而较硬，含水量少（俞诗雯，2010）。

高山气候表现为温度低、湿度大、昼夜温差大。研究表明，气温对高、中海拔地区茶叶生长的影响最大，早春 3 月平均气温>10℃，茶芽萌发和幼梢正常生长，但仍受寒害和冻害的影响，中、高海拔地区温度较低，达到茶芽萌发的生物学零度较迟，茶芽萌发较晚，相对而言物质积累时间更长（阮惠瑾和余会康，2019）。空气相对湿度大，芽叶持嫩性好；昼夜温差较大，茶叶中有机物积累多，可增加可溶性糖的含量，成品茶叶的理化品质中水浸出物含量高，茶汤浓度较好。

与低山茶园相比，中、高山茶园的土壤 pH 适宜，有机质含量较高，氮、磷、钾含量适中且均衡，这对茶树生长和提高品质有利（吴全金等，2021）。

随着海拔的升高，蓝、紫光等短波光含量增加（蒋高明，2004），且高海拔茶园云雾缭绕，漫射光增加，主要为蓝、紫光，促进茶树的氮代谢，从而形成较多的蛋白质、氨基酸和含氮芳香物质，特别是甲硫氨酸、胱氨酸等影响茶叶香气的氨基酸含量增加，海拔较高的地区，影响茶汤鲜味的氨基酸——谷氨酸、丙氨酸和天冬氨酸含量更丰富。相对而言，高海拔抑制茶树的碳代谢，茶多酚等苦涩味物质含量降低，茶汤滋味更为鲜爽（吴全金等，2021）。

二、生物因子

茶园是茶树种群与其他生物群落、环境因子之间相互作用的自然系统。生物因子与茶树生理生态不是孤立的，而是相互影响、相互关联的。

（一）地上部生物因子

除人类活动外，茶园地上部生物因子对茶树生长发育影响较大的有以下三类。

1. 地上动物　茶园的地上动物主要有昆虫、蜗牛、鸟类、鼠类、蛙类等，其中数量最多、分布最广的是昆虫。茶树是多年生常绿作物，茶园生态环境较为稳定，虫害和天敌种类繁多。据不完全统计，我国茶园病虫害种类有近千种，其中茶树病害有130余种，茶树害虫和害螨种类超过800种，其中以假眼小绿叶蝉、蓟马和茶尺蠖等为茶园的主要害虫（图2-7）（唐美君和肖强，2018）。茶园害虫直接损伤茶树，影响茶树的产量与品质。各类天敌对茶树害虫表现出明显的自然控制作用，每种害虫通常都有一至数种天敌起抑制作用。目前有记录的茶树病虫天敌已有1000余种，常见的有蜘蛛、螳螂、寄生蜂、瓢虫等。

彩图

图2-7　茶园虫害与防治

茶树在长期适应虫害胁迫过程中通过自然和人工选择而逐步发展和形成的一种形态和生理生化特性称为抗虫性。害虫取食诱导茶树芽叶颜色发生变化，因为昆虫是通过视觉和嗅觉对寄主进行定位。为防御害虫，茶树茸毛密度增加，从而影响虫体着叶片的位置，并阻止口针的取食行为，使害虫口针长度达不到叶肉和维管束。保卫细胞因为缺少角质层的保护，最易被害虫口针刺穿，气孔附近成了害虫主要的取食位点，同时，气孔密度大也破坏了表皮角质化层的连续性，有利于害虫取食的位点多，品种抗虫性减弱。因此，茶树为抵御害虫，形成了下表皮角质层厚，叶片气孔数量少、密度小的特点。还有研究表明，茶树的抗虫性与叶片的叶肉厚度、上表皮细胞数、栅栏组织厚度和海绵组织厚度呈负相关，茶叶表皮硬度影响昆虫取食，叶片厚度和硬度是口针钻穿透叶表的屏障，构成了影响害虫取食的重要机械因子（赵丰华等，2015）。

2. 地上植物　茶园地上植物有杂草及茶园内间种的林木、果树、蔬菜药用植物，还有间种的防护林和遮阳树等乔木。茶园常见杂草有马唐（*Digitaria sanguinalis*）、酸模叶蓼

（*Polygonum lapathifolium*）、蕨（*Pteridium aquilinum*）、看麦娘（*Alopecurus aequalis*）、酢浆草（*Oxalis corniculata*）、蓬蘽（*Rubus hirsutus*）、狗尾草（*Setaria viridis*）等。茶园杂草常有发生，种类丰富，群落多样性高，对茶树的高产优质多有影响。杂草的发生受季节、立地条件、气候、管理措施等影响。杂草多度表现为春季＞夏季＞秋季，多样性指数表现为夏季＞春季＞秋季，生物量表现为夏季＞秋季＞春季（孙永明等，2021）。

茶园进行合理间作除可增加茶农经济收入外，还可调节茶园的光、温、水和大气状况，改善茶园生态环境，保证茶树的正常生长（图 2-8）（张小琴等，2014）。但如果间作不当，不仅会与茶树激烈竞争水肥，带来病虫害，还会对土壤肥力及水土流失产生影响，从而影响茶树的生长发育。

彩图

图 2-8 茶—栗间作与茶—槟榔间作

3. 地上微生物 茶园地上微生物有真菌、细菌、类细菌、地衣苔藓等，其中各类病原导致茶树病害的发生，世界上已有记载的茶树病原种类多达 500 余种。我国已记载 138 种茶树病害，其中真菌病害 72 种，细菌病害 2 种，类菌原体病害 2 种，线虫病害 9 种，地衣和苔藓 25 种，藻类 2 种，寄生性显花植物 16 种，非侵染性病害 10 种。根据病害的发生部位，茶树病害可分为叶病、茎病和根病，由于叶片是茶叶的收获部位，因此叶病是影响茶叶生产和茶农经济收入的重要因素。常见病害有茶饼病、茶白星病、茶炭疽病、茶网饼病等。不同病害发病症状、发病时间、发病条件、发病原因均不相同。

我国温暖湿润的气候有利于各类病菌的滋生与传播，导致茶树的病害种类众多，病害胁迫能引起寄主植物生理代谢活动发生变化，在病害的胁迫下，叶片正常的生理代谢和生长发育会受到影响，严重影响茶树的观赏价值及茶叶的产量和品质。病害对茶鲜叶的主要生化成分有较大影响，不同品种生化成分变化的程度不同，主要是不同品种抗病性与感病程度不同造成的。以茶饼病为例，茶饼病又称叶肿病，茶叶的背面隆起似肿块，主要为害茶树嫩梢芽叶，叶柄、花蕾及幼果也有该病的发生；与健康叶片相比较，茶饼病菌侵染后，茶鲜叶中游离氨基酸总量均出现了不同程度的上升，绿叶性气体的含量大幅度增加，芳香族类、萜类、醇类的含量大幅度减少（张春花等，2012）。感染茶饼病前后，茶树 CAT、POD、SOD、APX、抗坏血酸氧化酶（AAO）、PPO、GR、PAL 活性表现有差异（冉隆珣等，2021）。

（二）地下部生物因子

1. 土壤动物 茶园土壤动物多数利于改善土壤理化性质，但少数是地上部或根系害虫。茶园土壤动物群落以蜱螨目、线虫纲和弹尾目为优势类群。常见类群有膜翅目、线蚓纲、综合目、缨翅目、蜘蛛目和鞘翅目。茶园土壤动物群落与土壤理化性质、茶园覆盖、茶树郁闭状态等有很大关系。温度和湿度导致茶园土壤动物群落结构呈现季节性变化（申燕，2010）。

土壤动物是土壤生态系统中不可分割的组成部分，它们在分解残体、改变土壤理化性质、土壤形成与发育、土壤物质迁移与能量转化等方面具有重要的作用。同时茶园土壤动物群落对季节变化和低温雨雪天气等外界干扰反应较强。随着植茶年限的延长，茶园因不合理施肥管理、农药的大量喷施、土壤酸化板结和茶树自毒作用增强等引起其土壤动物群落指标降低、表聚性更明显等，因此，土壤动物可以作为反映土壤质量变化的指标。

2. 土壤微生物　　茶树、土壤、微生物三者也存在相互作用且对茶树新陈代谢有着重要影响。土壤微生物种类主要包括细菌、真菌和放线菌，从数量组成来看，细菌数量最多，真菌和放线菌数量相对细菌较少，其中对提高土壤肥力和改善茶树生长有显著作用的自身性固氮菌、氮化细菌和纤维分解细菌等种群数量均很丰富。微生物总分布趋势是根表多于根际，根际多于根外。土壤中细菌占微生物总量的 70%～90%，是土壤中最活跃的生物因素，分为自养型和腐生型。自养型细菌主要转化矿质养分的存在状态；腐生型细菌则参与土壤有机质的合成与分解，主要类群有假单胞菌属（*Pseudomonas*）、芽孢杆菌属（*Bacillus*）、短杆菌属（*Brevibacterium*）、土壤杆菌属（*Agrobacterium*）和微球菌属（*Micrococcus*）、气杆菌属（*Aerobacter*）、硝化螺菌属（*Nitraspira*）和固氮菌属（*Azotobacter*）等；放线菌主要分布在土壤耕作层，占土壤微生物的 6%～15%，主要类群有链霉菌属（*Streptomyces*）、诺卡氏菌属（*Nocardia*）和小单孢菌属（*Micromonospora*）等；真菌分布在土壤表层的有机质残片或土壤团粒表面，约占土壤微生物的 1%，群落结构以子囊菌、担子菌、接合菌、壶菌和球囊菌 5 个门为主，常见的真菌有木霉（*Trichoderma* spp.）、青霉菌（*Penicillium* spp.）、曲霉菌（*Aspergillus* spp.）、嗜热侧孢霉（*Scytalidium thermophilum*）、镰刀菌（*Fusarium* spp.）、球囊霉属（*Glomus*）、球孢白僵菌（*Beauveria bassiana*）、绿僵菌（*Metarhizium anisopliae*）和酵母菌等，而酵母菌有假丝酵母（*Candida*）、酿酒酵母（*Saccharomyces cerevisiae*）、球拟酵母（*Torulopsis*）等。除上述微生物类群外，还有一类与茶树根系共生的菌根菌，常见的有泡囊丛枝状菌根，简称 VA 菌根。VA 菌根从根中吸收营养，又为根系输送大量营养物质，特别是其不仅能直接增强茶树对磷的吸收能力和对难溶磷的利用能力，其根系分泌物还能导致土壤酸度增加，促使根际土壤中难溶性磷酸盐有效解离（薛英龙等，2019）。

土壤微生物与根系分泌物、茶树品种、茶树年龄、土壤理化性状、栽培方式等相关。茶树生长旺盛，根系分泌物和脱落物越多，根际微生物种类和数量就越多，反之则少。春、秋季茶树生理代谢活跃，根际微生物数量呈增加的趋势，尤以春季更明显。夏季高温，茶树生长基本停滞，其根际微生物数量急剧下降。冬季寒冷，茶树生长停止，其根际微生物数量最少。姚泽秀等（2020）对不同植茶年限土壤微生物群落结构研究表明，细菌群落组分存在差异且多样性指数随植茶年限的增加呈下降趋势，而真菌群落组分差异不明显且多样性指数无显著差异。这是因为：一方面，土壤碱解氮、有效磷和碳氮比是影响不同植茶年限土壤细菌群落结构变异的关键因素，土壤有机碳、碱解氮及有效磷含量随植茶年限的增加呈先升高后降低的趋势；另一方面，茶树自身的根系分泌物使土壤酸化，而真菌比细菌更能适应不断酸化的土壤环境。土壤覆盖改变了土壤中的水、肥、气、热状态，会引起微生物种群结构和数量的变化。土壤微生物绝大多数属于有机营养型，故富含有机能源的植物残体覆盖还田以后必然导致和刺激土壤中各类微生物细胞的增殖效应。与自然留养杂草相比，覆盖作物提高了茶园 0～15cm 土层土壤微生物对碳源的利用程度，且提高了土壤微生物的物种丰富度指数、均匀度指数和优势度指数（王明亮等，2020）。

土壤中微生物有很多是有益的，如木霉、青霉、曲霉、嗜热侧孢霉、镰刀菌、球囊霉属、球孢白僵菌、绿僵菌等真菌在茶园土壤中广泛分布，它们对茶树凋落物、修剪物、根系分泌物中的木质素和多酚等有较强的降解作用，可提高土壤肥力和活性，并作为茶园生防真菌对茶园土壤清洁，预防茶树小绿叶蝉、茶卷叶蛾等昆虫和螨类及根腐病等方面都发挥重要作用。茶树根际中特定的微生物菌株也具有提高茶树的耐胁迫性及防治根腐病的能力，从而促进茶树生长和生产力提高。

但是根际微生物也有不利于茶树生长的一面：①与茶树竞争营养物质；②某些微生物活动使茶树对锌、锰、钼、硫、钙等元素吸收量减少；③有的病原菌会致病或排出有毒物质，对茶树有害。

三、人为因子

中国是最早发现茶树、栽培茶树的国家。人为因子对茶树生理生态的作用具有特殊性和重要性，具体体现在茶园管理措施如茶园耕作、茶树修剪、茶园施肥、茶叶采摘及茶园水分管理等方面。

（一）茶园耕作

茶园耕作是人类有意识地改良土壤的性状，以适于茶树生长。根据时间、目的、要求不同，可分为生产季节的耕作和非生产季节的耕作。生产季节的耕作主要是中耕和浅锄：一是春茶前中耕，有利于促进春茶提早萌发及春茶增产；二是各轮茶采后的浅锄，能疏松茶园板结土壤。非生产季节的耕作则是在秋茶采摘结束以后进行的 1 次较深的耕作，主要是改良土壤，同时可结合深耕施肥，为翌年的茶叶丰产打下基础。

茶园耕作的作用或效应主要表现在对茶园土壤肥力和物理性状的影响、对茶树根系生长的影响及对茶叶产量和品质的影响等方面。茶园合理耕作，既可以疏松茶园表土板结层，协调土壤水、肥、气、热状况，翻埋肥料和有机质，熟化土壤，增厚耕作层，提高土壤保肥和供肥能力，同时还可以消除杂草，减少病虫害。不合理的耕作不仅会破坏土壤结构，引起水土流失，还会加速土壤的有机质分解消耗。江西省红壤研究所采用田间试验，以免耕为对照，设 10cm 耕作深度、20cm 耕作深度和 30cm 耕作深度 3 个处理，发现不同耕作深度均能降低茶园土壤容重，增加土壤水含量，改善土壤孔隙度状况和协调土壤。三者相比，20cm 耕作深度对茶园土壤的综合改善效果最佳（李小飞等，2018）。随着茶树的生长，茶园行间遍布根系，耕作过程中无法避免断伤部分茶树根系。茶树树龄越大，耕作造成的伤害就越严重，耕作深度越深，幅度越宽，伤根率越高。由于茶树根系具有较强的再生能力，因此可起到根系更新作用，有利于对衰老茶园的改造，复壮树势。

（二）茶树修剪

良好的茶树树冠结构是优质、高产、高效的基础，因此茶树栽下后会采用人为修剪措施，从而培育出茶树高产优质型树冠。高产优质型茶树树冠的外在表现为分枝结构合理，树冠高度适中，覆盖度大，枝叶茂密。针对不同树龄、不同树势、不同茶树品种应该采用不同的修剪措施。幼龄茶树一年至少可以进行一次定型修剪，定型修剪后，树干渐壮，分枝增多，初步形成良好的采茶面，树冠高度较一致，有利于以后采茶机械化；处于生产期的成年茶树，在秋后或者早春采取轻修剪或深修剪的管理模式，剪去残留的夏秋梢，对茶树进行修整，能有效促进次年春茶的萌发（图 2-9）；对于衰老的茶树则采取台刈。

彩图

图 2-9　修剪后的茶园

　　茶树经过修剪不仅生理上会发生变化，如营养生长加强、生殖生长减弱等，而且形态上也会发生显著变化，如幼苗由主轴生长优势变为合轴分枝、骨干枝更加强壮、树冠面扩大等。修剪对茶树新梢的生长影响最大，修剪程度及修剪时期都对新梢的生长势和生长量有明显影响。通过系统分析茶树秋季修剪对次年萌芽的影响，发现若秋季修剪过早，不仅梢端腋芽易过早萌发，从而导致冬季受冻，而且茶树还会因光合产物减少而营养积累不足，影响下部腋芽春季萌发。而修剪过迟，剪口下茶芽解除抑制迟，进入冬季，茶树生长发育基本停止，茶芽发育及分化不足，致使春季发芽推迟。另外，修剪过轻，树冠结节枝、细弱枝多，养分供应分散不集中，茶芽萌发受限，萌发后的芽头瘦小、重量轻、内质差；修剪过重，则成熟生产营养腋芽保留少，中下部茶芽因发育迟缓，春季萌发迟，发芽不整齐，可采数量少（罗长城，2021）。对于茶树根系而言，在一段时间内修剪会抑制其生长，因为修剪削弱了地上部对根系生长必需能源和有机营养的供应。对于茶树体内物质代谢而言，修剪打破了植株体内的平衡，糖类物质、多酚类物质、含氮化合物和营养元素等主要化学成分组成和含量均发生了显著变化。如前所述，修剪促进了茶树的营养生长，但对生殖生长起一定的抑制作用，因为植株体内的大部分营养都用于供应营养芽的生长，生殖器官获得的养分相对减少。研究表明，对幼龄茶树树冠生长而言，春茶前选择性修剪、7 月选择性修剪更利于茶树树冠的形成，同时能促进茶树产量及品质的提高，春茶前一次选择性修剪、之后全年不修剪能有效地降低春茶的酚氨比（江新凤等，2018）。

（三）茶园施肥

　　茶树在生长发育过程中，需要从土壤中吸收矿质元素来保证其正常的生长发育。为满足茶树不同生育时期对营养元素的需要，促使茶树新梢正常生长，需要人为进行茶园施肥。茶树生长发育消耗最多的营养元素是氮、磷、钾三元素，因此施肥补充的主体也是这三种元素。依据茶树生育周期和需肥特性，把茶园施肥分为底肥、基肥、追肥和叶面施肥。开辟新茶园或改种换植时施用的为底肥，每年茶树地上部分停止生长之后施用的肥料称为茶园基肥，在地上部分处于生长时期所施的肥料称为追肥。基肥的施用时间主要取决于茶树地上部分停止生长的时间，一般在 10 月中旬至 11 月下旬施用为好。追肥主要有 3 次，每年茶园地上部分恢复生长后第 1 次追肥称催芽肥，一般在采摘前 15～20d 施下为宜，春茶结束后施第 2 次追肥，夏茶后施第 3 次追肥。

　　施肥作为茶树最重要的栽培管理手段，对幼龄茶树的生长发育影响十分显著。氮、磷、钾肥不同水平配施或单因素施入对茶树芽叶生化成分影响显著。磷肥的施入提高了红茶的香气和滋味；钾肥的施入显著提高了幼龄茶叶中氨基酸和茶多酚的总量；氮肥施入量的增加能提高氨基酸含量；磷、钾肥对提高红茶品质有着较大的作用，单施氮肥将使红茶品质变差。综合试验结果表明，在初投产茶园中，每年施纯氮 $150kg/hm^2$、磷肥 $150kg/hm^2$，钾肥 $75kg/hm^2$，茶树生长性状表现较好，茶叶产量较高，且茶叶品质较优良（唐劲驰等，2011）。同时，不同施肥处理对幼龄茶树生长发育的影响不容忽视。复合肥（ $N：P_2O_5：K_2O=15\%：15\%：15\%$ ）对幼龄茶树萌芽数和主茎直径提升效果最显著，较高的磷、钾比例有利于幼龄茶树形成健壮树体骨架（李佳等，2021）。氮、磷、钾配施可显著提升茶树新梢叶片的气孔导度并保证茶树新梢中较高的磷含量，从而提高茶树的净光合速率。氮、磷、钾配合施用同样关系着鲜叶的产量和品质。氮、磷、钾肥配施能显著提高春茶氨基酸的总量及其组分含量，提高春茶的品质，表明茶叶中氨基酸总量和茶氨酸等重要组分含量的提高是氮、磷、钾营养共同作用的结果（罗凡等，2015）。不同施肥技术对茶树生长发育的影响不同。施用底肥可以增加茶园土壤有机质含量，改良土壤理化性质，促进土壤熟化，提高土壤肥力，诱发茶树根系向深层发展。施用基肥可以补充当年因采摘茶叶而带走的养分，增强茶树光合作用和养分储备，成为来年春茶的物质基础，促使春茶早发、旺发和肥壮。追肥的施用则达到了不断补充茶树需要的养分的目的，使茶树持续旺盛生长。喷施叶面肥能促进春茶的早发、旺发，活化茶树体内的酶系统，增强根系吸收能力。此外在逆境下，叶面施肥还能增强茶树的抗性。

（四）茶叶采摘

茶树新梢生长具有两个明显的特征，其一是顶端优势，其二为多次萌发生长。茶树新梢生长时，顶芽率先萌动，生长速度最快，占据优势地位，即为茶树新梢生长的顶端优势。茶树顶芽和侧芽在生长上相互制约，顶芽的旺盛生长会抑制侧芽的生长，从而导致侧芽萌动推迟，生长减缓，数量减少。在自然生长状态下，茶树新梢每年最多重复生长2~3轮。如不采下新梢上的芽叶，新梢很快就会形成木质化的枝条。若加以人工采摘，新梢失去顶芽，顶端优势被打破，养分就会多向新梢侧芽输送，从而加快侧芽的萌发和伸长。在留下的小桩上又有1~3个侧芽各自萌发生长形成新的新梢。如此，在采摘的刺激下，各枝条的营养芽积极活动，使营养芽不断分化，不断萌发和伸展叶片，茶树新陈代谢更为旺盛。即使是同一品种的茶树，不仅新梢生长次数要比自然生长的增加2~3轮，还能使茶芽萌动提前，增加发芽密度。

茶树新梢的生长发育与植株其他部位的生长发育息息相关。采去新梢的芽叶便会引起茶树生理的变化，植株各部位的生长状态及相互关系也相应发生了变化。如果强行采摘新生的芽叶，必然会摧残茶树树冠，减少茶树光合叶面积，留叶过少，会增加茶园的漏光率，从而降低茶树的光合作用，减少茶树体内有机物质的形成和积累，影响植株整体营养芽的萌发和生育。同时树冠合成的有机养料无法保障根系的营养供应，而根系营养不足又会影响茶树的吸收和运输功能，导致树冠衰败。长此以往形成恶性循环，茶树就会逐渐衰亡。如幼年茶树过早过强采摘，易造成茶树生育不良，茶树早衰，有效经济年限缩短等问题。另外，如果成龄茶园不及时采去顶芽和嫩叶，不但因采得少降低茶叶产量，而且会多消耗水分和养料。又由于树体叶片过多，树冠郁闭，中、下层着生的叶片见光少，对光合作用不利，营养生长也差，容易造成分枝少，发芽稀疏，生殖生长增强，花果增多，从而影响着茶叶产量和品质。采叶茶树与自然茶树相比，采摘的刺激还能适当延长叶龄、促进新叶的生长。

（五）茶园水分管理

茶树生理生态所需的水分主要来自土壤。一般而言，若茶树新梢细胞水势值为 -0.6 ~ $-0.2MPa$ ，则表明茶园土壤的水分状况能够比较好地满足茶树对土壤水分的要求。而茶园土壤水分的有效性受人为水分管理影响显著，如灌溉、排水、保水措施等。在茶树栽培中要依据不同树龄茶树的需水规律进行茶园水分管理，幼龄茶园要特别加强表土供水和覆盖保水；成龄茶园则要注重适当加深供水层，深耕改土，提高深层土壤的蓄水量。灌溉则要尽量灌足，促进根系深扎，形成健康发达的根系，提高茶树吸水能力。

水分关系到茶树新陈代谢的强度和方向，也影响茶叶中各种有机物的形成和积累，对产量品质的影响也极大。早期灌溉可增产一至几成，甚至一倍以上。同时水分充足，酶的作用趋向合成方向，有利于有机物质的积累，从而提高氨基酸、咖啡碱、蛋白质的含量，提高品质；反之，缺水时趋于分解方向的酶活性加强，使茶叶内的有效成分降低，特别是加速糖的缩合，纤维素增加，茶叶粗老，影响茶叶品质。茶园土壤水分对茶树生育的影响主要是生长速率问题，干旱促进生殖生长进程，湿涝则影响茶树根系健康。

◆◆ 第三节　茶树生态型

■ 一、生态型的概念

同一种植物的不同个体群生活在不同的生态环境中，由于长期受到不同环境条件的影响，在其生态适应过程中，不同个体群之间发生变异和分化，形成了一些生态学上互有差异的、异地性的个体群，它们具有稳定的形态、生理和生态特征，并且这些变异在遗传性上被固定下来，从而在一个种内分化形成不同的个体群类型，这些不同的个体群类型，称为生态型。因此，生态型是同一种植物对不同环境条件趋异适应的结果，即种内分化定型的过程，是一种更好地与不同环境条件取得统一的适应形式，生态型的分化也是物种进化的基础。

19 世纪末到 20 世纪初，法国植物学家 Bonnier 第一个系统研究了植物外部形态随环境梯度变化而变化的规律。经过近 50 年对不同海拔植物的研究，Bonnier 指出环境条件的改变可以导致同一植物种群发生形态上的改变，并将植物划分为高山植物和低地植物两种类型。在此基础上，瑞典生态学家 Turesson 对种在园内的从 9 个不同地方移植的风铃草属（*Campanula*）植物进行观察研究指出：不同地方来源的风铃草植株大小、开花数量和花的大小等特征有很大的不同。1922 年，Turesson 首次提出了"生态型"（ecotype）的概念，其最初的定义是：一个种对某一特定的生境发生基因型反应的产物。具体包括 3 方面的内容：①绝大多数广布种在形态学和生理学特征上表现出地理空间的差异；②这些植物种内变异都与特定的生境条件相联系；③生态学上的变异不仅是对环境的可塑反应，更重要的是通过自然选择具有遗传基础。然而，受限于当时的实验条件，Turesson 指出的"生态型可以遗传"这一观点并没有用实验来证实。之后，美国的生态学家 Clausen 等将不同生态型的植物移植于不同的地方，观察到其形态、生理特征等并不会随环境条件的改变而改变，从而证明了不同生态型的植物有不同的遗传基因，这是植物适应自然环境的结果。这种说法与 Turesson 的假设相吻合，即不同生态型植物的基因不同，这是自然选择尤其是其生长地的环境条件长期选择的结果。

Gregor 等认为生态型是一个种群，通过形态的和生理的特征相区别，种内的生态型之间可交配繁殖，但由于生态障碍而阻止了基因交流，空间上广泛分离的生态型可以显示出由基因确定的不同特征，并且局限于它们发生的地理区域。这个概念强调了生态障碍对生态型分化的决定作用。然而，从进化的观点来看，物种形成是一个渐变的过程，还有一个系列的形态变化谱系。考虑到这一点，Gregor 对生态型概念作了修正，他认为生态型是渐变群上的一个特殊适应类型。

生态型是遗传变异和自然选择的结果，代表了不同的基因型，所以即使将它们移植于同一生境，它们仍保持其稳定差异，但型间差异尚不足以作为物种的分类标志，不同生态型之间可以自由杂交。生态型是基本的生态单位，严格地说，与生态位相对应的不是物种，而是生态型。因此，对生态型的研究可用以分析种内生态适应的形成，了解种内分化及定型的过程和原因。随着近代生物技术的快速发展，尤其是高通量测序技术的普及，从基因组层面上对该物种的适应性遗传分化进行研究成为可能，这推动了生态型研究的深入，使引种、育种和作物栽培工作的着眼点由物种深入到生态型。

二、生态型的形成与分类

由于生态型的产生与植物的生长环境密切相关，每组生态型都适应于不同的生境条件，因此，众多学者指出区别生态型可靠而又简便的方法是根据在一定生态环境地区生活的一种作物来确定。例如，Smith 和 Theunissen 等认为在不同纬度或经度地区生长的植物在形态、生理及遗传特征等方面都有明显的差别，可以将纬度或经度差距大的地区植物种内的不同亚种及品种认为是不同的生态型。另外，Jung 和 Sanderson 等一些学者认为可以根据海拔对植物进行生态型的划分，并且 Baric 等经过试验证明这对水生植物同样适用。

影响植物生态型的因子多种多样，其主导因子可能是土壤因子、气候因子或生物因子，有时是多种生态因子联合作用的结果，以至于气候带的存在，使分布在这些地段内的种发生变异。在自然选择的作用下，新的生态型便会产生出来。一般来说，一个种分布区域越广，种内的生态型也越多。在同一生境中，所有种的生态型有表现出某些共同适应特征的趋向。就植物来说，可根据形成生态型的主导因子将植物生态型分为三类：①气候生态型，这是长期适应不同光周期、气和降水等气候因子而形成的；②土壤生态型，这是在不同土壤的水分、温度和肥力等自然和栽培条件下而形成的；③生物生态型，这是同种生物的不同个体群，长期生活在不同的生物条件下而形成的。例如，高山不同种的生态型，当被移栽到平地时，表现出比平地生态型发育早的趋势——'云南大叶种'从云南引种到浙江、湖南、福建、广东、广西等省（自治区、直辖市）后，由于生境的变化，在生长发育过程中的性状出现变化，产生了各种生态型。

生态型的形成大致有以下几种具体情况。①天然杂交：在两个生态型的分布范围发生交叉的地带，由于它们正常地发生杂交，有时会形成新的生态型，并由杂交产生新的基因组合。②基因突变的积累：在一些小而不能与其他群自由交换基因的种群中，微小基因的突变积累，常常是形成生态型的重要途径。③染色体的改变：起源于同一种的多倍体，其生态幅很少是相同的。④栽培和人工选育：在被进行人工栽培时，种内生态型的数目会增加，这是由于人工栽培条件下，竞争的选择相对要少，而在自然状况下，许多新的变异很快被种内或种间的竞争而淘汰。因此，人工栽培或选育时所形成的生态型特性，能服务于人类的经济目的。

一般而言，生态型划分比较细致。郭永兵等认为生态型的划分应从植物生境入手，首先应该进行气候生态型划分，接着划分不同生境生态型（habitat ecotype），如草地生态型、岩生生态型、林生生态型等，最后，在需要时可以以最典型的表型差异为依据来划分生态型作为补充。但是，在实际划分植物生态型时也不一定是按照这个步骤，这要根据所研究的对象、侧重点及研究目的来确定。对于划分生态型所用的指标，一般有外部形态指标、内部形态指标、生理指标和遗传指标。随着科技手段的不断进步，植物生态型的研究也经历了从外部形态特征到内部结构，从生理特点到遗传机制的过程。

三、茶树的起源与进化

茶树是一种非常古老的植物,其原始祖先种大约在 8000 万年前与猕猴桃物种分化开来(Wei et al.，2018)。茶树作为栽培植物为人类所利用已有 2000 多年的历史。达尔文曾说过,"每一个物种,都有它的起源中心"。瑞典著名植物分类学家林奈于 1753 年出版的《植物种志》中首次将茶树命名为"*Thea sinensis*",意即"中国茶树",暗示了茶树的中国起源。苏联植物学家瓦维洛夫等在深入考察后认为,茶树的起源中心在中国,国内学者一般都认为茶树起源于云、贵、川一带（陈亮等,2000）。陈兴琰（1994）认为,最原始的被子植物木兰目经过五桠果目演化成山茶目,茶树由山茶目的山茶科山茶属植物进一步演化而来。据地质考察,山茶属植物的起源时间可能在距今 3600 多万年前的渐新世。山茶属的植物种以中国分布最多,这说明茶树是在大陆进一步分化后出现的。

约在 3 世纪末期,地质史曾发生印支运动,海水退出亚洲东南部,中国西南、南部及越南北部地区上升为一个稳定的大陆,以后未再受到海浸,当时这一带的地理位置接近赤道,属热带气候,植物生长繁茂,被称为世界多种被子植物起源的摇篮。在中国西南台地上,存在着右江沉降带、滇东沉降带和四川向穴盆处,而且层积着白垩纪的地层。在这些湖、河旁边,由于气候条件较好,保存下来了古生代的一些孑遗植物,如银杏、银杉、苏铁等；同时,被子植物也获得了演化与发展,出现了山茶属植物。山茶属植物现有 200 余种,其中 90%以上集中分布于中国西南部及南部,以云南、广西及广东横跨北回归线前后为中心,向南北扩散而逐渐减少。有研究人员认为:山茶属植物在系统发育上的完整性与山区和分布区的集中性足以说明中国西南部及南部,不仅是山茶属的现代中心,而且是它的起源中心。茶树是常绿阔叶植物,性喜温暖、湿润的气候及排水良好的酸性土壤,自古到今调查发现的野生、乔木、大叶茶树,多数集中在中国滇东南、黔西南、桂西北、镇西南、黔西北和川东南一带,这些地带具备茶树演化和发展的适宜气候与土壤条件。

茶树是从山茶属里分化出来的一个较原始的种,其遗传组成上的高度杂合性和表现型上的多样性给属以下种的分类造成了困难,这也是国内外至今茶树的划分未能一致的主要原因。按照植物进化系统、原始被子植物的起源中心及植物与环境条件统一的见解,茶树原始型应具有下列特征:乔木型、单轴分枝、叶形大而平滑、叶尖延长、叶肉栅状组织一层、花序单生、开花少。此外,苏联的 K. M. 杰姆哈捷研究发现,茶树原始型表现为简单儿茶素的含量比率较高,即表儿茶素（EC）和表没食子儿茶素（EGC）含量相对较高。综上所述,在云南、贵州、广西、四川等地已发现的野生乔木大叶茶树的主要特征特性有许多相似之处,可以进一步说明,上述这些地区是茶树原产的中心地带。第三纪中期开始的地质演变,出现了喜马拉雅山的上升运动和中国西南地台横断山脉的上升,从而使得第四纪后,茶树原产地便成为云贵高原的主体部分。由于地势升高及当时出现的冰川和洪积的影响,形成了褶皱和断裂的山间谷地。这样,受垂直气候的影响,原属热带的同一区域内既有热带和亚热带,又有温带和寒带,使茶树出现同源隔离分居现象。在这种情况下,许多茶树,尤其是处于寒带地区的茶树,由于仅仅依靠本身遗传特性所产生的缓慢变异,无法适应生态条件的剧烈变化,结果大量死亡；而处于温带气候条件地区的茶树,有生存下来的,也有死亡；只有生存在热带和亚热带气候条件地区的茶树,多数才得以保存生活。

茶树经过同源隔离分居之后,各自所处地理和气候条件的变异,以及漫长历史的繁衍过程,引起了茶树自身的缓慢生理变化和物质代谢的逐渐改变,从而使茶树向着各自适应的气候、土壤条件、形态结构和代谢类型而发展,形成了茶树不同的生态型。位于热带高温、多雨、炎热地带的，逐渐形成了湿润、强日照性状的大叶种乔木型和小乔木型的茶树；位于温带气候地带的，逐渐形成了耐寒、耐旱性状的中叶种和小叶种灌木型茶树；位于上述两者之间的亚热带气候条件的地区，则逐渐形成了具有喜温、喜湿性状的小乔木型或灌木型茶树。这种变化，在人工杂交、引种驯化和选育繁殖的情况下，会更加剧茶树的变异和复杂性，以致形成了形态各异的各种茶树资源。这样在同一地区既有大叶种、中叶种和小叶种茶树的存在，又有乔木型、小乔木型和灌木型茶树的存在，而它们都是同一祖先相传下来的后代。

过去，茶树起源"二元说"非常盛行，研究者从茶的两大分类（温带地区的小叶种和热带、亚热带地区的大叶种）推断其原产地各不相同。然而，大叶种与小叶种的生化成分在含量上虽有差异，但其体细胞染色体数目均为 15 对（$2n=30$），在种类上是一致的，这表明世界上的茶树不论是大叶种还是小叶种，均具有相同的祖先，同为一个起源中心。近年来，茶树基因组研究取得了一系列重要突破，为茶树起源演化过程提供了直接证据，证实茶树野生近缘种群是中小叶茶品种（植物分类上多属于茶变种）和大叶茶品种（植物分类上多属于阿萨姆茶变种）的祖先，驯化过程中二者的选择方向存在差异（Wang et al.，2020）。

云贵高原是茶树的起源地，早在印度板块和亚洲板块相撞之前，茶树已在云贵高原形成，并开始向东北地势低的方向传播，印度板块和亚洲板块相撞之后，将云贵高原西北部区域的茶树进一步向北推移，形成川渝野生茶树的月牙形分布状。茶树在产生同源隔离分居现象之后，向着各自适应当地生态环境的方向发展。从茶树栽培的历史上看，大致沿着三个方向向外传播而形成三个茶树生态演化区。茶树沿着云贵高原的横断山脉，依澜沧江、怒江等水系向西南方向，即向纬度较低、高温湿的方向演化，使茶树逐渐适应湿热多雨的气候条件。在这一地区的茶树生长迅速、高大、叶面隆起，叶肉栅状组织多为一层，并能使较为原始的野生大茶树大量保存，有五室茶、五柱茶、大理茶、滇缅茶及分布广泛的阿萨姆茶即栽培型的云南大叶茶等。云贵高原生态条件千差万别，在复杂的自然条件影响下，茶树不断发生演化，尤其在人工栽培的情况下，茶树经过世代繁衍和广泛的传播，经受着多种多样的环境和生产条件的长期影响及人工驯化与自然杂交的作用，演变成十分丰富的茶树资源。现在普遍认为，云贵一带的古茶树种质资源是世界茶树起源、驯化、培育、利用的见证，是世界茶叶种质的基因库。这里存在着大量的野生型、过渡型、栽培型古茶树，完好地保存了茶树不同进化阶段的种性与种质资源。

四、茶树的变异和主要品种性状

（一）茶树的变异

茶树在进化演变过程中逐渐形成了与周围生态环境相适应的结构和器官特征。由于生活环境的变化，尤其是当茶树发生移位运动的情况时，光照、温度、水分及土壤等条件均发生显著改变，迫使茶树自身结构和器官进行改变，以适应新的环境条件，从而实现在新环境中的生存和发展。例如，当茶树从野生环境转入人工栽植环境中后，为了应对光的强烈照射，会缩小叶面积、增厚细胞壁、增加叶绿体数量，以提高光合能力，合成更多营养物质，从而提高茶树的适应性。叶片的形态结构也因此变得坚韧厚实，色泽深绿；低温环境下，茶树地上部分极易受冻而枯死，少数抗性强的地下部分仍保持活力，来年春季则从根颈部萌发出新的枝条，茶树逐渐由主轴分枝变为侧轴分枝的灌木型茶树；长期缺水的条件下，茶树表皮细胞形成角质层，气孔变小，从而减少水分的蒸腾，叶尖钝化，茶树的形态结构趋于矮小，叶片变得短而狭，逐渐由大叶向小叶变异；相反，水肥充沛环境中，茶树则生长迅速，枝干高大，叶片隆起明显，叶尖由钝尖向卵圆形或披针形发展。另外，茶树在最初的自然驯化之后，通常还经过进一步的培

4

育来增强某些生物学特性，主要包括滋味和香气及生物和非生物胁迫抗性，如抗寒、抗旱和抗病性等。然而，这些特征变异需要长期的综合反应所积累，其中一定的性状传递给后代，经过无数代的量变最后发生质变形成遗传因子。因此，茶树在生长发育过程中的变异具有多样性，有些变异可以遗传，有些不能遗传，由遗传因子和环境因素共同作用决定。

茶树经过自然选择和品种改良来适应不同的栖息地生态环境，目前形成了两种主要的栽培种类：CSS（中国种）和CSA（阿萨姆种），两种茶树种类具有鲜明的特征差异，其中CSS的特点是小叶片，生长缓慢，耐寒性强，多为灌木或半灌木；CSA则有较大的叶片，生长速度快，对寒冷天气敏感，多为乔木或半乔木。茶树在长期的个体发育和繁衍过程中，既有遗传的一面，也有变异的一面。其中，茶树的变异可分为营养器官的变异、生殖器官的变异和生理生化特性的变异。

1. 茶树营养器官的变异　茶树是叶用作物，芽叶作为主要利用部分可以为人类带来较高的经济效益，同时芽叶也更容易受环境条件的影响，是茶树变异中表现最为显著的器官。

（1）树型　茶树根据分枝部位不同可分为乔木、小乔木和灌木3种类型。乔木型，从基部到顶部主干明显；小乔木型，基部主干明显，中上部主干不明显；灌木型，无明显主干，从根颈处开始分枝。在一个群体品种中，树型是长期演化的结果，主要受遗传因素的影响，不同环境条件下表现相对稳定，如灌木型紫阳群体种南移后仍表现为灌木树型，南方大叶种北引栽培，其树型仍为乔木型。

（2）树姿　茶树根据分枝角度的不同可分为直立、半开展和开展3种类型。自然栽培条件下的茶树，以半开展状的分枝形态居多，而开展状和直立状的较少。茶树的树姿变异较小，分枝形态比较稳定，如'政和大白茶'在任何栽培条件下均为直立型。

（3）芽　茶芽的形态可分为细长、细短、长肥和短肥，茶芽的形态和大小与叶片大小有关，如大叶种的芽较肥长，小叶种较细小。茶芽形态和大小不稳定，易受生态环境、水肥条件等影响，而茶芽上茸毛的多少则是较为稳定的性状。

（4）芽叶持嫩性　茶树新梢芽叶的持嫩性与品种有关，也易受环境影响，如高温条件下持嫩性降低，遮阴条件下持嫩性增加，水肥充足条件下持嫩性增加。

（5）叶形　叶形有披针形、长椭圆形、椭圆形、卵圆形和近圆形。茶树叶片以椭圆形和长椭圆形为多，变异较少且较稳定。

（6）叶片大小　茶树根据叶面积可分为特大叶、大叶、中叶和小叶。不同品种间叶片大小差异显著，且与地理位置、栽培条件等密切相关，如由南到北叶面积依次减小，遮阴或台刈后叶面积变大，而连续采摘则会使叶面积减小。

（7）叶尖和叶脉　叶尖有渐尖、急尖、钝尖、圆头等之分，茶树叶片支脉对数的变异幅度为4～16对，变异易受环境影响。

（8）叶色　常见叶色有黄绿、浅绿、绿、深绿。茶树叶色受多基因控制，品种间存在差异，叶片的绿色程度与光合效能和制茶品质有着密切的关系。不同成熟度下有不同的表型，幼嫩叶片常呈淡绿或黄绿，成熟叶片常呈绿或深绿。不同栽培条件下叶色也会有变化，遮阴或重施氮肥会使茶树叶色加深。叶色的深浅主要受植物色素调控，类胡萝卜素含量升高会使叶片呈现白化或黄化变异，产于浙江省安吉县的'白叶1号'，是当代开发成功的第一个白色系茶树品种；浙江天台县'中黄1号'、缙云县'中黄2号'等，为黄色系品种；云南省的'紫娟'新梢芽叶以紫、红系色泽为主，叶片中的花青素含量较高，属于紫红色系种质资源。

（9）叶片着生角度　根据叶片与茎杆的夹角可将叶片着生角度分为上斜、稍上斜、水平和下垂，其中上斜着生的叶片光能利用率最高。茶树营养器官的变异情况见表 2-4。

表 2-4 茶树营养器官的变异情况

部位	名称	性状描述	划分标准
茎	树型	乔木、小乔木、灌木	乔木型，从基部到顶部主干明显；小乔木型，基部主干明显，中上部主干不明显；灌木型，无明显主干，从根颈处开始分枝
	树姿	直立、半开展、开展	按茶树一级分枝或外轮主干与地面垂直线的夹角角度（α）来区分：$\alpha<30°$ 为直立，$30°\leqslant\alpha<50°$ 为半开展，$\alpha\geqslant50°$ 为开展
芽	芽形	细长、细短、长肥、短肥	—
	芽长度	1.5～3.0cm	—
	芽茸毛	特多、多、中、少、无	与标准品种比较
叶片	叶形	披针形、长椭圆形、椭圆形、卵圆形、近圆形	叶形指数（I）＝叶长/叶宽，$I<2.0$ 为近圆形、卵圆形，$2.0<I\leqslant2.5$ 为椭圆形，$2.5<I\leqslant3.0$ 为长椭圆形，$I>3.0$ 为披针形
	叶色	黄绿、浅绿、绿、深绿	叶片正面的颜色
	叶面积	特大叶、大叶、中叶、小叶	叶面积（S）＝叶长×叶宽×0.7，$S<20cm^2$ 为小叶，$20cm^2\leqslant S<40cm^2$ 为中叶，$40cm^2\leqslant S<60cm^2$ 为大叶，$S\geqslant60cm^2$ 为特大叶
	叶尖	渐尖、急尖、钝尖、圆头	渐尖先端较长，呈逐渐斜尖；急尖为先端较短；钝尖为先端钝而不锐
	叶脉	4～16 对	形成闭合侧脉的对数
	叶片着生角度	上斜、稍上斜、水平、下垂	叶片与茎杆夹角（β），$\beta\leqslant45°$ 为上斜，$45°<\beta\leqslant80°$ 为稍上斜，$80°<\beta\leqslant90°$ 为水平，$\beta>90°$ 为下垂
	叶片厚度	薄、中、厚（0.16～0.50mm）	叶片中间主脉旁边的厚度
	叶缘	波状、微波状、平直状	与标准品种比较
	叶面光泽性	强、中、暗	叶片正面光泽性
	叶身	内折、平、稍背卷	—
	叶质	硬、较硬、软	叶片柔软程度
	叶齿	16～32 对（大而疏，小而密）	叶齿密度（每厘米叶缘锯齿数 N）：$N<2.5$ 为稀，$2.5\leqslant S<4$ 为中等，$N\geqslant4$ 为密

2. 茶树生殖器官的变异　　茶树生殖器官的变异常作为茶树进化与分类的重要依据。

（1）花　　茶树花芽分化发生在 5～6 月，10～11 月前后开花。茶树花期长短与地理位置有关，我国大部分茶区的花期在 9～12 月，陕南地区春季有少量茶树花开放，云南和海南地区每月均有茶树花开放。茶树花为两性花，由花柄、花托、花萼、花瓣、雄蕊和雌蕊组成。茶树花芽与叶芽同时着生于叶腋间，着生数为 1～5 个。花轴短而粗，属假总状花序，以单生和对生的占多数。湖南省农业科学院茶叶研究所调查发现，高桥群体种的花序，单生的占 42.99%，对生的占 39.11%，丛生的占 16.42%，短轴总状花序的仅占 1.48%。花萼有的有茸毛，有的没有茸毛。花药的颜色从淡黄色到深橘黄色，萼片 4～6 枚，萼片数和花冠上的花瓣数相关，通常萼片 5 枚，花瓣 7 枚，7 枚以上的是重瓣花。雄蕊和雌蕊在高度上的比例是茶树对异花授粉适应性的指标。柱头的分叉数与子房数是一致的，一般为 3～6 个。花柱的分叉以从 1/3 处开始分叉的最为常见。子房的表面有的被有茸毛，有的没有茸毛。

（2）果实　　茶树的果实通常为 3 室的蒴果，翌年 10 月中下旬成熟，果皮未成熟时为绿色，成熟后变为棕绿色或绿褐色。茶果形状和大小与茶果内种子粒数有关，一般一粒果为近球形，二粒果为肾形，三粒果为三角形，四粒果近正方形，五粒果似梅花形。

（3）种子　茶树的种子大多数为棕褐色或褐色，形状有球形、近球形、半球形和肾形等，以近球形居多。种子大小差异较大，大叶种种子直径15mm左右，中小叶种种子为13mm左右。

茶树生殖器官的变异情况见表2-5。

表2-5　茶树生殖器官的变异情况

部位	名称	变异范围
花	花序	短轴总状、单生、对生、丛生
	花瓣数目	5～11瓣
	花色	乳白、淡黄、粉红
	花萼	萼片数4～7，有的有茸毛，有的无茸毛
	花柱	花柱长6～17mm，分裂数3～6裂。柱头分裂部位：基部、中部、上部
	子房	有茸毛、无茸毛
	雄蕊与雌蕊	雄蕊数100～300个，花丝8～16mm
果实	形状	近球形、肾形、三角形、正方形、梅花形、不规则形
	大小	直径1.5～4.0cm
	室数	3～6室
	每果茶籽数	1～6粒
	果皮厚度	厚、薄
种子	形状	球形、近球形、半球形、肾形、不规则形
	大小	直径10～20mm
	种脐大小	（2mm×2mm）～（5.5mm×7.5mm）
	种皮色泽	褐色、棕褐色、棕色

3. 茶树生理生化特性的变异

（1）茶树生长期　不同茶树品种新梢生育期对有效积温或活动积温的要求差异很大，同气候条件下，春茶萌发期有早有迟，晚秋休眠期也有早有迟。例如，'水仙'在杭州的一芽三叶期在4月7日，'白牡丹'一芽三叶期在4月28日，相差22d；晚秋休眠期，最早的于8月24日即形成驻芽，最迟的直至9月10日（'白牡丹'），相差18d。

（2）育芽能力　茶树育芽能力因不同品种、不同环境而存在差异。茶树育芽能力在很大程度上取决于环境因子，与生态环境密切相关，其次才是遗传学上的差异。

（3）开花期　茶树开花期与环境条件和地理位置关系密切，早期为9～10月，中期为10～11月，晚期为11～12月。

（4）芽叶的化学成分　不同品种茶树芽叶特征性化学成分含量和比例存在差异。班秋艳等（2018）对陕西不同地方的茶树特征性生化成分进行分析，茶多酚含量为7.38%～21.62%，氨基酸含量为1.06%～4.81%，咖啡碱含量为0.32%～5.28%，水浸出物含量为32.36%～55.54%。潘宇婷等（2018）对河南不同地方茶树的茶多酚、氨基酸、咖啡碱和水浸出物进行了统计和分析，茶多酚含量为7.78%～23.50%，氨基酸含量为0.80%～2.88%，咖啡碱含量为1.46%～6.17%。同一茶树品种不同叶位间的生化成分含量也存在差异（表2-6），随着嫩梢生长成熟，茶多酚、游离氨基酸、咖啡碱、全氮量等有效成分含量降低，而粗纤维含量提高。

表 2-6　茶树嫩梢芽叶的生化特性（陈亮等，2004）

项目	变幅	平均数	特异资源	变化趋势
茶多酚/%	13.6～47.8	28.4	>38	从北到南逐渐升高，以云南资源最高
儿茶素总量/（g/kg）	81.9～262.7	144.6	—	以湖南资源最高
游离氨基酸/%	1.1～6.5	3.3	>6	南部地区资源的含量比北部地区和东部地区低得多
咖啡碱/%	1.2～5.9	4.2	>5 或<1	高咖啡碱资源以云南最多，福建次之
水浸出物/%	24.4～57.0	44.7	—	变化趋势与茶多酚一致

（二）茶树主要品种性状

1．有性系良种

（1）'勐海大叶种'　　植株乔木型，特大叶类，树姿开展，分枝部位高，叶长椭圆或椭圆形，叶尖渐尖，叶肉厚，叶质软，叶色绿，叶面隆起，叶缘微波，革质厚，芽叶肥壮，茸毛多，发芽期早。

（2）'勐库大叶种'　　植株乔木型，大叶类，树冠高大，树姿开展，分枝部位高，叶长椭圆或椭圆形，叶基卵圆形，微内折，叶尖渐尖，叶色黄绿，叶肉厚而柔软，叶面隆起明显，革质厚，叶缘背卷，锯齿大而浅，主脉明显，芽叶肥壮，茸毛多，育芽能力强，发芽期早。

（3）'鸠坑种'　　植株灌木型，中叶类，树姿半开展，分枝较密，叶椭圆、长椭圆或披针形，叶色绿，富光泽，叶面平展，微隆起，叶质较软，芽叶较肥壮，中生，育芽能力较强，开花结实较多，抗寒性、适应性均较强。

（4）'凤庆大叶种'　　植株乔木型，大叶类，树姿开展，生长势强，分枝部位高，叶椭圆形，叶曲微内折，呈水平着生，叶色绿，叶面隆起，叶质柔软，叶缘微波，茸毛多，育芽能力强，发芽期早。

（5）'凌云（乐）白毛茶'　　植株小乔木型，大叶类，树姿半开展，叶椭圆、长椭圆或倒卵形，叶质柔软，平展，叶缘锯齿细密，叶片下垂着生，主侧脉下陷明显，叶面强隆起，锯齿细密明锐，发芽期适中，茶芽黄绿，茸毛特多，育芽能力强，结实力弱，抗逆性较强。

（6）'海南大叶种'　　植株小乔木型，特大叶类，树姿开展，叶长椭圆、椭圆或卵圆形，叶色绿，具光泽，叶面隆起，叶肉厚，发芽期早，茶芽密度较大，育芽能力强，生长期长，抗寒、抗旱性弱。

（7）'凤凰水仙'　　植株小乔木型，大叶类，树姿直立，分枝稀疏，叶长椭圆或椭圆形，叶色绿或深绿，叶质硬脆，芽叶肥壮，茸毛少，早生，结实率较高，香气高，抗寒性强。

（8）'宁州种'　　植株灌木型，中叶类，树姿半开展，分枝较密，叶片呈上斜着生，叶椭圆形，叶尖钝尖，锯齿粗密适中，叶面隆起富有光泽，叶肉较厚而柔软，叶缘微波，中生，茶芽密而肥壮，结实少，抗逆性中等。

（9）'黄山种'　　植株灌木型，中叶类，树姿开张，叶片呈水平着生，叶椭圆形，锯齿深而明显，叶面隆起，具光泽，叶缘微波，叶尖渐尖，叶身平展，叶质厚而柔软，芽叶肥壮重实，育芽力强，白毫显露，中生，抗逆性强。

（10）'祁门种'　　植株灌木型，中叶类，树姿半开展，分枝密度中等，叶椭圆或长椭圆形，少数近披针形，叶片多呈水平着生，叶面微隆起，叶身平展，锯齿细浅，叶色绿，有光泽，叶质柔软，叶尖渐尖，芽叶黄绿色，发芽较密，持嫩性较强，育芽能力较强，抗寒、抗旱性较强，开花结果多。

（11）'云台山种' 植株灌木型，大叶类，树姿半开展，分枝较稀，枝条粗壮，叶形有长椭圆、椭圆或卵形等多种，以长椭圆形为多，叶色绿，富光泽，叶肉肥厚，叶面隆起，叶质较柔软，芽叶呈绿、黄绿色，茸毛多，芽叶肥壮，持嫩性强，适应性广，抗逆性强，花果多。

（12）'湄潭苔茶' 植株灌木型，中叶类，树姿半开展，分枝密，叶形椭圆，叶片呈水平着生，叶色深绿，叶面隆起，叶肉肥厚，叶尖渐尖或稍凸出，锯齿浅密，育芽能力强，中生，持嫩性强，且既耐寒又抗病。

（13）'紫阳种' 植株灌木型，中叶类，树姿半开展，分枝较密，树冠较矮，叶形椭圆，叶厚较硬脆，叶色绿、欠光泽，早生，生育快，茶芽较密，黄绿，茸毛偏少，结实力较弱，适应性广，抗寒力强。

（14）'早白尖' 植株灌木型，中叶类，树姿半开展，叶长椭圆形，叶面隆起，叶色浅绿，特早生，嫩芽茸毛特多，芽尖银白色，持嫩性强。

（15）'宜兴种' 植株灌木型，中叶类，树姿半开展，分枝较密，叶片水平着生，叶面微隆起，叶形椭圆，叶色绿或淡绿，叶尖渐尖，开花结实多，抗寒性强，越冬芽萌发较早。

（16）'宜昌大叶种' 植株小乔木型，中叶类，树姿半开展，分枝较密，叶片呈上斜着生，叶长椭圆或披针形等，叶面隆起有光泽，叶色绿，叶肉厚而柔软，叶缘微波，锯齿浅，叶尖有钝和锐两种，中生，芽叶黄绿色，育芽力强，开花多，结实力强。

（17）'乐昌白毛茶' 植株乔木型，大叶类，树姿半开展或直立，分枝稀疏，叶片多上斜着生，叶长椭圆、椭圆或披针形，叶身平展或稍内折，叶面微隆，叶色黄绿，叶尖渐尖或急尖，叶缘平滑，锯齿疏、浅、钝，叶肉肥厚，质地较硬脆，芽叶黄绿，茸毛特多且长，育芽能力中等，结实中等。

（18）'武夷菜茶' 植株灌木型，中、小叶类，晚生种，树姿半开展，分枝密，叶色绿或浓绿，叶形多为长椭圆，叶片较厚，芽叶较短小，绿色或稍带紫红，茸毛较少，香气高，抗逆性较强。

（19）'信阳种' 植株灌木型，中叶类，发芽期早，树姿半开展，叶形椭圆，叶面隆起，叶色深绿有光泽，叶质柔软，叶缘微波，芽梢着生密，芽叶肥壮，茸毛多，结实率较高，抗逆性强。

2. 无性系良种

（1）'福鼎大白茶' 植株小乔木型，中叶类，树姿半开展，分枝部位较高，分枝密度中等，叶片呈水平状着生，叶椭圆形，叶尖较钝，叶面微隆起，叶色黄泽，富光泽，叶肉较厚，叶片柔软，叶脉明显，锯齿整齐，芽肥壮，茸毛特多，早生，持嫩性强，生长期长，育芽力强，抗逆性较强，结实率低。

（2）'政和大白茶' 植株小乔木型，大叶类，树姿直立，分枝粗壮而稀少，叶片近水平着生，叶椭圆形，叶面平展，叶肉厚，叶质较脆，叶色浓绿或略带黄绿，有光泽，芽叶肥壮，茸毛特多，晚生，年生长期短，顶端优势强，侧芽萌发力差，耐寒性强，开花不结实或很少结实。

（3）'龙井43' 植株灌木型，中叶类，特早生种，树姿半开展，分枝密，叶片上斜状着生，叶椭圆形，叶色深绿，叶面平，叶身稍有内折，叶缘微波，叶尖渐尖，叶齿密浅，叶质中等，芽叶纤细，叶色绿或略带黄色，少茸毛，芽叶生育力强，持嫩性较差，扦插繁殖力强。

（4）'英红9号' 植株乔木型，大叶类，树姿直立高大，顶端优势强，叶椭圆形，叶渐尖，叶色淡，叶质柔软，叶面隆起且富有光泽，萌芽早、休眠迟、生育期长，芽叶黄绿色，粗壮茸毛特多，育芽能力强，发芽较密，抗逆性中等，抗病性稍差，耐寒性较强。

（5）'舒茶早' 植株灌木型，中叶类，树姿半开展，分枝较密，叶片稍上斜状着生，叶长椭圆形，叶色深绿有光泽，叶质厚较软，叶面隆起，叶缘波状，叶身背卷，芽叶淡绿色，茸毛中等，持嫩性强，结实率低，所制绿茶具兰花香，抗寒性、适应性均强。

（6）'福建水仙'　　植株小乔木型，大叶类，树姿半开展，分枝稀疏，树冠高大，叶形长椭圆，叶片平展，叶面平滑富革质，叶色深绿有光泽，主脉淡绿极明显，叶肉肥厚，芽肥壮，茸毛较多，晚生，年生长期短，发芽率低，耐寒性较强，开花但不结实。

（7）'梅占'　　植株小乔木型，大叶类，树姿直立，主干明显，分枝密度中等，叶片呈水平着生，叶形长椭圆，叶面光滑而内折，叶色深绿有光泽，叶肉较脆而厚，侧脉明显，叶尖延长下垂，茶芽绿翠，茸毛尚多，中生，育芽力强，生长迅速，易老化，持嫩性差，结实率极低，适应性强，短穗扦插成活率高。

（8）'黄棪'（'黄金桂'）　　植株小乔木型，中叶类，树姿半开展，分枝紧密，叶片稍上斜着生，叶形椭圆，叶色绿黄，叶片薄软，叶芽较小，节间短。茸毛少，持嫩性较强，抗寒性、抗病虫性强，香气物质丰富。

（9）'乌牛早'　　植株灌木型，中叶类，树姿半开展，分枝较密，叶形椭圆，叶色黄绿有光泽，叶面微隆起，芽叶较肥壮，特早生，育芽力较强，开花结实少，抗寒性强。

（10）'福云6号'　　植株小乔木型，大叶类，树姿半开展，分枝能力强，分枝较密，叶片多数呈水平状或稍下垂状着生，叶呈长椭圆或披针形，叶色绿，光泽性强，叶质柔软，叶面平滑，叶身内折，叶缘平直，锯齿浅而稀，叶尖渐尖，嫩芽叶绿色，肥壮，茸毛较多，育芽能力强，但持嫩性较差，抗旱、抗寒、抗病害能力均较强。

（11）'中茶108'　　植株灌木型，中叶类，特早生种，叶片呈长椭圆形，叶色绿，叶面微隆，叶身平，叶基楔形，叶尖渐尖，树姿半开展，分枝较密，芽叶黄绿色，茸毛较少，持嫩性高，抗炭疽病。

（12）'碧春早'　　植株灌木型，中叶类，早生种，树姿半开展，叶片呈上斜状着生，长椭圆形，叶色绿，叶面隆起，叶身稍内折，叶尖渐尖，叶脉10对，抗寒、抗旱性强，扦插繁殖力强，适合长江中下游茶区栽种。

（13）'槠叶齐'　　植株灌木型，中叶类，中生种，植株较高大，基部主干较明显，树姿半开展，分枝部位较高，叶片上斜状着生，叶色绿或黄绿，富光泽，叶片平或微隆，叶身平或稍内折，叶尖渐尖，叶齿细浅，抗寒性较强。

（14）'陕茶1号'　　植株灌木型，中叶类，树姿半开展，生长势强，叶片椭圆形，稍向上斜状着生，叶色深绿，光泽性强，芽头较肥壮，茸毛适中，新梢芽叶黄绿色，持嫩性好，中抗炭疽病，耐寒性较强。

（15）'婺绿1号'　　从婺源群体种中经单株选育法选育出的早生、持嫩性强的茶树新品种。植株灌木型，树姿半开展，分枝密度稀，叶长椭圆形，叶色绿，叶面隆起弱，叶缘波状程度强，叶片边缘锯齿深，叶基为楔形，叶片着生状态近水平，叶尖急尖，茶芽萌芽期早，芽叶色泽黄绿色，茸毛密度中等，适应性强。

（16）'赣茶4号'　　植株灌木型，树姿半开展，分枝密度大，生长势中等，萌芽期早，叶片着生状态向上，叶长椭圆形，叶色浅绿，叶身内折，叶面微隆，叶片无边缘波状，叶尖为急尖，叶片边缘锯齿浅，芽叶色泽呈浅绿色，持嫩性强，芽叶茸毛中等，发芽密度高。抗茶炭疽病，耐寒性强，耐旱性强。

（17）'浙农902'　　植株灌木型，中叶类，早生种，树姿半开展，分枝密，生长势强，叶片稍上斜状着生，叶椭圆形，叶色绿，叶面隆起，叶身内折，叶缘微波，叶尖渐尖，叶质较厚，芽叶黄绿色，茸毛少，持嫩性好，抗寒、抗旱性强，高抗炭疽病。

（18）'迎霜'　　植株小乔木型，中叶类，早生种，树姿直立，分枝中等，叶片上斜或近水平状，叶片长椭圆形，叶色绿，富光泽，叶尖较钝，叶缘波状，芽粗壮，幼嫩芽叶色黄绿或带微紫，发芽密度中等，持嫩性强，发芽早，秋芽休止晚，抗寒性一般，抗旱性较差，易患茶芽枯病。

（19）'龙井长叶' 植株灌木型，中叶类，早生种，树姿较直立，分枝较密，叶片呈水平状着生，叶色绿，叶形长椭圆，叶面微隆起，芽叶淡绿色，茸毛中，持嫩性强，芽叶较纤长，抗寒性强。

（20）'铁观音' 植株灌木型，中叶类，晚生种，树姿开展，分枝角度大，叶色浓绿，光泽性强，叶肉厚，锯齿疏，叶缘波状，略向后翻，新梢茎粗，嫩叶微紫，花多，结实力强，无性繁殖力弱，适应性差，抗逆性弱。

3. 特异性茶树良种

（1）'黄金芽' 黄化茶树品种，植株灌木型，小叶类，晚生种，树姿半开展，分枝密度中等但伸展能力较强，叶片呈上斜状着生，披针形，叶色浅绿或黄白，光泽少，叶面平，叶身平或稍内折，叶缘平或波，叶尖渐尖，叶齿浅密，黄化叶前期质地较薄软，后叶缘明显增厚。一年四季呈金黄色，黄色程度随光照的强弱而变化，光照减弱（遮阴或树冠下部叶片）后转绿色。

（2）'中黄1号' 黄化茶树品种，植株灌木型，中叶类，中晚生种，树姿直立，分枝中等，叶片水平或稍上斜着生，叶椭圆形，叶色黄绿，叶面微隆起，叶身稍有内折，叶尖稍钝尖，叶齿锐、浅、密，芽叶纤细，发芽密度较大适应性强。春季新梢鹅黄色，颜色鲜亮，夏茶新梢也为淡黄色，成熟叶及树冠下部和内部叶片均呈绿色。

（3）'中黄2号' 黄化茶树品种，植株灌木型，中叶类，中生种，树姿直立，叶椭圆形，叶绿色，叶身平，叶面微隆起，叶尖钝尖，叶齿较锐、浅，叶质较厚软，芽叶茸毛少，育芽能力较强，发芽密度较大，持嫩性强，耐寒性及耐旱性强，适应性强。春季新梢葵花黄色，颜色鲜亮，夏茶芽叶为绿色。

（4）'川黄1号' 黄化茶树品种，植株灌木型，中叶类，晚生种，树姿半开展，叶片上斜着生，叶椭圆形，叶身内折，叶面平，叶缘平，叶尖渐尖，叶齿浅密，叶质柔软，芽叶茸毛少，新梢持嫩性强，抗逆性强，开花结实能力强。春、夏、秋新梢均为黄色，成叶绿黄色，逐渐转为绿色，老叶浅绿色。

（5）'彝黄1号' 黄化品种茶树，植株小乔木型，小叶类，中生种，植株主干明显，分枝较低，生长势中等，树姿开展，成熟叶片绿色，水平着生，呈椭圆形，叶面平整，叶缘微波，叶身平，锯齿中浅，叶质柔软，叶尖钝尖。新梢叶色黄化性状明显，夏、秋季新梢金黄。

（6）'黄芽早' 黄化茶树品种，植株灌木型，中叶类，特早生种，植株主干不明显，树姿半开展，分枝较密，叶椭圆形，叶面平整，叶缘微波，叶质柔软，叶尖钝尖，叶身内折，茸毛中等，持嫩性强。春梢为嫩黄色，夏、秋梢均为黄绿色，呈叶绿色。

（7）'白叶1号' 白化茶树品种，植株灌木型，中叶类，晚生种，树姿较直立，分枝较密，叶片上斜着生，叶长椭圆形，叶身内折，叶面微隆起，叶缘微波，叶尖渐尖，叶齿尖细，叶质较厚，芽叶肥壮，茸毛较少，育芽能力强，抗逆性强。春季茶芽乳黄色，后一芽四、五叶逐渐变绿，夏、秋新梢芽叶为浅黄绿色。

（8）'中白1号' 白化茶树品种，植株灌木型，树姿半开展，分枝部位低、较密，生长势差，成叶长椭圆形，叶身稍内折，叶面平，色浅绿，叶尖斜上，叶齿钝，叶脉浅，芽叶肥壮，育芽能力强，抗逆性强。春季低温条件下茶芽呈白玉色，叶脉绿，随温度升高叶片返绿。

（9）'景白1号' 白化茶树品种，植株灌木型，中叶类，中生种，树姿半开展，分枝密度中等，叶片上斜着生，叶椭圆形，叶身微卷，叶面隆起富光泽，叶缘微波，叶尖渐尖，叶齿较浅，芽叶肥壮，茸毛少，新梢持嫩性强，抗逆性强。春季芽叶初发为浅绿色，后逐渐变为乳白色，芽、叶茎、脉均白，随温度的升高恢复为绿色。

（10）'紫嫣'　　　紫芽茶树品种，植株灌木型，中叶类，晚生种，树姿半开展，生长势中等，叶色为深紫色，叶尖渐尖，叶面隆起，叶质较硬，叶身平，叶齿钝、浅，较密，叶基呈楔形或近圆形，叶缘呈微波状，叶片呈椭圆形，呈稍上斜状着生，抗逆性较强。

（11）'可可茶'　　　天然不含咖啡碱茶树品种，植株乔木型，特大叶类，树姿开展，分枝高度低、稠密，树冠呈披散状，叶色绿，先端渐尖，基部宽楔形，芽叶饱满重实，内含物丰富，芽叶均密被白色柔毛。富含可可碱，不含咖啡碱。

主要参考文献

班秋艳，潘宇婷，胡歆，等．2018．陕西茶树地方种质资源特征性生化成分分析．安徽农业大学学报，45（5）：777～782.

边金霖，董迹芬，林杰，等．2012．钾肥施用对茶鲜叶香气组分的影响．福建农林大学学报（自然科学版），41（6）：601～607.

陈芳，刘宇鹏，谷晓平，等．2018．低温对茶树光合特性及产量的影响．作物杂志，（3）：7.

陈家铭，吴淑华，曾兰亭，等．2021．遮阴对茶叶品质和产量影响研究进展．中国茶叶，43（5）：1～10.

陈亮，杨亚军，虞富莲．2004．中国茶树种质资源研究的主要进展和展望．植物遗传资源学报，4：389～392.

陈亮，虞富莲，童启庆．2000．关于茶组植物分类与演化的讨论．茶叶科学，2：89～94.

陈佩．2010．茶园遮光效应及其对茶树光合作用和茶叶品质成分的影响．长沙：湖南农业大学硕士学位论文.

陈席卿．1989．覆盖遮阴对茶树生理生化和茶叶品质的影响．茶叶，（3）：1～3.

陈晓婷，王裕华，林立文，等．2021．土壤酸度对茶叶产量及品质成分含量的影响．热带作物学报，42（1）：7.

陈兴琰．1994．茶树原产地——云南．昆明：云南人民出版社.

陈宗懋．2000．中国茶叶大辞典．北京：中国轻工业出版社.

程明，田华．1998．浅述光照，温度，水分对绿茶品质的影响．中国茶叶，（6）：2.

此木晴夫，吴洵．1981．关于茶园的深耕．茶叶学报，（4）：38-41.

杜旭华，周贤军，彭方仁．2007．不同茶树品种净光合与蒸腾速率比较．林业科技开发，21（4）：21～24.

段继春．2005．锌对茶树生长发育的影响及其与茶叶品质关系的研究．长沙：湖南农业大学硕士学位论文.

段建真，郭素英．1993．茶树新梢生育生态场的研究．茶业通报，（1）：1～5.

樊战辉，唐小军，郑丹，等．2020．茶园土壤酸化成因及改良措施研究和展望．茶叶科学，40（1）：15～25.

戈锋．2008．现代生态学．2版．北京：科学出版社.

谷美仪，宋发如，田娜，等．2021．茶树插穗生根率的影响因素及优化研究．茶叶通讯，48（2）：232～239.

韩冬．2016．高温对龙井43叶片光合特性，抗氧化酶活性和内在品质的影响．南京：南京信息工程大学硕士学位论文.

韩文炎．2003．高温导致茶树叶片多酚代谢的变化．中国茶叶，（4）：34.

韩文炎，石元值，马立峰．2004．茶园钾素研究进展与施钾技术．中国茶叶，26（1）：22～24.

韩文炎，许允文，石元值，等．2000．红壤茶园硫含量及硫肥效应．浙江农业学报，12（增）：62～66.

韩文炎，许允文，伍炳华．1993．铜与锌对茶树生育特性及生理代谢的影响——Ⅰ．铜对茶树的生长和生理效应．茶叶科学，（2）：101～108.

寒葭．1990．不同区域气候因子对引进茶树品种主要内含物的变异影响．福建茶叶，（2）：22～25.

何电源,许国焕,范腊梅,等.1989.茶园土壤的养分状况与茶叶品质及其调控的研究.土壤通报,20(1):245~248.

黄冠华,詹卫华.2002.土壤颗粒的分形特征及其应用.土壤学报,39(4):8.

黄寿波.1985.我国茶树气象研究进展.浙江大学学报(农业与生命科学版),(1):89~98.

贾培凝,薛志慧,陈志丹,等.2020.茶树的氟特性及控氟降氟技术研究进展.茶叶通讯,47(4):6.

江新凤,杨普香,彭焱松,等.2018.不同修剪模式对幼龄茶树树冠生长的影响.蚕桑茶叶通讯,(4):20~23.

蒋高明.2004.植物生理生态学.北京:高等教育出版社.

蒋跃林,李倬.2000.我国茶树栽培界限的气候划分.中国生态农业学报,8(1):87~90.

蒋跃林,张庆国,张仕定.2006.大气 CO_2 浓度对茶叶品质的影响.茶叶科学,26(4):6.

李佳,张娥,夏莉,等.2021.不同施肥处理对幼龄茶树生育的影响.中国茶叶,43(12):32~35.

李家光.1986.福鼎大白茶引进四川后品种特征的稳定性与变异性.福建茶叶,(1):11~14.

李小飞,孙永明,叶川,等.2018.不同耕作深度对茶园土壤理化性状的影响.南方农业学报,49(5):877~883.

李源华.2014.磷素对茶叶品质影响的探讨.安徽农业科学,42(29):2.

刘美雅,汤丹丹,矫子昕,等.2021.适宜氮肥施用量显著提升夏季绿茶品质.植物营养与肥料学报,27(8):13.

刘声传,陈亮.2014.茶树耐旱机理及抗旱节水研究进展.茶叶科学,34(2):11.

龙文兴.2016.植物生态学.北京:科学出版社.

罗长城.2021.北缘茶区秋季修剪对茶树越冬及次年茶芽萌发影响的探讨.茶业通报,43(3):130~131.

罗凡,龚雪蛟,张厅,等.2015.氮磷钾对春茶光合生理及氨基酸组分的影响.植物营养与肥料学报,21(1):147~155.

骆耀平.2008.茶树栽培学.北京:中国农业出版社.

骆耀平.2015.茶树栽培学.5版.北京:中国农业出版社.

骆耀平,任明兴,温正军,等.2005.高光效牧草在生态茶园建设中应用研究初报.茶叶,31(1):54~55.

吕连梅,董尚胜.2003.茶树的钾素营养.茶叶,29(4):195~197.

莫晓丽,黄亚辉.2021.茶树主要逆境胁迫反应及其适应逆境的生理机制.茶叶学报,62(1):185~190.

潘根生,钱利生,沈生荣,等.2001.茶树新梢生育的内源激素水平及其调控机理.茶叶,(1):35~38.

潘宇婷,袁正仿,袁红雨,等.2018.河南省地方茶树种质资源表型性状遗传多样性研究.信阳师范学院学报(自然科学版),31(4):578~585.

冉隆珣,肖星,殷丽琼,等.2021.不同茶树品种感染茶饼病后酶活性的变化.江苏农业科学,49(5):107~110.

阮惠瑾,余会康.2019.周宁县高、中海拔茶叶生长气候分析.浙江农业科学,60(10):1788~1790.

阮建云,马立锋,伊晓云,等.2020.茶树养分综合管理与减肥增效技术研究.茶叶科学,40(1):85~95.

申燕.2010.茶园土壤动物群落结构特征及影响因素研究.成都:四川农业大学硕士学位论文.

沈朝栋,黄寿波.2001.中国栽培茶树的生态条件及地理分布规律(英文).浙江大学学报(农业与生命科学版),(4):29~32.

沈生荣,杨贤强.1990.光处理对绿茶游离氨基酸的影响.蚕桑茶叶通讯,(4):3.

苏有健,廖万有,丁勇,等.2011.不同氮营养水平对茶叶产量和品质的影响.植物营养与肥料学报,17(6):1430~1436.

孙君,朱留刚,林志坤,等.2015.茶树光合作用研究进展.福建农业学报,30(12):7.

孙玮. 2016. 土壤钾素对茶树叶片中氨基酸和香气成分影响研究. 合肥：安徽农业大学硕士学位论文.

孙永明, 余跑兰, 林小兵, 等. 2021. 基于时空尺度下婺源县茶园杂草群落结构和多样性分析. 杂草学报, 39（1）：21～28.

唐劲驰, 吴利荣, 吴家尧, 等. 2011. 初投产茶园氮磷钾配比施用与产量、品质的关系研究. 茶叶科学, 31（1）：11～16.

唐美君, 肖强. 2018. 茶树病虫及天敌图谱. 北京：中国农业出版社.

陶汉之. 1991a. 茶树光合生理的研究. 茶叶科学,（2）：2.

陶汉之. 1991b. 茶树光合日变化的研究. 作物学报, 17（6）：9.

田永辉, 梁远发, 令狐昌弟, 等. 2005. 冻害、冰雹对茶树生理生化的影响. 山地农业生物学报,（2）：135～137.

王海斌, 陈晓婷, 丁力, 等. 2018. 土壤酸度对茶树根际土壤微生物群落多样性影响. 热带作物学报, 39（3）：7.

王加真, 黄家春, 王舒, 等. 2019. 光温因子对湄潭翠芽春茶品质的影响. 贵州农业科学, 47（3）：5.

王建国. 1983. 茶树栽培基础知识讲座 第六讲 茶树生长离不开水. 茶叶通讯,（2）：50～54.

王利溥. 1995. 光照时间对茶叶生产的影响. 云南热作科技, 18（3）：15～18.

王明亮, 刘惠芬, 王丽丽, 等. 2020. 不同覆盖作物模式对茶园土壤微生物群落功能多样性的影响. 农业资源与环境学报, 37（3）：332～339.

王玺. 2013. 茶树叶片中主要特征性物质的年变化规律研究. 合肥：安徽农业大学硕士学位论文.

王晓萍. 1991. 不同产量水平红壤茶园磷素状况的研究. 中国茶叶,（5）：12～14.

王镇恒. 1995. 茶树生态学. 北京：中国农业出版社.

吴全金, 陈瑜, 彭良清, 等. 2021. 海拔对茶树鲜叶物质代谢和茶叶品质成分的影响. 福建开放大学学报,（6）：31～35.

吴洵. 1994. 名优茶生产与锌肥施用. 茶叶通讯,（4）：9～11.

徐辉, 李磊, 李庆会, 等. 2016. 大气 CO_2 浓度与温度升高对茶树光合系统及品质成分的影响. 南京农业大学学报, 39（4）：7.

薛英龙, 李春越, 王苁蓉, 等. 2019. 丛枝菌根真菌促进植物摄取土壤磷的作用机制. 水土保持学报, 33（6）：10～20.

晏嫦好, 李家贤, 黄华林, 等. 2012. 茶树休眠的研究进展. 安徽农业科学, 40（20）：3.

杨昌云, 朱永兴. 1999. 茶树生殖生长的因素及控制方法. 中国茶叶,（5）：2.

杨培迪, 赵洋, 刘振, 等. 2010. 茶树含氟规律及特性研究进展. 茶叶通讯, 37（2）：4.

杨书运, 江昌俊. 2008. 温度上升对中国茶树栽培北界的影响. 中国农学通报, 24（8）：4.

杨亚军. 2004. 中国茶树栽培学. 上海：上海科学技术出版社.

姚元涛, 张丽霞, 宋鲁彬, 等. 2009. 茶树锰素营养研究现状与展望. 中国茶叶,（3）：2.

姚泽秀, 李永春, 李永夫, 等. 2020. 植茶年限对土壤微生物群落结构及多样性的影响. 应用生态学报, 31（8）：2749～2758.

叶秋萍. 2007. 肥料对茶树生长和茶叶品质的影响. 茶叶科学技术,（1）：3.

俞诗雯. 2010. 影响茶树萌发及生长的气候因素. 福建茶叶,（10）：2.

曾艳. 2014. 氮肥、土壤质地对茶树根系生长特性影响的研究. 成都：四川农业大学硕士学位论文.

张春花, 单治国, 魏朝霞, 等. 2012. 茶饼病菌侵染对茶树挥发性物质的影响. 茶叶科学, 32（4）：331～340.

张和禹, 贾国云, 刘金珠. 2012. 茶树中咖啡碱抑霉抗虫作用的研究. 激光生物学报, 21（1）：42～45.

张群峰, 倪康, 伊晓云, 等. 2021. 中国茶树镁营养研究进展与展望. 茶叶科学, 41（1）：19～27.

张小琴，陈娟，梁远发．2014．间作对幼龄茶园生态与茶树生育及效益影响的研究进展．贵州农业科学，42（1）：67～71.

赵丰华，李彩丽，李平，等．2015．茶树抗虫性研究进展．中国茶叶，37（9）：20～23.

赵学仁．1962．政和大白茶新梢伸育的初步观察．浙江农业科学，（5）：237～240.

郑安南．1989．福鼎大白茶在安徽怀宁茶场的表现．茶业通报，（1）：17～18，49.

中国农业科学院茶叶研究所．1986．中国茶叶栽培学．上海：上海科学技术出版社.

钟秋生，林郑和，陈常颂，等．2018a．不同浓度钾对茶树幼苗生长及叶片活性氧代谢酶类的影响．茶叶学报，59（1）：12～18.

钟秋生，林郑和，陈常颂，等．2018b．氟、铝对茶树生理生化特性的影响研究进展．福建省农业科学院茶叶研究所，（10）：3.

邹瑶，陈盛相，许燕，等．2018．茶树光合特性季节性变化研究．四川农业大学学报，36（2）：7.

Ahammed G J, Li X, Liu A, et al. 2020. Physiological and defense responses of tea plants to elevated CO_2: A review. Frontiers in Plant Science, 11: 305.

Cao P, Liu C, Liu K. 2007. Aromatic constituents in fresh leaves of Lingtou Dancong tea induced by drought stress. Frontiers of Agriculture in China, 1 (1): 81～84.

Hu X F, Wu A Q, Wang F C, et al. 2019. The effects of simulated acid rain on internal nutrient cycling and the ratios of Mg, Al, Ca, N, and P in tea plants of a subtropical plantation. Environmental Monitoring and Assessment, 191 (2): 1～14.

Jayasinghe S L, Kumar L. 2021. Potential impact of the current and future climate on the yield, quality, and climate suitability for tea [*Camellia sinensis* (L.) O. Kuntze]: A systematic review. Agronomy, 11 (4): 619.

Li L, Wang M, Pokharel S S, et al. 2019. Effects of elevated CO_2 on foliar soluble nutrients and functional components of tea, and population dynamics of tea aphid, *Toxoptera aurantii*. Plant Physiology and Biochemistry, 145: 84～94.

Li X, Ahammed G J, Li Z, et al. 2016. Decreased biosynthesis of jasmonic acid via lipoxygenase pathway compromised caffeine-induced resistance to colletotrichum gloeosporioides under elevated CO_2 in tea seedlings. Phytopathology, 106 (11): 1270.

Li X, Zhang L, Ahammed G J, et al. 2017. Stimulation in primary and secondary metabolism by elevated carbon dioxide alters green tea quality in *Camellia sinensis* L. Scientific Reports, 7 (1): 7937.

Safaei S, Marzvan S, Khiavi S J, et al. 2020. Changes in growth, biochemical, and chemical characteristics and alteration of the antioxidant defense system in the leaves of tea clones (*Camellia sinensis* L.). Scientia Horticulturae, 265: 109257.

Wang X, Feng H, Chang Y, et al. 2020. Population sequencing enhances understanding of tea plant evolution. Nature Communications, 11 (1): 4447.

Wei C, Yang H, Wang S, et al. 2018. Draft genome sequence of *Camellia sinensis* var. *sinensis* provides insights into the evolution of the tea genome and tea quality. Proceedings of the National Academy of Sciences, 115 (18): 4151～4158.

Xin L A, Lan Z A, Gja B, et al. 2019. Salicylic acid acts upstream of nitric oxide in elevated carbon dioxide-induced flavonoid biosynthesis in tea plant (*Camellia sinensis* L.). Environmental and Experimental Botany, 161: 367～374.

Zhang X, Wu H, Chen L, et al. 2019. Efficient iron plaque formation on tea (*Camellia sinensis*) roots contributes to acidic stress tolerance. Journal of Integrative Plant Biology, (2): 13.

| 第三章 |

光与茶树生理生态

◆◆ 第一节　植物光合作用

一、植物光合作用概况

在生命周期的大部分时间，光合作用对植物的生长和生存都至关重要。光是光合作用的能量来源，植物通过光合作用将太阳能转化成生物圈中其他生命形式可以利用的能量。光合作用可简单概括为含光合色素主要是叶绿素的植物细胞和细菌在日光下利用无机物质（CO_2、H_2O、H_2S 等）合成有机化合物（$C_6H_{12}O_6$），并释放氧气（O_2）或其他物质（如 S 等）的过程。光合作用都在膜上发生，在光合原核细胞中光合膜充满细胞内部，在光合真核细胞中光合膜位于叶绿体（chloroplast）。

高等植物叶片的叶肉是光合作用最活跃的组织，叶肉细胞含有丰富的叶绿体，叶绿体中含有能吸收光能的绿色色素——叶绿素（chlorophyll）。光合作用一系列的复杂反应包括类囊体反应（thylakoid reaction）和碳固定反应（carbon fixation reaction），最终使二氧化碳还原。

光合作用的类囊体反应也称光反应，发生在叶绿体特化的内膜——类囊体中。光反应的终产物是高能磷酸化合物 ATP 和还原力 NADPH，它们主要参与碳固定反应中糖的合成。碳固定反应又称暗反应，在叶绿体基质中进行，利用光反应形成的 ATP 将 CO_2 还原为糖。在叶绿体基质中进行的后续反应一直认为是不依赖光的，但依赖光化学反应产物，并被光直接调控。

二、植物光合作用过程

植物的叶片通过叶绿体吸收阳光，并进行光合作用。植物的光合作用过程可分为 3 个步骤：①光能吸收、传递和转换为电能的过程（原初反应）；②电能转变为活跃化学能的过程（通过电子传递和光合磷酸化完成）；③活跃的化学能转变为稳定的化学能的过程（通过碳同化完成）。前两个步骤属于光反应，第三个步骤属于暗反应。

（一）光反应

几乎所有光合作用的光反应化学过程都由 4 个主要的蛋白质复合体完成：光系统 II（PS II）、细胞色素 b_6f 复合体、光系统 I（PS I）和 ATP 合酶。这 4 个膜整合蛋白质复合体以一定方向排列于类囊体膜上，发挥以下功能：①光系统 II 在类囊体内腔中将水氧化为氧气，同时释放质子到内腔；②细胞色素 b_6f 氧化被 PS II 还原的质体氢醌（PQH_2）分子，并将电子传递给 PS I。PQH_2 的氧化与质子从基质到内腔的转移相偶联，产生了质子动力势；③光系统 I 通过铁氧还蛋白（Fd）和黄素蛋白铁氧还蛋白-NADP 还原酶（FNR）的作用，在基质中将 $NADP^+$ 还原成 NADPH；④当质子通过 ATP 合酶从内腔扩散回到基质中时，合成 ATP。

1. 原初反应　　叶绿体色素分子对光能的吸收、传递与转换过程是光合作用的第一步。

根据功能区分，叶绿体色素可为两类：①反应中心色素（reaction center pigment），少数特殊状态的叶绿素 a 分子属于此类，它具有光化学活性，既能捕获光能，又能将光能转换为电能。②聚光色素（light-harvesting pigment），又称天线色素（antenna pigment），它没有光化学活性，只能吸收光能，并把吸收的光能传递到反应中心色素，包括绝大部分叶绿素 a 和全部的叶绿素 b、胡萝卜素和叶黄素等。聚光色素存在于类囊体膜的色素蛋白复合体上，反应中心色素存在于反应中心，二者协同作用，若干个聚光色素分子所吸收的光能聚集于 1 个反应中心色素分子而起光化学反应。

当可见光（400～700nm）照射到绿色植物时，天线色素分子吸收光量子而被激发，以激子传递（exciton transfer）和共振传递（resonance transfer）两种方式进行能量传递。激子是指由高能电子激发的量子，可以转移能量，但不能转移电荷；共振传递是依赖高能电子振动在分子间传递能量，能量可在相同色素分子之间传递，也可在不同色素分子之间传递，但都是沿着波长较长即能量水平较低的方向传递。大量的光能通过天线色素吸收、传递到反应中心色素分子，并引起光化学反应。反应中心是进行原初反应的最基本的色素蛋白复合体，它至少包括一个反应中心色素即原初电子供体（primary electron donor，P）、一个原初电子受体（primary electron acceptor，A）和一个次级电子供体（secondary electron donor，D），以及维持这些电子传递体的微环境所必需的蛋白质，这样才能导致电荷分离，将光能转换为电能。

2. 电子传递和光合磷酸化 反应中心色素受光能激发而发生电荷分离，产生的高能电子经过一系列电子传递体的传递，一方面引起水的裂解释放出氧气和 $NADP^+$ 还原，另一方面建立跨类囊体膜的质子动力势，通过光合磷酸化形成 ATP，把电能转化为活跃的化学能。

光合作用有两个光化学反应，分别由从叶绿体类囊体膜上分离出的两个光系统完成，两个光系统都是色素蛋白复合体，它们以串联的方式协同作用实现光合作用中早期的能量储存。光系统Ⅰ（PSⅠ）颗粒较小，在类囊体膜的外侧，主要吸收大于 680nm 的远红光；光系统Ⅱ（PSⅡ）颗粒较大，位于类囊体膜的内侧，主要吸收 680nm 的红光，对远红光的吸收很小。PSⅠ的光化学反应是长光波反应，其主要特征是 $NADP^+$ 的还原；PSⅡ的光化学反应是短光波反应，其主要特征是水的光解和放氧。PSⅡ的反应中心色素分子（P680）吸收光能，把水分解，夺取水中的电子供给 PSⅠ。

叶绿体在光下把无机磷（Pi）与 ADP 合成 ATP 的过程称为光合磷酸化（photosynthetic phosphorylation）。它是与电子传递相偶联的反应，电子传递停止，光合磷酸化反应便很快停止。光合磷酸化分为 3 种类型：非环式光合磷酸化（noncyclic photophosphorylation）、环式光合磷酸化（cyclic photophosphorylation）和假环式光合磷酸化（pseudocyclic photophosphorylation）。大量研究表明，光合磷酸化与电子传递通过 ATP 酶联系在一起。

（二）暗反应

光合作用的碳反应即暗反应，是植物利用光反应中形成的同化力——ATP 和 NADPH，将 CO_2 转化为碳水化合物的过程，也称为碳同化过程。碳反应在叶绿体基质中进行，可以在没有光照的条件下进行，但基质中的反应依赖光化学反应产物，并被光直接调控。碳同化过程依据固定 CO_2 的最初产物的不同具有 3 条途径：C_3 途径、C_4 途径和景天酸代谢（CAM）途径，它们的光合能力及光能利用效率也明显不同。

植物体干重 40%左右的物质由碳组成，而碳的合成与光合作用有关。植物叶片通过叶绿体吸收阳光，并进行光合作用。植物通过气孔吸收 CO_2，气孔可以迅速改变其大小，把进行光合作用的 CO_2 从细胞间隙扩散到叶绿体（C_3 植物）或细胞质（C_4 和 CAM 植物）羧化部位。

1. C₃途径 绿色植物能利用环境中的物理或化学能量，将大气中的 CO_2 转化为有机化合物分子骨架，以此满足细胞需要。植物固定 CO_2 最重要的途径是卡尔文-循环（Calvin cycle），存在于很多原核生物和所有光合真核生物中。这个途径中 CO_2 的受体是一种戊糖（二磷酸核酮糖），因此卡尔文-循环也可称为还原性戊糖磷酸循环（reductive pentose phosphate cycle）。CO_2 被固定形成的最初产物是三碳化合物，故称为 C₃途径。卡尔文-循环具有合成淀粉等产物的能力，是自养生物光合碳同化的基本途径，大致可分为 3 个阶段：羧化阶段、还原阶段和再生阶段。

在羧化阶段，CO_2 与受体核酮糖-1,5-双磷酸（RuBP）结合，并在核酮糖-1,5-双磷酸羧化酶（Rubisco）的催化下水解产生二分子 3-磷酸甘油酸（PGA）；在还原阶段，3-磷酸甘油酸在 3-磷酸甘油酸激酶（PGA 激酶）的催化下形成 1,3-二磷酸甘油酸（1,3-DPGA），然后在甘油醛磷酸脱氢酶作用下被 NADPH 还原，变为 3-磷酸甘油醛（G3P）；再生阶段由 3-磷酸甘油醛经过一系列的转变，重新形成 CO_2 受体 1,5-二磷酸核酮糖的过程。

具有 C₃途径的植物称为 C₃植物，C₃植物占全部高等植物的95%以上。在形态解剖上，C₃植物的维管束鞘薄壁细胞较小，不含或含有很少的叶绿体，没有花环型结构，维管束鞘周围的叶肉细胞排列松散。大部分 C₃植物仅叶肉细胞含有叶绿体，整个光合作用过程都是在叶肉细胞中进行。

2. C₄途径 20 世纪 60 年代中期，哈奇（Hatch）和斯莱克（Slack）发现有些起源于热带的植物（如甘蔗、玉米）除和其他植物一样具有卡尔文循环外，还存在一条固定 CO_2 的途径。它固定 CO_2 的最初产物是含 4 个碳的二羧酸，因此称为 C₄二羧酸途径（C₄ dicarboxylic acid pathway），简称 C₄途径，也叫 Hatch-Slack 途径，具有 C₄途径或以此途径为主的植物称 C₄植物。

C₄途径可分为 CO_2 固定、还原（或转氨作用）、脱羧和磷酸烯醇丙酮酸（PEP）再生 4 个阶段。CO_2 在植物叶肉细胞中转变成 HCO_3^-，在磷酸烯醇丙酮酸羧化酶（PEPC）的催化下，磷酸烯醇丙酮酸（PEP）固定 HCO_3^- 生成草酰乙酸（oxaloacetic acid，OAA）；草酰乙酸在叶绿体中由 NADP⁻苹果酸脱氢酶催化，被还原为苹果酸（malic acid，Mal），此外也有植物细胞质中的草酰乙酸在天冬氨酸转氨酶作用下与谷氨酸的氨基形成天冬氨酸（aspartic acid，Asp）；苹果酸或天冬氨酸被运输到维管束鞘细胞（bundle sheath cell，BSC）中脱羧形成丙酮酸（pyruvic acid），根据运入维管束鞘的 C₄二羧酸的种类及参与脱羧反应的酶类，C₄途径又分为依赖 NADP-苹果酸酶的苹果酸型（NADP-ME 型）、依赖 NAD-苹果酸酶的天冬氨酸型（NAD-ME 型）和具有 PEP 羧激酶的天冬氨酸型（PCK 型）3 种类型；C₄二羧酸在维管束鞘细胞中脱羧后变成丙酮酸，从维管束鞘细胞运输回叶肉细胞，在叶绿体中经丙酮酸磷酸双激酶（PPDK）催化和 ATP 作用，生成 CO_2 的受体磷酸烯醇式丙酮酸，使反应循环进行，C₄二羧酸在维管束鞘细胞叶绿体中脱酸释放的 CO_2 由维管束鞘细胞中的 C₃途径同化。

C₄植物的解剖学特征与 C₃植物有着明显不同，C₄植物都有特殊的花环型结构，即维管束周围有一层由厚壁细胞组成的维管束鞘。在 NADP-ME 类型 C₄植物中，其维管束鞘细胞中的叶绿体很大，主要含基质类囊体，这些类囊体几乎没有叠起，这表明光合系统 PSⅡ发育不良。C₄植物的光呼吸、CO_2 补偿点很低，大多为单子叶植物，少数为双子叶植物。

3. 景天酸代谢途径 景天科等植物的 CO_2 同化方式为夜间气孔开放，吸收 CO_2，在磷酸烯醇丙酮酸羧化酶催化下形成草酰乙酸，进一步还原为苹果酸，积累于液泡中，使 pH 下降；白天气孔关闭，液泡中的苹果酸运至细胞质脱羧释放 CO_2，再由 C₃途径同化。脱羧后形成的磷酸丙糖通过糖酵解过程，形成磷酸烯醇丙酮酸，再进一步循环。这种有机酸合成日变化的光合碳代谢类型称为景天酸代谢（crassulacean acid metabolism，CAM）途径。

具有景天酸代谢途径的植物，大多为肉质类植物。特征是肉质多汁（除附生 CAM 植物外），这类植物在夜间能固定相当多的 CO_2 形成苹果酸，白天在日光照射下，又能将这些已固定的 CO_2 再还原为糖。这种植物光合作用中的碳转变途径，可以说是 C_3 途径与 C_4 途径的混合。CAM 植物具有特殊的在黑暗中固定 CO_2、形成有机酸的能力，即夜间的羧化作用，晚上形成的有机酸在白天进行脱羧反应。CAM 植物根据脱羧酶的不同可分为两个类型：苹果酸酶类型（ME-CAM）有一个细胞质 NADP-苹果酸酶及一个线粒体 NAD-苹果酸酶，它们利用叶绿体丙酮酸磷酸双激酶把脱羧反应形成的 C_3 片段（丙酮酸或 PEP）转变为糖类；而 PEP-羧激酶类型 CAM 植物的苹果酸酶活性很低，且没有丙酮酸磷酸双激酶活性，但 PEP-羧激酶活性很强。CAM 植物的突出特点是能够生活在降水量少、蒸发量高到不足以维持作物生长的环境中，且能够获得很高的生物量。

三、光合作用与植物的生理生态

太阳能转化为有机物化学能的过程是一个包括电子传递和光合碳代谢的复杂过程，在自然条件下，光合作用是在完整的有机体中进行的，而有机体不断地对体内外发生的各种变化作出响应。一天中气孔导度、大气温度等生理生态因子随着环境因子不停变化。不同环境条件下，光合速率被不同环境因子限制。在一些情况下，光合作用会因为光或者 CO_2 不足而受到限制；但如果特殊机制不能保护光合作用系统免受过剩光能伤害，吸收太多的光能将引起严重问题。植物对光照与遮阴环境、高温与低温环境、不同水分胁迫环境的适应都存在最基本的限制。

光合作用是植物叶片的基本功能，暴露在不同光质和光量条件下的叶片会采取不同的方式进行光合作用。生长在户外暴露在太阳光下的植物，在光下和冠层阴影下测到的光谱成分不同；生长在室内的植物，接收到的是不同于阳光的白炽光或荧光。到达植物体表面的光是一种物质流，这种物质流可以用能量或量子的单位表述。辐照度（irradiance）是指单位时间内到达已知面积扁平形传感器上的能量值，以瓦特每平方米（W/m^2）来表示。

（一）植物的光合特性和动态变化

目前不论是植物产量的预测还是树种光合能力的评估都涉及对净光合速率日变化的研究。净光合速率的日变化主要有单峰、双峰和不规则 3 种类型。单峰型呈"Λ"形变化规律。双峰型显示，一些季节温度较高的中午，植物的光合速率会出现一段时间下降的情况，随后恢复，被学者称为"光合午休"现象（杨期和等，2016；de Almeida et al.，2017）。张华（2023）研究发现，'大金星'和'红五棱'2 个山楂品种果树净光合速率的日变化呈双峰趋势，但午休时间不同，且在一定时间内差异显著；气孔导度日变化趋势与净光合速率的日变化表现相近，且大部分时间差异显著；胞间 CO_2 浓度的日变化不同，差异较大。武建林等（2022）研究了不同花色黄精属植物的光合特性，发现它们的光合速率存在显著差异，其中有 1 个资源的净光合速率、蒸腾速率、气孔导度日变化呈双峰曲线，其余 3 个资源均呈单峰曲线。郭彩霞等（2021）通过研究 3 种山茶科植物苗期光合速率、蒸腾速率、气孔导度、光能利用率等参数发现光合能力山茶>杜鹃红山茶>金花茶。

植物的净光合速率也随着季节变化，不同树种、不同月份、不同天气状况植物的光合能力有着显著的差异。我国夏季由于光照条件好，植物的净光合速率会远远大于其他季节。目前学者研究植物生理生态季节性变化规律的目的主要集中在对干旱、水分胁迫条件下植物的光合生长状况、新物种适应性生长情况、植物对气候变化的（王炳忠和税亚欣，1990）适应情况和特殊环境下植物生理生态变化研究等几个方面（梁军生，2009；Luke and McLaren，2018）。马文涛和武胜利（2020）研究了不同林龄胡杨的净光合速率对生理生态因子的响应，发现各林龄胡杨净光合速率在速生期（6～8月）均为单峰曲线，没有明显的"光合午休"现象，七年生胡杨净光合速率、蒸腾速率、水分利用效率日均值显著高于其他3个林龄。研究结果表明，速生期不同林龄胡杨净光合速率主要受光合有效辐射和气孔导度的影响，但不存在简单的线性关系，是众多因子综合影响的结果。随着林龄的增加，胡杨的光合性能较好，生产力高。晁新胜等（2020）以五年生黄金梨为材料，研究发现叶片净光合速率日变化曲线呈双峰型，于11：00、14：00分别出现一次高峰，具有"光合午休"现象；光合有效辐射和空气相对湿度是影响黄金梨叶片净光合速率的主要环境因子，气孔导度和蒸腾速率是起主要影响作用的生理因子。

（二）光照对植物光合作用的影响

光是植物的重要资源。绿色植物的叶绿体通过吸收部分太阳能（波长一般为400～700nm）将其转化为用于自身生长发育的能量。但如果接收过多或过少的光，光将成为植物生长和繁殖的限制因子。研究已经证明，光合作用的光谱和叶绿素的光谱很接近，对蓝紫光的利用率高，对黄绿光的利用率低（王炳忠和税亚欣，1990）。目前研究较多的是关于强光及弱光对植物生长的影响。光环境是与植物生长最为密切的因子，不同的光环境进化发展为不同类型的植物，这就是植物生态类型，也就是不同的光环境适应生存不同的植物，这是在植物进化过程中所形成的一种生态适应性（陈熙等，2018）。

一般情况下，随着光照的逐渐增强，植物前期的光合速率几乎呈线性增长，此时曲线的斜率就是植物的表观量子效率，值越大，表明植物在弱光环境下利用光能的效率越高。当光合作用吸收的CO_2量和呼吸作用放出的CO_2量持平时的光强称为"光补偿点"。光补偿点可以用来判断植物是否能在弱光环境下生长良好。当光照强度持续增加，后续的净光合速率保持稳定甚至有所下降，稳定时的光强强度为植物的"光饱和点"。植物在强光照射的环境下依然拥有较高的光合速率，说明植物能适应较高的光照条件。这种植物的光饱和点一般也相对较高。植物出于对自身的保护，会通过调节自身生理机能及相应的形态去适应这一变化，从而维持正常的生理代谢能力。植物种类各异，自身的生理机制不同，导致植物对光照的适应能力也有所差异（邓雄等，2003）。朱文杰等（2022）通过研究不同光照强度对3种藤本植物光合作用的影响发现，西番莲的光饱和点和最大净光合速率明显高于蔓长春花和凌霄；蔓长春花有较强的耐阴性，光饱和点明显低于另外两种植物；蔓长春花的叶绿素含量明显高于西番莲，但西番莲有相对较高的叶绿素a/叶绿素b；西番莲有较宽的光适应范围，对弱光和强光的利用能力均较强，比蔓长春花和凌霄具有更强的光合能力。李璟等（2015）通过探究遮阴处理下玉竹光合速率的日变化发现，全光照并不是适合玉竹成长的最佳条件，70%遮光条件更有利于玉竹的生长，过度的光照条件会导致植株生理机制的破坏，反而不利于其生长。

（三）温度对植物光合作用的影响

温度是植物生长的基础，是生命发育不可或缺的元素。一方面，植物的光合作用只有在达到一定温度时才会发生。研究表明，当温度在一定范围内升高时，植物的生长发育速度会加快，当超过一定的温度时，植物的生长速度反而会变慢。任何植物都有最适宜的生长温度，植物在此温度下比其他的时候生长得更快；同时，叶绿体等光合结构也需要在一定的温度下才能进行光合作用，低温会破坏其结构，并且不利于酶活性的激发。高温同样能够使参与光合作用的酶失活，光合机构遭到破坏，加上植物暗呼吸的加强，也能降低植物的光合能力（Cai and Xue，

2018）。温度影响与光合作用有关的所有生物化学反应及叶绿体膜的完整性。温度响应曲线上最大的光合速率表征着最适响应温度（optimal temperature response）范围。

此外，光合作用（CO_2 吸收）和蒸腾作用（H_2O 散失）共用一个路径，即通过保卫细胞调节气孔导度，CO_2 扩散进入叶片，H_2O 则扩散出去。但它们是两个相对独立的过程。水分的大量散失也使叶片通过蒸腾作用耗散了大量的热量，从而在高太阳辐射条件下保持相对的低温。气孔导度会同时影响光合和蒸腾这两个过程，影响着叶温和蒸腾失水的程度。

温度对植物最重要的影响是光合作用和呼吸作用（吕炯，1950）。植物生长的最适温度在很大程度上受遗传和环境因素共同影响。对生长在不同温度生境内的同一植物的光合反应研究表明，其最适温度与其生境内的温度密切相关。与生长在高温环境中的植物相比，原本生长在低温条件下的植物在低温条件下具有更高的光合速率。这些因温度而产生的光合速率的变化，在植物对不同环境的调节适应过程中起着重要作用。植物对温度的适应表现出明显的可塑性。邓波等（2019）研究了温度变化对冬、春石蒜光合作用的影响，发现不同季节石蒜对温度的适应性存在明显差异，石蒜在低温下的光能利用效率更高，对弱光的利用能力更强，从而验证了石蒜的耐冷性。邵毅（2009）研究了低温及高温胁迫对杨梅叶片光合作用的影响，发现与正常温度（25℃）相比，10℃和35℃处理的杨梅叶片在胁迫解除后，各项数据基本能恢复到对照水平，而2℃和40℃处理的杨梅叶片则无法恢复到对照水平。这说明低温和高温处理对杨梅叶片的影响是显著的，2℃和 40℃的温度处理已经对杨梅叶片的光合机构产生伤害；在对杨梅离体叶片的呼吸速率测定中发现，温度胁迫后，杨梅的呼吸速率迅速上升，在胁迫解除后则能基本恢复到对照水平。这说明杨梅可能对温度胁迫产生了适应性反应，并通过提高呼吸速率来增强植株的抗逆性。

（四）CO_2 浓度对植物光合作用的影响

CO_2 是植物光合作用不可或缺的原料之一，能将碳物质转化为有机物储存在植物体内。CO_2 从空气扩散进入叶片，先通过气孔腔，然后穿过细胞间隙，最终进入细胞和叶绿体。在光量充足的条件下，高浓度 CO_2 带来高光合速率；相反，低浓度 CO_2 则会限制 C_3 植物的光合作用。近几十年来，人类活动的破坏，导致大气 CO_2 浓度逐年增加，势必也影响植物正常的生长发育。对于大多数叶片而言，一旦 CO_2 扩散进入气孔，其内部的扩散非常迅速，因此在叶片内部，CO_2 供应不足不会成为光合作用的限制因素。光合同化 CO_2 的能力在很大程度上是受叶片组织内核酮糖-1,5-双磷酸羧化酶的浓度控制的。对于多种生长在温室，有着充足的水分和养分供应的作物，温室环境中的 CO_2 丰度高于自然环境水平，因此它们具有很高的产量。张正海等（2020）研究了 CO_2 浓度对光合速率的影响，发现在饱和光合有效辐射条件下，CO_2 补偿点接近 100μmol/mol，光合速率随着 CO_2 浓度的增加而显著增加，当 CO_2 浓度大于 900μmol/mol 时，光合速率差异不显著，达到饱和状态。光合速率与叶室 CO_2 浓度和胞间 CO_2 浓度呈极显著正相关，与温度和水汽亏缺呈显著正相关，与蒸腾速率和气孔导度呈正相关，与叶室相对湿度呈负相关，但相关性均不显著。张瑞朋等（2015）研究了大豆叶片光合作用与光强和 CO_2 的关系，结果表明，不同大豆品种对于光强和 CO_2 反应不同，但趋势是一致的。在较低光强时，大豆叶片的净光合速率随着光强的增加而增大，当光强超过一定范围时，大豆叶片的净光合速率增加缓慢，并且有降低的趋势；CO_2 浓度在一定范围时，大豆叶片的净光合速率随着 CO_2 浓度的增加而增加，CO_2 浓度超过 1000μmol/mol 时，不同来源大豆品种的叶片净光合速率都有降低的趋势。

在一定范围内，植物净光合速率随着光合作用原料的增加而加快。光合作用和呼吸作用的速率持平，此刻的 CO_2 浓度即为二氧化碳的补偿点。当 CO_2 浓度较低时，净光合速率与 CO_2 浓度的变化关系几乎呈线性变化，反映了叶片固定 CO_2 的水平。之后，植物光合速率随着 CO_2 浓度的升高达到最大值之前，会有一段缓慢的上升。最大的净光合速率对应的 CO_2 浓度是植物 CO_2 的饱和点。

（五）湿度对植物光合作用的影响

植物中水分占细胞体积的最大部分，也是细胞最受限制性的资源。植物体内大约97%的水分会通过蒸腾作用散失到大气中，大约2%用于体积膨胀或细胞扩增，1%用于代谢过程，主要是光合过程。水分亏缺或过量都会限制植物的生长。

湿度是衡量空气中水蒸气含量的一个指标。我国空气的相对湿度呈现东南高，西北低的分布规律。近几年，中国大部分地区的空气湿度都是逐年增加的。虽然空气中的水蒸气含量非常低，但是决定着生态系统的组成，关系到植物叶片气孔的开关，对植物的呼吸作用具有极大的意义。空气的相对湿度决定了叶片气孔与大气之间的蒸腾压力梯度，而这种压力梯度是蒸腾失水的驱动力。极低的相对湿度将产生很大的气压梯度，即使土壤中有充足的水分，也会引起植物的水分亏缺。

植物可以从根部或者利用叶片从空气中汲取水分。一般正常生长的植物，水分的摄取和流失量维持着一种动态平衡。干旱时，空气的相对湿度低，植物为了适应环境，加强自身的蒸腾速率，导致蒸腾速率消耗的水分大于植物从环境吸收的水分，影响植物的正常生长。干旱胁迫条件下植物的抗氧化酶活性受到抑制，细胞膜脂氧化损伤、叶片的含水量和叶绿素含量降低（Liu et al.，2012）。薛义霞等（2010）研究了空气湿度对高温下番茄幼苗光合作用及坐果率的影响，发现在10：00至16：00平均温度为33~43℃的高温条件下，高湿处理显著促进了番茄叶片的蒸腾速率和净光合速率，并且减轻或消除了"光合午休"，坐果率显著高于低湿处理，达到48%，表明在30℃以上的高温条件下，70%的相对湿度有利于光合作用的增强和坐果率的提高。姜瑞芳（2016）对不同环境因子（土壤基质、土壤水分、空气湿度及光照）对珙桐幼苗的生长及光合特性的影响进行了研究，发现珙桐幼苗对干旱胁迫较为敏感，且耐旱能力较差，土壤基质的适应范围较广；珙桐幼苗净光合速率日变化在全光照条件下呈双峰型，有明显"光合午休"现象，而遮阴条件下呈单峰型；增加叶片周围空气湿度可以缓解珙桐幼苗的"光合午休"现象，过高或过低的湿度均会降低珙桐幼苗的净光合速率和蒸腾速率，其适宜的湿度在50%~70%。

◆ 第二节 茶树光合特性与生长发育

一、茶树的光合特性

茶树为多年生、短日照、常绿叶用经济作物，具有喜温、喜湿、喜阴的特点。根据现有文献资料推断，茶树起源于我国云贵高原及其边缘地区的热带雨林，经过长期的自然演变与人工选育驯化，繁衍为目前繁多的品系。作为典型的 C_3 植物，茶树光合作用具备 C_3 植物光合作用的普遍规律，还呈现自身的光合特性。

（一）茶树群体光合作用

1. 茶树光合作用日变化　茶树光合作用的强弱受光照、温度、水分、CO_2 浓度等环境因素的影响。当其他条件充足时，光就成为光合作用的主要限制因素。茶树光合作用的日变化，一般与太阳辐射日变化相符，大致可分为单峰和双峰两种类型。自然条件下，早春、晚秋、冬季等时节，日照强度小［或夏季阴天，中午日照强度约 400μmol/（m²·s）］，茶树光合作用日变化曲线多呈单峰；晚春、夏季及早秋等时节，光强度大［全日照强度达 2000μmol/（m²·s）］，茶树光合作用日变化曲线多呈双峰（孙君等，2015）。晚春、夏季及早秋的晴天，茶树光合速率曲线双峰分别出现在 9：00 与 14：00。

当光照强度过大或高温时，茶树会出现类似"午休"的"光抑制"现象。茶树光饱和点低，光合作用适宜的叶温不超过 30℃，当日照强度超过其光饱和点或气温高于 35℃时，茶树叶片会关闭气孔，蒸腾速率降低，胞间 CO_2 浓度减少，发生暂时的"光抑制"。此外，当持续强光、高温或干旱时，茶树光合日变化"双峰"曲线的峰值时间会出现波动，且会出现净光合速率降低的现象。陶汉之（1991）研究发现，"光抑制"形成的主要原因是强光，其次是高温，光温适宜条件下湿度对"光抑制"影响不大；强光、高温、低湿条件会加剧"光抑制"，导致光合日变化的第二个峰不明显，且整个下午光合速率低弱（图 3-1）。

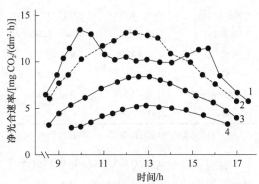

图 3-1　自然条件下茶树光合日变化曲线
（陶汉之，1991）

1. 晴朗夏日，光量子通量密度为 265～1700μmol/（m²·s）；
2. 多云夏日，光量子通量密度为 100～400μmol/（m²·s）；
3. 晚秋季节，光量子通量密度为 100～530μmol/（m²·s）；
4. 早春季节，光量子通量密度为 90～380μmol/（m²·s）

2. 茶树光合作用季节变化　光合有效辐射、叶温和气温是影响茶树光合作用年变化的主要环境因子。林金科（1999a）研究发现，茶树叶片的净光合速率年变化曲线呈现两个低谷，分别在 1 月和 4 月［分别为 2.50μmol/（m²·s）和 4.02μmol/（m²·s）］；两个高峰，分别在 3 月［5.91μmol/（m²·s）］、6 月［8.75μmol/（m²·s）］和 8 月［8.23μmol/（m²·s）］；全年中 5～8 月净光合速率均维持在较高水平。邹瑶等（2018）对 25 个茶树品种春、夏、秋季叶片的光合参数进行测定分析，发现夏季茶树的光合性能最强，春季相对较弱。除胞间 CO_2 浓度和羧化率的峰值分别出现在秋季和春季外，其余茶树叶片光合参数的峰值均出现在夏季。春季茶树叶片净光合速率受空气相对湿度、气孔导度的直接影响较大；夏季受胞间 CO_2 浓度直接影响较大；秋季茶树净光合速率主要受羧化率、蒸腾速率和水分利用率的影响，其中蒸腾速率对净光合速率的直接作用较大。

（二）茶树叶片光合特性

1. 不同品种光合特性　茶树的光合作用存在品种特异性，与茶树品种内在遗传、性状差异及理化特性相关。Tong 等（1992）利用光合作用气体分析系统和电子显微技术对 87 个茶树种质资源的净光合速率、蒸腾速率、气孔导度、细胞间隙、CO_2 浓度及 66 个茶树资源的叶绿体片层结构进行了系统研究，结果表明，不同茶树资源在净光合速率、蒸腾速率、气孔导度和叶绿体片层数目方面具极显著差异，净光合速率与蒸腾速率和气孔导度呈极显著正相关，净光合速率和叶绿体片层数目也有显著相关性，以此将 87 个茶树品种划分为 7 个类型，其中两个类型比其他类型具有更高的净光合速率、蒸腾速率和气孔导度（表 3-1）。

表 3-1　不同茶树品种光合参数的比较（涂淑萍等，2021）

品种	净光合速率/ [μmol/（m²·s）]	气孔导度/ [mmol/（m²·s）]	胞间CO₂浓度/ （μmol/mol）	蒸腾速率/ [mmol/（m²·s）]	水分利用率/ （μmol/mmol）
'黄金芽'	13.20±2.96e	0.33±0.09bc	328.57±26.93a	5.11±1.01c	2.65±0.59f
'赣茶3号'	18.05±0.62c	0.34±0.05abc	304.29±9.39b	4.29±0.29d	4.22±0.22cd
'中茶108'	20.60±0.77ab	0.40±0.06ab	304.58±11.19b	4.35±0.47d	4.77±0.44b
'福鼎大白茶'	16.08±1.18d	0.27±0.05b	295.31±16.61b	3.43±0.57e	4.78±0.65b
'浙农117'	18.55±1.38c	0.40±0.08ab	286.40±8.18bc	3.99±0.47de	4.68±0.30bc
'安吉白茶'	15.94±2.09d	0.17±0.05d	235.71±30.24e	2.74±0.54f	5.94±0.87a
'乌牛早'	21.75±1.83a	0.42±0.09a	268.64±18.20cd	6.59±0.97a	3.35±0.43e
'龙井43'	21.98±1.56a	0.42±0.12a	270.75±21.57cd	5.70±0.55b	3.85±0.52d
'迎霜'	19.53±3.13bc	0.29±0.07c	261.73±12.15d	4.55±0.80cd	4.31±0.22bcd

注：表中数据为平均值±标准差，同列数据后字母不同表示在0.05水平上差异显著

此外，同一品种因栽培环境和生长状态不同，光合特性也有差异。例如，'乌牛早'在浙江种植，光合作用曲线呈双峰型（杜旭华等，2007a），在四川则表现为单峰型（唐茜等，2006）。'迎霜'在温室中为双峰型，在自然环境中则为单峰型；'浙农117''浙农139''龙井43'等品种则相反（杜旭华等，2007b）。

2. 不同冠层光合特性　茶树作为叶用植物，树冠整体的光合能力是决定茶树生产力的主要因素。茶树叶片内碳水化合物、茶多酚、咖啡碱、氨基酸、蛋白质等90%～95%的生物产量皆来自叶片的光合作用。茶树叶片的光合作用具有明显冠层特性，上、中、下光层叶片因受光率不同，光合速率由上到下依次递减。余海云等（2013）对比10龄'龙井43'茶树树冠表层（受光率100%）、中层（受光率50%～70%）、下层（受光率0～15%）光合作用特性，发现树冠表层叶片比叶重、单位面积全氮和全碳含量、叶绿素含量均为表层显著高于下层；表层和中层叶片的光响应曲线表现为典型的Farquhar模型，但下层叶片无类似特征；光饱和速率、气孔导度、蒸腾速率均为表层叶片最高、下层叶片最低，但胞间CO₂浓度以下层叶片最高（图3-2）。李时雨等（2022）以4个茶品种为研究对象，发现相同环境条件下，净光合速率与气孔导度呈显著正相关；'梅占'冠层光合有效辐射和冠层有效截获量始终高于其他品种，而净光合速率略低；'紫牡丹'的水分利用率高、蒸腾速率低且光能利用率最高。

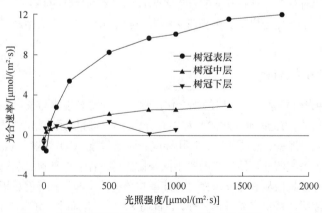

图3-2　茶树不同冠层叶片的光响应曲线（余海云，2013）

3. 不同叶位光合特性　茶树叶片叶位不同，叶片的理化特性、生长角度、受光率不同，

呈现的光合特质也不同。一般情况下，植物整个新梢和中部叶片光合速率最高，基部与顶部叶片光合速率低。例如，'铁观音'同一新梢上，3～6 叶位的叶片光合速率比较高，新梢顶部与基部的叶片则较低，其叶片自上而下的光合速率曲线表现为单峰型（林金科，1999b），而'九龙袍'不同叶位叶片自上而下的净光合速率表现为随叶片衰老而下降（钟秋生等，2011）。王峰等（2016）以 5 个茶树品种为研究对象，分析了茶树新梢不同叶位叶片和光合特性之间的相关性。结果表明，不同叶位叶片的净光合速率、气孔导度（Gs）和蒸腾速率（Tr）从第 1 叶至第 6 叶基本呈现先升高后降低的趋势，新梢中部 3～4 叶达到峰值，第 1 叶和第 6 叶显著降低。

4. 不同叶龄光合特性　　不同叶龄具有不同的光合特性，这与叶片叶绿素含量、光吸收率、光反射率有关。茶树叶片从萌芽、生长、成熟到衰老，叶片光合速率呈现先升后降的趋势，成熟叶光合速率高于嫩叶和衰老叶。萌芽初期，光合作用随叶片的生长不断增强，至叶片成熟前后达到峰值，并在较长一段时间内处于稳定，之后随叶片衰老逐渐下降，衰败期或脱落前急剧减弱 （孙君等，2015）。杨丽冉等（2021）研究云南芒市、盈江、昆明 3 个地域 13 个茶树品种的光合特征参数，发现茶树叶片的净光合速率、气孔导度和蒸腾速率以当季定型叶最高，然后随着叶片成熟而降低。

茶树叶片的光吸收和光反射因叶片老嫩程度而异，嫩叶叶面和叶背光吸收、反射曲线相近，老叶叶面光吸收大于叶背，光反射小于叶背（孙君等，2015）。此外，早春萌发初期，新梢嫩芽的快速生长依赖越冬老叶补充碳源与营养成分，尤其是白化（黄化）茶树品种。白化（黄化）茶树品种的新梢嫩叶，叶绿体发育不完善，叶绿素合成不足，白化（黄化）嫩梢光合作用受限，叶片新陈代谢所需碳源主要靠中下冠层的越冬老叶补给。

二、光照与茶树生长发育

茶树为叶用植物，其 90%～95%的生物产量均来自叶片光合作用，如体内有机物质糖、茶多酚、咖啡碱、游离氨基酸、蛋白质等。光不仅作为茶树的能量源泉，更作为一种外界环境信号，对茶树的生长发育起到信号调节的作用。可以说，茶树的生长发育及有规律的生命活动，是茶树内在新陈代谢机制与外部环境调控协同完成的。光对茶树生长发育的影响主要表现在光照时间、光照强度（光强）与光谱组成（光质）等方面。

（一）光照时间与茶树生长发育

光照时间对茶树的影响主要表现在两个方面，即辐射总量及光周期现象。太阳辐射总量指在特定时间内，水平面上太阳辐射累计值，常用的统计值有日总量、月总量、年总量。一般而言，日照时间越长，茶树叶片接受光能时间越长，叶绿素吸收辐射能量就越多，光合产物积累量就越大，有利于茶树生育和茶叶产量的提高。总体而言，南方茶区比北方茶区日照时间长，茶树年产量较高。山区茶园由于受山势、林木遮蔽，日照时数比平地茶园少，尤其是生长在谷地和阴坡的茶树，日照时数更少，加上山区多云雾等妨碍光照的因子，实际光照时数更少，往往产量比较低。此外，光照时间影响早春茶树的芽休眠解除及嫩芽萌发。研究证明，日照时数对春茶早期产量有一定影响，尤其是越冬芽的萌发时间与日照时数呈正相关，这与日照时数长短影响温度从而影响茶芽萌发相关联。

光周期现象是植物对昼夜长度发生反应的现象，美国学者 Garner 和 Allard 于 1920 年提出。根据植物光周期现象，可以将其分为长日照植物、短日照植物和中日照植物。光周期现象对茶树开花、结果、生长及休眠均有直接影响。研究者通过比较不同光照时长（8h、11h 与 14h）对不同品种茶树生长发育的影响，结果表明茶树在长日照下生长良好，茎高、叶数反应明显（骆耀平，2008）。印度学者 Baura 等统计赤道南北纬度 30° 地区茶树月产量和平均日长的相关性，证明当冬季有 6 周白昼短于 11.25h，灌木型茶树休眠期长；日长愈短，休眠期愈长；反之，人工延长日照时间至 13h，有助于茶树解除休眠，促进茶树的营养生长，并抑制茶树开花（骆耀平，2008）。

（二）光照强度与茶树生长生育

茶树光合作用的强弱很大程度上取决于光照强度（骆耀平，2008）。弱光条件下，光照强度与光合作用呈正相关，即随着光照强度增强，光合速率逐渐上升，当达到一定值后，光合速率不再受光照强度影响而趋于稳定，甚至有所下降，此时的光照强度叫作光饱和点。相反，当光照强度逐步降低到某一数值时，茶树光合作用的产物量与呼吸作用的消耗相等，这时不再有光合物质的积累，即在一定的光照强度下，实际光合速率与呼吸速率达到平衡，表观光合速率等于零，此时的光照强度即为光补偿点。

茶树光饱和点和光补偿点与茶树年龄有关，且受季节影响。研究发现，幼龄、成年茶树光饱和点分别约为 2.1J/（$cm^2 \cdot min$）和 2.9~3.0J/（$cm^2 \cdot min$），茶树适宜光照强度为 1.67~2.03J/（$cm^2 \cdot min$），茶树扦插苗在自然光照强度的 75% 时表现出最大光合速率（骆耀平，2008）。光照强度过高会造成茶树光胁迫、光抑制；光照强度过低，茶树营养体含糖量降低，生长不健壮，产量、品质下降，光补偿点以下时叶片净光合产物积累量极少甚至为零，会严重阻碍茶树的正常生长。茶树光补偿点较低，仅占全光量的 1% 左右，为 0.12~0.13J/（$cm^2 \cdot min$），说明茶树具有耐阴特性。中国农业科学院茶叶研究所（骆耀平，2008）研究发现，茶树光饱和点和光补偿点因季节不同有一定变化，一年中以三茶光饱和点最高，达 55 000lx，四茶光饱和点最低，为 35 000lx（表 3-2）。

表 3-2   不同茶季茶树光饱和点和光补偿点

茶季	光饱和点/lx	光补偿点/lx
头茶	42 000	400~500
二茶	45 000	500
三茶	55 000	—
四茶	35 000	300~350

世界上不少茶区光照较强，遮阴是传统、有效的茶园栽培管理技术。适度遮阴能提高光合效率、光能利用率，改善光、温、湿等条件，满足茶树耐阴习性，提高净光合速率，从而促进茶树生长，调节茶叶酚氨比和品质特性。

1.   表观形态改变   幼龄茶树在强度遮阴下茎秆细而长，叶子较小；中度遮光下植株高矮居中，叶大色绿，叶面隆起，植株发育良好；不遮光下则生长较矮，节间密集，叶片大小处于 3 个处理的中间，叶色呈深暗色，嫩叶叶面粗糙，但茎秆粗壮。成年茶树也是如此，空旷地全光照条件下生育的茶树，因光照强，叶形小、叶片厚、节间短、叶质硬脆，而生长在林冠下的茶树叶形大、叶片薄、节间长、叶质柔软。夏季强光、高温和低湿，会使叶片的光合作用受到抑制，其中强光照对光合作用的光抑制起着重要作用，适度遮阴可以明显提高净光合率和光合量子效率。

2.   物质代谢改变   大量研究证明（Wang et al.，2012；Lee et al.，2013；Heil et al.，2014；Ji et al.，2018），遮阴能增加芽梢含水量，增强新梢持嫩性，提升叶绿素含量，改善绿茶色泽，提升氨基酸含量，降低茶树叶片多酚类物质的含量，降低茶汤苦涩度，有利于绿茶、乌龙茶品质的提升。Li 等（2020）研究发现，遮阴能通过调节茶树叶片光合作用对碳的同化进而调节碳氮代谢平衡，提升绿茶品质。Liu 等（2020）研究验证，在80%～90%遮阴条件下，'舒茶早'茶树叶片色泽深绿，叶绿体数量增多，形态饱满，类囊体片层结构更为致密，叶绿素含量显著上升（图3-3）。Wang 等（2012）研究发现，遮阴能有效抑制茶树叶片中类黄酮途径关键合成酶编码基因的表达，降低儿茶素类、黄酮醇类、花青素类等物质的含量，从而减少绿茶茶汤的苦涩味，改善绿茶综合品质（表3-3）。Yang 等（2021）发现遮阴条件下，舒茶早茶树品种茶氨酸含量呈茎中增加、叶中减少、根中保持稳定的趋势，证明遮阴能调节茶氨酸在茶树根、茎、叶之间的转运、分配与再利用。Sano 等（2018）对比不同遮阴程度（35%、75%与90%）对茶树物质代谢的影响，发现遮阴条件下叶绿素与氨基酸含量有不同程度上升（表3-4）。

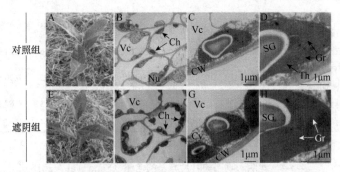

图3-3　遮阴影响茶树叶片叶绿体内囊体膜结构发育示意图（Liu et al.，2020）

A～D. 对照；E～H. 遮阴处理。Vc. 液泡；Ch. 叶绿体；Nu. 细胞核；CW. 细胞壁；
Cy. 胞液；SG. 淀粉粒；Th. 类囊体；Gr. 基粒

表3-3　遮阴影响茶树叶片叶绿素、花青素、酚酸、儿茶素类等
物质含量（Wang et al.，2012）　　　　　　（单位：mg/g 干重）

化合物	光照			遮阴		
	一芽一叶	二叶	三叶	一芽一叶	二叶	三叶
叶绿素（$P=0.002$）*	2.33±0.26	3.54±0.76	4.05±0.72	2.95±0.09	5.79±0.19	7.93±0.65
木质素（$P=0.043$）*	401.80±30.54	456.89±48.84	538.10±52.33	407.49±40.51	414.18±46.59	444.59±28.21
花青素（$P=0.282$）	0.04±0.01	0.05±0.01	0.05±0.02	0.05±0.01	0.05±0.00	0.05±0.01
儿茶素（$P<0.001$）*						
没食子儿茶素	3.36±0.29	3.76±0.63	4.33±0.41	1.37±0.68	0.90±0.63	1.26±1.17
表没食子儿茶素	30.41±6.37	42.01±12.66	50.53±2.13	19.62±2.64	31.50±0.89	30.20±4.28
儿茶素	3.72±3.43	1.20±1.00	0.41±0.70	3.15±2.75	0.93±0.61	0.67±0.16
表儿茶素	15.17±3.19	20.45±4.85	19.01±2.75	7.68±1.30	10.55±1.34	9.46±0.67
表没食子儿茶素没食子酸酯	82.97±4.91	75.89±8.17	61.17±7.39	79.86±8.98	75.83±10.62	62.78±4.11
表儿茶素没食子酸酯	40.74±3.30	30.15±1.38	24.53±3.16	30.25±5.49	23.83±5.18	17.96±2.82
总计	176.38±13.70	173.46±7.05	159.97±13.61	151.37±19.35	150.72±18.93	122.34±5.28
原花青素（$P<0.001$）*						
可溶性原花青素	7.95±0.81	4.84±0.65	4.87±0.76	2.52±0.63	2.83±0.41	2.88±0.77
不溶性原花青素	0.42±0.07	0.40±0.07	0.38±0.06	0.17±0.02	0.16±0.01	0.24±0.03
总计	8.37±0.88	5.24±0.72	5.25±0.82	2.69±0.65	2.99±0.42	3.12±0.80
酚酸（$P<0.001$）*						
β-没食子酸吡喃葡萄糖	0.69±0.09	1.01±0.37	1.14±0.23	0.09±0.01	0.57±0.01	0.89±0.20
没食子酸	1.30±0.14	1.68±0.26	1.76±0.19	2.74±0.12	3.20±0.07	2.89±0.08

续表

化合物	光照			遮阴		
	一芽一叶	二叶	三叶	一芽一叶	二叶	三叶
没食子酰基奎宁酸	14.45±0.31	10.44±0.13	4.56±0.40	16.68±0.48	11.45±0.39	9.02±0.61
对香豆酰基奎尼酸	2.43±0.63	2.89±0.64	2.03±0.75	2.09±0.30	2.70±0.98	1.69±0.49
总计	18.88±1.17	16.03±1.40	9.51±1.57	21.61±0.91	17.92±1.45	14.49±1.38
O-糖基化黄酮醇（*P*=0.001）*						
杨梅素 3-*O*-半乳糖苷或葡萄糖苷	3.18±0.46	6.12±0.41	4.65±0.42	1.58±0.20	1.83±0.18	1.82±0.29
槲皮素-3-*O*-葡萄糖糖尿苷或半乳糖尿苷	2.19±0.62	4.78±0.62	5.53±0.67	1.55±0.47	1.76±0.59	1.76±0.63
槲皮素 3-*O*-双氢鼠李糖苷或山柰酚 3-*O*-半乳糖糖苷	4.37±0.84	8.41±0.88	5.98±0.76	3.91±0.63	4.92±0.84	4.94±0.64
山柰酚 3-*O*-半乳糖苷或葡萄糖苷	0.89±0.08	2.19±0.22	1.31±0.18	1.19±0.16	1.24±0.17	1.23±0.03
6,8-*C*-二葡糖苷黄芩苷或山柰酚 3-*O*-鼠李糖半乳糖苷	1.18±0.17	2.10±0.22	1.82±0.36	0.86±0.15	0.90±0.17	0.84±0.17
槲皮素-3-*O*-鼠李糖苷或山柰酚	0.73±0.08	0.90±0.20	0.81±0.18	0.64±0.13	0.67±0.17	0.66±0.17
总计	12.55±2.22	24.49±2.56	19.89±2.57	9.73±1.74	11.32±2.12	11.26±0.92

*相关性显著（*P*<0.05），*P* 来源于光照叶片与遮阴叶片的成对样本比较

表 3-4　遮阴影响茶树叶片氨基酸含量（Sano et al.，2018）

位置	种植季节	日期	处理时长/d	不同遮阴率处理	氨基酸含量/（mg/g 干重）						
					茶氨酸	谷氨酸	精氨酸	天冬氨酸	谷氨酰胺	丝氨酸	天冬酰胺
茶园 1	第一季	2016.4.22	10	0	18.98±0.23b	3.40±0.08b	9.13±0.53a	2.83±0.19b	3.10±0.07b	1.29±0.02a	0.22±0.00c
				75%~80%	23.91±0.89a	4.32±0.09a	9.69±0.43a	4.53±0.17a	5.53±0.31a	1.13±0.04a	1.05±0.06b
				90%~95%	25.62±1.23a	4.59±0.07a	11.88±1.37a	4.64±0.33a	5.95±0.40a	1.27±0.10a	2.06±0.13a
		2016.4.27	15	0	18.18±0.94b	2.87±0.18b	9.00±0.87ab	2.40±0.14b	2.99±0.38a	0.92±0.01ab	0.17±0.01b
				75%~80%	25.13±1.91a	3.62±0.13ab	7.88±0.64b	3.92±0.16a	3.37±0.30a	0.84±0.01b	0.54±0.04b
				90%~95%	27.65±1.44a	4.00±0.23a	11.61±0.75a	4.42±0.33a	4.00±0.19a	0.97±0.04a	1.53±0.25a
		2016.5.2	20	0	18.06±0.13b	2.80±0.09a	6.01±0.19a	2.09±0.03b	3.13±0.18a	0.84±0.02a	0.14±0.00b
				75%~80%	22.35±2.16ab	3.07±0.24a	5.63±1.58a	3.03±0.20a	2.89±0.37a	0.69±0.06a	0.35±0.05b
				90%~95%	25.91±0.48a	3.35±0.07a	8.49±0.67a	3.35±0.10a	2.66±0.11a	0.81±0.03a	0.79±0.10a
茶园 2	第二季	2016.6.10	9	0	6.45±0.27a	1.71±0.03a	1.71±0.19a	1.52±0.05a	0.37±0.08a	0.56±0.02a	0.08±0.00b
				35%~40%	7.61±1.28a	1.86±0.12a	1.28±0.42a	1.70±0.10a	0.67±0.18a	0.50±0.04a	0.10±0.01b
				75%~80%	8.98±0.30a	2.17±0.03a	1.10±0.21a	2.18±0.08a	1.02±0.27a	0.47±0.02a	0.28±0.04a
				90%~95%	8.33±0.81a	2.10±0.17a	0.99±0.08a	2.17±0.28a	1.00±0.14a	0.46±0.04a	0.41±0.06a
		2016.6.15	14	0	3.09±0.49b	1.31±0.09c	0.50±0.13b	1.09±0.07c	0.16±0.03b	0.29±0.01b	0.05±0.00b
				35%~40%	4.65±0.66b	1.52±0.04bc	0.63±0.24ab	1.42±0.02bc	0.29±0.05ab	0.33±0.04b	0.08±0.00b
				75%~80%	6.25±0.94ab	1.77±0.09ab	0.84±0.33ab	1.85±0.12ab	0.42±0.06ab	0.40±0.12ab	0.40±0.12ab
				90%~95%	9.43±1.06a	2.08±0.08a	1.99±0.47a	2.23±0.14a	0.71±0.17a	0.58±0.06a	0.86±0.16a

注：同列数据后字母不同表示在 0.05 水平上差异显著

3. 产量改变　不同地区、不同海拔茶园的遮光程度，因当地光照强度、茶树品种有差别。适宜遮阴能促进茶树生长，提高茶树生长量，过度遮阴则抑制茶树生长。光照强时，叶片

大而着生水平的茶树遮阴效果比叶片小而着生直立的茶树好。曹潘荣等（2002）认为，透光率在60%～80%遮阴处理，夏天可增加新梢生长量和百芽重。广东英德茶场研究认为，遮光度以保持30%左右为宜。云南、海南胶茶间作研究结果表明，遮光度30%～40%时，有利于物质的积累和产量的提高。然而，段建真和郭素英（1993）研究光辐射强度与新梢生长量的关系得出，夏、秋季期间，茶园日辐射量多数超过茶树光饱和点，遮阴树下的茶树新梢无论哪个季节的生长量均超过没有种植遮阴树的茶园。

（三）光谱组成与茶树生长发育

相对于其他 C_3 植物，茶树对光照强度需求低，光能利用率不高，对光质要求较高。不同茶树品种对不同光质的吸收能力有差异，但都具有类似叶绿素吸收光谱的特征，在蓝紫光和红光波段中各有一个吸收峰。红、橙光照射下，茶树迅速生长发育，对碳代谢、碳水化合物的形成具有积极作用。蓝光为短波光，在生理上对氮代谢、蛋白质形成有重大意义。紫光比蓝光波长更短，不仅对氮代谢、蛋白质形成有影响，而且与一些含氮品质成分，如氨基酸、维生素和很多香气成分的形成有直接关系。叶绿素对蓝紫光吸收能力强，而对 500～600nm 黄绿光吸收较少，红外光波段（＞680nm）虽不能直接被吸收，却能使土壤、水、空气和叶片本身吸热增温，为茶树生长发育提供热量条件，促进茶树生长。

王加真等（2019，2020）研究不同红蓝光配比对茶树新梢生长的影响，发现单红光有利于茶树芽叶质量、茶多酚含量的增加，单蓝光有利于光合色素积累。与红蓝单质光相比，复配光质红光：蓝光＝1：3 能显著提高茶树芽叶游离氨基酸、花黄素含量，降低了酚氨比；且通过对 50μmol/（m^2·s）、100μmol/（m^2·s）、150μmol/（m^2·s）、200μmol/（m^2·s）不同光照强度的对比，发现红蓝光照强度过低、过高都不利于茶叶品质的形成，综合考虑，100μmol/（m^2·s）光照强度最有利于茶叶功能成分的积累，是茶叶 LED 光源设施栽培的理想光照强度。陈思彤（2020）研究发现，红蓝光补光处理对茶树嫩梢叶片厚度的影响较小，蓝光补光处理有利于嫩梢叶片厚度的增长，而红光 120μmol/（m^2·s）、240μmol/（m^2·s）补光处理可抑制嫩梢叶片增厚。

紫外线（UV，280～400nm）是太阳光的重要组成部分，正午前后占太阳光能 4.0%左右，对茶树生长发育、次生代谢物质积累有重要影响。其中，波长较长的 UVA（315～400nm）对新梢生育有一定刺激作用，而波长较短的 UVB（280～315nm）对新梢生长有抑制作用。用波长为 365nm 的紫外线处理后，新梢生长迅速、叶片大、节间长、芽头多、叶色嫩绿；而用波长 255nm 的紫外线处理后，新梢生长缓慢、叶片小、节间短、嫩芽卷曲，表现出衰老状态。Liu 等（2018）研究发现，遮阴环境下，红蓝光与 UVB 信号转导途径基因表达发生了显著变化，其中 UVB 信号途径的改变与黄酮类物质含量变化密切相关，推测 UVB 信号可能在茶树类黄酮物质合成中发挥重要作用。Lin 等（2021）研究发现，太阳光中 UVB 组分在茶树叶片黄酮类物质合成中发挥重要作用，滤除阳光中的 UVB 组分，'舒茶早'与'黄魁'叶片中类黄酮途径下游代谢流改变，导致黄酮醇糖苷类物质含量降低，儿茶素类物质略微上升；外源 UVB 辐射，则会增加叶片黄酮类糖苷含量，但儿茶素含量无显著差异。Shamal 等（2020）用高强度 UVB 辐射茶树，发现 UVB 辐射影响茶树叶片中黄酮类、萜类物质的合成。

茶园间植遮阴树不仅能调节光照强度，还能改善茶园光质，增加散射辐射比率，从而改善茶叶品质。目前，茶园间常见植树有板栗、桂花、松树、香樟及樱花等，且对茶树光合与茶叶品质有不同影响。阮旭等（2011）对比 5 种果茶间作模式下茶树的光合特征参数，发现 5 种果茶间作模式和对照茶树叶温与光合有效辐射强度日变化呈单峰曲线；无间作茶树净光合速率、蒸腾速率、气孔导度呈双峰曲线，峰值分别出现在 10：00 和 14：00；间作茶树净光合速率、蒸腾速率、气

孔导度和胞间 CO_2 浓度呈单峰曲线，峰值出现在 12：00，其中枇杷—茶树间作更利于茶树生长。程鹏等（2012）对比纯茶树与 2 种复合林（板栗—银杏—茶、板栗—茶）环境下茶树光合特性与小气候因子，发现茶树复合种植的荫庇作用降低了茶树日光合平均速率，但会调节林内温度和相对湿度，改善茶树生长环境。刘相东等（2016）发现，板栗—茶间作能降低风速和光照强度，提高了环境温度、湿度，辅助以覆草可有效调节茶树生长环境，改善土壤状况，调节茶叶酚/氨比，有利于茶叶品质的形成。Ma 等（2017）研究发现，板栗—茶间作降低了茶树叶片中儿茶素与氨基酸的含量，增加了茶氨酸和咖啡因的含量，增加了茶芽长度、重量和茶叶品质。Wu（2021a，2012b）发现板栗—茶间植能改善茶叶色泽，提高茶树叶片挥发性有机物含量，降低酚/氨，改善茶叶品质。间作遮阴模式对茶树生长发育的影响效果因间作树种、密度、行向不同而异。Mulugeta（2017）研究 6 种林茶间作模型对茶树生长与茶叶产量的影响，发现合欢—茶、油桐—茶间作模式茶树分别增产 55.55% 和 41.25%，而松—茶间作茶产量则减少 24%。然而，王婉等（2013）研究南酸枣—茶树间作复合系统茶树的光合特性，发现在试验采用的套种条件（茶树高约 1.4m；南酸枣高约 12m、平均胸径 11.3cm、密度 6m×7m；枝下高 3.8m，上层林分郁闭度约 0.3）时，茶树光合速率没有显著变化，说明南酸枣—茶复合系统未显著影响茶树对光能的利用效率。

◆ 第三节　茶园光控管理技术

受经纬度、海拔、坡度、云层等因素影响，各地茶园光环境因子在光照时间、光质组成、光辐射强度和入射角度等方面各具差异。为适应茶树光合特点和生产需求，对茶园中环境光的管理是一种人为主动介入且必要的调节手段。采取合理有效的光管理方式，有助于改善茶园温湿度、土壤水分等生态条件及提高抗性，可以达到一举多得的效果。目前，茶园光管理的常见方式有茶园植物套间作和光控设施管理两类。

一、茶园植物套间作

采用植物套间作种植方式是现代茶园中提高光能利用率和改善光条件的重要手段。经长期技术与经验的积累，已探索出多种行之有效、经济的套间作模式，包括茶—林、茶—粮油、茶—菜、茶—果、茶—草、茶—菌、茶—味、茶—肥、茶—药组合型和复合生态型等功能类型（尚怀国等，2022；史凡等，2022；冷杨等，2022）。在许多种植模式中，除兼顾茶叶生产之外，还可通过其他作物来增加经济效益。对于茶树本身来说，合理套间作植意在改善茶树生长条件，达到茶叶增产、提质和提高茶树抗性的目的。其中，控制茶树生长所需环境的光条件，可通过套间作模式中的植物遮阴来实现。

（一）遮阴植物对茶树光合生理的影响

一年四季中，茶树植物的净光合速率存在不同程度的变化，从而影响茶树的生产力和辐射利用率。在我国南方，未遮阴茶树的净光合速率常在秋、冬两季呈单峰型，在春、夏季呈双峰型，表明入夏强光容易导致茶树出现光抑制现象（徐小牛，1991；徐小牛和李宏开，1991）。夏季茶树净光合速率日变化曲线的双峰间隔常出现在午间时候，光抑制使茶树进入"午休"状态（陶汉之，1991）。许多实验表明，遮阴植物的种植可以有效遮挡部分光辐射，使得夏季茶树的净光合速率也能出现单峰型（张晓磊，2019；吕小营等，2011，2012；肖正东等，2011）。遮阴植物在一定程度上影响了茶树的生产力和辐射利用率（Mukherjee et al.，2008）。

当然，不同类型的遮阴植物和种植模式的效果具有一定差异。吕小营等（2011）在新建茶园中套作花生、春玉米两种作物时，发现套作春玉米时茶树的净光合速率日变化呈现单峰型曲线，套作花生时茶树则出现了"光合午休"现象，呈现双峰型曲线。张国林（2018）通过比较桂花—茶、景烈白兰树—茶、桂花—景烈白兰树—茶 3 种间作模式，发现在景烈白兰树—茶模式中夏季茶树的净光合速率日变化呈不对称双峰曲线，其他间作模式为单峰曲线。王婉等（2013）在比较南酸枣—茶树和纯茶园种植模式时，发现间作茶园茶树的最大净光合速率、光补偿点、暗呼吸速率、PSⅡ最大光化学效率、有效光化学效率、PSⅡ潜在活性和非光化学猝灭系数均与纯茶园茶树没有显著差异，该结果可能与所采用南酸枣的株高、密度和种植行向有关。因此，可以根据茶园环境条件和种植模式适当筛选遮阴植物。

（二）茶园常见遮阴植物套间作模式

1. 遮阴树套间作　　遮阴树是茶园中普遍采用的套作植物。常见的遮阴树按功能属性大致可分为林木类、豆科类、果树类和景观类，如银杏、橡胶、樟、松、杉、银桦、合欢、楹树、桂花、板栗、枇杷、杨梅、猕猴桃、柑橘、苹果、梨等。遮阴树具有减少强光损害、增加漫射光、改善空气温湿度、改良土壤性质、增加土壤含水量、防止水土流失和美化环境等作用（尚怀国等，2022；史凡，2022；冷杨等，2022）。

茶园中的遮阴树来源于自然生长和人工种植。在茶园建园之初，为防止生态破坏，通常会保留陡坡、山顶、土壤贫瘠、茶园四周区域的森林树木，这类自然生长的植物在茶园遮阴方面发挥了重要作用。人工种植遮阴树时则较灵活，可以选择经济性高、套间作效果好的植物类型。赵甜甜等（2011）通过研究苹果—茶套间作对茶树新梢生长状况及产量的影响，发现在成龄茶树中间作苹果树可以促进茶芽提早萌发、增加芽叶重量和提高茶鲜叶产量。张晓磊对比枇杷—茶树、杨梅—茶树、柑橘—茶树 3 种套间作模式，发现柑橘—茶树间作的茶园土壤速效养分含量和 pH 最高，重金属含量最低。Ma 等（2017）通过分析茶树—栗树套作模式，认为栗树可提高土壤养分的有效性和土壤酶活性，促进茶叶产量增加和品质提升。田亚玲（2012）发现套间作银杏可提高土壤肥力，各套作模式的土壤肥力质量指数（FI）依次为高密度银杏—茶间作林（FI=0.889）＞低密度银杏—茶间作林（FI=0.611）＞纯茶林（FI=0.179）。

此外，在遮阴树选择和种植规格上，应尽量避免套间作植物与茶树根系竞争养分，也要避免密集种植影响茶树的透光透气。银桦在国外产茶国被用作主要的遮阴树，与其深根特征和极少与茶树发生养分竞争有关（韩文炎，2000；许宁，1997）。遮阴树种植应注重防止病虫害，避免引入茶树病虫害或为病虫害提供栖息场所。研究显示，茶园套间作厚朴时，茶饼病和炭疽病的发病率均高于单作茶园（张洪等，2019）。应避免种植存在较强化感作用的间套作植物，如巨桉通过根系和叶片等释放出化感物质，抑制茶树及其他植物生长，核桃树对茶树有明显的化感抑制作用，会导致茶树不良生长和茶叶品质下降（田洪敏等，2019；杨安洪和刘川丽，2012）。

2. 草本植物套间作　　茶园中除种植遮阴树外，在茶树幼龄时期常套作一些草本植物，也可以达到遮阴目的。茶树幼龄时期生命力较脆弱，在强光、高温、干旱等恶劣气候中易受损害，适宜的光、温、湿等环境因子有益于茶树的生长发育。幼龄茶园套间作遮阴植物，不仅可以减少光照辐射、降低地表温度、提高土壤含水量等，还可以增加土地资源利用率，提高综合经济效益。

豆科植物是茶树幼龄时期常见的套作植物。豆科植物除具备遮阴这一基本功能之外，其优势还在于可通过根瘤固氮作用为茶树补充氮源，达到肥料减施和提高生产力的目的。幼龄茶园中常见的套间作豆科植物有大豆、花生、白三叶、紫花苜蓿等。李金婷等（2021）发现，大豆与茶树套间作可显著提高茶叶氨基酸、咖啡碱及可溶性糖的含量，并显著提高土壤全氮、碱解氮、有效磷、速效钾及有机质的含量，改善土壤的肥力状况。吴婷婷（2020）发现套间作花生有利于提高幼龄茶树的生长速率和提升茶叶品质。不同类型豆科植物在生长高度、根系生长特性、需肥特性、固氮效果等方面存在差异，在茶园套作时应做适当筛选。邢弘擎（2020）研究显示，间作绿豆的茶园土壤中有机质、全氮、速效氮、速效钾的综合含量分别比套间作大豆的茶园显著提高 23.48%、17.84%、16.36%和 58.24%，并且套间作绿豆和大豆在调节土壤 pH、土壤蔗糖酶活性、接种根瘤菌效益等方面也存在差异。汪强强（2013）从硝酸还原酶和谷氨酰胺合成酶活性比值、根系生长、根瘤着生特性、根瘤菌固氮酶活性等角度分析幼龄茶园中套间作白三叶、紫花苜蓿、长矛野豌豆等模式，发现豆科植物间作效应存在物种差异，如紫花苜蓿因可能与茶树形成养分竞争、长矛野豌豆因地上部太长且易攀缘而不易在茶行间作。

　　幼龄茶园中除种植豆科植物之外，基于生产需求和植物生长特点，还可以种植玉米、马铃薯、黑麦草、辣椒、芝麻、白菜、黄芪等植物，从而达到充分利用土地、增产增效的目的。吕小营等（2011）研究认为，新建茶园中套间作玉米相较于花生而言，更有利于改善夏季茶园空气温度、茶苗叶面温度、土壤温度、光照强度条件，且能提高茶苗存活率。罗湘洁等（2017）比较花生、大豆、马铃薯 3 种套间作物对茶苗生长及产生经济效益的影响，认为在海拔 550m、740m 和 860m 左右的一年生茶园套间作花生对茶苗的生长促进作用最明显，然而茶园套作马铃薯的经济效益最好。吴全等（2006）通过对比黑麦草、白三叶、紫花苜蓿、紫云英套间作幼龄茶园，从套间作植物内含成分、生产量及腐殖化系数等方面综合衡量，认为黑麦草是最适宜在重庆山地幼龄茶园种植的绿肥品种，其次为白三叶。此外，在幼龄茶园中种植黄芪、半夏、太子参、白术等中草药，有助于解决初建设茶园短期效益的问题（王林军等，2022；黄冬寿，2004）。

二、茶园光控设施管理

　　近代以来，园艺设施相关材料技术的不断革新与应用为更加精确、便利地调控茶树所需光源创造了条件。设施光源调控在茶树上的应用包括自然光改造和辅助补光两种形式。茶园中光控设施主要有遮阳网、有色膜、补光设施和光伏茶园等，其应用范围包括抹育苗、抹茶生产，夏秋茶利用等方面。实践表明，光控设施的应用具有见效快、精度高和针对性强等优点，而其缺点在于材料成本较高，并且因应用场景复杂对配套技术的要求高。

（一）遮阳网

　　遮阳网是以聚烯烃树脂为主要原料，并加入防老化剂和各种色料，经拉丝编织而成的一种轻量化、高强度、耐老化的网状新型农用塑料覆盖材料，具有遮光、调湿、保墒、防暴雨、防大风、防冻、防病虫鼠鸟害等多种功效。自 20 世纪 80 年代开始，遮阳网广泛应用于蔬菜、花卉、药材、果树及饲养畜禽、养鱼、孵化对虾等农业生产领域，并逐步在茶树栽培上应用。茶园中的覆盖材料主要有稻草、麦秆和遮阳网等。稻草、麦秆覆盖后的茶叶品质优于遮阳网，但近年来此类材料获取不易，且对操作者的熟练程度要求较高（郑亚楠等，2020；刘瑜等，2019）。相较而言，遮阳网因获取较为容易，并且在颜色、厚度和覆盖方式上操作更便捷（刘瑜等，2019；姜艳艳，2016）而被广泛应用。目前我国遮阳网的覆盖方式主要有直接覆盖和棚式覆盖。直接覆盖，即将覆盖材料直接覆盖在茶冠面上。直接覆盖的优点在于简便，省去搭建成本，然而透气性较差且遮阳网吸热后容易烫伤茶树枝叶（王镇和尹福生，2017）。棚式覆盖，即使用水泥柱、钢管或竹子等作为支撑材料，再将覆盖材料铺在棚面上搭建而成（万景红，2017）。棚式覆盖的搭建方式更复杂，成本更高，但棚式覆盖后的茶叶品质优于直接覆盖（王镇和尹福生，2017）。

　　遮阳网的遮光率会对茶树光合环境和茶叶品质产生影响，在不同的茶类和处理中效果不一致。抹茶生产上遮光率为 70%～100%，并在遮阴期间随生长发育增加覆盖度（王元凤等，2015；朱旗等，2010）。覆盖遮阴可以有效降低抹茶中茶多酚等苦涩味物质的含量，提高叶绿素、氨基酸含量，从而提升茶叶综合感官品质（刘瑜等，2021；李徽等，2014）。刘瑜等（2021）研究认为，采用遮光度 95%的遮阳网棚式覆盖 25d 后的碾茶综合品质最优。遮阳网在夏秋茶遮阴上也获得了较好效果。肖润林等（2007）对夏秋季茶园分别为 80%、61%、37%遮光率的遮阳网进行研究，显示遮阴处理可改善生态环境和茶叶品质成分，并且具有遮光率越高效果越明显的趋势，比较后认为经 80%遮光率处理后的一芽二叶新梢制作而成的茶叶酚氨比达到名优绿茶标准，经 61%遮光率和 37%遮光率处理的茶叶酚氨比也均达到高档绿茶标准。孙京京等（2015）通过比较单、双层黑色遮阳网的效果，认为双层黑色遮阳网的效果优于单层黑色遮阴网。王雪萍等（2018）则认为，遮阴可以改善夏秋季茶树适生环境，降低茶叶苦涩味和提高茶叶品质，适度遮阴优于过度遮阴。刘青如等（2011）对夏季茶树进行 50%、70%、90%的遮光度处理，经比较认为 70%的遮光度处理后茶叶综合品质最佳。遮阳网还应用于茶树扦插苗培育上。由于茶树扦插穗条最初没有根系，保温、保湿和遮阴是茶树扦插育苗成功的必要条件。目前，茶树短穗扦插育苗行业标准采用遮光率为 65%～75%的黑色遮阳网（中国农业科学院茶叶研究所，2011）。

遮阴时长是影响茶树生长发育和品质改善效果的重要因素。李徽等（2014）设置 0d、7d、20d、25d 遮阴时间梯度，发现遮阴时间越长，叶绿素含量越高，并且制成的抹茶色泽越绿。刘瑜等（2021）在春秋两季进行遮阴实验，发现在秋季以遮光度 75%的遮阳网直接覆盖 15d 后茶树的叶绿素含量最高，在春季以遮光度 95%、棚式覆盖 15d 的茶树的叶绿素含量最高，表明遮阳网的遮阴效果与季节发育和气候条件有关。此外，影响遮阳网效果的因素还有茶树品种、遮阳网颜色等。檀学敏等（2021）对 7 个茶树品种进行遮阴处理后，发现叶绿素含量最高的茶树品种是'薮北'，认为从综合品质指标来看'薮北'的抹茶适制性最好。肖文敏等（2017）利用黑、红、银灰、绿、蓝、黄 6 种颜色的遮阳网覆盖夏季北方茶，认为蓝、红、银灰网覆盖有利于茶树降温增湿、促进光合、增产提质等。田月月等（2017）利用黑、蓝色遮阳网覆盖'黄金芽'茶树，认为与蓝色遮阳网相比，黑色遮光处理能更好地促进茶树生长，并且能保持叶色黄化和提高茶叶品质。

（二）补光设施

补光是植物精细化生产的一种重要技术手段，尤其是在园艺作物的栽培上（王孝娣等，2019）。发光二极管（LED）可以发出白、红、蓝、黄、绿、青、紫、红外、紫外等波段光，且具有寿命长、节能等优点，已广泛用于植物栽培领域。目前利用 LED 各类波段光源在茶树上的研究较多，但 LED 光源补光在茶园生产研究上应用较少。最近王加真等（2019b）尝试利用红蓝组合光对贵州湄潭遵义师范学院有机绿茶产学研基地的茶园进行补光实验，结果显示蓝光占比大的一组 LED 处理（红蓝光质比为 0.81）效果较好，与不补光相比，除了显著增加了单芽和一芽二叶的芽头数量（47.4%和 74.89%）、重量（12.36%和 4.56%），还显著增加了一芽一叶和一芽二叶的总叶绿素（25.61%和 12.61%）、多酚（23.42%和 23.29%）、游离氨基酸含量（32.23%和 29.38%），并降低了酚氨比（−8%和−11.1%）。除 LED 之外，钠灯作为补光灯也被应用于茶树研究。于敬亚等（2019）研究认为，钠灯短时（6d、9d）处理可显著提高 PPO 酶活性。此外，利用反光膜补光也是一种有效手段。不同于人工补光光源，反光膜则是通过表层镀膜反光，将地面日光反射到植物背光面进行补光（刘林等，2008）。黄海涛等（2022）通过铺设反光膜对茶园龙井茶进行补光，与对照相比，浸出物、茶多酚、游离氨基酸含量分别增加了 4.3%、3.5%和 14.6%，咖啡碱和酚氨比分别降低了 5.4%和 9.8%，总儿茶素和简单儿茶素含量分别增加了 27.4%和 47.2%，并且铺设反光膜有助于改变茶叶香型的特征。

（三）光伏茶园

光伏茶园是近年来茶树栽培方式的一种尝试。光伏茶园，即将太阳能电池板置于茶树上方或制成大棚棚顶，利用光伏发电和电池板调控茶树光、温、湿生长环境的绿色生产模式。光伏茶园兼顾了太阳能高效利用和茶树适荫性等优势。孙立涛等（2015）通过对比露天茶园、光伏大棚茶园、常规大棚茶园，认为光伏大棚茶园可以有效控制棚内温度，延长茶树生长时间，有助于提高茶叶产量和减少常规茶树病虫害的危害。蔡卓彧（2020）通过固定倾角支架系统光伏茶园（固定光伏茶园）和平单轴跟踪支架系统光伏茶园（单轴光伏茶园）两种光伏模式与露天茶园进行比较，结果显示光伏模式有助于稳定茶园气温，提前春季萌发期和延长采收期，提高明前茶、春茶、夏茶与秋茶产量及提升明前茶、春茶毛茶品质。光伏茶园还可以结合物联网技术对茶园进行实时监控，并且可以利用采集到的数据对光伏茶园的整体结构和系统进行优化（徐松镭和杨昊，2021）。

（四）其他类型

1. 有色膜覆盖　　有色膜，即有色塑料薄膜，包括黄、蓝、绿等各色薄膜。茶树有色膜应用的研究主要集中于有色膜对扦插育苗发根的效果。杨为侯等利用蓝、黄、白三色薄膜处理茶树短穗扦插苗，认为蓝膜具有较好的保温、保湿作用，蓝膜处理（36d、50d）的发根株数和成活率的效果最佳，白色处理次之，黄色处理最差（杨为侯等，1985）。傅健羽（1990）获得了相似的结果，即通过 7 种颜色薄膜覆盖茶树，发现各处理根条均数依次为靛膜＞蓝膜＞橙膜＞黄膜＞白膜＞红膜＞绿膜，插穗成活率的高低依次为靛膜＞蓝膜＞黄膜＞红膜＞白膜＞绿膜＞橙膜。张永仟和胡民强（2003）的实验结果却不相同，其利用白、蓝、黑、红和黄色膜覆盖处理茶树，认为各种薄膜发根效果依次为黄色膜＞红色膜＞黑色膜＞白色膜＞蓝色膜。薄膜覆盖育苗受光、温、湿等综合因素影响，目前依然不清楚有色膜覆盖实验结果差异的原因。

2. 全光照喷雾　　全光照喷雾目前应用于茶树扦插育苗。全光照喷雾是一项借助于自动喷雾装置对直射日光起到遮蔽和散射作用的技术。全光照喷雾扦插育苗方法具有成活率高、生产成本低、劳动力投入少、减少环境污染和便于管理等优点（王芝勇和王孜昌，2009）。李家贤和何玉媚（2000）研究认为，全光照喷雾有促进愈合发根的趋势，处理茶苗成活率和植株高度效果介于全光照处理和传统苗圃之间。刘任坚等（2018）通过比较一层遮阳网、两层遮阳网和全光照喷雾处理，认为覆盖一层遮阳网的插穗存活率与生根率在试品种内优于全光照喷雾。陈杏等（2015）认为控制水分是扦插存活的关键，经放置 5d 后扦插和结合全光照喷雾管理模式，插穗生根率、平均根数、平均根长、根系效果指数和新梢高均极显著高于其他处理，并且有助于缩短育苗时间。

3. 滤光屏　　滤光屏是一种可以过滤或调节进入植物体内的光谱成分和光强的设备，它通过选择性地吸收或反射特定波长范围的光，从而改变透过滤光屏的光的波长组成。研究人员可以选择不同的材料制作滤光屏，以此来过滤掉或阻隔阳光中的特定光谱部分，如 UVB、UVA、蓝光等。利用这种方法，可以模拟和重构植物在自然条件下的光环境，从而达到调控植物生长发育阶段转换、形态发生、代谢产物积累等目的。Lin 等（2021）利用一种特殊材质的滤光屏，滤除进入茶树阳光中的 UVB 辐射，改变茶树的光质条件（图 3-4）。研究发现，早春滤除阳光中 UVB 信号，可影响茶树叶绿体发育与叶绿素合成，抑制黄化茶树‘黄魁’黄化返绿，同时改变类黄酮物质合成途径关键基因表达，调节黄酮醇糖苷与儿茶素代谢流平衡。结果表明，利用滤光屏改变茶树光照条件可以有效调控茶叶色泽、苦涩味等品质特性。目前，滤光屏因造价高，仅限于科学研究领域，尚未在茶园普及应用。

彩图

图 3-4　滤光屏调控'黄魁'（A）与'舒茶早'（B）

主要参考文献

蔡卓彧. 2020. 光伏茶园茶树生长与光合特性研究. 杭州：浙江大学硕士学位论文.

曹潘荣，刘鲜明，高飞谍，等. 2002. 微域环境对单枞茶新梢生长与品质的影响. 华南农业大学学报（自然科学版），23（4）：5～7.

晁新胜，齐红燕，康玉柱，等. 2020. 黄金梨叶片净光合速率与生理生态因子的关系. 山东林业科技，50：48～50，42.

陈思彤. 2020. 红蓝光对茶树生长及其代谢产物的影响. 福州：福建农林大学硕士学位论文.

陈熙，翟玉莹，杨月，等. 2018. 光照强度对园艺植物光合作用的影响研究. 现代园艺，351：8～9.

陈贤田，柯世省. 2002. 茶树光合午休的原因分析. 浙江林业科技，22（3）：80～83.

陈杏，农玉琴，韦锦坚，等. 2015. '桂热2号'茶树全光照喷雾扦插技术. 中国园艺文摘，31（1）：221，224.

程鹏，马永春，肖正东，等. 2012. 不同林分内茶树光合特性及其影响因子和小气候因子分析. 植物资源与环境学报，21（2）：79～83.

邓波，智永祺，郑玉红，等. 2019. 模拟冬春季温度变化对石蒜光合作用的影响. 中国农学通报，35：69～74.

邓雄，李小明，张希明，等. 2003. 四种荒漠植物的光合响应（英文）. 生态学报，23（3）：598～605.

杜旭华，马健，彭方仁. 2007a. 温室内不同茶树品种净光合速率及其生理生态因子日变化. 浙江林业科技，3：28～33.

杜旭华，周贤军，彭方仁. 2007b. 不同茶树品种净光合与蒸腾速率比较. 林业科技开发，21（4）：21～24.

段建真，郭素英. 1993. 茶树新梢生育生态场的研究. 茶业通报，1：1～5.

傅健羽. 1990. 不同色膜覆盖对茶树插穗愈合生根及成活的影响. 茶叶通讯，（2）：3～5.

郭彩霞，朱铧楠，杨佳曼，等. 2021. 3种山茶科植物苗期光合特性的研究. 林业与环境科学，37（5）：97～101.

韩文炎. 2000. 斯里兰卡茶叶生产技术（续）. 中国茶叶，（3）：10～11.

胡志敏，童启庆，庄晚芳. 1988. 浙江省十二个茶树良种光合特性的研究. 浙江农业大学学报，14（2）：155～160.

黄冬寿. 2004. 幼龄茶园间种中药材的栽培技术. 茶叶科学技术，（4）：22～24.

黄海涛，牛小军，丁一，等. 2022. 茶园反光膜补光对龙井茶品质的影响. 茶叶，48（2）：81～84.

姜瑞芳. 2016. 珙桐幼苗生长与光合特性的主要影响因子. 北京：北京林业大学硕士学位论文.

姜艳艳. 2016. 抹茶栽培研究进展. 贵州茶叶，44（4）：4～6.

柯世省，金则新，李钧敏. 2002. 浙江天台山茶树光合日变化及光响应. 应用与环境生物学报，8（2）：159～164.

冷杨，周晶，尚怀国，等．2022．茶园生态化发展水平评价体系构建与实证研究．中国农业资源与区划，22：1～10.
李徽，李春方，任静，等．2014．遮阳时间对抹茶及其加工蛋糕品质的影响．上海师范大学学报（自然科学版），43（6）：573～577.
李家贤，何玉媚．2000．茶树全光照自动喷雾育苗试验报告．广东茶业，34（1）：18～22.
李金婷，韦锦坚，韦持章，等．2021．茶树/大豆间作体系氮素对茶叶品质成分及其土壤养分的影响．华北农学报，36（S1）：282～288.
李璟，叶充，蔡仕珍，等．2015．遮光对玉竹光合日变化和光合有效辐射-净光合速率响应曲线的影响．东北林业大学学报，43：57～63.
李时雨，姚新转，安海丽，等．2022．不同茶树品种光合特性与冠层指标分析．茶叶学报，63（1）：39～45.
梁军生．2009．云南松光合特性及受蛀干害虫攻击后光合生理分析．北京：中国林业科学研究院硕士学位论文.
林金科．1999a．茶树光合作用的年变化．福建农业大学学报，28（1）：38～42.
林金科．1999b．铁观音茶树的光合特性．茶叶科学，19：35～40.
刘林，许雪峰，王忆，等．2008．不同反光膜对设施葡萄果实糖分代谢与品质的影响．果树学报，25（2）：178～181.
刘青如，李丹，罗军武，等．2011．遮阴对夏茶品质和产量的影响．湖南农业科学，（12）：24～25，27.
刘任坚，刘远星，王莹茜，等．2018．不同遮光处理对工厂化育茶苗的影响．中国茶叶，40（3）：25～28，33.
刘相东，毕彩虹，谭建平，等．2016．栗茶间作与覆草对茶树生长环境和茶叶品质的影响．安徽农业科学，44（34）：26～27.
刘瑜，何卫中，娄艳华，等．2021．不同覆盖处理对茶园小气候及碾茶品质的影响．南方农业学报，52（3）：711～721.
刘瑜，娄艳华，疏再发，等．2019．碾茶生产茶园覆盖技术研究进展．中国茶叶，41（1）：10～13，18.
罗湘洁，李国林，林茂，等．2017．不同海拔3种间作作物对幼龄茶苗生长的影响及经济效益分析．耕作与栽培，（6）：22～24.
罗耀平．2008．茶树栽培学．4版．北京：中国农业出版社.
吕炯．1950．温度与植物．科学大众，（9）：86～87.
吕小营，欧阳石光，张丽霞．2011．山东新建茶园间作花生与春玉米的效应比较．山东农业科学，8（8）：29～32.
吕小营，欧阳石光，张丽霞，等．2012．新建茶园不同间作模式及覆盖遮阴效应比较研究-种植模式Ⅰ：茶行南北走．山东农业科学，44：44～49.
马文涛，武胜利．2020．不同林龄胡杨净光合速率对生态因子和生理因子的响应．云南大学学报（自然科学版），42：1004～1013.
阮旭，张碉，杨忠星，等．2011．果茶间作模式下茶树光合特征参数的日变化．南京农业大学学报，34（5）：53～57.
尚怀国，周泽宇，杨文，等．2022．生态茶园内涵、模式及发展策略研究．华中农业大学学报（自然科学版），41（5）：9～15.
邵毅．2009．温度胁迫对杨梅叶片光合作用的影响．杭州：浙江林学院硕士学位论文.
史凡，黄泓晶，陈燕婷，等．2022．间套作功能植物对茶园生态系统服务功能的影响．茶叶科学，42（2）：151～168.

孙京京，朱小元，罗贤静丽，等．2015．不同遮阴处理对绿茶品质的影响．安徽农业大学学报，42（3）：387～390.

孙君，朱留刚，林志坤，等．2015．茶树光合作用研究进展．福建农业学报，30（12）：1231～1237.

孙立涛，王漪，薛庆营．2015．光伏大棚设施环境下茶树生长情况研究与分析．农业工程技术，（31）：40～42.

檀学敏，丁鑫，周建得，等．2021．遮阴对7个茶树品种的抹茶适制性影响研究．中国野生植物资源，40（7）：28～33.

唐茜，叶善蓉，单虹丽．2006．引进茶树品种光合特性的比较研究．四川农业大学学报，3：303～308.

陶汉之．1991．茶树光合日变化的研究．作物学报，17（6）：444～452.

田洪敏，罗美玲，杨雪梅，等．2019．茶树—核桃树间作模式对茶园土壤养分的影响．热带作物学报，40（4）：657～663.

田亚玲．2012．银杏和茶树复合经营系统生理生态效应研究．南京林业大学，10：13～35.

田月月，张丽霞，张正群，等．2017．夏秋季遮光对山东黄金芽茶树生理生化特性的影响．应用生态学报，28（3）：789～796.

童启庆，须海荣，骆耀平，等．1992．茶树种质资源光合特性的研究（英文）．浙江农业大学学报，（S1）：117～120.

涂淑萍，黄航，杜曲，等．2021．不同品种茶树叶片光合特性与叶绿素荧光参数的比较．江西农业大学学报，43（5）：1098～1106.

万景红．2017．抹茶的生产加工及其应用．中国茶叶，39（8）：23～25.

汪强强．2013．适宜茶园间作豆科植物的筛选．泰安：山东农业大学硕士学位论文，4：10～15.

王炳忠，税亚欣．1990．关于光合有效辐射的新实验结果．应用气象学报，（2）：185～190.

王峰，陈玉真，王秀萍，等．2016．茶树不同叶位叶片功能性状与光合特性研究．茶叶科学，36（1）：77～84.

王加真，金星，冯梅，等．2019a．不同红蓝光配比对茶树生长及生物化学成分的影响．江苏农业科学，47（10）：159～172.

王加真，金星，熊云梅，等．2020．红蓝LED光照强度对茶树生长及生物化学成分的影响．分子植物育种，18（5）：1656～1660.

王加真，张昕昱，金星，等．2019b．红蓝光源茶园夜间补光对春茶产量、品质的影响．福建农业学报，34（1）：46～52.

王林军，于英，王全，等．2022．幼龄茶园间作中草药黄芪、半夏关键栽培技术．农业科技通讯，（6）：267～269.

王婉，沈汉，舒骏，等．2013．林茶复合条件下茶树光合特性与荧光参数的研究．湖南农业科学，（5）：101～104.

王孝娣，王莹莹，郑晓翠，等．2019．人工补光对设施园艺作物生长发育影响的研究进展．北方园艺，（20）：117～124.

王雪萍，马林龙，刘盼盼，等．2018．夏秋季茶园覆盖遮阴的综合效应．江苏农业科学，46（22）：106～110.

王元凤，蔡剑雄，任静，等．2015．不同栽培与加工方式对富硒抹茶营养成分的影响与识别研究．食品工业，36（7）：204～208.

王镇，尹福生．2017．不同覆盖方式对抹茶品质的影响．中国茶叶，39（11）：28～29.

王芝勇，王孜昌．2009．茶树全光照喷雾扦插育苗技术．种子，28（4）：38～40.

吴全，姚永宏，李中林．2006．幼龄茶园复合种植技术研究．中国土壤与肥料种子，28（6）：118～120.

吴婷婷．2020．间作对茶树物理和化学防御特性的影响研究．海南大学，2：20～30.

武建林，肖靖秀，肖良俊．2022．不同花色黄精属植物光合特性研究．中药材，45（8）：1812～1817.

肖润林, 王久荣, 单武雄, 等. 2007. 不同遮荫水平对茶树光合环境及茶叶品质的影响. 中国生态农业学报, 15 (6): 6~11.

肖正东, 程鹏, 马永春, 等. 2011. 不同种植模式下茶树光合特性、茶芽性状及茶叶化学成分的比较. 南京林业大学学报 (自然科学版), 35 (2): 15~19.

邢弘擎. 2020. 间作豆科绿肥对茶园土壤性状与茶叶品质的影响研究. 南京: 南京农业大学硕士学位论文.

须海荣, 童启庆, 骆耀平, 等. 1992. 福建茶树资源光合特性的研究. 福建茶叶, 1: 15~18.

徐松镭, 杨昊. 2021. 基于物联网的光伏茶园监测系统设计. 信息与电脑 (理论版), 33 (1): 95~96.

徐小牛. 1991. 间作茶树光合作用生理生态的初步研究. 植物生理学通讯, 4 (4): 259~263.

徐小牛, 李宏开. 1991. 间作茶园中茶树生态生理特性的研究. 林业科学, 27 (6): 658~664.

许宁. 1997. 南印度茶园遮阴. 中国茶叶, (6): 29.

薛义霞, 李亚灵, 温祥珍. 2010. 空气湿度对高温下番茄光合作用及坐果率的影响. 园艺学报, 37: 397~404.

杨安洪, 刘川丽. 2012. 浅谈茶园间作林木. 四川农业与农机, (1): 44.

杨丽冉, 杨广容, 马会杰, 等. 2021. 云南茶树品种光合特性及其影响因素的研究. 西南农业学报, 34 (1): 19~26.

杨期和, 陈昆平, 杨和生, 等. 2016. 南亚热带3种幼树的光合生理生态特性. 福建林业科技, 43 (2): 1~7, 61.

杨为侯, 方超群, 宋建设, 等. 1985. 不同色泽的薄膜遮阴对茶树扦插发根的影响. 福建茶叶, (2): 28.

于敬亚, 庄晓丽, 郭楚嘉, 等. 2019. 补光对'金观音'相关酶活性的影响. 亚热带农业研究, 15 (4): 246~250.

余海云, 石元值, 马立锋, 等. 2013. 茶树树冠不同冠层叶片光合作用特性的研究. 茶叶科学, 33 (6): 505~511.

张国林. 2018. 茶树—乔木间种对茶叶产量和品质的影响及机理. 长沙: 湖南农业大学博士学位论文.

张洪, 张孟婷, 王福楷, 等. 2019. 4种间作作物对夏秋季茶园主要叶部病害发生的影响. 茶叶科学, 39 (3): 318-324.

张华. 2023. 2个山楂品种的光合特性研究. 果树资源学报, 4: 47~52.

张瑞朋, 付连舜, 佟斌, 等. 2015. 大豆叶片光合作用与光强及二氧化碳的关系. 吉林农业科学, 40: 8~13.

张晓磊. 2019. 果茶间作模式下茶园环境、茶树生长及茶叶品质的特征研究. 南京: 南京农业大学硕士学位论文.

张永仟, 胡民强. 2003. 不同薄膜覆盖对冬季茶树扦插发根率的影响. 茶叶, 29 (4): 213~214.

张正海, 张亚玉, 雷慧霞, 等. 2020. 光照强度、温度、湿度和二氧化碳对人参光合速率的影响. 特产研究, 42: 41~46.

赵甜甜, 蔡新, 汪云刚, 等. 2011. 苹果-茶间作对茶树新梢生长状况及产量的影响. 安徽农业科学, 39 (17): 10251~10253.

郑亚楠, 王锡洪, 姚水滨. 2020. 覆盖对碾茶品质影响的研究进展. 中国茶叶, 42 (8): 12~16.

中国农业科学院茶叶研究所. 2011. 茶树短穗扦插技术规程: NY/T 2019-2011. 北京: 中国农业出版社.

钟秋生, 陈常颂, 林郑和. 2011. 九龙袍茶树光合特性与品质成分研究. 福建农业学报, 3: 383~387.

朱旗, 谭济才, 罗军武. 2010. 日本碾茶生产与加工. 中国茶叶, 32 (3): 7~9.

朱文杰, 郑鸣洁, 康瑜国. 2022. 不同光照强度对三种藤本植物光合作用的影响. 中国农学通报, 38: 27~31.

邹瑶, 陈盛相, 许燕, 等. 2018. 茶树光合特性季节性变化研究. 四川农业大学学报, 36 (2): 210~216.

Cai J, Xue L. 2018. Advances on photosynthesis characteristics of alpine plants. Chinese Journal of Ecology, 37 (1): 245~254.

de Almeida L V B, Figueiredo F A M M A, de Deus B C, et al. 2017. Plastic covering film can reduce midday depression photosynthesis of field-grown tropical grapevine in high photosynthetic photon flux. Acta Horticulturae, (1157): 255～262.

Heil M, Zhang Q, Shi Y, et al. 2014. Metabolomic analysis using ultra-performance liquid chromatography-quadrupole-time of flight mass spectrometry (UPLC-Q-TOF MS) uncovers the effects of light intensity and temperature under shading treatments on the metabolites in tea. PLoS One, 9 (11): e112572.

Ji H, Lee Y R, Lee M S, et al. 2018. Diverse metabolite variations in tea (*Camellia sinensis* L.) leaves grown under various shade conditions revisited: A metabolomics study. Journal of Agricultural and Food Chemistry, 66 (8): 1889～1897.

Lee L S, Choi J H, Son N, et al. 2013. Metabolomic analysis of the effect of shade treatment on the nutritional and sensory qualities of green tea. Journal of Agricultural and Food Chemistry, 61 (2): 332～338.

Li Y, Jeyaraj A, Yu H, et al. 2020. Metabolic regulation profiling of carbon and nitrogen in tea plants [*Camellia sinensis* (L.) O. Kuntze] in response to shading. Journal of Agricultural and Food Chemistry, 68 (4): 961～974.

Lin N, Liu X, Zhu W, et al. 2021. Ambient ultraviolet B signal modulates tea flavor characteristics via shifting a metabolic flux in flavonoid biosynthesis. Journal of Agricultural and Food Chemistry, 69 (11): 3401～3414.

Liu L, Li Y, She G, et al. 2018. Metabolite profiling and transcriptomic analyses reveal an essential role of UVR8-mediated signal transduction pathway in regulating flavonoid biosynthesis in tea plants (*Camellia sinensis*) in response to shading. BMC Plant Biology, 18 (1): 233.

Liu L, Lin N, Liu X, et al. 2020. From chloroplast biogenesis to chlorophyll accumulation: The interplay of light and hormones on gene expression in *Camellia sinensis* cv. *Shuchazao* leaves. Frontiers in Plant Science, 11: e00256.

Liu Z, Chen S, Song J, et al. 2012. Application of deoxyribonucleic acid barcoding in Lauraceae plants. Pharmacognosy Magazine, 8 (29): 4～11.

Luke D, McLaren K. 2018. Are species photosynthetic characteristics good predictors of seedling post-hurricane demographic patterns and species spatiotemporal distribution in a hurricane impacted wet montane forest? Acta Oecologica, 89: 1～10.

Ma Y, Fu S, Zhang X, et al. 2017. Intercropping improves soil nutrient availability, soil enzyme activity and tea quantity and quality. Applied Soil Ecology, 119: 171～178.

Mukherjee A, Banerjee S, Sarkar S. 2008. Productivity and radiation use efficiency of tea grown under different shade trees in the plain land of West Bengal. Journal of Agrometeorology, 10: 146～150.

Mulugeta G. 2017. Effect of different shade tree species on the growth and yield of China hybrid tea [*Camellia sinensis* (L.) Kuntze] at palampur tea research station, H.P., India. Journal of Natural Sciences Research, 7 (4): 15～22.

Sano T, Horie H, Matsunaga A, et al. 2018. Effect of shading intensity on morphological and color traits and on chemical components of new tea (*Camellia sinensis* L.) shoots under direct covering cultivation. Journal of the Science of Food and Agriculture, 98 (15): 5666～5676.

Shamala L, Zhou H, Han Z, et al. 2020. UV-B induces distinct transcriptional re-programing in UVR8-signal transduction, flavonoid, and terpenoids pathways in *Camellia sinensis*. Frontiers in Plant Science, 11: 234.

Tong Q, Xu H, Lou Y, et al. 1992. Studies on the photosynthetic character of tea germplasms. Acta Agriculturae Zhejiangensis, 18: 104～107.

Wang Y, Gao L, Shan Y, et al. 2012. Influence of shade on flavonoid biosynthesis in tea [*Camellia sinensis* (L.) O. Kuntze]. Scientia Horticulturae, 141: 7～16.

Wu T, Jiang Y, Li M, et al. 2021a. RNA-seq analysis reveals the potential mechanism of improved viability and product quality of tea plants through intercropping with Chinese chestnut. Plant Growth Regulation, 96 (1): 177~193.

Wu T, Zou R, Pu D, et al. 2021b. Non-targeted and targeted metabolomics profiling of tea plants (*Camellia sinensis*) in response to its intercropping with Chinese chestnut. BMC Plant Biology, 21 (1): 55.

Yang T, Xie Y, Lu X, et al. 2021. Shading promoted theanine biosynthesis in the roots and allocation in the shoots of the tea plant (*Camellia sinensis* L.) cultivar Shuchazao. Journal of Agricultural and Food Chemistry, 69 (16): 4795~4803.

第四章

温度与茶树生理生态

◆ 第一节 温度变化的规律

一、太阳辐射与大气温度

太阳辐射通过大气圈后到达地表。大气对太阳辐射有吸收、散射和反射作用，使太阳辐射在途中产生损耗。太阳辐射穿过大气层时，大气中的水汽、氧、臭氧、二氧化碳及固体杂质等成分能选择性吸收一定波长的辐射能，被吸收的太阳辐射转变成热能；太阳辐射通过大气，遇到空气分子、尘粒、云滴等质点时，会发生散射；太阳辐射遇到大气中的云层和较大颗粒的尘埃时，其一部分能量被反射到宇宙空间。

到达地面的太阳辐射有两部分：一是直接辐射，即太阳以平行光线的形式直接投射到地面；二是散射辐射，即经过散射后自天空投射到地面，两者之和称为总辐射。太阳高度角决定了总辐射有显著的日变化、年变化和随纬度的变化。一天中，日出、日落时太阳高度角最小，总辐射最弱；中午太阳高度角最大，总辐射最强。同样的，一年中总辐射在夏季最强，在冬季最弱。低纬度地区的太阳高度角大，使得地表得到的总辐射较中、高纬度地区更强。

大气的受热分为两部分：一是大气对太阳辐射的吸收作用；二是太阳辐射到达地面，地面吸收后增温形成地面辐射。大气的热能主要来自地面，大气吸收后增温并形成大气辐射，其中射向地面的部分称为大气逆辐射，它将大部分热量还给地面，起到保温作用。因此，大气的增温和冷却与太阳辐射的关系密不可分。一天中，正午太阳高度角最大时太阳辐射最强，但地面储存的热量传给大气需要一个过程，所以气温最高值不出现在正午，而是在午后2时左右；清晨日出前，地面储存热量最少，所以气温最低值一般出现在日出前后。一天中气温的最高值与最低值之差，称为气温日较差，其大小反映气温日变化的程度。同样道理，一年中月平均气温的最高值与最低值之差，称为气温年较差。气温的日变化和年变化属于气温的周期性变化。除此之外，气温还有因大气运动而引起的非周期性变化，如春季的茶叶开采期，气温突然骤降的"倒春寒"天气。

二、气温的空间分布

大气温度的空间分布分为水平分布和垂直分布。气温水平分布的影响因素主要有纬度和海陆位置。气温从低纬度向两极递减，低纬度地区获得的太阳辐射能量多，气温较高；高纬度地区获得的太阳辐射能量少，气温较低。海洋的比热容大，温度变化较慢，气温日较差和年较差较小；陆地的比热容小，温度变化较快，气温日较差和年较差较大，夏季温度陆地高于海洋，冬季温度海洋高于陆地。

在对流层中气温垂直分布的总体情况是气温随高度的升高而递减。这是因为对流层空气的增温主要依靠吸收地面的长波辐射，因此离地面越近，获得地面辐射的热能越多，气温也就越高。整个对流层的气温直减率平均为0.65℃/100m。

温度是限制茶树地理分布和生长发育的主要因素之一。茶树喜温暖湿润的气候，主要分布于亚热带和热带的气候区域，世界上的产茶国有 60 多个，从北纬 49°的乌克兰外喀尔巴阡至南纬 33°的南非纳塔尔地区。垂直分布从低于海平面到海拔 2500m 左右。茶树的生长发育情况在不同气候条件下存在差异，南纬 16°到北纬 20°的茶区，茶树全年可以生长和采摘；北纬 20°以上的茶区，茶树在年生长周期中可明显区分为生长期和休止期。

三、不同茶区的年温度变化

我国茶区分为华南茶区、西南茶区、江南茶区和江北茶区，不同茶区的年温度变化不同。①华南茶区年平均气温在 20℃以上，除个别地区外，大部分地区最冷月平均气温在 12℃以上，最低气温不低于−3℃，最热月平均气温在 27.0～29.1℃。②西南茶区是茶树生态适宜区。该区年平均气温在 14～18℃，大部分地区 1 月平均气温都在 4℃以上，最低气温一般在−3℃左右，7 月平均气温低于 28℃。③江南茶区是茶树生态适宜区，也是我国茶叶的主产区。该区年平均气温在 15.5℃以上，南部可达 18℃左右，1 月平均气温为 3～8℃，部分地区低温可达−5℃，有的年份甚至下降至−16～−8℃，7 月平均气温为 27～29℃。④江北茶区是茶树生态次适宜区，也是我国最北的茶区。该区年平均气温在 15.5℃以下，1 月平均气温 1～5℃，最低气温多年平均在−10℃，个别地区可达−15℃。

四、有效积温与极端温度

积温是指累计温度的总和，分为活动积温和有效积温两种。活动积温是指植物某一生育期内或整个年生长期中高于生物学最低温度（又称生物学零度）的日平均温度总和。有效积温是指植物某一生育期内或整个年生长周期中有效温度之和，有效温度是活动温度与生物学最低温度之差。茶树的生物学最低温度为 10℃，如果某天的平均气温为 15℃，即活动温度为 15℃，则有效温度为 5℃。

茶树全年至少需要≥10℃的活动积温 3000℃，对于活动积温低于 3000℃的茶区，应当注意冬季防冻。中国茶区年活动积温大多在 4000℃以上，华南茶区≥10℃的年活动积温为 6500℃以上；西南茶区≥10℃的年活动积温为 5500℃以上；江南茶区≥10℃的年活动积温为 4800℃以上；江北茶区≥10℃的年活动积温为 4500～5200℃。春茶采摘前，≥10℃的积温越高，春茶开采期越早，产量越高。茶树每一生育期所要求的有效积温相对稳定，有效积温能比较确切地反映茶树生育期间对热量的要求，因此，结合物候观测和当地气象部门的中长期天气预报，可以进行采摘期和茶叶产量预测。

气温的非周期性变化常产生极端温度，极端温度分为极端低温和极端高温，极端温度严重危害茶树的生长发育，对茶产业造成重大经济损失。极端低温造成寒害和冻害，寒害温度一般在 0℃以上，如春季的寒潮、秋季的寒露等，往往使茶萌芽期推迟，生长缓慢；冻害是指低空温度或土壤温度短时期降至 0℃以下，茶树遭受冻害，遭受冻害的茶树成熟叶边缘变褐，严重时整片叶呈紫褐色，叶片和茎杆干枯；嫩叶出现"麻点""麻头"；春季遭受"倒春寒"的新梢受冻变褐、焦枯，严重影响春茶的产量和品质，这类鲜叶制得的绿茶滋味苦涩，红茶发酵不足、香气降低，成茶品质受到严重影响。

高温对茶树生育的影响与低温相似，一般而言，茶树耐受的最高温度是 35～40℃，生存临界温度为 45℃。有研究指出，当气温为 10～35℃时，茶树的光合作用正常进行，其中 25～30℃是最适宜温度；>35℃时，茶树的光合作用下降；>45℃时，茶树的光合作用完全停止。受到高温胁迫后，茶树会表现出一系列的热害症状：初期表现为芽叶生长缓慢，大量出现对夹叶；

接着顶部幼叶开始萎蔫，在叶片正面出现淡黄色或灰褐色的斑；随后叶片泛红出现焦斑，叶片枯焦脱落，同时茎下部的成熟叶衰老严重，最后脱落。高温热害严重影响夏、秋茶的产量和品质。

◆ 第二节　温度与茶树生长发育

一、温度与茶树种子萌发

温度对种子萌发的影响有三基点，即最低温、最适温和最高温。最低温和最高温是种子萌发的极限温度，超出极限温度种子不能萌发。最适温是指种子发芽率高、发芽时间短的温度。不同植物之间种子萌发的温度要求变化极大。水分、温度和氧气是茶籽萌发过程必需的三个基本条件。如果温度不够，即使水分和氧气充足，茶籽仍不能萌发。温度是影响茶籽呼吸作用的重要因素，在一定温度条件下，茶籽萌发过程中的呼吸作用随温度的上升而增强。在合适的温度范围内，茶籽的发芽率随温度的上升而提高。当温度超出适宜范围，发芽率会随温度的升高而快速下降。低温时茶籽内的酶促活力低，随着温度上升，酶促反应速度逐渐增强，当温度增加到一定程度后，继续升温产生的高温破坏蛋白酶生物活性，降低酶促反应。同时，细胞的原生质在高温条件下也会产生蛋白质变性。据研究，茶籽一般在10℃左右开始萌动，发芽最适温度为25～28℃。温度在38℃时，茶籽发芽率会明显降低，温度在43℃时茶籽不能萌发，种子内部的蛋白质会产生不可逆变性，即使将茶籽重新置于最适温度条件下，大多数也不会再萌发。

在较低温度下，茶籽虽不能萌动发芽，但种子内部酶和原生质体不会受到破坏，移至适宜条件后，仍可发芽。利用这一特点，可通过冷藏法延长茶籽保存时间。通常4℃冷藏一年的茶籽仍可保持较高的萌发率，同时，茶籽含水率对发芽率的影响也很大，因此在冷藏的过程中要做好保湿。不同茶树品种的种子对温度的敏感性也存在差异，通常对茶籽进行预冷（5～10℃）处理，可以缩短茶籽的萌发时间，提高发芽率，但也有部分品种子经历低温后萌发率会显著下降。

二、温度与茶树生长

充足的热量是生命的先决条件。每一个生命过程都被调节在一定的温度范围内，而最佳生长只能在代谢和发育的各种过程相互协调的情况下才能获得。因此，温度对植物生长和发育的进程会产生直接或间接的影响。植物生长的温度范围是比较窄的。在生长的最低温度与维持生命的最低温度之间，以及生长最高温度和维持生命最高温度之间，新陈代谢活动仍能进行，但生长已完全停止。不同植物能够生长和耐受的温度范围差异很大，主要与其原产地的气候条件有关。

（一）气温对茶树生育的影响

温度对茶树生育的影响，因时间、茶树品种、树龄、茶树生育状况和当时其他环境条件的不同而不同。幼苗期、幼年期和衰老期的茶树通常表现出较弱的低温适应性，而成年期茶树则具备更强的低温适应性。茶树品种之间存在显著的低温适应性差异，主要取决于其生长形态。一般而言，灌木型中小叶种茶树表现出较强的低温适应性，如'龙井种''鸠坑种''祁门种'，它们能够在温度降至−16～−12℃时保持相对较好的抗寒能力。相比之下，乔木型大叶种茶树，如'云南大叶种'，在温度降至约−6℃时便表现出明显的低温敏感性。需要注意的是，同一茶树品种在不同生长阶段也表现出不同的低温适应性。冬季经历冷驯化的茶树会出现叶片组织结构、含水状态、抗氧化酶类、渗透调节物质等方面的适应性变化，从而增强其抵御低温的能力（图4-1）。

彩图

图4-1　茶树冻害（A和B）与低温胁迫（C和D）

　　其他生长季节中，早春的"倒春寒"对茶树生长的影响最大。与成熟叶相比，春季茶树新梢在组织结构、叶片含水量、糖组分和细胞器发育等方面与成熟叶明显不同，并且"倒春寒"发生迅速，茶树新梢在遭遇低温前没有经历冷驯化过程，对气温骤降更加敏感。茶树的成熟叶和枝条的耐寒性较强，芽、嫩叶较弱，成熟叶一般可以耐−8℃左右的低温，而根在−5℃就可能受害，茶花在−4～−2℃便不开花并脱落，嫩芽在 0℃以下就会受到冻害。此外，茶树的耐寒性还受到生长环境的影响。不同地理区域的茶树经历不同的气候条件，因此其未来的低温适应性存在显著差异。例如，'政和大白茶'在福建茶区的最低耐寒温度约为−6℃，而在皖东茶区则可耐受−10～−8℃的低温。综合考虑不同地区、不同类型茶树品种耐低温的表现，一般把中小叶种茶树经济生长最低气温界定为−10～−8℃，大叶种界定为−3～−2℃，而生存最低界限气温会更低。

　　茶树生育最适温度是指茶树生长发育最旺盛、最活跃时的温度。茶树的最适气温在 20～30℃，多数品种为20～25℃。研究指出，在 20～25℃时，茶树新梢日生长量达 1.5mm 以上，超出该温度范围新梢生长速度就会变慢。在其他因素适宜的情况下，日平均气温在 16～25℃时日生长量最大，新梢长度及叶面积总量都随温度的上升而增加。从不同季节来看，春季气温对茶树的生育影响明显大于夏秋季，不同茶季的生长表现为头轮＞四轮＞二轮＞三轮。

　　与低温一样，高温也对茶树的生长发育产生重要影响，其程度取决于茶树在高温逆境中的暴露时间。通常情况下，茶树的最高生存温度为35～40℃，而生存临界温度则为45℃。在自然条件下，如果日平均气温超过30℃，新梢的生长会减缓甚至停止；当气温连续数天超过35℃时，新梢将枯萎并脱落（图4-2），南方茶树品种通常表现出较强的高温适应性。中国农业科学院茶叶研究所提出，当日平均气温 30℃以上，最高气温超过 35℃，日平均相对湿度60%以下，土壤相对持水量在 35%以下时，茶树生育受到抑制，如果这种气候条件持续 8～10d，茶树将受害。温度突然发生较大变化时，对茶树的危害性很大，因为此时茶树的生理机能来不及适应新的生境条件。

茶树新梢生育与气温的昼夜变化也有关系。春季通常是白天气温高于夜晚，新梢生长量也是白天大于夜晚；夏秋季情况相反，此时日夜气温均能满足茶树生育的需要，而水分成为影响生育的主导因子，所以夜晚的生长量往往大于白天。高山茶区和北方茶区，由于昼夜温差大，新梢生育较缓慢，但同化产物积累多，持嫩性强，故其茶叶品质优良。

彩图

图4-2 茶树高温热害田间表现

温度也影响着茶叶品质的变化。绿茶一般春茶品质最好，秋季次之。茶叶品质的季节性变化，主要指在温度影响下多种与茶叶品质有关的化学成分的变化。多酚含量的变化随着气温的增高而增加，4~5月气温较低时，茶多酚含量也较低，7~8月气温最高时，茶多酚含量也达到最高峰。与此相反，氨基酸的含量是随着气温的增高而减少的。

温度高有利于茶树体内的碳代谢，加快糖类转化为多酚类化合物的速率，而当温度<20℃时，氨基酸、蛋白质及一些含氮化合物增加。多酚类物质使茶叶滋味浓厚，含氮化合物使茶叶滋味鲜爽。高温或低温都会使茶树生长发育受阻、代谢活性减弱，导致萌发的芽叶瘦小，内含成分比正常生长的芽叶低，茶叶品质降低。研究认为，温度是影响鲜叶中芳香物质变化的重要因子，一些芳香物质随温度的变化呈规律性地增减，湿度低温胁迫处理能提高鲜叶中芳香物质的种类，改变主要香气物质的含量，这对茶叶香气的形成有直接影响。茶树叶温达39~42℃时，就测不出有效光合强度。当气温降到<5℃时，茶树的光合功能就会受到影响。茶树的呼吸作用受一系列酶促反应影响，与温度关系更为密切。研究测定，茶叶多酚氧化酶的适宜温度为50~55℃，过氧化氢酶为15~25℃，过氧化物酶为15~45℃，抗坏血酸氧化酶为25~45℃。在0~45℃，呼吸作用随温度的上升而增强，45℃呼吸作用最旺盛，>50℃呼吸作用有所下降。由于呼吸作用的消耗降低了光合积累，因此适当降低呼吸作用，把气温控制在适宜茶树生长的温度条件下，在生产中有积极意义。蒸腾作用可以散热、降低叶温，同时对土壤中矿质元素吸收有作用，而温度是影响蒸腾作用的重要因子。正常的蒸腾作用是在30℃左右进行的，而高温会使蒸腾作用加强，过高的蒸腾强度会造成茶树失水，因此也必须控制在一定的温度范围。总之，茶树的一切生长、生理活动都需要在一定温度条件下进行，温度是茶树高产优质最基本的生态因子之一。

（二）地温对茶树生育的影响

地温指土壤温度，与土壤色泽、结构、含水量、腐殖质含量、坡向、周边有无植被等因素都有密切关系。段建真和郭素英（1993）观测，不同土层温度与新梢生长呈极显著正相关。在14~20℃时，茶树新梢生长速度最快，其次是21~28℃，低于13℃或高于28℃生长较缓慢。不同土层的地温对茶树的影响略有差异，5cm土层直接受太阳辐射影响，日夜温差较大；25cm土层地温相对稳定，大部分茶树吸收根便处于这个土壤深度，热量变化直接影响根系的吸收交换水平。对杭州地区的观察表明，当地温达到8℃以上，根系生长开始加强，并于25℃左右达到最佳水平，而当温度高于35℃时，根系将停止生长。

在生产过程中，为促进茶树生长，可以采取相应栽培措施调节地温。早春气温低时，可以耕作施肥，疏松土壤，加强地上与地下气流的交换，提高地温以促使茶芽早萌发，或利用地表覆盖技术，有效改变地温，促使根系生长。夏季气温高，地下 5～10cm 土层温度会升至 30℃以上，通过行间铺草或套种牧草等措施以降低地温；秋季增施有机肥并提高种植密度能明显提高冬季茶园的土壤温度。

三、温度与茶树越冬芽休眠和萌发

低温是限制茶树地理分布的最主要环境因子，大部分的茶区冬季都会经历一定时期的低温过程。在这些地区，茶树年生长周期中会有"活跃生长"和"冬季休眠"两个明显不同的生长发育过程。冬季休眠的茶树抗寒性会显著增强，是茶树应对长期低温逆境的重要生存策略。茶树冬季休眠的形成和解除主要由温度和光周期触发，秋季光周期变短，温度降低，顶芽生长停止并形成驻芽，随后越冬芽（包括顶芽和腋芽）逐渐进入生理休眠（physiological dormancy），休眠形成。休眠的越冬芽在经历一段时间的冬季低温后休眠被打破，进入生态休眠（ecodormancy），待春季温度升高，越冬芽开始萌发，进入新的年生长周期。茶树越冬芽休眠的形成与解除伴随着冬季冷驯化和脱驯化过程、芽的分化和发育过程及环境感知和响应。

（一）温度与茶树休眠的形成

茶树主要分布在北纬 45°和南纬 35°，赤道地区的茶树全年均可生长，无休眠期。随着纬度升高，茶叶年生长量逐渐降低，通常在纬度高于 16°的地区，茶树会在冬季完全进入休眠，且休眠期长度随纬度的升高而增长。

温度和光周期是影响茶树休眠的两个主要环境因子，茶树休眠的形成需要低温和短日照的共同作用（图 4-3）。单独的生态低温并不能诱导茶树休眠，因为在赤道地区的高海拔生态位，环境温度甚至低于高纬度平原地区的冬季气温，在高纬度平原地区，茶树有 3 个月的休眠期，而低纬度高海拔地区的茶树则全年均可生长，同时水分、营养等也不是诱导茶树休眠的主要因素，因为在旱季茶树冬季休眠后，即使给予充足的水分供应，茶树也不会解除休眠而萌发。基于低纬度到高纬度不同茶区平均日长和茶树的月生长量变化，研究发现，当冬季日长短于 11.25h的时间长度超过 6 周，茶树就会形成明显的休眠过程。研究还表明，通过早晚补光，增加冬季日长到 13h，可以促进新梢生长、加快芽萌发和减少开花数量。

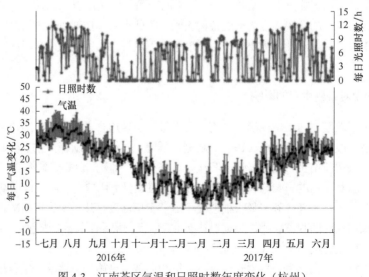

图 4-3　江南茶区气温和日照时数年度变化（杭州）

茶树冬季休眠表现为越冬芽休眠，即顶芽停止生长形成驻芽，驻芽与腋芽并称为越冬芽。越冬芽休眠建立后，即使环境条件适宜，芽内分生组织也不具备继续生长的能力。杭州地区，茶树一般在9月下旬开始逐渐停止生长进入休眠期。通过对不同休眠时期的茶树越冬芽进行表达谱聚类分析，可以把越冬芽的休眠划分为休眠形成期（10月初~11月底）、生理休眠期（12月初~次年2月初）和生态休眠期（次年2月中旬~次年3月中旬）（图4-4）。休眠形成期，茶树受外界低温和短日照诱导，越冬芽中脱落酸（ABA）含量升高，而游离态的赤霉素（GA）、生长素（IAA）等含量降低，逐渐进入休眠。随着外界温度的进一步下降，茶树进入生理休眠期，该时期茶树处于深休眠状态，此时越冬芽与周围组织的物质交流减弱，胞间通信被阻断，即使将其移入适宜生长的环境条件，短期内仍不能打破生长休止状态。在经历一段时间的低温后，越冬芽中抑制基因转录的因素被去除，自由态生长素、赤霉素等激素含量逐渐升高，脱落酸含量逐渐降低，胞间物质交流通道被打开，生理休眠解除，分生组织重新获得继续生长的能力，此时越冬芽进入生态休眠阶段。该时期茶树越冬芽逐渐恢复继续生长的能力，但由于环境温度还未回升，茶叶仍处于休眠状态并不萌发。此时如将茶树移入适宜生长环境，越冬芽将快速萌发。休眠阶段虽然外界环境温度较低，但越冬芽内部仍在发生着变化，外部表现为越冬芽的不断膨大，组织切片显示分生组织在不断分化。

彩图

图4-4 茶树越冬芽休眠形成及解除过程

低温诱导下，CBF转录因子能够与*DAM*基因的启动子元件结合，激活*DAM*基因表达，诱导芽休眠的形成。进一步发现，*DAM*基因能够直接抑制*FT*基因的表达和激活*NCED3*的转录，表明低温诱导芽休眠主要是通过调节芽的生长抑制和ABA的积累。研究发现，冬季低温和4℃的短时处理能够扰乱板栗中生物钟振荡器元件基因*TOC1*和*LHY*的表达，低温处理还能够改变杏树中生物钟调控元件*GIGANTEA*（*GI*）的表达模式。因此，低温诱导芽休眠形成的主要机制之一是低温信号通过生物钟元件与光周期信号结合，进而调控植物的季节性生长停滞。茶树与李属植物一样，其休眠和解除需要温度和日照长度的共同作用，低温条件下的碳水化合物代谢和激素信号转导发生改变，诱导生长停滞。

广东地区冬季最低气温基本在冰点以上，研究人员发现存在冬季无休眠茶树品种 'Dongcha 11'。对比该品种冬季新梢和春季新梢蛋白质水平的变化，发现光合相关蛋白质、代谢相关蛋白质和细胞骨架相关蛋白质存在差异表达，这可能与冬季新梢对低温胁迫的响应有关。研究还指出，组蛋白也可能是参与冬季新梢生长调控的重要成员。进一步对冬春嫩枝进行转录组学、蛋白质组学、代谢组学和激素定量分析发现，赤霉素水平和赤霉素生物合成及信号转导途径的关键酶水平升高，导致 ABA/GA 比降低，这可能在维持冬季正常生长中起关键调控作用。与能量代谢有关的蛋白质、基因和代谢物的浓度均有所增加，说明在相对弱光和低温环境下，能量对冬芽的持续生长至关重要。非生物抗性相关蛋白质和游离氨基酸在冬芽中也大量增加，这可能是对冬季条件的适应反应。在茶树越冬芽休眠和生长的不同阶段，通过对赤霉素和脱落酸相关基因的表达谱进行全面分析得出，二者的基因表达模式整体上呈相反趋势，与茶树越冬芽的休眠状态变化密切相关，进一步证实了植物激素如 GA、IAA 和 ABA 是参与茶树休眠调控的主要信号。

茶树越冬芽休眠的形成与冬季低温冷驯化密切相关。在自然条件下，越冬芽不得不应对因低温和冰冻导致的不同形式的生理和细胞损伤。植物可以通过在冷驯化过程中的基因表达修饰来增强其对低温的抵御能力。温度对季节性生长停止和冷驯化的影响均可以通过调控相同的冷响应通路来实现。在苹果中异源表达桃树中的 CBF 基因能够诱导短日照依赖的芽休眠，提高抗冻性，延迟芽休眠解除，而该转基因苹果的芽休眠期延长主要是芽中内源基因的表达发生改变引起的。同时，冷驯化或低温诱导过程中还涉及多种生理生化的变化，如细胞膜脂质组成的改变、糖代谢的改变及抗氧化化合物的形成等，而这些生理的变化在很大程度上也与越冬芽休眠的形成息息相关。越冬休眠期间，茶树往往具有较强的抗寒抗冻能力。

茶树是常绿植物，冬季并不落叶，虽然冷驯化后的休眠阶段茶树抗寒能力显著提升，但是不同品种对低温的抗性存在差异。由于腋芽有鳞片包裹，细胞自由水减少，原生质呈凝胶状态，大分子的贮藏物质增多，许多生理活动进行缓慢，抗寒能力强于叶片，一般较少受冻。茶树叶片会受冬季低温胁迫，表现为活性氧的积累和细胞损伤，同时研究还发现，休眠期的长短与茶树叶片中活性氧的积累和细胞的损伤程度密切相关。休眠期短的茶树品种通常活性氧积累和受低温损伤的程度低，相反休眠期长的茶树品种活性氧积累和受低温损伤的程度高，这可能与休眠期短的茶树品种有着更强的活性氧清除能力有关。

（二）温度与茶树越冬芽的萌发

我国大部分茶区，影响春茶芽叶生长的主要因素是温度，茶芽萌发的迟早、新梢的生长速度都与温度呈正相关。通过对休眠不同阶段的茶树分别进行 25℃ 和 15℃ 的破休眠实验，发现较高温度处理可以显著缩短茶树越冬休眠芽打破休眠所需的时间，因此提出温度是影响休眠解除进程的关键外部因子。结合茶树生长地域的气候环境因子来看，冬天温度越高的地区，越冬芽往往发芽越早。在生产中也发现，暖冬伴随着茶芽的早萌发。因此，茶芽的越冬休眠与解除是茶树在长期进化过程中所形成的一种避逆特性，可避免或降低冬季低温冻害的胁迫。春季茶芽每片叶展开所需要的时间较长，需 5～6d，夏季气温高，需 1～4d，一般为 3d 左右。一般认为，日平均气温在 10℃ 左右茶芽开始萌发；14～16℃ 时，茶芽开始伸长，叶片展开；17～25℃ 时，新梢生长旺盛；超过 30℃，生长受到抑制。如果在生长初期气温降至 10℃ 以下，茶芽又会停止生长或生长缓慢；如果气温降至 0℃ 及以下，就会使已经萌动的芽产生冻害。利用休眠解除后的茶树枝条进行 4℃、15℃ 和 25℃ 的温度处理，结果显示，处理后第 5 天，25℃ 处理的茶芽整体萌发。处理后第 17 天，15℃ 处理的茶芽整体萌发，与 25℃ 处理的茶芽相比萌发迟了 12d。4℃

处理的茶芽一直保持腋芽状态。说明在茶树越冬芽休眠解除后，温度是影响茶树腋芽萌发的最主要因素（图4-5）。

当芽开始萌动时，呼吸作用明显加强，水分含量迅速增加，从而促进茶树体内贮藏物质如淀粉、蛋白质、脂类等水解，提供呼吸基质和生长消耗。随着温度升高，从形态上可明显见到芽的生长有以下几个过程：芽膨大—鳞片展—鱼叶展—真叶展—驻芽—第二、第三次生长。真叶有2～7片不同的展叶数，刚刚与芽分离时的真叶，叶缘向上表面方向卷起，之后叶

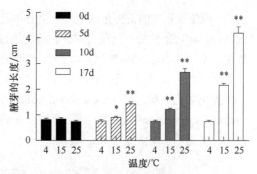

图4-5 不同温度处理下茶树新梢萌发速度的比较
*和**分别代表 15℃/25℃ 与 4℃ 处理在腋芽长度上存在显著
（$P<0.05$）和极显著差异（$P<0.01$）

缘向叶背卷曲，最后渐展平。展叶数的多少取决于叶原基分化时产生的叶原基数目，但同时受环境条件、水分、养分状况制约。例如，在气温适宜、水分和养分供应充足时，展叶数多；反之，天气炎热、干旱或养分不足时，展叶数就少一些。真叶全部展开后，顶芽生长休止，形成驻芽。驻芽休止一段时间后，又继续展叶，新一轮梢开始生长。

越冬芽解除休眠开始萌发的时机与休眠建立同样重要，是多年生植物免受低温伤害的重要生存技能，因此调控这一过程的功能基因也备受关注。通过在杨树基因组中随机插入激活标签的方法，筛选鉴定到一种自然条件下早萌发的杨树突变株，经鉴定，发生转录改变的基因为 AP2/ERF 家族成员，命名为 *Early Bud-Break 1*（*EBB1*），是近来鉴定到的调控芽萌发早晚的关键基因。过表达 *EBB1* 的杨树表现出早萌发特性，而表达沉默后表现为晚萌发。与表型变化相一致，过表达 *EBB1* 的杨树顶芽中多种代谢、分生组织生长、激素水平调控相关的基因存在差异表达。随后在杨树中又鉴定到另一个促进越冬芽萌发的 *EBB3*，研究表明，*EBB1* 可以直接调控 *SVL* 基因，进而通过与 ABA 信号途径相互作用精准调控 *EBB3* 及下游的细胞周期蛋白。*EBB1* 还可以通过直接结合 GCC-box 调控生长素合成相关基因，进而激活生长素信号途径中的相关基因，调控越冬芽的萌发。在桃树越冬芽中瞬时表达 *PpEBB1* 可以提早萌发，在杨树中过表达该基因同样具有促进萌发的作用，表明 *EBB1* 在多年生木本植物中的功能可能是保守的。由此可见，多年生植物越冬芽休眠的调控存在多样且相互关联的信号途径。

从茶树遗传群体物候期表型差异出发，采用数量性状位点（QTL）的方式去探究休眠调控的内在机制。在'龙井43'×'白毫早'的 F₁ 代群体中观察到春季发芽期性状出现明显分离，基于两年的观测数据，定位到与茶树发芽期相关的两个QTL，均在 LG01 号连锁群上，可解释该群体发芽期总变异的30%；并进一步验证了这两个QTL在不同树龄（3～6年生）、不同种植环境和不同杂交组合中的稳定性。根据该定位结果，可基于简单重复序列（SSR）标记 CsFM1390 和 CsFM1875 的基因型筛选早生子代，不同基因型间平均发芽期相差可达 4～8d。王让剑等观测了151份茶树半同胞群体的物候期，结合简化基因组测序技术进行了全基因组关联分析（GWAS），结果鉴定到26个单核苷酸多态性（SNP）位点与发芽期相关联，其中一个最显著的单核苷酸多态性（SNP）在不同的年份和其他茶树材料中得到了较好的验证，可用于标记辅助选择育种。

四、温度与茶树开花和果实发育

（一）温度与茶树开花

茶树开花结实是实现自然繁殖后代的生殖生长过程（图4-6）。茶树一生要经过多次开花结

实，一般生长正常的茶树是从第三至第五年就开花结实，直到植株死亡。茶树开花结实的习性，因品种、环境条件的不同而有差异。植物通过接收的光周期和温度信号，感受季节的变化，调控相应基因的表达，以调节开花时间，避免在不适宜的环境下开花而降低生殖成功率。开花是一个复杂的生理过程，是外界环境与内在因素相互作用的结果。通过对模式植物拟南芥的研究，相继提出了光周期途径（photoperiod pathway）、春化途径（vernalization pathway）、自主途径（autonomous pathway）和赤霉素途径（gibberellin pathway）。随着研究的深入，在上述途径的基础上，又提出了年龄途径（aging pathway）。

图4-6　多花茶树品种秋季开花表现

彩图

茶树的生命周期很长，在其生命周期中，存在着营养生长和生殖生长交替进行的现象，并且在进入成年以后，营养生长和生殖生长存在相互竞争的关系。但对茶叶生产而言，生殖生长旺盛，则会消耗大量的养分，与营养生长形成不利的竞争关系，可影响营养生长，进而影响茶叶的产量和品质，对茶叶生产极为不利。

生长在温带地区的种子植物，需通过冬季一段时间的低温才能够开花的现象叫作春化。自主途径是植物生长到一定程度，即使未经历春化，最终也能调控植物开花的途径。春化途径和自主途径都是通过 RNA 加工和表观遗传等方式调控 *FLOWERING LOCUS C*（*FLC*）基因的表达来调节成花的。研究表明，春化作用使 *FLC* 的转录水平下降，*FLC* 的转录水平代表春化反应的程度。在低温处理后，VERNALIZATION（VRN）继续维持 *FLC* 转录的低水平，是细胞记忆春化的一种机制。VRN 蛋白包含 DNA 结合蛋白 VRN1、多梳家族蛋白 VRN2 和 PHD 锌指蛋白 VIN3。根据茶树最新的基因组测序结果，茶树中有 *FLC* 基因 1 条，*VRN2-like* 基因 2 条。北方桃树、李树等开花植物需要经历一定时期的低温才能满足其花芽分化和打破芽休眠所需的冷量。虽然茶树冬季存在芽休眠过程，但是其花芽分化是否需要低温诱导还有待进一步研究。

茶树开花周期长，花芽形成不同步，同一时间里可以观察到盛开的花和处于不同分化阶段的花芽。现阶段认为，茶树花芽分化分为前分化期，萼片形成期，花瓣形成期，雌、雄蕊原基形成期，子房、花药形成期和雌、雄蕊成熟期等 6 个时期。利用组织切片观察发现，杭州地区茶树'龙井 43'的花芽原基在 5 月 16 日即可观察到，一般花芽从 6 月开始出现明显的花芽分化，以后各月都能不断发生，一般可以延续到 11 月，甚至翌年春季，越是向后推迟，开花率、结实率越低。夏季和初秋形成的花蕾，开花率和结实率较高（图4-7）。

彩图

花芽　　　　　　花蕾　　　　　　花苞　　　　　　茶花
图 4-7　茶树花发育不同阶段的表现（'龙井 43'）

　　茶树的开花期，在我国大部分茶区是从 9 月中下旬开始，有的从 10 月上旬开始，从花芽的分化到开花，需要 100～110d。9 月到 10 月下旬为始花期，10 月中旬到 11 月中旬为盛花期，11 月下旬到 12 月为终花期。个别茶区如云南的始花期在 9～12 月，盛花期在 12 月至翌年 1 月。开花的迟早因品种和环境条件的不同而异，小叶种开花早，大叶种开花迟；当年冷空气来临早，开花也提早。还有少数花芽越冬后在早春开花，这是由于某些花芽形成时期较迟，遇到冬季低温，花芽呈休眠状态，待到春季气温上升，就恢复生育活动，继续开花，但是这种花发育不健全，很快就会脱落。

　　一般花蕾膨大现白色到始花初开，需 5～28d，平均为 5d。由初开到全开需 1～7d。由始花到终花需 60～80d，此时间的长短与当时的气候条件关系密切。开花时的平均温度为 16～25℃，最适宜温度为 18～20℃，相对湿度为 60%～70%。如果气温降到 -2℃，花蕾便不能开放，-5～-4℃时，会大部分受冻死亡。每天开花量从 6～7 时开始增多，11～13 时是开花高峰期，午后逐渐减少。一天中开花最多的时间，往往也是昆虫最活跃的时间。不同品种开花的持续时间和盛花期延续的时间有较大差异，生长在福建福安的 3 个测定品种中，'龙井种'花期最长，可达 146d，盛花期可以延续 61d；生长在浙江杭州的 3 个品种中，花期最短的是'福建水仙'，只有 48d，盛花期 15d。同一品种，由于花蕾的着生部位不同，花芽分化的气温不同，开花期也有显著差异。每朵花从乳白色的花蕾到花瓣完全张开，需 2～5h，从花瓣张开到凋落约为 50h。

（二）温度与茶树果实发育

　　从花芽形成到种子成熟，约需 1 年半的时间。在茶树上，每年的 6～12 月，一方面是当年的茶花孕蕾开花和授粉，另一方面是上一年受精的茶果发育形成种子并成熟；两年的花、果同时发育生长，这是茶树生物学的特性之一。该过程将大量消耗养分，此时茶树对养分供应的要求很高。生殖生长往往对营养生长有抑制作用，可导致新梢生长较慢。通常中小叶种茶树的单株花量为 3000～4000 朵，但自然结实率只有 10% 以下。

　　低温等不良环境条件是影响茶树果实发育的主要原因之一。从气候条件分析，10 月以后气温渐低，昆虫活动减少，花粉传播受到限制。一些花芽分化迟的茶花，授粉机会少，只有 9～10 月开放的花才有较好的结实力。同时低温也会影响花粉粒的萌发和受精。冬季低温来临后，子房便进入休眠状态，受开花期迟早的影响，休眠期 3～5 个月。没有受精的子房，开花后 2～3d 即脱落，受精子房在经历冬季低温后也会部分脱落，影响结实率。此外，花期阴雨、养分不足、自花授粉不育、花粉缺陷等因素也会影响茶树结实。

五、温度与茶树叶色变异

　　大多数茶树幼嫩叶片呈黄绿或淡绿色，随着叶龄增加，逐渐转变成绿色或深绿色。自然界也存在叶色变异茶树，如常见的白色、黄色、复色和紫色等。叶色变异茶树特征明显，特征化学成分茶多酚、氨基酸、色素类物质等的含量也会发生显著变化，同时给茶树光合作用、抗逆性、鲜叶适制性、成茶品质方面带来变化。因此，叶色变异茶树资源为品种选育和改良提供了很好的材料，越来越多的叶色特异茶树品种被选育和在生产上应用。

叶色变异一般可以归为白化和紫化两类，常见的白色、黄色、复色多归为白化类型。白化茶是指因遗传因素或外界环境影响，导致芽叶颜色趋向白色的茶树。温度、光照等环境因子是引起叶色变异的重要因素。根据白化对外界生态的依赖性，可将白化茶分为生态不敏感型、生态敏感型和复合型3类。生态不敏感型茶树叶色稳定，不易受环境因素影响，主要因发育阶段不同而发生变化。生态敏感型的新梢白化表达主要依赖温度和光照等气候因素。复合型的茶树组织（主要是叶片）一部分属生态敏感型变异，有的依赖光照，有的依赖温度；另一部分则表现为生态不敏感型，因此其芽叶色泽往往是复色组成。紫化茶是指因遗传因素或外界环境影响，导致芽叶呈现紫或紫红色色泽的茶树。

受温度影响发生叶色变异的类型称为温度敏感型，多表现为白化，可进一步分为低温敏感型和高温敏感型。低温敏感型茶树在气温相对较低的早春时期，萌发的新梢会在一段时间内表现为白色，而后温度升高叶色逐渐返绿，常见品种如'白叶1号''小雪芽''千年雪'等。研究发现，当温度低于15℃时，'白叶1号'叶绿素的合成被阻断而出现白化现象，当温度高于21℃时，白色嫩芽即发生返绿（图4-8）。高温敏感型的茶树在春茶后期和夏秋季气温突然上升到25℃以上或持续高温时出现白化植株，其稳定性较差，综合性状不理想，目前对其研究相对较少。一些品种的叶色变化受温度和光照强度等因素共同影响，如'中黄1号''中黄2号'等。

彩图

图4-8　'安吉白茶'叶色变化（A）及叶绿素含量变化（B）

茶树叶片白化色泽的呈现与叶绿素含量降低有关，研究认为，温度影响下叶绿素结构形成障碍和叶绿素合成受阻是叶绿素含量降低的主要原因。对'白叶1号'3个发育阶段幼叶的超微结构研究表明，'白叶1号'叶片颜色的变化可能是因温度对叶绿体的质体-叶绿体转变的抑制和对叶绿体的损伤所致。

紫化茶主要是叶片内花青素含量积累引起的叶色的变化。部分紫化茶在生长过程中，随着叶片的成熟，会出现"紫转绿"的现象，即新梢呈紫红色，成熟叶紫红色消失而呈绿色。温度等环境因子可以通过调节光合与呼吸作用的强弱，影响碳水化合物的积累，从而调节花青素的合成，进而影响叶片成色。

主要参考文献

曹藩荣，刘克斌，刘春燕，等．2006．适度低温胁迫诱导岭头单枞香气形成的研究．茶叶科学，26（2）：136～140．

段建真，郭素英. 1993. 茶树新梢生育生态场的研究. 茶业通报，15（1）：1～5.

费达云. 1964. 茶子萌发生理的研究. 茶叶科学，（2）：39.

郭文扬，杨忠恩. 1989. 金衢地区名茶农业气候条件的分析. 中国茶叶，（1）：2.

李聪聪，王浩乾，叶玙璠，等. 2023. 植物激素对茶树春季新梢生长发育的调控作用研究. 茶叶科学，43（3）：335～348.

刘莹，郝心愿，郑梦霞，等. 2019. 茶树成化机理研究进展. 茶叶科学，39（1）：1～10.

骆耀平. 2015. 茶树栽培学. 北京：中国农业出版社.

唐湖，郝心愿，王璐，等. 2017. 茶树越冬芽在休眠与萌发时期的物质交流变化及其分子调控. 作物学报，43（5）：9.

杨广容，邵宛芳，陶梅，等. 2013. 不同茶树品种种子萌发特性的研究. 云南农业大学学报：自然科学版，28（6）：6.

曾超珍，刘仲华. 2015. 安吉白茶阶段性白化机理的研究进展. 分子植物育种，13（12）：2905～2911.

张向娜，熊立瑰，温贝贝，等. 2020. 茶树叶色变异研究进展. 植物生理学报，（4）：11.

赵学仁. 1962. 政和大白茶新梢伸育的初步观察. 浙江农业科学，（5）：237～240.

周淑贞. 1997. 气象学与气候学. 3 版. 北京：高等教育出版社.

周子康. 1985. 浙江丘陵山地茶树生态气候优势层域初探. 中国茶叶，（1）：3～6.

Azeez A, Zhao Y C, Singh R K, et al. 2021. Early bud-break 1 and early bud-break 3 control resumption of poplar growth after winter dormancy. Nature Communications, 12 (1): 1123.

Barros P M, Cherian S, Costa M, et al. 2017. The identification of almond gigantea gene and its expression under cold stress, variable photoperiod, and seasonal dormancy. Biologia Plantarum, 61 (4): 631～640.

Barua D N. 1969. Seasonal dormancy in tea (*Camellia sinensis* L.). Nature, 224: 514.

Dai Z, Huang H, Zhang Q, et al. 2021. Comparative multi-omics of tender shoots from a novel evergrowing tea cultivar provide insight into the winter adaptation mechanism. Plant and Cell Physiology, 62 (2): 366～377.

Falavigna V D S, Guitton B, Costes E, et al. 2019. I want to (bud) break free: The potential role of DAM and SVP-Like genes in regulating dormancy cycle in temperate fruit trees. Frontiers in Plant Science, 9: 1990.

Zhang C, Liu H, Wang J, et al. 2024. A key mutation in magnesium chelatase I subunit leads to a chlorophyll-deficient mutant of tea (*Camellia sinensis*). Journal of Experimental Botany, 75 (3): 935～946.

第五章

水分与茶树生理生态

◆ 第一节 水分对茶树生理生态的作用

作为"水的行星"，地球表面70%以上的面积被水所覆盖，地球总水量约为$1.45\times10^9 km^3$，其中94%是海水，淡水存在于陆地和两极冰山。水分在地球上的流动和再分配有三种方式：一是大气环流；二是洋流；三是河流。

水有三种形态：液态、固态和气态。三种形态的水因时间和空间的不同能发生很大变化，这种变化是导致地球上各地区水分再分配的重要原因。水因蒸发和植物蒸腾而以水蒸气的形式进入大气，而大气中的水汽又以雨、雪等形态降落到地面。水的常温状态是液态，当环境温度导致植物细胞结冰时，液态水转变为固态水，密度降低，体积膨胀，就会使细胞遭受机械损伤。

水是生物体生命活动过程中的优良介质，具有与众不同的理化特性。水分子是极性分子，水分子之间同样会产生氢键。分子极性和体积小这两个特点使得水分子成为溶解范围最广的溶剂。根据相似相溶原理，水分子溶解离子、极性分子的能力强，如带有羟基和氨基的生物大分子。水分子可以通过排列在离子和生物大分子的表面来降低它们之间的静电作用，从而增强溶解性。

大量的氢键使得水的热力学特性非常独特，包括高比热和蒸发潜热。比热是指提高单位数量的某物质单位温度所需要的热量，提高水的温度就必须破坏分子间的氢键作用，所以水具有高比热。高比热的特性对于生物体具有重要的意义，它使得生命体的温度能够保持相对恒定，这样生命活动可以相对稳定地进行。

一、细胞的水分关系

束缚水和自由水是水分存在于细胞内的两种状态，水分被原生质胶体吸附形成束缚水，离原生质胶体较远的水分是自由水。由于自由水可以自由流动，它能够参与各种生物学过程，包括植物生长、光合作用、呼吸作用等。虽然束缚水不能直接参与生命代谢活动，但是其对植物耐旱性、耐寒性影响很大。研究表明，束缚水含量高的茶树品种抗寒性强（李惠民等，2013）。

水势是指水的化学势，它是推动水在生命体内运动的势能。在植物体内，水分从水势高向水势低的区域流动不消耗能量，而水分的逆水势运动则需要耗能。植物细胞水势主要是通过渗透势和压力势调节。植物细胞的生理活性需要一定的膨压，质外体的渗透势是细胞短时间调节水势的唯一组分。与活细胞不同，木质部的死细胞含有低浓度溶质，水势的改变依赖于静水压。土壤缺水时，土壤水势下降，植物细胞需要通过细胞内的渗透物质积累来调节水势，从低水势的土壤中吸水。植物细胞液泡内的无机离子、有机酸等渗透调节物质有甘氨酸甜菜碱、山梨糖醇、脯氨酸等相溶性溶质，它们是在植物细胞质中合成并对细胞代谢没有不利影响。这些渗透调节物质的积累导致细胞质浓度增大，细胞维持水分平衡，抵御胁迫。在液泡形成之前，植物细胞主要通过吸胀作用来吸收水分，包括果实、种子、分生细胞等。吸胀作用是指水分子以扩散或毛细管作用的方式进入蛋白质凝胶或淀粉、纤维素分子之间引起的吸水过程。植物细胞对水分的吸收通常被看作是植物和土壤间水势差相关的被动过程。然而，利用呼吸作用所释放出的能量，细胞也可以逆水势差吸收水分进入细胞，称为代谢性吸水。目前，测量植物细胞水势的方法多种多样，主要有干湿球湿度计法、压力室法、压力探针法。

二、水分吸收和运输

植物根系是通过周围土壤来吸收水分，所以植物吸水过程直接受到土壤水分状态的影响。理论上来讲，土壤含水量越高，可供植物根系吸收的水分越多。土壤持水量是指重力水流失之后的水分饱和土壤中的水分含量，它是土壤所能保持水分的最大值，而不同土壤类型的持水量差异较大。并且，土壤所持水分并不都能被植物吸收，盐碱土不能被植物利用的水分占土壤持水量的大部分。在不消耗能量的条件下，水分流动的方向是从高水势转移至低水势，植物根系吸收土壤中的水分也可以认为是从高水势的土壤转移至低水势的植物根系。相比于土壤持水量，水势能够更准确地衡量土壤中可被植物根系吸收的水分状况。溶质势和基质势共同组成土壤水势。大多数类型土壤的溶质含量很低，土壤的溶质势也就很高，可忽略不计。例外的是，盐碱土含有大量溶质，溶质势可低至$-0.2MPa$。湿润土壤的基质势接近于零，但干燥土壤的基质势则比较低。水分在干燥土壤中会在土壤颗粒表面形成一层很薄的水层，水层由于土壤颗粒凹凸不平而形成同样凹凸不平的表面，这样水的表面张力会产生很大的基质势。土壤和植物根系的水势决定植物能否从土壤中吸收水分。当土壤水势高于植物根系水势时，植物根系可以从土壤中吸收水分；当植物根系水势高于土壤水势时，植物根系不能从土壤中吸收水分。此外，土壤和植物根系之间的水势差也可以在很大程度上影响植物根系对水分的吸收效率，因为水分在土壤和植物根系之间的运动速率和水势差正相关。

径向途径和轴向途径是水分在植物根系中运输的两种途径。径向途径是指水分从植物根系表面进入木质部导管的路径，轴向途径是指水分通过植物根系木质部导管向上运输的路径。径向途径可分为以下三种：质外体途径、共质体途径和穿细胞途径。质外体途径是指通过细胞壁、细胞间隙、木质部导管或管胞运输的途径，共质体途径是指通过胞间连丝完成细胞间运输的途径，穿细胞途径是指通过细胞膜、细胞壁空间完成细胞间运输的途径。在实验中，共质体途径和穿细胞途径是很难区分的，所以它们可合称为细胞到细胞途径。

三、液流

被根系吸收的水分在植物体内会形成连续的液流。根压和蒸腾拉力是植物根系吸收水分的两种动力，其中后者的作用通常更为重要，根压在叶片尚未展开或者蒸腾效率很低时会成为吸水的主要动力。植物根部各种生理活动所产生的促使液流上升的压力称为根压，依赖于根压的植物水分吸收是一种主动吸水。植物根部靠近导管的活细胞代谢产生的有机酸和无机盐向导管分泌，导致导管内溶液水势下降，植物利用水势差从土壤吸收水分，经过根毛、皮层进入导管，沿导管向植物地上组织、器官运输。植物由于蒸腾作用所产生的促使液流上升的拉力称为蒸腾拉力。蒸腾作用发生时，靠近植物气孔的叶肉细胞水势下降，叶肉细胞从邻近细胞吸收水分，循环往复，导管里的水分进入叶肉细胞，土壤水分经过根系进入导管，依赖于蒸腾拉力的植物水分吸收是一种被动吸水。

水分从植物根部运输到顶部的原理一直是科学家们关注的重要课题。19世纪末，"内聚力学说"（"蒸腾-内聚力-张力学说"）由Dixon等学者提出。"内聚力学说"认为植物木质部的水分子相互产生大于水柱张力的内聚力，内聚力使水分子沿导管或者管胞连续上升，该学说将水分吸收和蒸腾作用有机地结合起来。蒸腾拉力和液流重力共同形成水柱张力，植物蒸腾作用形成向上的蒸腾拉力，而液流受重力作用形成向下的势能。液流在植物体的水分吸收与流失之间建立了良好的负反馈机制，它同时调节蒸腾作用和水分吸收，使植物体达到水分的相对平衡状态。20 世纪 60 年代，基于压力室法的相关研究结果为"内聚力学说"提供了强有力的支撑，从此该学说占据主导地位。20 世纪末，"补偿压学说"由 Canny 等学者提出，该学说是基于压力探针法的相关实验证据。压力探针法的结果证实植物木质部在叶片蒸腾作用确实会产生张力，但张力的大小比压力室法测算数据小很多，不足以支撑水分在木质部的长距离运输。"补偿压学说"是指外围组织对木质部施加的补偿压将木质部张力维持在特定范围，补偿压可使植物组织的水分填满空泡从而避免空泡的形成。"补偿压学说"的反对者认为植物木质部外围的组织压力是暂时性的，它不能长久维持木质部压力来稳定水分运输过程。

四、土壤–植物–大气中的水分流动

在陆地上，植物体通过根系吸收土壤水分，水分沿植物木质部向上运输，经过茎、枝干抵达叶片的维管系统，通过蒸腾作用散失到大气，形成一个连续的水分运输体系，称为 SPAC。土壤水的可利用性、根系吸收水分的能力、水分通过导管/管胞的运输能力、叶片阻力的大小、空气的水汽压差共同决定水分通过 SPAC 的速度。

土壤水的可利用性主要取决于土壤水的贮量和土壤水势。土壤颗粒小导致土壤孔隙数目多且尺度小，这些孔隙会产生较大的负压。植物根系吸收土壤水分的范围与土壤紧实度密切相关：根系可在松散的土壤中较大范围地吸收水分，而在紧实的土壤中吸水范围受限。田间持水量和永久萎蔫系数是表征土壤水分状况的两个重要参数，田间持水量和永久萎蔫系数之间的水分是土壤有效水容量。黏土、有机质含量高的土壤具有较高的田间持水量和萎蔫系数；沙土具有较低的田间持水量和萎蔫系数。植物体根系的分布依赖于土壤水分的分布状态，土壤上层湿润会导致根系倾向浅层分布，土壤干燥会导致根系倾向深层分布。植物根尖可能具有感知土壤湿度的能力，但其机制尚不明确。水分在植物体内的短距离运输依赖于细胞间扩散，长距离运输依赖于木质部运输。在根中，水分通过质外体途径进入内皮层，通过共质体途径进入维管系统。在茎中，水分通过木质部的导管和管胞完成长距离运输，抵达叶片维管系统。在叶片中，水分通过扩散作用分配到叶肉细胞。水分在植物体内蒸腾流的最大速度主要取决于输导系统的解剖学结构，所以各组织部位的流速不同。在土壤水分充足时，木质部的蒸腾流随蒸腾作用的增强而升高。植物的蒸腾作用只受到大气水分含量控制，植物茎的切断会导致枝条水分供应停止，叶片水分随蒸腾作用散失，叶片水势下降，气孔关闭，叶片蒸腾速度下降。土壤含水量和根对水的阻力也不能直接影响植物蒸腾速率，植物体只有通过气孔运动来影响蒸腾速度。

五、干旱对茶树生理生态的影响

（一）形态变化

干旱胁迫发生时，茶树首先受害的是地上幼嫩部分，包括形成驻芽，叶片萎蔫，发红、出现娇斑等；其次是成熟叶片，叶色变为黄绿、淡红，含水量逐渐降低，茎部变脆，最后整株干枯死亡。茶树轻度受害：部分叶片逐渐变黄绿、出现褐斑、轻度卷曲、变形。中度受害：多数嫩叶红褐（1~4 叶为主）、卷曲、萎蔫、枯焦脱落，但顶端茶芽梢（一芽二叶）未完全枯死。重度受害：老嫩叶枯焦脱落、形成鸡爪枝、多数枝条枯死，但主干未完全枯死。极度受害：土壤已无利用水分，茶树整体缺水、根毛死亡、叶片完全脱落、地面侧枝及主干枯死，如果持续过久，茶树将整体死亡（孙世利等，2006）。干旱胁迫下，地下部分根系根长不断增加，一级侧根、二级侧根数增加，根表面积逐渐增大，根皮层细胞受到损伤（王家顺等，2011）。耐旱品种具有角质层厚、栅栏组织厚且发达、叶层厚、叶具革质、叶被茸毛多、叶色深绿、单位叶面积叶片气孔多而小、根深和根系发达等形态特征。富含蜡质的角质层可降低水分散失、延缓萎蔫、反射阳光、降低叶温；厚且发达的栅栏组织富含叶绿体，可增强光合作用，减少水分散失；叶肉和叶脉中富含晶细胞，起机械支撑作用，维持细胞渗透势；叶背多茸毛可避免叶温剧变、减少水分蒸腾。干旱胁迫下，茶树部分形态特征具有向着耐旱演化的趋势，即根长增加，根冠比增大，叶片、角质层和栅栏组织均增厚，株高、生长速率、根直径和生物量等逐渐减小，同化作用减弱，能量消耗减少。

（二）生理变化

1. 渗透调节物质　　干旱胁迫下，茶树通过积累各种类型的有机、无机溶质来降低渗透势，从而提高植物的保水能力。调节渗透势的溶质包括氨基酸、有机酸、海藻糖、糖醇、可溶性糖、多元醇、甘露醇、胺、甜菜碱等有机溶质，以及 Na^+、K^+ 等无机离子。干旱条件下，茶树叶片的叶绿素、类胡萝卜素、茶多酚含量降低，天冬氨酸（Asp）、丝氨酸（Ser）和脯氨酸（Pro）含量显著增加，其中脯氨酸含量增加最为明显（陈林木，2020）。外源施用 Zn^{2+}、Ca^{2+}、K^+ 等可以缓解干旱胁迫导致的茶树损伤（Upadhyaya et al.，2013，2012，2011）。陈林木（2020）通过对 12 种茶树品种的耐旱性进行检测分析，将筛选出的耐旱品种'台茶 12 号'和干旱敏感品种'福云 6 号'作为实验材料，探究了叶肉细胞 K^+ 滞留与茶树耐旱性的关系，以及外源施钾调节茶树耐旱性在渗透调节方面的作用机制。结果表明，耐旱品种'台茶 12 号'叶肉细胞 K^+ 流显著低于敏感型品种'福云 6 号'。相关性分析表明，叶肉细胞平均 K^+ 流与叶片相对鲜重（FW）呈显著负相关。外施 K^+ 显著提高了茶叶 K^+ 含量，且显著缓解了干旱对'福云 6 号'的胁迫损伤。

2. 光合作用　　光合作用是为茶树生长发育提供能量和碳水化合物的重要代谢活动，干旱胁迫限制茶树光合作用。干旱胁迫下，叶绿体类囊体膜受破坏，基粒类囊体膨胀，间质片层空间增大，叶绿素含量（叶绿素 a、叶绿素 b 和总叶绿素含量均下降）减少，光合酶活性降低，破坏光系统Ⅰ（PSⅠ）和光系统Ⅱ（PSⅡ），减少光能的吸收、传递和转换，降低光合电子传递速率，减少气孔导度，减弱 CO_2 扩散到叶绿体的速率，从而减弱或停止光合作用（刘声传和陈亮，2014）。干旱胁迫下茶树叶片的净光合速率（net photosynthetic rate, Pn）、蒸腾速率（transpiration rate, Tr）、气孔导度（stomatal conductance, Gs）、水分利用率（water use efficiency, WUE）及相对含水量（relative water content, RWC）均下降。茶树 PSⅡ反应中心受到伤害、光化学反应速率降低、天线色素热耗散速率升高，品种间存在差异。研究表明，干旱胁迫导致茶树总叶绿素及叶绿素 a 和叶绿素 b 含量均下降。茶树耐旱品种具有较高的 CAT 活性，降低光呼吸速率，耐旱品种较非耐旱品种从老叶转移更多的光合产物到嫩叶。

3. 活性氧物质　　干旱胁迫会导致植物细胞异常代谢，产生大量活性氧及其衍生物，活性氧通过影响脂质过氧化、蛋白质降解、DNA 片段化等途径破坏植物的正常代谢，最终导致细胞死亡（刘声传，2015）。丙二醛（malondialdehyde, MDA）就是活性氧与脂质等物质发生过氧化反应的产物之一。对植物细胞来说，丙二醛是具有毒性的，它会与细胞内蛋白质等大分子结合，加剧对细胞膜的损害，影响细胞活性。在长期进化过程中，茶树形成了相应的活性氧清除物质保护自身免受伤害。活性氧清除物质主要有两类：一类为抗氧化酶保护系统，主要有超氧化物歧化酶（superoxide dismutase，SOD）、过氧化氢酶（catalase，CAT）、过氧化物酶（peroxidase，POD）、谷胱甘肽氧化酶（guaiacol peroxidase，GPX）及谷胱甘肽还原酶（glutathione reductase，GR）等；另一类是抗氧化性物质，主要有还原型谷胱甘肽、抗坏血酸、维生素 E、类胡萝卜素和巯基乙醇等。在干旱胁迫下，不同品种茶树叶片 SOD 和 POD 活性及类胡萝卜素含量先升后降，维生素 C 含量、活性氧含量和脂质过氧化增加，丙二醛含量增加。干旱后复水，茶树活性氧含量减少，GR、GPX、SOD 和 CAT 活性减弱，POX 活性增强，抗坏血酸、谷胱甘肽及 MDA 含量减少。

4. 分子机制 植物通过感知干旱、信号转导、诱导或抑制相关基因表达、合成特异生物分子来抵御干旱胁迫。激素 ABA 是植物干旱胁迫响应的核心调控因子，它可通过 SnRK2s、bZIPs、WRKYs、VQs、MYBs、NACs 等途径调控耐旱性（Singh et al.，2015）。基于代谢组和转录组的方法，盖中帅（2019）以耐旱性强的'青农 3 号'为材料系统探究了外源 ABA 对缓解茶树干旱胁迫的分子调控机制。外源 ABA 能够通过影响茶树抗氧化系统、光合系统、能量代谢来缓解干旱胁迫对茶树的损害。

（三）茶园生态变化

丛枝菌根真菌（AMF）是一类能与寄主植物营养根系形成互利共生体——丛枝菌根，且具有非专一性活体营养的共生真菌，能与大多数高等植物形成共生体系，广泛存在于各个生态系统中。AMF 可以促进寄主植物对养分的吸收、促进寄主植物水分利用率、提高寄主植物光合作用、提高寄主植物渗透调节能力以及抗氧化能力。以'平阳特早'品种为材料，研究者通过茶树植株的生物量、渗透调节物质、活性氧含量、抗氧化酶活性等相关指标测定，研究了三种不同的 AMF 对水分胁迫下茶树生长及耐旱性的影响。研究结果表明，3 种 AMF 都能提高茶树的叶绿素含量和根系吸收面积，从而提高光合作用，促进植物生物量积累。在水分胁迫下，AMF 的接种可以保护茶树光合系统免受伤害，增强光合作用，提高渗透调节能力和抗氧化能力，缓解由于水分胁迫造成的损伤。在 3 种 AMF 中，地表球囊霉对茶树生长和耐旱性的促进效果最佳，其次为摩西球囊霉和根内球霉。

◆ 第二节 茶树的水分平衡

水是生命的源泉，是植物重要的生存条件之一。植物的一切正常生命活动都只有在水环境中才能进行，否则植物的生长发育就会受到阻碍，甚至死亡。一方面，植物不断地从环境（土壤和大气）中吸取水分，以保持其正常的含水量，并参与各项生理代谢活动；另一方面，植物所吸收的绝大多数水分主要通过蒸腾作用以水蒸气的形式散失至大气中，并通过这一生理过程发挥其生物学功能，如促进植物对土壤矿质元素的吸收和运输、促进体内有机物运输等。植物正常的生命活动就是建立在对水分不断地吸收、运输、利用和散失的过程之中，而这些过程称为植物的水分代谢（water metabolism）。植物水分代谢的基本规律是作物栽培中合理灌溉的生理基础，通过合理灌溉可以满足作物生长发育对水分的需要，为作物提供良好的生长环境，这对实现农作物的高产优质、水分的高效利用和减轻病害的发生都有重要意义。

茶树组成成分中占比最大的是水，它是茶树进行光合作用的反应物，可通过光合作用被光解，从而产生 H_2 和 O_2，是茶树有机物的重要组成部分。此外，水分在茶树植株体内也参与了营养元素的吸收、运输及利用过程，为体内化学反应的发生提供了媒介。由此可见，水分对茶树生长和茶叶品质有着至关重要的作用。

一、水分的吸收

　　植物生长和分布与水分供应条件密切相关，了解植物的吸水模式，对植物的实际生产有着重要指导作用。植物吸水是指植物器官从土壤、环境中吸收水分的过程，一般通过叶面及根部进行吸水，然而叶面吸水占比较少，植物主要通过根系部分从土壤中吸收水分以满足自身需要，所以在讨论根系如何吸收水分之前，有必要先讨论土壤中的水分。

（一）土壤水势

　　土壤中不同种类的水具有不同的水势。一般来说，当土壤水势低于-3.1MPa 时，土壤中的水为土壤束缚水；$-0.05\sim0.03$MPa 的水为毛细管水，高于-0.01MPa 的水为重力水。对于大多数植物，当土壤含水量达到永久萎蔫系数（即植物刚刚发生永久萎蔫时，土壤中存留的水分含量）时，其水势约为-1.5MPa，该水势称为永久萎蔫点（permanent wilting point）。与细胞的水势相似，土壤水势也由两个组分构成，即溶质势和基质势，通常土壤溶液的浓度很低，因此基质势较高，约为-0.02MPa。盐碱土中盐分浓度很高，基质势可达-0.2MPa，甚至更低。基质势一般小于或接近于 0MPa，即土壤溶液的静水压力为负值。土壤水分处在张力作用下，基质势与土壤的含水量密切相关。在潮湿土壤中，压力势十分接近于 0MPa；当土壤干燥时，基质势降低，干旱土壤的可低至-3MPa。土壤中负的基质势是土壤中毛细管作用引起的。当土壤开始干燥时，水分先从土壤颗粒间的大空隙中间退出，进入颗粒间的小孔隙，在土壤水与土壤空气间形成大的界面被进一步拉伸，形成弯曲半径十分小的凹面，在凹面下的水受到拉力，便产生了很大的负压。

　　不同土壤的田间持水量（当土壤中重力水全部排出，保留全部毛细管水和束缚水时的土壤含水量）和永久萎蔫系数相差很大。田间持水量减去永久萎蔫系数所得的值，就是植物可利用水（available water）。当含水量达到田间持水量时，土壤基质势趋于 0MPa，土壤水势由基质势决定。非盐碱土的基质势约为-0.01MPa，但会随盐浓度的变化而变化。不同性质的土壤在达到田间持水量时其土壤含水量差别很大，黏土约为 40%，壤土为 23%，而细砂仅为 13%，说明黏土的保水能力最强，壤土次之，砂壤最弱（图 5-1）。

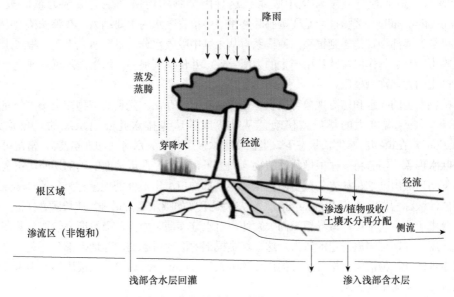

图 5-1　土壤水分平衡相关过程示意图（Wang et al.，2019）

茶园土壤水分性质和有效水的含量对茶树生育影响很大，而土壤水分常数又因土壤质地的不同而有着明显的差异。研究发现，在土壤湿度为35%时，最适应茶树生长，此时茶树根的数量、长度、面积和体积与生长时间呈正相关，在其他水分条件下不表现出这种关系。

质地黏重的土壤，由于其黏粒多，土壤胶体含量高，土壤颗粒的表面积大，具有很强的吸附能力，因而吸附的束缚水含量高。尽管质地黏重的土壤所吸附的水分较壤土多，但由于它所持低能量的水分较多，因此能释放出供给茶树吸收利用的有效水并不比壤土多，且由于黏土渗透性差，蒸发性强毛细管孔隙度大，雨天易涝，旱天易干，不利茶树生长。而砂土有效水分含量少，且保水保肥能力差，也不利于茶树的生长。

（二）茶树根系对水分的吸收

1. 根部吸水部位　　茶树根系是吸收水的主要器官，在水分获取中起着关键作用，是植物适应不同环境条件的重要组成部分。茶树主根可入土达1m以上，侧根布满土层间，生长迅速，条件适宜，一昼夜可长10~15cm。根尖中，以根毛区的吸水能力最强，根毛为单细胞，壁薄、尚未木栓化，透水性强，利于吸水。大部分根细胞有液泡，体积很大，液泡中充满着溶液，如糖、盐类和酸等，细胞壁和液泡之间的细胞质，具有选择性半透膜性质，根在土中与土壤溶液形成渗透系统。细胞的吸水和排水依水势大小而定，即由溶液中的水分子自由能大小决定水分运动方向。

根具有复杂的组织，通常不同的根具有不同的功能，针对根部吸水功能的区别，侧根的功能是从土壤中吸收水分，而初级根和茎部根的功能是轴向输送水分到芽。如能更好地预测根系吸水数据，则可以帮助优化灌溉并确定从土壤中吸收水分的最佳条件，因此，了解根系吸水必不可少。

2. 根系吸水方式和动力　　茶树的根系吸水分为被动吸水（passive water absorption）和主动吸水（active water absorption）。被动吸水依赖于叶的蒸腾作用，当茶树叶片进行蒸腾作用时，水分便从叶片的气孔和表皮细胞表面蒸腾到大气中，气孔下腔附近的叶肉细胞因蒸腾失水而减少，所以可从相邻细胞取得水分。同理，相邻细胞又从另一个细胞取得水分，如此下去，便从导管吸水，最后根部就从环境中吸水。这种因蒸腾作用所产生的吸水力量叫蒸腾拉力（transpiration pull）。蒸腾拉力是在蒸腾旺盛季节中植物吸水的主要动力，在整株植物中，这种力量可经过茎部导管传递到根系，使根系再从土壤中吸收水分。早有研究表明，根对水和溶质的吸收可能是蒸腾作用在叶片中产生的力所导致，并传递到根和土壤溶液附近，或是来自根部自身产生的力，称为根压。

植物发生的吐水和伤流现象可以表明根主动吸水的存在。完整的植物在土壤水分充足、土温较高、空气湿度大的早晨或傍晚，从叶尖或叶边缘排水孔吐出水珠的现象称为吐水（guttation），在植物自然生长状态下，当植物吸水多于蒸腾失水时（如在早晨），常常可以看到这种吐水现象。假若将一株很健壮的植物（如玉米、水稻）在近地面的基部切断，不久就会有液体从伤口流出，这种从受伤或折断的植物茎基部伤口溢出液体的现象称为伤流（bleeding），流出的汁液称为伤流液（bleeding sap）。根尖中根毛区的吸水能力最强，伸长区、分生区和根冠三部分由于原生质浓厚，输导组织尚欠发达，对水分移动阻力大，吸水能力较弱。若在切口处连接一压力计，可测出一定的压力，这显然是根部的活动引起的，与地上部分无关。这种靠根系的生理活动，使液流由根部上升的压力称为根压（root pressure），以根压为动力引起的根系吸水过程，称为主动吸水。

伤流是由根压引起的，葫芦科植物伤流液较多，稻、麦等较少。同一种植物，根系生理活动强弱、根系有效吸收面积的大小都直接影响根压和伤流量，根压受化学、物理、环境、土壤和遗传因素的影响。伤流中含有各种无机离子、氨基酸类、可溶性糖、植物激素（细胞分裂素、脱落酸等）等。无机离子是根系从土壤中吸收的，而有机物则主要是由根系合成或转化而来。因此，根系伤流量及其成分可以反映根系生理活性的强弱。在农业生产中，吐水现象、伤流量、伤流液成分也可作为植物根系生理活性的指标。

根压的产生与水的吸收途径有关。从根的表皮到内皮层，水分的运输有 3 条途径：质外体途径（apoplast pathway）、共质体途径（symplast pathway）和跨细胞途径（transcellular pathway）等。质外体途径是水分通过由细胞壁、细胞间隙及中柱内的木质部导管组成的连续体系的移动，它不包含细胞质，对水分运输的阻力很小，速度快。共质体途径是水分通过胞间连丝从一个细胞到另一个细胞的移动，它对水分运输的阻力大，速度慢。上述两条途径的水分运输是不跨膜的微集流，其驱动力是静水压梯度。在根中内皮层细胞的横向壁及径向壁上有一栓质化加厚带，称为凯氏带（casparian strip），其中充满着蜡质的疏水物质木栓质（suberin），水不能透过凯氏带把根中的质外体分成两个不连续的部分，这迫使水分和溶液通过跨膜途径两次穿越内皮层细胞的质膜进入中柱，其驱动力是总的水势梯度。根中水分运输过程是通过根表皮、皮层的质外体空间、跨膜途径、共质体网络、内皮层细胞的质膜（跨膜途径）、质外体空间（导管）途径。因此，可以把根系看成一个渗透计（osmometer），内皮层通道细胞就是一个具有选择透性的膜，它通过水势梯度对根中的水分运转起控制作用。

土壤溶液在根内沿质外体向内扩散，其中的离子则通过主动吸收进入共质体中，这些离子通过连续的共质体系到达中柱内的活细胞，然后释放到导管（vessel）中，引起离子积累，其结果是，内皮层以内的质外体渗透势降低。而内皮层以外的质外体水势较高，水分通过渗透作用透过内皮层细胞，到达中柱的导管内。这样造成的水分向中柱的扩散作用，在中柱内就产生了一种静水压力，即由于水势梯度引起水分进入中柱后产生的一种压力，这就是根压。只要离子主动吸收存在，那么这种水势差就能维持，根压也就能够存在。

根部的根压对导管中的水有一种向上的驱动作用。这种驱动力对幼小植物体的水分转运可能起到一定的动力作用，但对高大的植物（如乔木），仅靠根压显然是不够的，因为一般植物的根压不超过 0.1MPa，但在早春树木未吐芽和蒸腾很弱时则起重要作用。

根压的产生除由于渗透作用外，也有人认为呼吸作用所产生的能量也参与根的吸水过程。当外界温度降低、氧分压下降、呼吸作用抑制剂存在时根压、伤流或吐水会降低或停顿。

3. 影响根系吸水的因素 根系自身因素、土壤因素及影响蒸腾的大气因素均影响根系吸水。大气因素通过影响蒸腾而影响蒸腾拉力，间接影响吸水，下文主要讨论根系自身因素和土壤因素。

（1）根系自身因素 根系的有效性取决于根系密度、总表面积及根表面的透性，而透性又随根龄和发育阶段而变化。根系密度（root density）通常指单位体积土壤内的根系长度，单位为 cm/cm^3。根系密度越大，根系占土壤体积的比例越大，吸收的水分就越多。据测定，高粱根系密度从 $1cm/cm^3$ 增加到 $2cm/cm^3$ 时，吸水能力大为增加。根表面透性对根系吸水有显著影响，有人认为限制性表面实际为内皮层。根的透性随年龄、发育阶段及环境条件不同而差别较大。典型根系由新形成的尖端和完全成熟的次生根组成，次生根失去了它们的表皮层和皮层，被一层栓化组织包围，显然这些不同结构的根段对水的透性大不相同，植物根系遭受严重土壤干旱时透性大大下降，恢复供水后这种情况还可持续若干天。

（2）土壤中可利用水 根系通常分布在土壤中并从中吸取水分，所以土壤条件和水分状况直接影响根系吸水。对植株来说，土壤中的水分并不是都能被利用。从这一角度分析，土壤水分可分为可利用水和不可利用水，植物从土壤中吸水的过程，实质上是根系和土壤颗粒彼此在争夺水分。对植物而言，只有在永久萎蔫系数以上的土壤水分才是可利用水（available water），其土壤水势为$-0.05\sim-0.30$MPa。当土壤含水量下降时，土壤溶液水势也下降，土壤溶液与根部之间的水势差减小，根部吸水速度减慢，引起植物体内含水量下降。土壤含水量达到永久萎蔫系数时，根部吸水几乎停止，不能维持叶细胞的膨压，叶片发生萎蔫，这对植物的生长发育不利。因此，要掌握土壤可利用水状况和作物需水规律，制订科学灌溉措施，适时灌水。土壤可利用水的多少与土粒粗细及土壤胶体数量有密切关系，粗砂、细砂、砂壤、壤土、黏土的可利用水数量依次递减。

（3）土壤通气状况　　在通气良好的土壤中，根系吸水性强；土壤透气状况差，吸水受抑制。实验证明，用CO_2处理根部，以降低呼吸代谢，小麦、玉米和水稻幼苗的吸水量降低14%~15%，尤以水稻最为显著；如通以空气，则吸水量增大。

土壤通气不良造成根系吸水困难的原因主要是：①根系环境内O_2缺乏，CO_2积累，呼吸作用受到抑制，影响根系吸水；②长时期缺氧下根进行无氧呼吸，产生并积累较多的乙醇，根系中毒受伤，吸水更少；③土壤处于还原状态，加上土壤微生物的活动，产生一些有毒物质，这对根系生长和吸水都是不利的。

在受涝或受淹情况下，作物也表现出缺水症状，其主要原因也是土壤通气不良，抑制根部吸水。土壤水分饱和或土壤板结会造成通气不良；水田长期保持水层，也会降低土壤中的氧分压，产生各种有毒物质，引起"黑根""烂根"。农业生产中的中耕耘田、排水晒田、垄厢栽培等措施就是为了增强土壤的透气性。

（4）土壤温度　　土壤温度不但影响根系的生理生化活性，而且影响土壤水的移动性。因此，在一定的温度范围内，随土壤温度的提高，根系吸水及水运输速度加快，反之则减弱；温度过高或过低，对根系吸水均不利。

低温影响根系吸水的原因：①原生质黏性增大，对水的阻力增大，水不易透过细胞质，植物吸水减弱；②水分子运动减慢，渗透作用降低；③根系生长受抑，吸收面积减少；④根系呼吸速率降低，离子吸收减弱，影响根系吸水。高温会导致酶钝化，影响根系活力，并加速根系木质化进程，根吸收面积减少，吸水速率下降。

（5）土壤溶液浓度　　土壤溶液浓度过高会降低土壤水势，若土壤水势低于根系水势，植物不能吸水，反而要丧失水分。一般情况下土壤溶液浓度较低，水势较高，在不低于-0.1MPa的情况下对根吸水影响不大。但当施用化肥过多或过于集中时，可使根部土壤溶液浓度急速升高，阻碍了根系吸水，引起"烧苗"。盐碱地土壤溶液浓度太高，植物吸水困难，可形成一种生理性干旱。如果土壤溶液含盐量超过0.2%，就不能用于灌溉植物。

（三）植物叶面吸水

植物的叶面通过反向蒸腾作用吸收利用水分，主要通过气孔、毛状体、静脉、鳞片或角质层进行渗透。一般情况下，叶面从大气中吸收水分包括两步：一是空气中的水分子集中在树叶表面，二是叶子表面的冷凝水被输送到叶肉细胞中，从而被吸收利用（图5-2）。

叶面吸水是植物的一种常见的水分获取机制，提供了大量的水补贴，可以影响植物水分和多个空间与时间尺度的碳平衡，对植物的生长有着极重要的意义。叶面吸收的水分可以通过维管系统输送到植物根部及周围的土壤中，以改善水分平衡并保护水和土壤（潘志立等，2021）。研究表明，叶面吸水可以改善植物与水分的关系并增加其光合作用，生物质中氢和氧（如纤维素中的氢与氧）的很大比例来源于叶面吸收的水。初始叶片含水量较低时叶片吸水率较高，然

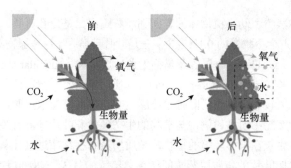

图 5-2　叶面吸水是植物光合作用释放氧气的重要来源（Kagawa，2022）

后逐渐趋于饱和叶片含水量。在初始叶片含水量较高时，叶片水分解吸速率较高，然后随着时间的推移急剧下降，最终趋于零。不同植物叶片表现出不同的指数，表明了植物不同物种间的差异。

二、水分的散失

茶树根系吸收的水分除极小部分用于合成代谢物质外，极大部分又经失水而回归环境，其主要途径是叶气孔蒸腾和角质蒸腾。幼叶角质层薄，通过表皮蒸腾水分，成叶角质层厚，气孔蒸腾是主要途径。茶树气孔分布较密，通过蒸腾作用，可使叶细胞不致过度膨胀，并可降低叶温，这是茶树生命活动的必要方式。

（一）蒸腾作用

1. 蒸腾作用的概念　极端潮湿环境中的植物，并没有因为蒸腾作用极低、蒸腾流不强而造成缺素症。在多数情况下，蒸腾作用是导致植物发生水分亏缺，甚至脱水的主要原因。由此看来，蒸腾作用对植物可能存在着有利和不利两个方面的影响。因此，蒸腾作用也许是陆生植物为解决光合作用吸收 CO_2 的需要而不得不付出的水分散失的代价。在不影响光合作用的前提下，减少蒸腾作用对水分的消耗，在生产实践（如节水灌溉）上具有重要的意义。

陆生植物吸收的水分中，只有极少数（1%～2%）用于体内代谢，绝大部分都散失到体外。体内水分的散失，除了少量的水分以液态通过"吐水"方式排出体外，大部分水分以气态逸出体外，即通过蒸腾作用的方式散失。

蒸腾作用（transpiration）指植物体内的水分以气态方式从植物体的表面向外界散失的过程。一株玉米在生育期消耗的水量约为 200kg，作为植株组成的水不到 2kg，作为反应物的水约为 0.25kg，通过蒸腾作用散失的水量达总吸水量的 99%。蒸腾作用虽然基本上是一个蒸发过程，但是与物理学上的蒸发不同，因为蒸腾过程还受植物气孔结构和气孔开度的影响，是一个生理过程。

2. 蒸腾作用的生理意义　蒸腾作用在植物生命活动中具有重要的生理意义：第一，蒸腾作用失水所造成的水势梯度产生的蒸腾拉力是植物被动吸水和运输水分的主要驱动力，特别是高大的植物，如果没有蒸腾作用，植物较高的部分很难得到水分；第二，蒸腾作用借助于水的高汽化热特性，能够降低植物体和叶片温度，使其免遭高温强光灼伤；第三，蒸腾作用引起的上升液流，有助于根部从土壤中吸收的无机离子和有机物及根中合成的有机物转运到植物体的各部分，满足生命活动需要。

然而，蒸腾作用的生理意义是个争议较大的问题，研究者认为植物蒸腾作用可能在水分运输或矿物质的运输过程中起着重要作用，但是蒸腾作用似乎并非这些过程所必需。某些生长在热带雨林中的植物由于处于较高湿度的条件下，几乎没有蒸腾作用发生，但是生长仍很茂盛。

3. 蒸腾作用的方式　植物体各部分都有潜在的蒸发水分的能力，按照蒸腾部位不同可分为 3 种：一是整体蒸腾，幼小植物体的表面都能蒸腾；二是皮孔蒸腾，长大的植物茎枝上的皮孔可以蒸腾，但只占全蒸腾量的 0.1%左右；三是叶片蒸腾，叶片是植物蒸腾作用的主要部位。

　　叶片蒸腾可分为：①通过角质层的蒸腾称为角质层蒸腾（cuticular transpiration）；②通过气孔的蒸腾称为气孔蒸腾（stomatal transpiration）。角质层本身不透水，但角质层在形成过程中有些区域填充有吸水能力较大的果胶，同时角质层也有孔隙，可使水汽通过（图 5-3）。角质层蒸腾和气孔蒸腾在叶片蒸腾中所占比例，与植物的生态条件和叶片年龄有关，实质上就是与角质层厚度有关。例如，生长在潮湿环境的植物，角质层蒸腾往往超过气孔蒸腾；水生植物的角质层蒸腾也很强烈；遮阳叶片的角质层蒸腾能达到总蒸腾的 1/3；幼嫩叶片的角质层蒸腾能达到总蒸腾量的 1/3～1/2。但是除上述情况外，对一般植物的成熟叶片，角质层蒸腾仅占总蒸腾量的 5%～10%，因此，气孔蒸腾是植物叶片蒸腾的主要形式。

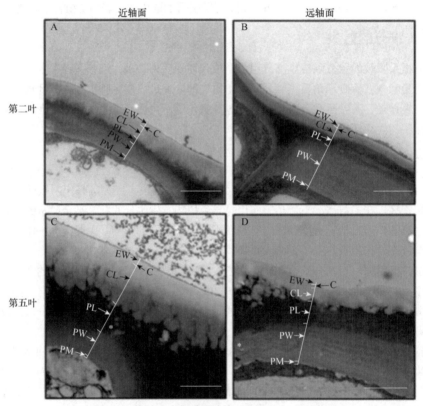

图 5-3　茶树叶片角质层结构（Zhu et al.，2018）

A. 第二叶近轴面；B. 第二叶远轴面；C. 第五叶近轴面；D. 第五叶远轴面。

EW. 表皮蜡质层；C. 表皮层；CL. 角质层；PL. 果胶质层；

PW. 初生细胞壁；PM. 质膜。标尺＝2μm，*表示脂质包涵体

　　4. 蒸腾作用的度量　　常用的衡量蒸腾作用的定量指标有以下几点。

　　（1）蒸腾速率（transpiration rate）　　植物在单位时间内，单位叶面积通过蒸腾作用所散失的水量称为蒸腾速率，又称蒸腾强度，一般用 g H_2O/（$m^2 \cdot h$）表示。大多数植物白天的蒸腾强度为 15～250g H_2O/（$m^2 \cdot h$），夜间为 1～20g H_2O/（$m^2 \cdot h$）。

　　（2）蒸腾效率（transpiration efficiency）　　植物每消耗 1kg 水所生产的干物质量（g），或者植物在一定时间内干物质的累积量与同期所消耗的水量之比称为蒸腾效率或蒸腾比率。一般植物的蒸腾效率是 1～8g/kg。

（3）蒸腾系数（transpiration coefficient）　植物制造1g干物质所消耗的水量（g）称为蒸腾系数（或需水量），它是蒸腾效率的倒数，一般植物的蒸腾系数为125～1000。不同类型的植物常有不同的蒸腾系数，木本植物的蒸腾系数较草本植物为小，C_4植物较C_3植物为小。

5. 气孔蒸腾　气孔（stomata）是植物叶片与外界进行气体交换的主要通道（图5-4）。通过气孔扩散的气体有O_2、CO_2和水蒸气。植物在光下进行光合作用，经由气孔吸收CO_2，所以气孔必须张开，但气孔张开又不可避免地发生蒸腾作用，因此气孔可以根据环境条件的变化来调节其开度大小，进而使植物在损失水分较少的条件下获取最多的CO_2。当气孔蒸腾旺盛、叶片发生水分亏缺时，或土壤供水不足时，气孔开度就会减小以至完全关闭。当供水良好时，气孔张开，以此机制来调节植物的蒸腾强度。

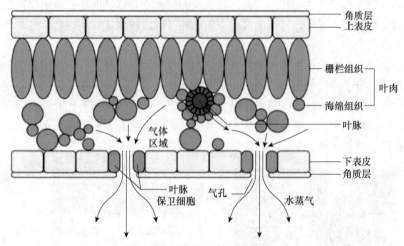

图5-4　典型双子叶植物叶的横截面示意图（Xu et al.，2019）

（1）气孔的大小、数目、分布与气孔蒸腾　气孔是植物叶表皮组织上的两个特殊的小细胞即保卫细胞（guard cell）所围成的一个小孔。保卫细胞存在于所有的维管植物中，与一些更原始的植物如苔藓类植物中保卫细胞相比，在结构上有很大的变异，但总的来说可以分为两大类：第一大类为肾形；第二大类为哑铃形。通常把保卫细胞、副卫细胞或邻近细胞及保卫细胞中间的小孔合在一起称为气孔复合体（stomatal complex）。在大多数物种中，覆盖所有表皮细胞的叶片角质层形成在气孔上拱起的外部壁架，由保卫细胞界定的可变气孔位于刚性壁架之下。通过这种一般的排列，保卫细胞的中心点可以突出在表皮表面之上，与表皮表面成一直线或凹陷在表皮表面之下。在后一种情况下，保卫细胞位于形成气孔前室的凹陷、深坑或隐窝的底部。研究发现，凹陷气孔具有多种功能，它们在干旱或贫瘠条件下，土壤水分可用性和蒸气压差波动的优势显而易见，具有凹陷气孔的物种甚至比具有浅表气孔的物种更敏感地控制夜间蒸腾作用。

不同植物气孔的大小、数目和分布不同。大部分植物叶片的上、下表皮都有气孔，但不同类型的植物其叶片上、下表皮气孔数量不同。一般禾谷类作物如麦类、玉米、水稻叶的上、下表皮气孔数目较为接近；双子叶植物向日葵、马铃薯、甘蓝、蚕豆、番茄及豌豆等，叶下表皮气孔较多；有些植物，特别是木本植物，通常只是下表皮有气孔，如桃、苹果、桑等；也有些植物如水生植物，气孔只分布在叶上表皮。气孔的分布与植物长期适应生存环境有关，如浮在水面的水生植物，气孔分布在叶上表皮，有利于气体交换及蒸腾作用；禾谷类植物叶片较直立，叶片上、下表皮光照及空气湿度等差异很小，都可以进行气体和水分交换，故其上、下表皮的气孔数目较为接近。

　　气孔的数目很多，但直径很小，所以气孔所占的总面积很小，一般不超过叶面积的 1%。但其蒸腾量却相当于与叶面积相等的自由水面蒸发量的 15%～50%，甚至达到 100%。也就是说，气孔扩散是同面积自由水面蒸发值的几十甚至一百倍，因为气体分子通过气孔扩散，孔中央水蒸气分子彼此碰撞，扩散速率不高；在孔边缘，水分子相互碰撞的机会较少，扩散速率高。对于大孔，其边缘周长所占的比例小，故水分子扩散速率与大孔的面积成正比，但如果将一大孔分成许多小孔，在面积不变的情况下，其边缘总长度大为增加，将孔分得愈小，则边缘所占比例愈大，即通过边缘扩散的量大为提高，扩散速率也提高。我们将气体通过多孔表面的扩散速率不与小孔面积成正比，而与小孔的周长成正比的这一规律称为小孔扩散律（law of small opening diffusion）。因此，如果若干个小孔，它们之间有一定的距离，则能充分发挥其边缘效应，扩散速率会远远超过同面积的大孔。叶表皮的气孔正是这样的小孔，所以在气孔张开时，气孔的蒸腾速率很高。另外，特殊的气孔下腔结构（经常被水蒸气所饱和）也是气孔蒸腾效率高的重要原因。

　　气孔蒸腾分为两步进行：首先水分在细胞间隙及气孔下腔周围叶肉细胞表面上蒸发成水蒸气，然后水蒸气分子通过气孔下腔及气孔扩散到叶外。气孔蒸腾速率的高低与蒸发和扩散都有关系。叶片的内表面面积越大，蒸发量越大。事实上，叶内表面积要比叶外表面积大许多倍，在这样大的内表面积上，水很容易转变为水蒸气。因此，气孔下腔经常被水蒸气所饱和，有利于水蒸气扩散到叶外（图 5-5）。

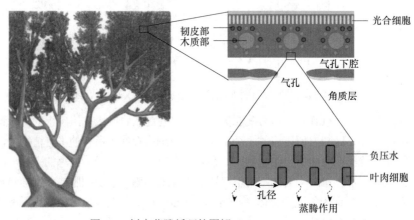

彩图

图 5-5　树木蒸腾循环的图解（Shi et al., 2019）

　　气孔开度对蒸腾有直接影响。一般用气孔导度（stomatal conductance）表示，其单位为 mmol/（$m^2 \cdot s$），也有用气孔阻力（stomatal resistance）表示的，它们都是描述气孔开度的量。在许多情况下气孔导度的使用与测定更方便，因为它直接与蒸腾作用成正比，与气孔阻力成反比。

　　（2）气孔运动　　气孔运动实质上是两个保卫细胞内水分得失引起的体积或形状变化，进而导致相邻两壁间隙的大小变化。气孔运动与保卫细胞的特点密切相关，与其他表皮细胞相比，保卫细胞具有如下特点：①细胞体积很小并有特殊结构，有利于膨压迅速而显著地改变，相比而言，表皮细胞大而无特别形状；②细胞外壁上有横向辐射状微纤束与内壁相连，便于对内壁施加作用；③保卫细胞壁厚薄不均等，肾形保卫细胞具有较薄的外壁及较厚的内壁；④细胞质中有一整套细胞器，而且数目较多；⑤叶绿体具明显的基粒构造，其中常有淀粉积累，淀粉的变化规律是白天减少，夜晚增多，表皮细胞无叶绿体。

　　大多数植物气孔一般白天张开，夜间关闭，即气孔运动。构成植物细胞壁的纤维素微纤丝沿伸长的保卫细胞横向周围缠绕，从正面可见这些微纤丝好像是从气孔中心区辐射出来，分布在壁的表面。由于这些微纤丝束呈放射状分布，当保卫细胞吸水膨大时，其直径不能增加多少，而保卫细胞的长度可以增加，特别是沿其外壁增加，同时向外膨胀，微纤丝牵引内壁向外运动，如此气孔即张开。气孔的开关受到保卫细胞膨压的调节，保卫细胞体积比其他表皮细胞小得多，只要有少量的渗透物质积累，即可使其渗透势明显下降，水势降低，促进吸水，改变膨压。气孔运动是一个相当复杂的过程，在同一叶片上有时会出现一些气孔开放而相邻气孔部分关闭的现象，称为气孔异质性（stomatal heterogeneity），这样的气孔称为斑驳气孔（patchy stomata）。

6. 气孔运动的机制　　在正常水分供应下，光是控制气孔运动最主要的环境信号。气孔运动是气孔对光反应的综合效应。研究表明，光可激活保卫细胞中两种不同的反应：一是保卫细胞叶绿体的光合作用在光依赖的气孔开放过程中起作用；二是保卫细胞通过蓝光受体感受蓝光信号而发生蓝光反应（blue-light response），诱导气孔开放和关闭。气孔运动机制复杂，主要有以下 5 种假说。

（1）淀粉与糖转化假说　　在光下，光合作用消耗了 CO_2，于是保卫细胞细胞质 pH 增高到 7 以上，淀粉磷酸化酶催化淀粉水解为糖，引起保卫细胞渗透势下降，水势降低，从周围细胞吸取水分，保卫细胞膨大，因而气孔张开。在黑暗中，保卫细胞光合作用停止，而呼吸作用仍进行，CO_2 积累，pH 下降到 5 左右，淀粉磷酸化酶催化 1-磷酸葡萄糖转化成淀粉，溶质颗粒数目减少，细胞溶质势升高，水势也增大，细胞失水，膨压丧失，气孔关闭。

（2）K^+ 累积假说　　20 世纪 40 年代，有学者发现了保卫细胞的 K^+ 流动，60 年代其他学者再次证明该发现。当气孔开放后，保卫细胞内含有大量的 K^+，气孔关闭后这些 K^+ 消失；并且在气孔开放期间，保卫细胞的液泡内积累的 K^+ 高达 0.5mol/L，可使溶质势降低 2.0MPa，在任何已研究过的情况中（如光、温、CO_2 浓度等），气孔开放和 K^+ 向保卫细胞的转运都是极相关的，如蓝光引起 K^+ 在保卫细胞或分离的保卫细胞原生质体中积累；大量证据都证明 K^+ 从副卫细胞转运到保卫细胞中可引起溶质势下降，气孔张开；K^+ 反向转运，则气孔关闭。为解释 K^+ 转运的机制，依据以上事实，提出了气孔开张的 K^+ 积累学说，即蓝光活化了保卫细胞质膜 H^+-ATP 酶，水解 ATP，将 H^+ 从保卫细胞中分泌到质外体中，建立起跨膜的电化学势梯度，使 K^+ 通过保卫细胞质膜上的内向 K^+ 通道主动吸收到保卫细胞中，K^+ 浓度增高引起溶质势下降，水势降低，促进保卫细胞吸水，气孔张开。实验证明，大量的 K^+ 由保卫细胞的邻近表皮细胞提供，平衡 K^+ 电性的阴离子是苹果酸根，而其 H^+ 则与 K^+ 发生交换，转运到保卫细胞之外。苹果酸则是由淀粉水解生成的磷酸烯醇丙酮酸（PEP）经 PEP 羧化酶作用与 CO_2 发生羧化反应的产物。在黑暗中，K^+ 通过保卫细胞质膜上的外向 K^+ 通道扩散出去，细胞水势提高，失去水分，气孔关闭。

（3）苹果酸生成假说　　20 世纪 70 年代初以来，人们发现苹果酸在气孔开闭运动中起着某种作用。在光照下，保卫细胞内的部分 CO_2 被利用时，pH 就上升至 8.0~8.5，从而活化了 PEP 羧化酶，它可催化由淀粉降解产生的 PEP 与 HCO_3^- 结合形成草酰乙酸，并进一步被 NADPH 还原为苹果酸。苹果酸解离为 2 个 H^+ 和苹果酸根，在 H^+/K^+ 泵驱使下，与 K^+ 交换，保卫细胞内 K^+ 浓度增加，水势降低；苹果酸根和 CO_2 进入液泡共同与 K^+ 在电化学上保持平衡，同时，苹果酸的存在还可降低水势，促使保卫细胞吸水，气孔张开。当叶片由光下转入暗处时，过程逆转。研究证明，保卫细胞内淀粉和苹果酸之间存在一定的数量关系。即淀粉、苹果酸与气孔的开闭有关。有的研究结果还表明，气孔的迅速关闭与 ABA 作为关闭信号分子启动保卫细胞内 Ca^{2+} 泵，使 Ca^{2+} 进入胞基质，发生膜去极化，促使 CO_2、苹果酸、K^+ 移出胞外有关。

（4）玉米黄素假说　　20 世纪 90 年代，Quinones 和 Zeigei 等根据一些有关保卫细胞中玉米黄素（zeaxanthin）与调控气孔运动的蓝光反应在功能上密切相关的实验结果，提出了玉米黄素假说，认为由于光合作用而积累在保卫细胞中的类胡萝卜素——玉米黄素可能作为蓝光反应的受体，参与气孔运动的调控；玉米黄素是叶绿体中叶黄素循环（xanthophyll cycle）的三大组分之一，玉米黄素循环在保卫细胞中起着信号转导的作用。气孔对蓝光反应的强度取决于保卫细胞中玉米黄素含量和照射的蓝光总量，而玉米黄素含量则取决于类胡萝卜素库的大小和玉米黄素循环的调节。气孔对蓝光反应的信号转导是从玉米黄素被蓝光激发开始的，蓝光激发的最可能的光化学反应是玉米黄素的异构化，引起其脱辅基蛋白（apoprotein）发生构象改变，以后可能是通过活化叶绿体膜上的 Ca^{2+}-ATPase，将胞基质中的钙泵进叶绿体，胞基质中钙浓度降低，又激活质膜上的 H^+-ATPase，不断泵出质子，形成跨膜电化学势梯度，推动 K^+ 的吸收，同时刺激淀粉的水解生成蔗糖并促进苹果酸的合成，使保卫细胞的水势降低，气孔张开。因此，蓝光通过玉米黄素活化质膜质子泵是保卫细胞渗透调节和气孔运动的重要机制。

（5）蔗糖调节气孔运动假说　　近期研究发现，蔗糖在保卫细胞渗透调节的某些阶段起着重要的渗透溶质的作用。通过连续观察气孔在一天中的变化发现，当气孔在上午逐渐张开时伴随着保卫细胞 K^+ 含量的增加，但是下午较早的时候，气孔孔径仍然在增加时，K^+ 含量已经开始下降，在这种情况下，蔗糖浓度在上午缓慢增加，午后则成为主要的渗透溶质。当气孔在较晚时候关闭，蔗糖的浓度也随之下降。这个观察结果似乎表明气孔的张开与 K^+ 的吸收有关，而气孔开放的维持与气孔的关闭则与蔗糖浓度的升降有关。因此，在气孔运动中可能有不同的渗透调节阶段，上午是 K^+ 为主的渗透调节阶段，下午是蔗糖为主的渗透调节阶段。关于蔗糖的来源：一是来自蓝光诱导的保卫细胞叶绿体中淀粉的水解；二是质外体中的蔗糖可以通过保卫细胞质膜上的蔗糖转运体进入保卫细胞。

7. 气孔运动的调节因素　　气孔运动是一个非常复杂的生理过程，其调控涉及植物自身的内在节律及外部环境因素。实验发现，气孔运动有一种内生近似昼夜节律（endogenous circadian rhythm），即使其置于连续光照或黑暗之下，气孔仍会随一天的昼夜交替而开闭，这种节律可维持数天。其机制尚待更深入研究。此外，许多外部因子能够调节气孔运动，影响叶片光合作用和水分状况的各种体内外因素都会影响气孔的运动，可归纳为以下几个方面。

（1）CO_2　　叶片内部的低 CO_2 分压可使气孔张开，高 CO_2 分压则使气孔关闭，在光下或暗中都可以观察到这种现象，其他外界环境因素（光照、温度等）很可能是通过影响叶内 CO_2 浓度而间接影响气孔开关的。

（2）光　　在无干旱胁迫的自然环境中，光是最主要的控制气孔运动的环境信号。一般情况下，光照使气孔开放，黑暗使气孔关闭。光诱导气孔开张的过程需要 1h 左右，而暗诱导关闭则比较快。但一些肉质植物例外，落地生根属和仙人掌类等植物气孔白天关闭，夜晚开放。光质对气孔运动的影响研究较多，一般认为不同波长的光对气孔运动的影响与对光合作用过程的影响相似，即蓝光和红光最有效。蓝光可激活质膜上的质子泵，促使保卫细胞质子的外流、钾的吸收、淀粉的水解和苹果酸的合成。绿光可以逆转蓝光诱导的气孔开放作用。

（3）温度　　气孔开度一般随温度的升高而增大。在25℃以上，气孔开度最大，但30～35℃的温度会引起气孔关闭，且低温下长时间光照也不能使气孔张开。温度对气孔开度的影响可能是通过影响呼吸作用和光合作用，并改变叶内 CO_2 浓度而起作用的。

（4）水分　　叶片水势对气孔的开张有着强烈的调控作用。当叶水势下降时，气孔开度减小或气孔关闭。缺水对气孔开度的影响尤为显著，它的效应是直接的，即是保卫细胞失水所致。

（5）风　　高速气流（风）可使气孔关闭。这可能是高速气流下蒸腾加快，保卫细胞失水过多所致。微风促进蒸腾作用。

除上述环境因子影响气孔运动外，植株体内的诸多因素也影响气孔的开闭。

植物激素对气孔的关闭有着重要作用。细胞分裂素可以促进气孔张开，而 ABA 可以促进气孔关闭。ABA 对气孔的这种调节作用已被近年来对根源信号传递理论的大量研究所证实。如图 5-6 所示，一种新的"叶源"模型，土壤水分限制降低了根系水分状况，从而降低了植物水势（Ψ）。根部水势的下降通过木质部内部水柱向叶片提供瞬时信号，直接影响叶片水分状况。叶片水分状态的下降触发叶片 ABA 生物的合成，进而关闭气孔。叶片衍生的 ABA 从叶片向根部进行基部运输，在充分浇水和水分胁迫的条件下，促进根部生长。叶源 ABA 对根生长的促进依赖于植物可利用的土壤水分。

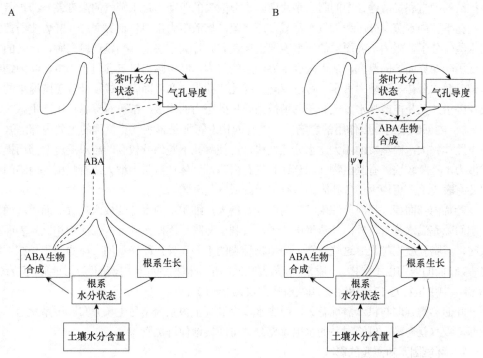

图 5-6　ABA 介导的植物响应土壤水分限制的"根部"（A）和"叶源"（B）模式（McAdam et al.，2016）

黑色虚线表示 ABA；灰色实线表示水势

　　当土壤含水量逐渐减少时，部分根系处于脱水状态，产生根源信号物质——脱落酸（ABA），并通过木质部运到地上部，ABA 作用于保卫细胞的 ABA 受体后，会刺激 Ca^{2+} 从 Ca^{2+} 库进入胞基质，使膜去极化，并打开阴离子通道，释放 CO_2 和苹果酸，使膜进一步去极化，促进保卫细胞膜上 K^+ 外流通道开启，向外运送 K^+ 的量增加；同时抑制 K^+ 内流通道活性，减少 K^+ 的内流动量，水势升高，水分外流，因而使保卫细胞膨压下降，气孔开度减小，甚至关闭，这样能够使植物叶片避免水分过度散失。我们将这种相当于气孔的预警系统的调节方式称为前馈式调节（feed-forward regulation）。反馈式调节是指当叶片水势降到某临界值以下时气孔开始关闭，以减少水分的进一步散失，使叶片水势复原。气孔开始关闭时的水势称为临界水势（critical water potential），可表示植物对土壤干旱的忍受程度，各种植物临界水势不同，一般临界水势低的植物耐旱性强，经过周期性干湿交替后，其值会比原来降低。

　　除光和 H^+ 泵引发 K^+ 流入导致气孔张开外，保卫细胞细胞质的 Ca^{2+} 增加在气孔关闭中起着中心作用。研究表明，低温、干旱和盐胁迫等逆境引起的气孔关闭都经由细胞质的 Ca^{2+} 增加；ABA 诱导气孔的关闭作用也要经过 Ca^{2+} 的信号传递，在这一过程中活性氧介导保卫细胞细胞质的 Ca^{2+} 增加；此外，ABA 介导气孔关闭过程需要保卫细胞内合成一氧化氮（NO）。

　　最新研究发现，绿茶成分在干旱条件下影响拟南芥的生长，儿茶素没食子酸酯和没食子儿茶素没食子酸酯抑制质膜定位的 K^+ 通道并防止 Ca^{2+} 进入拟南芥保卫细胞，这些儿茶素衍生物是控制植物生长的有效天然化学调节剂，能够研究保护细胞中的干旱诱导信号通路。

（二）影响蒸腾作用的因素

水从木质部到叶肉细胞的细胞壁，通过细胞壁蒸发到叶片的细胞间隙中，然后水汽通过叶片的气孔（或空隙），穿过叶片表面的界面层扩散。因此，蒸腾速率主要由气孔下腔内水蒸气向外扩散的力量和扩散途径中的阻力来决定。水分散失的驱动力是水蒸气的浓度差，即扩散力就是气孔下腔中水蒸气分压和大气水蒸气分压之差，扩散阻力主要包括界面层（叶表皮滞留的一层水蒸气分子）阻力。界面层的厚度主要由风速和叶片大小决定。当风速较高时，运动的空气降低了叶面界面层的厚度，从而减少了界面层的阻力。叶中阻力以气孔阻力为主，叶肉细胞壁等部分对水分传导的阻力很小，可以忽略。因此气孔阻力和界面阻力成了叶片蒸腾速率的主要调控因子。凡是能改变水蒸气分子的扩散力或扩散阻力的因素，都可对蒸腾作用产生影响。

1. 内部因素对蒸腾作用的影响　　气孔的构造特征是影响气孔蒸腾的主要内部因素。气孔下腔体积大，内蒸发面积大，水分蒸发快，可使气孔下腔保持较高的相对湿度，因而提高了扩散力，蒸腾较快。有些植物（如苏铁）气孔内陷，气体扩散阻力增大；有些植物内陷的气孔口还有表皮毛，更增大了气孔阻力，有利于降低气孔蒸腾。

叶片内部面积（指内部细胞间隙的面积）增大，细胞壁的水分变成水蒸气的面积就增大，细胞间隙充满水蒸气，叶内外蒸气压差大，有利于蒸腾。因此，叶片内部面积相比外表面积越大时，蒸腾强度也越大。这些差别，随植物种类的不同而异；即使是同一植物，生长在不同环境中，它们的差别也不一样。一般来说，蒸腾旺盛的旱生植物的叶片内部面积是外部面积的20～30倍，中生植物是12～18倍，阴生植物则仅为8～10倍。

叶面蒸腾强弱与供水情况有关，而供水多少取决于根系大小与生长分布。根系发达，扎根较深，吸水就容易，供给根系的水也就充分，可间接地促进蒸腾。

2. 环境因素对蒸腾的影响

（1）光照　　光照对蒸腾起着决定性的促进作用。太阳光是供给蒸腾作用的主要能源，叶子吸收的辐射能，只有小部分用于光合作用，而大部分用于蒸腾。另外，光直接影响气孔的开闭。大多数植物的气孔在暗中关闭，故蒸腾减少；在光下气孔开放，内部阻力减小，蒸腾加强。光照还可通过提高气温和叶片温度而影响蒸腾。

（2）大气湿度　　湿度可用蒸气压值和相对湿度表示。蒸气压值即水蒸气在大气中的分压，其大小直接反映了水蒸气分子的活动性，并与水蒸气分子的活动性呈正比关系，因而，蒸气压值表示法对于分析蒸腾具有直接意义。在一定温度下，大气所具有的最大蒸气压值，称为饱和蒸气压，它随温度的升高而增大。相对湿度是反映大气中水蒸气饱和程度的指标，为实际蒸气压占当时温度下饱和蒸气压的百分比，它在生理研究中应用较多。同样的相对湿度，在不同温度下实际蒸气压差异很大；而同样的实际蒸气压，在不同温度下，却相当于不同的相对湿度。当大气相对湿度增大时，大气蒸气压也增大，叶内外蒸气压差变小，蒸腾减弱；反之，蒸腾加强。

只要气孔开着，水蒸气从叶片内部向外扩散的速率取决于细胞间隙的蒸气压与外界大气的蒸气压之差，大气的蒸气压越大，蒸腾就越弱；反之，蒸腾就越强。也有例外情况，当水分供应不足或蒸腾过旺时，叶肉细胞水势下降，细胞间隙中水蒸气不再饱和，此时气孔照常开着，但蒸腾微弱，这种现象称为"初干"，植物通过"初干"调节蒸腾作用的方式，称为非气孔调节（non-stomatal regulation）。

（3）大气温度　　植物组织内水蒸气经常接近于饱和，而大气则亏缺很大。假定细胞间隙中蒸气压饱和，大气的蒸气压为当时温度下饱和蒸气压的 1/2，在 20℃时，蒸气压差为 1160Pa；当温度升到 30℃时，叶内外蒸气压差则变为 3040Pa。可见，在 30℃时，其叶内外蒸气压差几乎达 20℃时的 3 倍。

事实上，气温和叶温不会相同，尤其在太阳直射下，叶温较气温一般高 2%～10%，厚叶更显著。可见，气温增高时，气孔下腔细胞间隙的蒸气压的增加量大于大气蒸气压的增加量，所以叶内外的蒸气压差加大，有利于水分从叶内逸出，蒸腾加强。

（4）风　　风对蒸腾的影响比较复杂，微风能将气孔边的水蒸气吹走，补充一些蒸气压低的空气，边缘层变薄或消失，外部扩散阻力减小，蒸腾速度就加快。另外，刮风时枝叶扭曲摆动，使叶片细胞间隙被压缩，迫使水蒸气和其他气体从气孔逸出，但强风可明显降低叶温，不利于蒸腾。强风尤其使保卫细胞迅速失水，导致气孔关闭，内部阻力加大，蒸腾显著减弱。

含水蒸气很多的湿风和蒸气压很低的干风，对蒸腾的影响不同，前者降低蒸腾，而后者则促进蒸腾。

（5）土壤条件　　植物地上蒸腾与根系吸水有密切关系。因此，凡是影响根系吸水的各种土壤条件，如土温、土壤通气、土壤溶液浓度等，均可间接影响蒸腾作用。

影响蒸腾的上述因素并不是孤立的，而是相互影响、共同作用于植物体的。一般在晴朗无风的夏天，土壤水分供应充足，空气又不太干燥时，作物一天的蒸腾变化情况是：清晨日出后，温度升高，大气湿度下降，蒸腾随之增强；一般在 14 时前后达到高峰；14 时以后由于光照逐渐减弱，作物体内水分减少，气孔逐渐关闭，蒸腾作用随之下降，日落后蒸腾迅速降到最低点。

（三）水分在茶树体内的运输方式

1. 水分运输的途径　　植物的根部从土壤吸收水分，通过茎转运到叶及其他器官，水分在整个植物体内运输的途径为：土壤水—根毛—根皮层—根中柱鞘—根导管—茎导管—叶柄导管—叶脉导管—叶肉细胞—叶肉细胞间隙—气孔下腔—气孔—大气中。水分总是从水势高的区域向水势低的区域移动，即从土壤到植物再到大气，其中水势是以递减的形式分布的，水在这个体系中的运输基本上是从高水势到低水势进行的。

水的运动在不同部位采用不同的方式。水在土壤和植物体中的运动以集流方式进行，而从叶向大气运动时则以水蒸气形式通过扩散方式进行，水分进入植物体和细胞时还要涉及跨膜的渗透方式和通过水孔蛋白的微集流方式。因此，水分从土壤经植物体到大气的运动要经历扩散、集流、渗透等过程，且每一个过程都有不同的驱动力。

水分从根向地上部运输的途径可分为两个部分：一部分是经过维管束中的死细胞（导管或管胞）和细胞壁与细胞间隙，即所谓的质外体部分；另一部分与活细胞有关，属短距离径向运输，包括根毛—根皮层—根中柱及叶脉导管—叶肉细胞—叶肉细胞间隙。沿导管或管胞的长距离运输中，水分主要通过死细胞，阻力小，运输速度快。径向运输距离短，但运输阻力大，因为水分要通过生活细胞，所以这一部分是水分运输的制约点。

2. 水分沿导管或管胞上升的动力　　水分沿着导管或管胞上升主要是植物顶端叶片产生的负压力（蒸腾拉力）拉动水向上运动，其次是根部产生的正压力（根压）可以压迫水分向上运动。根压所产生的压力通常小于 0.2MPa，这使水分上升的高度有限，而且在蒸腾作用旺盛时根压非常小，因此对于高大植株，这样的水分上升动力显然是不够的。

由于叶片因蒸腾作用不断失水，叶片水势很低，叶片与根系之间形成了一系列水势梯度。在这一系列水势梯度的推动下，水分源源不断地沿导管上升。蒸腾作用越强，此水势梯度越大，蒸腾拉力越大，则水分运转也越快。导管中的水流，一方面受到这一水势梯度的驱动，向上运动；另一方面水流本身具有重力。这两种力的方向相反，故使水柱受到一种张力（tension）作用。当蒸腾旺盛时，水势梯度增大，导管中的连续水柱能否被拉断便成了一大问题。相同分子之间存在着相互吸引的力量，称为内聚力（cohesive force），水分子之间存在氢键。实验证明，水分子的内聚力可达 30MPa 以上，水柱的张力比水分子的内聚力小，为 0.5～3.0MPa；同时水分子与导管内纤维素分子之间还有附着力，所以导管或管胞中的水流可成为连续的水柱。

内聚力学说（cohesion theory）强调水在导管中的连续性，该学说由爱尔兰人 Dixon 提出后，得到了广泛的支持。利用内聚力学说可以解释水分在植物体内长距离运输时为何不需要直接消耗植物代谢能量。促进水分这种长距离运输的能量主要来自太阳光能，光能通过增加叶片及其周围空气的温度来促进叶片的蒸腾作用，产生更大的蒸腾拉力。在土壤—植物—大气连续体的物理概念化中，树液上升驱动力的张力在流动方向上不断减小，压力梯度与叶片的蒸发通量密度成比例，木质部通过最小化将水从土壤输送到叶片所需的压力梯度，为长距离水运动提供了低阻力路径。

对内聚力学说的争论自该学说提出以来就没有停止过，而且还将争论下去。争论的焦点主要有以下几点。①水分上升是否有活细胞参与。有学者认为导管和管胞周围的活细胞对水分的长距离运输也起作用；但研究表明，茎局部死亡（如用毒物杀死或烫死）后，水分也能运输到叶片，如将木质部损伤后发现植物并不萎蔫。②木质部有气泡存在时，水分能否向上运输。研究证明，即使水柱中产生气泡，对于粗导管，气泡可随水流上升，影响不大；细导管也可能因气泡而使水柱暂时中断，但茎内存在很多导管，个别导管内水柱暂时中断无关大局，到夜间蒸腾减弱、张力减小时，气体既可溶解于木质部汁液中，又可恢复连续水柱。在木质部环割时，水分有可能是通过细胞壁的微孔及细胞间隙的小水柱上升的。③将水分拉到高大树木顶部需要的负压（蒸腾拉力）是很大的，而木质部中的导管和水柱能否承受如此大的负压。导管的次生壁上存在着环纹、孔纹、螺纹等不同形式的加厚，可增加导管的坚韧性，从而防止导管变形（图 5-7）。

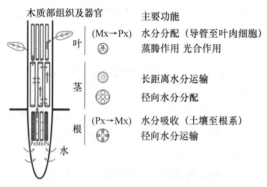

图 5-7 木质部网络的主要特征

Px. 原生木质部导管；Mx. 后生木质部导管

在植物体内运输过程中，输导组织内的水分可以和周围薄壁组织内的水分相互交换，周围薄壁细胞可向输导组织内排出水分或吸取水分，所以水分的运输是一个较为复杂的过程，但无论侧向运输还是纵向运输，都是水势梯度引起的，在早春植物叶片未展开前或空气相对湿度较大、土温较高及土壤供水良好的条件下，根系生理活性相对较高，产生的根压对木质部液流的上升也有一定的推动作用。

（四）茶树水分平衡的维持

在正常情况下，植物一方面蒸腾失水，同时不断地从土壤中吸收水分，这样就在植物生命活动中形成了吸水与失水的连续运动过程。一般把植物吸水、用水、失水三者的和谐动态关系称为水分平衡。

植物对水分的吸收和散失是相互联系的矛盾统一过程。当失水小于吸水时，可能出现吐水现象，或在阴雨连绵的情况下，植物体内水分达到饱和状态，容易造成作物的徒长或倒伏，降低产量。当蒸腾失水大于吸水时，植物体内出现水分亏缺，组织含水量下降，叶片萎缩下垂，呈现萎蔫状态，体内各种代谢活动，如光合作用、呼吸作用、有机物质的合成、矿质的吸收与转化等都受到影响，植物的生长受到抑制，只有植物吸水与失水维持动态平衡时，植物才能进行正常的生命活动。一般情况下，植物体内的水分平衡是有条件的、暂时的和相对的，而不平衡是经常的和绝对的。因此，在农林生产上，如何通过各种栽培、灌溉管理措施以维持植物在一定含水量基础上的体内水分平衡，就成为保证作物健康生长和农业高产稳产的重要问题。

维持植物水分平衡，一般从两方面着手，即增加吸水和减少蒸腾，通常应以前者为主，因为任何减少蒸腾的办法都会降低植物的光合性能，从而影响作物的生长和产量。所以，兴修水利、保证灌溉是解决这一问题的主要途径。如果不能灌溉，就要根据作物的需水特征和水源来安排作物的种植布局。近年来发展的旱地农业综合考虑了水分的平衡关系。但在特殊情况下，如在干旱缺水危及生命之时，或在育苗移栽时损失了大量根系的情况下，减少蒸腾失水也还是可取的。例如，移栽植物时，搭棚遮阳，进行覆盖或剪去一部分枝叶，在傍晚及阴天时进行移栽等。施加抗蒸腾剂也是农业生产中极常见的一种方法，有研究对冠存（GC）、高岭土（KL）和旱地龙（FA）3 种抗蒸腾剂对植物的水分消耗及利用进行了研究，得出 3 种抗蒸腾剂以 GC 和 KL 喷施效果较好，FA 较差的结果。

增加供水除灌溉外，还有蓄水（防止渗漏和径流）、保墒（防止蒸发）、除草（防止无益消耗）、采取经济用水（适时适量）等，喷灌、滴灌等节水技术既能供水又有减少蒸腾和蒸发的效果，值得推广。

茶树属于山茶科山茶属，多为灌木或小乔木，是多年生常绿木本植物，其生长发育对气温和水分要求较高。茶树是喜湿怕涝的植物，水是决定茶树新陈代谢强度和方向的一个重要限制因素。当茶树水分平衡被破坏，缺失水分时，轻度的干旱使茶树产生暂时萎蔫，时间长久也会阻碍茶树生长；如果严重干旱，就会引起茶树体内产生下列破坏性的生理变化。

1）引起茶树体内水分和有机物的倒流。茶树在干旱条件下，由于叶片失水过多，而吸水力加大，根部又不能及时供应水分，因而就向幼嫩的器官如芽叶和幼果夺取水分，使水分发生倒流。同时有机物也无法向正在生长发育的芽叶和幼果等部位集中，使其生长被迫停止，即顶芽停止生长，对夹叶大量形成，以致茶花、茶果大量脱落。另外，茶丛中上部的枝叶又向下部枝叶夺取水分，引起下部叶片缺水变黄脱落，地上部枝叶又向根部夺取水分，从而致使根毛与根部的幼嫩细胞因脱水而死亡。所以，干旱使茶树机体产生自上而下的连锁生理失水现象，使茶树从地上部到根系逐步枯干。

2）干旱造成茶树长期暂时萎蔫，致使细胞内经常性水分缺少，破坏了原生质的胶体性质，引起细胞原生质早衰或凝固。

3）茶树叶片碳氮合成代谢减弱，氨基酸和蛋白质合成受到严重影响，新梢中的淀粉和双糖含量降低，单糖和纤维素等的含量增加，新梢中茶多酚、儿茶素总量和酯型儿茶素含量减少，儿茶素品质指数下降。氨基酸、咖啡碱、水浸出物等品质成分均减少，而且氨基酸组成发生变化，新梢中的谷氨酸、甘氨酸、丙氨酸、缬氨酸和苯丙氨酸等氨基酸组分含量降低，茶氨酸和精氨酸含量增加，组氨酸、甲硫氨酸消失，最终导致茶叶品质恶化。

4）茶树叶片的气孔开张度明显减小，气孔在一天中开放的时间也缩短，气孔的关闭，减少了水分的蒸腾损失，也影响了气体的正常交换；光合受阻，叶内的淀粉水解加强，光合产物运输停滞，光合积累随之降低。水分亏缺使叶片的希尔反应减弱，同时对光系统Ⅱ（PSⅡ）产生影响，进而影响到光合作用的进行。在严重的水分胁迫条件下，茶树叶片的叶绿体变形，片层结构受到破坏，叶绿体活性降低，叶片光合作用的活力下降。

主要参考文献

陈林木. 2020. 叶肉细胞钾离子滞留在茶树抵御干旱胁迫中的调控作用机制. 合肥：安徽农业大学硕士学位论文.

陈盛相, 齐桂年, 夏建冰, 等. 2012. 茶树在干旱条件下的 mRNA 差异表达. 茶叶科学, 32（1）：53～58.

盖中帅. 2019. 基于多组学的茶树种质资源及抗旱性研究. 烟台：烟台大学硕士学位论文.

郭春芳. 2008. 水分胁迫下茶树的生理响应及其分子基础. 福州：福建农林大学博士学位论文.

胡双玲. 2019. 绿叶挥发物和组蛋白 H3K4 甲基化在茶树干旱胁迫响应中的功能研究. 武汉：华中农业大学硕士学位论文.

靳洁阳. 2020. 挥发性萜烯合成及其在应答茶树干旱胁迫中的生理功能研究. 合肥：安徽农业大学硕士学位论文.

李惠民, 鹿颜. 2013. 茶树叶片含水量对抗寒性的影响研究. 茶叶, 39（2）：72～74.

潘志立, 郭雯, 王婷, 等. 2021. 叶片吸收水分的研究进展. 植物生理学报, 57（1）：19～32.

庞磊. 2012. 茶树抗坏血酸过氧化物酶（APX）基因克隆及逆境胁迫下的表达特性与生理响应. 合肥：安徽农业大学硕士学位论文.

沈思言. 2019. 茶树生长素响应因子 CsARF8-2 对干旱胁迫的响应分析. 北京：中国农业科学院.

孙世利, 骆耀平. 2006. 茶树抗旱性研究进展. 浙江农业科学, 1：89～91.

孙云南, 陈林波, 夏丽飞, 等. 2012. 干旱胁迫下茶树基因表达的 AFLP 分析. 植物生理学报, 48（3）：241～246.

王家顺, 李志友. 2011. 干旱胁迫对茶树根系形态特征的影响. 河南农业科学, 40（9）：55～57.

仪丹. 2020. 茶树两个响应低温与干旱胁迫的苯丙氨酸解氨酶基因克隆、表达与功能分析. 重庆：西南大学硕士学位论文.

岳川, 曹红利, 王赞, 等. 2018. 茶树水通道蛋白基因的克隆与表达分析. 西北植物学报, 38（8）：1419～1427.

张弋. 2020. 茶树叶片角质层蜡质组成特征与角质蒸腾的关系研究. 福州：福建农林大学硕士学位论文.

庄重光. 2008. 不同水分处理下铁观音茶树的生理机制及其差异蛋白质组学研究. 福州：福建农林大学硕士学位论文.

Bagniewska‐Zadworna A, Byczyk J, Eissenstat D M, et al. 2012. Avoiding transport bottlenecks in an expanding root system: Xylem vessel development in fibrous and pioneer roots under field conditions. American Journal of Botany, 99 (9): 1417～1426.

Das A, Das S, Mondal T K. 2012. Identification of differentially expressed gene profiles in young roots of tea [*Camellia sinensis* (L.) O. Kuntze] subjected to drought stress using suppression subtractive hybridization. Plant Molecular Biology Reporter, 30 (5): 1088～1101.

Dawson T E, Goldsmith G R. 2018. The value of wet leaves. New Phytologist, 219 (4): 1156～1169.

Eller C B, Lima A L, Oliveira R S. 2013. Foliar uptake of fog water and transport belowground alleviates drought effects in the cloud forest tree species, *Drimys brasiliensis* (Winteraceae). New Phytologist, 199 (1): 151～162.

Guo Y, Zhao S, Zhu C, et al. 2017. Identification of drought-responsive miRNAs and physiological characterization of tea plant (*Camellia sinensis* L.) under drought stress. BMC Plant Biology, 17 (1): 211.

Gupta S, Bharalee R, Bhorali P, et al. 2012. Identification of drought tolerant progenies in tea by gene expression analysis. Functional & Integrative Genomics, 12 (3): 543～563.

Gupta S, Bharalee R, Bhorali P, et al. 2013. Molecular analysis of drought tolerance in tea by cDNA-AFLP based transcript profiling. Molecular Biotechnology, 53 (3): 237~248.

Jeyaramraja P R, Kumar R R, Pius P K, et al. 2003. Photoassimilatory and photorespiratory behaviour of certain drought tolerant and susceptible tea clones. Photosynthetica, 41 (4): 579~582.

Kagawa A. 2022. Foliar water uptake as a source of hydrogen and oxygen in plant biomass. Tree Physiology, 42 (11): 2153~2173.

Krishnaraj T, Gajjeraman P, Palanisamy S, et al. 2011. Identification of differentially expressed genes in dormant (banjhi) bud of tea [*Camellia sinensis* (L.) O. Kuntze] using subtractive hybridization approach. Plant Physiology and Biochemistry, 49 (6): 565~571.

Liang X, Su D R, Yin S X, et al. 2009. Leaf water absorption and desorption functions for three turfgrasses. Journal of Hydrology, 376 (1-2): 243~248.

Lynch J P, Chimungu J G, Brown K M. 2014. Root anatomical phenes associated with water acquisition from drying soil: Targets for crop improvement. Journal of Experimental Botany, 21: 6155~6166.

McAdam S A M, Manzi M, Ross J J, et al. 2016. Uprooting an abscisic acid paradigm: Shoots are the primary source. Plant Signaling & Behavior, 11 (6): e1169359.

Šantrůček J. 2022. The why and how of sunken stomata: Does the behaviour of encrypted stomata and the leaf cuticle matter? Annals of Botany, 130 (3): 285~300.

Sato K, Saito S, Endo K, et al. 2022. Green tea catechins, (-) -catechin gallate, and (-) -gallocatechin gallate are potent inhibitors of ABA-induced stomatal closure. Advanced Science, 9 (21): e2201403.

Shen W, Li H, Teng R, et al. 2019. Genomic and transcriptomic analyses of HD-Zip family transcription factors and their responses to abiotic stress in tea plant (*Camellia sinensis*). Genomics, 111 (5): 1142~1151.

Shi W W, Vieitez J R, Berrier A S, et al. 2019. Self-stabilizing transpiration in synthetic leaves. ACS Applied Materials & Interfaces, 11 (14): 13768-13776.

Singh D, Laxmi A. 2015. Transcriptional regulation of drought response: A tortuous network of transcriptional factors. Frontiers in Plant Science, 6: 895.

Sun D Z, Wang W X, Huang Y, et al. 2019. Monitoring and analysis of tea root parameters based on CI600 in situ root imager. Applied Ecology and Environmental Research, 17 (6): 15301~15309.

Upadhyaya H, Dutta B K, Panda S K. 2013. Zinc modulates drought-induced biochemical damages in tea [*Camellia sinensis* (L.) O. Kuntze]. Journal of Agricultural and Food Chemistry, 61 (27): 6660~6670.

Upadhyaya H, Dutta B K, Sahoo L, et al. 2012. Comparative effect of Ca, K, Mn and B on post-drought stress recovery in tea [*Camellia sinensis* (L.) O. Kuntze]. American Journal of Plant Sciences, 3 (4): 18694.

Upadhyaya H, Panda S K, Dutta B K. 2011. $CaCl_2$ improves post-drought recovery potential in *Camellia sinensis* (L.) O. Kuntze. Plant Cell Reports, 30 (4): 495~503.

Wang C, Fu B J, Zhang L, et al. 2019. Soil moisture-plant interactions: An ecohydrological review. Journal of Soils and Sediments, 19 (1): 1~9.

Wang W, Wang Y, Du Y, et al. 2014. Overexpression of *Camellia sinensis* H1 histone gene confers abiotic stress tolerance in transgenic tobacco. Plant Cell Reports, 33 (11): 1829~1841.

Wang W, Xin H, Wang M, et al. 2016a. Transcriptomic analysis reveals the molecular mechanisms of drought-stress-induced decreases in *Camellia sinensis* leaf quality. Frontiers in Plant Science, 7 (795): 385.

Xu K, Guo L, Ye H. 2019. A naturally optimized mass transfer process: The stomatal transpiration of plant leaves. Journal of Plant Physiology, 234: 138~144.

Zhang S, Yue Y, Sheng L, et al. 2013. PASmiR: A literature-curated database for miRNA molecular regulation in plant response to abiotic stress. BMC Plant Biology, 13 (1): 33.

Zhang Y, Wan S, Liu X, et al. 2020. Overexpression of CsSnRK2.5 increases tolerance to drought stress in transgenic *Arabidopsis*. Plant Physiology and Biochemistry, 150: 162～170.

Zhang Y H, Wan S Q, Wang W D, et al. 2018. Genome-wide identification and characterization of the CsSnRK2 family in *Camellia sinensis*. Plant Physiology and Biochemistry, 132: 287～296.

Zhu X, Zhang Y, Du Z, et al. 2018. Tender leaf and fully-expanded leaf exhibited distinct cuticle structure and wax lipid composition in *Camellia sinensis* cv. Fuyun 6. Scientific Reports, 8 (1): 14944.

| 第六章 |
矿质元素与茶树生理生态

◆ 第一节　茶树必需矿质元素及生理生态

植物正常生长发育过程中必需的元素称为必需元素，根据 1939 年 Arnon 和 Stout 提出的标准，植物必需元素需符合以下 3 个判定标准。①不可缺少性：如果缺少该营养元素，植物就不能正常生长发育。②不可替代性：如果缺少该营养元素，植物呈现专一的缺素症，其他营养元素不能改善缺素症，只有补充该元素一段时间后缺素症才会缓解或消失。③直接功能性：在植物生长发育过程中直接参与植物的代谢作用，而非该元素改善了植物生活条件而产生间接作用。根据植物对必需元素需求量的大小，通常把植物必需元素划分为大量元素和微量元素。大量元素是指植物需求量较大，在植物体内含量超过干重 0.1% 的元素。微量元素则指植物需求量小，在植物体内含量小于干重 0.01% 的元素，通常微量元素在植物体内积蓄过多会对植物造成毒害。

一、茶树大量元素

（一）氮

1. 茶树体内氮的含量及分布　　氮（N）含量占茶树干物质重量的 0.9%～6.5%，不同器官和部位的氮含量具有显著差异且受到季节变化的影响。一般而言，茶树叶片含氮量最高，范围为 2%～6%。氮含量在茶树不同组织中含量变化趋势为鳞片芽>萌动芽>休眠芽；幼嫩叶>成熟叶>老叶，其中春茶>夏茶>秋茶；根系中氮含量范围为 1.0%～2.5%，根中氮含量的变化趋势为吸收根>细根>粗根，秋冬季>春夏季；茶树茎秆氮含量较低，范围为 0.9%～1.5%，嫩茎>粗茎>木质化茎。

2. 茶树氮营养的生理功能　　与大多数农作物相比，茶树是一种比较特殊的经济作物，它的收获部位是营养器官（幼嫩的芽和叶）。幼嫩芽和叶中的蛋白质含量最丰富，而 N 也是组成蛋白质最重要的组成元素，蛋白质中的含 N 量可达 16%～18%。N 在茶树中的生理功能具有多样性，主要包括以下几个方面：①N 是氨基酸（茶氨酸）、蛋白质、酶等茶树主要化合物的组成成分，同时 N 也是茶叶品质成分如咖啡碱、儿茶素类等次生代谢物的组成元素；②N 能够促进根系的生长发育和茎叶等营养器官的旺盛生长；③N 能够显著促进其他营养元素的吸收利用，同时也能促进茶树体内的同化能力；④N 直接或间接参与茶树初级代谢（氮代谢、氨基酸代谢）和次级代谢（咖啡碱代谢、儿茶素代谢）的活动和生长发育过程。

3. 氮对茶树生长发育、产量和品质的影响　　氮是茶树中含量最丰富的大量元素，特别是幼嫩芽叶中含氮量最高。茶树以芽叶为收获对象，芽叶经过多轮采摘带走大量的氮，因此茶树对氮的需求量大。研究表明一般茶树新梢中含氮量占干重的 4%～5%，为了保证茶树对氮的正常需求，通常每亩（1 亩≈666.7m²）茶园需要施用 20～30kg 纯氮。氮供应充足的情况下，茶树光合作用显著增强，含氮化合物积累量多，有利于蛋白质的大量合成，营养生长旺盛，抑制了生殖生长，从而促进了茶芽的萌发和新梢伸长，提高茶树新梢嫩度，增加新梢轮次，采摘期得到延长，增加茶叶产量。此外，施用充足的氮肥能够显著提高茶叶中游离氨基酸含量，增加水浸出物含量，降低茶多酚含量，酚氨比降低，增加绿茶的鲜爽味，从而提高绿茶品质。值得注意的是过量施用氮肥，不仅不能提高茶叶品质，还会造成茶叶品质下降、加剧茶园土壤的酸化和板结，降低土壤肥力。

（二）磷

1. 茶树体内磷的含量及分布 正常生长茶树体内含磷量为干物质重量的 0.3%～0.5%，不同器官、不同季节含磷量有所差异，在生长点及生长旺季含量较高。器官水平上，总体含磷量趋势为芽＞叶＞根＞茎；季节上，春茶芽叶含磷量可达 0.8%～1.2%，秋后落叶时，含量则降到 0.5%以下。茶树地上部生长期，根中含磷量较稳定，一般为 0.6%左右；而在地上部休眠的越冬期，根系含磷量则有所提高。茶树体内含磷量随环境供磷强度而发生变化；在同一培养条件下，茶树不同品种对磷的吸收与积累也存在差异。

2. 茶树磷营养的生理功能 磷在茶树体内的生理功能是多方面的，其与细胞分裂、能量代谢、物质运输、有机物合成分解、细胞信号转导、基因表达等有密切关系（Hawkesford et al.，2023），可以总结为以下几个方面：①磷是核酸 DNA、RNA、蛋白质的重要组成，参与茶树的营养生长（芽叶形成、根系分枝）、生殖生长（花芽分化）、遗传变异等；②磷是多种脂类的组成成分，其中卵磷脂是生物膜的结构物质，脂质代谢影响茶叶香气形成；③磷是三磷酸腺苷（ATP）、植素的重要组分，对茶树体内能量和养分贮存、转化、再利用等不可或缺；④参与细胞信号转导，以及可逆地修饰蛋白。

此外，磷在提高茶树适应土壤酸度变化与抵御生物、非生物逆境等方面也有着重要的生理作用。

3. 磷营养对茶树生长发育、产量和品质的影响 在幼龄红壤茶园中施磷肥，茶苗根系生长量比不施磷肥的增加 2～3 倍。在氮肥的基础上，磷不仅能提高茶叶产量，也能明显改善茶叶品质。针对绿茶适制的多个茶树品种在低磷（有效磷在 5mg/kg 土壤以下）条件下施磷，几乎所有茶树品种的茶叶氨基酸含量都有不同程度的提高，有利于改善绿茶滋味。缺磷导致'黄观音'茶叶的总多酚、总氨基酸（如茶氨酸、天冬氨酸、谷氨酸）、水浸提物降低，酚氨比增加。水培试验表明，'凤庆大叶种'与'龙井 43'新梢的茶氨酸与儿茶素（EGC、EGCG、CG）含量对供磷水平的响应不同。

（三）钾

1. 茶树体内钾的含量及分布 钾离子（K^+）是茶树细胞中含量最丰富的阳离子。茶树不同组织器官的总体含钾量趋势为芽叶＞根＞老叶＞茎。茶树全株含钾量为 0.5%～1.0%，芽叶含量高达 2.0%～2.5%，仅次于氮。茶树根系含钾量为 1.7%～2.0%，老叶中含钾量为 1.5%～2.0%，茎中含钾量 0.3%～0.8%，茶叶灰分中钾含量高达 25%～30%。

2. 茶树钾营养的生理功能 研究表明，钾是茶树的"品质元素"，在茶树多种生命代谢的生理生化过程中发挥重要作用。钾在维持茶树细胞膨压和渗透平衡、60 多种酶的活化剂、光合作用、呼吸作用、蛋白质合成和茶树抗性方面具有重要生理功能。①钾是构成茶树细胞渗透势的重要成分。钾在茶树体内以离子态的形式存在，维持茶树细胞膨压，保证细胞的正常结构和形态，保障各种代谢活动的正常进行。②钾是茶树体内超过 60 种酶的活化剂。茶树体内如丙

酮酸激酶等都需要 K^+ 活化。③促进茶树光合作用，提高光能利用率。钾能够维持叶绿体类囊体膜的正常结构，调节 CO_2 固定的速率，从而提高光合利用效率。④促进蛋白质合成，提高氮的利用效率。钾是蛋白质合成过程中多种酶的活化剂，钾能够显著提高茶树硝酸还原酶活性，促进氮素吸收利用和氨基酸的同化。⑤增强茶树的抗逆性。钾能促进茶树维管机械组织的发育和糖的运输，从而提高茶树抗寒能力；施钾促进纤维素的形成，增强表皮组织发育和细胞壁厚度，木质化程度加速，从而提高了茶树的抗病虫害能力。

3. 钾对茶树生长发育、产量和品质的影响 不同产地在氮、磷肥基础上，增施钾肥能够显著增加茶叶产量（增长幅度为 4.7%～29.0%）。施用钾肥能够促进幼年茶园和成年茶园分别增产 54.7%和 21.8%。钾不仅能够提高茶叶产量，而且能够显著改善茶叶品质。研究表明，施钾能够显著提高茶叶的氨基酸、咖啡碱、茶多酚和水浸出物等内含物的含量，在缺钾茶园增施钾肥能够提高不同茶树品种的氨基酸含量。研究表明施钾显著提高加工成品红茶中茶黄素和茶红素的含量，显著提升了红茶的茶汤颜色和滋味。施钾能够显著提高茶叶香气物质如橙花叔醇等香气物质的含量。

二、茶树微量元素

茶树生长发育所需的微量营养元素主要有硼、锌、锰、铁、铜和氯等，虽然茶树对微量元素的需求量很少，但缺乏任何一种元素都会对茶叶的产量和品质造成很大影响。微量元素对茶树的生长发育主要有以下 4 个方面的作用：①作为细胞结构物质的组成成分；②参与调节植物细胞的生理活动，参与调节酶的活动；③起电化学作用，如平衡离子浓度、稳定胶体、中和电荷等；④参与细胞内的信号转导。微量元素在茶树中的作用及缺素表现如表 6-1 所示。

表 6-1 微量元素在茶树中的作用及缺素表现

微量元素	作用	缺素表现
锰（Mn）	• 参与叶绿体的形成，维持叶绿体结构；参与水的光解 • 是苹果酸脱氢酶、草酰乙酸脱氢酶、异柠檬酸脱氢酶等呼吸酶的活化剂 • 参与清除茶树体内的自由基 • 是硝酸还原酶的激活剂	• 初期嫩叶脉间缺绿，在叶缘叶尖出现黄色斑块，并由叶缘向内蔓延 • 中期病斑连成一片，叶尖向下弯曲 • 后期变色叶脱落，顶芽枯死
锌（Zn）	• 是谷氨酸脱氢酶、乙醇脱氢酶、色氨酸合成酶等的组成成分，参与吲哚乙酸前体色氨酸的合成 • 是参与叶绿素合成过程中酶的激活剂，是光反应酶的催化剂。可促进二氧化碳的同化与同化物的运输	• 初期新梢生长缓慢，茶叶品质下降 • 后期节间变短，叶片新叶失绿畸变，叶缘皱缩出现莲座丛生叶，也就是所谓的"小叶病"和"簇叶症"
硼（B）	• 促进花粉形成、花粉萌发、花粉管伸长和受精过程 • 维持叶绿体结构完整性，能促进光合产物的转运和代谢 • 参与核酸和酚类物质的代谢 • 和钙一起参与果胶的形成，维持细胞壁结构的完整性	• 初期叶革质化加厚，表皮粗糙，顶部嫩叶叶尖、叶缘出现花白色病斑，病斑与叶肉组织互相镶嵌，使叶片白绿相间 • 后期病斑由叶尖叶缘向叶基主脉发展
铁（Fe）	• 光合电子传递链中细胞色素酶和铁氧还蛋白的辅基，铁硫蛋白的组成成分，参与叶绿体合成过程，维持叶绿体构造 • 参与自由基的清除，是过氧化物酶、过氧化氢酶、超氧化物歧化酶的辅基 • 能促进茶树对土壤氟的吸收 • 能拮抗重金属胁迫	• 初期茶树嫩叶失绿，但叶脉仍呈绿色，整个嫩梢呈淡黄或米白色，无杂色斑点 • 后期顶芽枯死，但不焦黄

续表

微量元素	作用	缺素表现
铜（Cu）	<ul><li>多酚氧化酶、抗坏血酸氧化酶、超氧化物歧化酶、细胞色素氧化酶等的组成成分，参与茶树细胞活性氧代谢和愈伤呼吸</li><li>参与茶树的碳氮代谢，促进蛋白质和氨基酸的合成</li></ul>	<ul><li>初期仅新梢顶部嫩叶上出现大小不一、形状不规则的圆点病斑，病斑中央呈白色，周围呈红色</li><li>中期病斑由红色转变为枯黄色，后逐渐转化为白色坏死斑块</li><li>后期病叶严重失绿，叶缘坏死，斑块扩大</li><li>缺铜症的最大特点是局部失绿</li></ul>
钼（Mo）	<ul><li>是硝酸还原酶的组成成分，参与氨基酸和蛋白质的合成</li><li>与茶树可溶性糖、儿茶素及叶绿素含量相关</li><li>能影响茶树体内的激素代谢</li></ul>	<ul><li>初期顶芽停止生长，顶部新叶出现不规则的橘黄花斑，中央有锈色圆点，刚发芽的新叶不受影响</li><li>后期大面积新老叶片花斑严重，病叶主脉两侧的病斑扩大、组织坏死，最终导致病叶枯死脱落</li></ul>

（一）锰

1. 茶树中锰的吸收和转运　　茶树体内的锰元素主要来源于土壤。土壤中的锰元素多以二价、三价和四价的形式存在，能被植物利用的锰被称为有效锰，包括二价及三价的水溶态锰、代换态锰和易还原态锰。锰的有效性主要受土壤 pH 影响：pH 降低，有效性增加；pH 上升，有效性下降。此外，有研究认为茶树根系可分泌大量有机酸的特性与锰的吸收有关，因为之前有研究发现其他植物分泌的有机酸可以提高锰的有效性。

锰被茶树根系吸收后，主要以游离二价锰离子的形式通过木质部进行转运，且优先供给分生组织，但由于锰的流动性很低，因此锰在老叶中积累最多。

2. 茶树中锰的分布　　茶树是典型的聚锰植物，其聚锰特性使得锰在茶树体内的含量较其他作物高 10 倍以上，其叶片是锰积蓄的主要器官，据测定，茶树叶片中的锰含量占其干重的0.05%～0.30%。对不同茶树品种中的锰含量测定结果表明，不同茶树品种的聚锰能力存在显著差异；在同一品种中，锰在茶树不同部位的分布规律是老叶中积累较多，其他器官分布规律不明显。研究也证明了茶树对锰的吸收和积累特性，锰在茶树中的分布规律为老叶＞成叶＞嫩叶，且老叶中的锰含量是嫩叶中的 2～3 倍。

3. 锰对茶树的影响　　锰在茶树的光合作用中发挥着重要作用。锰元素参与叶绿体的形成，在维持叶绿体结构中起重要作用；锰作为光系统中放氧复合体的重要组成部分，参与水的光解。锰元素参与茶树的呼吸作用，主要作为苹果酸脱氢酶、草酰乙酸脱氢酶和异柠檬酸脱氢酶等呼吸酶的活化剂参与三羧酸循环。锰参与清除茶树体内的自由基，能促进维生素 C 和氨基酸的形成，提高茶叶品质。此外，锰还能提升茶树多酚氧化酶的活性，促进红茶发酵和品质茶叶的形成。

锰对茶树体内其他元素的代谢有很大影响。锰和磷的吸收能相互促进，这是因为磷能防止锰的氧化，使土壤中锰的有效性增加。锰在铅胁迫中发挥重要作用，随着铅浓度的上升，茶树体内铅的形式发生变化，根系有效铅的浓度下降，铁锰氧化态和有机结合态的铅浓度上升，可以推测锰与铅的胁迫防御机制高度相关。锰与茶树氮代谢密切相关。锰是硝酸还原酶的激活剂，间接影响茶树蛋白质、核酸、氨基酸等物质的合成。虽然茶树的聚锰能力很强，但锰的缺乏会导致茶树叶片失绿，虽然不会像其他元素一样明显，但在发病后期会引起大量叶片脱落和顶芽枯死，危及茶树生命，因此也被称为立枯病。发病初期嫩叶脉间缺绿，在叶缘叶尖出现黄色斑块，并从叶缘向内蔓延，中期病斑连成一片，叶尖向下弯曲，后期变色叶脱落，顶芽枯死；在施加 0.5～2.0mg/L 的锰后，症状可缓解。

研究表明，茶树对锰毒害具有很强的耐受性，大量施锰（40kg/hm²）仍不会对茶树产生毒害，这可能是由于茶树体内的铝拮抗了锰造成的毒害。虽然茶树对锰毒害的抵御能力较强，但也存在极限，过量施肥或偏施氮肥会导致土壤酸化、pH 降低，使土壤锰元素的有效性上升并最终引起锰毒害，因为各地茶园大多是酸性土壤，且或多或少存在施肥不当的现象，所以很多地区都有过锰毒害的报道。锰毒害初期植株叶片出现大量黑褐色小斑点，使叶片缺绿变薄，后期出现叶片脱落。虽然锰是硝酸还原酶的活化剂，但过量锰会严重阻碍茶树对氮元素的吸收和转运。茶树是喜铵植物，过量锰对氮代谢的阻碍可能是产生毒害的主要原因。

从食品安全的健康考虑，茶叶中有 30% 的锰会以二价锰离子的形式溶入茶汤中，锰摄入过量会给人体产生毒害，将对中枢神经系统产生不可逆转的损害，因此，关注生产茶园土壤中锰的有效性十分必要。

（二）锌

1. 茶树中锌的吸收和转运　茶树有一定的富锌能力，干茶中的锌含量要高于粗粮、花生等富锌食物，是人体补锌的一个重要来源。茶树中的锌元素主要来源于土壤，能被茶树吸收利用的锌被称为有效锌：包括水溶态、代换态、螯合态和稀酸溶态等。茶树锌含量和土壤锌的有效性呈显著正相关，且土壤锌的有效性受植茶年限、土壤 pH、成土母质（影响土壤锌总量）等因素影响。随着植茶年限的增加，锌的有效性增加，40 年以上老茶园有效锌约能达到 3～7 年幼龄茶园的 2 倍。在一定范围内土壤锌的有效性随土壤 pH 的下降而上升。虽然土壤中锌的含量丰富，但有效锌在土壤总锌含量中占比不高，如福建省茶园土壤中有效锌含量的均值仅为 2.95mg/kg。为提高锌的有效性，茶树根系会分泌有机酸，酸化根际环境。值得一提的是，过量施磷肥及有效锰、铁、铜的吸收均会降低茶树对土壤锌的吸收。

被活化的锌离子会被吸附在茶树根系表面，后通过共质体或质外体途径进入根细胞，锌离子的跨膜运输主要通过专门的转运蛋白或通道蛋白实现。被根吸收的锌离子通过木质部运输，分布和储存至地上部各组织和器官。因为游离的锌会对细胞产生毒害，所以细胞会利用液泡中的锌螯合剂将锌固定，使其区隔在细胞器之外，木质部中的锌也主要以锌复合物的形式存在。

2. 茶树中锌的分布　锌是茶树正常生长发育所必需的元素，茶树不同器官中的锌浓度有较大差异，根中的锌含量最高，叶中最低。在同一器官中，幼嫩部位的锌含量高于其他部位，茶树新梢中的锌含量最多，因此可以用茶树新梢作为诊断缺素症的部位。此外，锌在茶树中的流动性较差，土壤施锌并不能显著增加地上部的锌含量。

3. 锌对茶树的影响　锌作为茶树体内诸多重要酶类的组成成分（如谷氨酸脱氢酶、乙醇脱氢酶、色氨酸合成酶等），参与茶树体内多种物质的合成与分解。锌最关键的作用是参与吲哚乙酸前体色氨酸的合成，生长素含量和茶树产量高度相关。茶叶品级与茶叶含锌量正相关。外源施锌可以显著促进生长素和赤霉素的合成，促进新梢生长。首先，锌能使茶树早发芽，多发芽，使茶树产量显著提高。其次，锌元素参与茶叶香气物质的代谢，可以促进苯甲醇、水杨酸甲酯等香气物质的形成，进而改善茶叶香型。锌还能使茶树的碳氮代谢朝好的方向发展，特别是提高硝酸还原酶的活性，与可溶性糖、氨基酸、叶绿素等茶叶品质物质的形成密切相关，可提升茶叶品质。适当施锌可以增加叶片叶绿素和新梢氨基酸及可溶性糖的含量。

锌参与茶树的光合作用，是叶绿素合成过程中酶的激活剂，可促进二氧化碳的同化与同化物的运输，还具有抗氧化功能，能够提高自由基清除剂的活性，拮抗硼等元素对叶绿体结构的损坏。研究发现，在缺锌或高硼的情况下，开心果净光合速率和气孔导度显著降低，且施锌可以缓解硼对叶绿体结构的损坏。研究还表明，外源锌显著增加了茶树新梢的光合作用。

茶树缺锌的外部特征为初期新梢生长缓慢，茶叶品质下降，后期节间变短，叶片新叶失绿畸变，叶缘皱缩出现莲座丛生叶，也就是所谓的"小叶病"和"簇叶症"，可以通过增施氮、钾肥，减施磷肥，外源施锌等方法缓解。此外，高浓度的锌会导致茶叶品质降低。

（三）硼

1. 茶树中硼的吸收和转运　茶树中的硼来源于土壤，硼在自然条件下一般以非离子硼酸的形式存在，成土母质和土壤 pH 都会对硼的有效性产生影响：当土壤呈酸性时，硼的有效性和土壤酸度成反比；当土壤呈碱性时，硼的有效性仍和土壤碱度成反比。茶树对硼的吸收、转运机制目前研究较少。在过去，人们认为植物对硼的吸收是通过硼酸在细胞膜上的自由扩散完成的，但有研究者通过对拟南芥基因组的研究发现，根系细胞膜上存在硼的离子通道和转运载体，说明硼的吸收不只能通过自由扩散进行。而硼在植物内的转运一般认为是通过木质部以硼-糖醇复合物的形式运输。

2. 茶树中硼的分布　茶树中硼的含量较一般作物低，研究者测定了全国 16 个产茶省 53 个试验点的 130 个茶样的硼含量，发现硼含量最低为 6mg/kg，最高为 27.86mg/kg，大部分样品的硼含量在 10～15mg/kg，且 98%的试验茶园都符合缺硼的标准。茶树中硼的分布较平均，差异不明显，根系中的硼含量较高，叶片中较低，硼在茶树中流动性较差，随着茶龄的增长，茶树各部分硼的积累也会随之增加。目前，对硼元素在茶树中的分布规律的研究还较少，对茶树不同部位硼元素的含量及随季节变化方面的研究还需进一步深入。

3. 硼对茶树的影响　硼与植物的生殖生长密切相关。在花粉形成、花粉萌发、花粉管伸长和受精过程中发挥着重要作用。然而，有关硼对茶树生殖生长的研究较少，对营养生长方面的研究较多。

硼和茶树的光合作用息息相关。首先，硼在维持叶绿体结构完整性方面发挥着重要作用，其次，硼能促进光合产物的转运和代谢，促进光合作用的进行，这是因为硼能和游离态的糖结合，增加糖的极性，使糖能更加容易通过质膜进行转运。而硼最关键的作用则是参与茶树体内的物质代谢，特别是参与核酸和酚类物质的代谢。有学者认为，核酸合成减少和酚类物质积累过多是硼缺素症症状出现的主要原因。值得一提的是，硼和钙一起参与果胶的形成，对维持细胞壁结构具有重要意义。缺硼时，茶树细胞分裂、生殖生长等过程均受到抑制，顶芽也会因为不良酚类物质过度积累而停止生长，会出现花药和花丝萎缩、花而不实、发育不良、顶芽枯萎等症状，严重时还会导致根系腐坏、生长停滞。缺硼初期，茶树叶革质化加厚，表皮粗糙，顶部嫩叶叶尖、叶缘出现花白色病斑，病斑与叶肉组织互相镶嵌，使叶片白绿相间；随着病情发展，病斑从叶尖叶缘向叶基主脉发展。当生产茶园土壤中的有效硼含量过高时，茶树会出现硼中毒症状，表现为新梢幼嫩叶叶尖焦黄且向上卷曲，严重嫩叶黄化脱落，顶芽停止生长。目前对这一方面的研究还较少，茶树硼素缺乏及中毒的临界指标均不明确，需要进一步研究。

（四）铁

1. 茶树中铁的吸收和转运　土壤中铁的总量丰富，但能供植物利用的有效铁的含量并不高。铁的有效性主要受土壤 pH 和氧分压影响，随着 pH 的升高，土壤铁的有效性显著降低。因为茶园多是酸性土壤，所以茶园土壤中铁的有效性都较高，但是土壤中锰、磷、铜等元素的有效性对茶树铁的吸收均有拮抗作用。

茶树主要利用根系吸收 Fe^{2+} 和螯合态铁。植物在进化过程中形成了两套吸收铁的机制，被命名为机制 I 和机制 II，双子叶和非禾本科植物都利用机制 I 吸收土壤中的铁，当土壤中的有效铁不足时，植物根系会释放氢离子酸化土壤，还会利用质膜上的还原酶将三价铁还原为二价铁，增加土壤有效铁含量。进入植株体内的铁大多以三价铁-螯合剂复合体的形式固定下来，铁的长途运输多通过木质部和韧皮部进行，通过木质部运输的铁终点多是老叶，通过韧皮部运输的铁终点多是嫩叶，在木质部中铁多以 Fe^{3+}-柠檬酸盐的形式存在。值得一提的是，铁元素缺乏时，韧皮部中铁的运输量会显著增加，这是判断植株缺素症的一种方法。游离态的铁离子会对细胞器产生毒害，所以需要专门的铁库来区隔游离态铁离子。研究表明，叶绿体是植物叶片贮存铁的细胞器，叶片中九成左右的铁存在于叶绿体中，且大多数在叶绿体中发挥作用。此外，液泡和线粒体也有区隔铁离子的功能。

2. 茶树中铁的分布　　不同茶树品种的铁含量有较大差异，研究者测定了福建省大田县的 23 个主要茶树品种，发现各品种中铁含量在 73.36～284.85mg/kg，均值为 125.60mg/kg，存在较大差异，且适制红茶的品种中铁含量要普遍高于适制乌龙茶茶树品种。同一品种茶树不同部位的铁含量存在差异，茶树中的铁含量分布规律为须根＞主根＞主茎＞侧茎＞老叶＞新叶。茶树根中的铁含量为 0.2%～0.5%，茎中的铁含量为 0.05%，叶中的铁含量为 0.02%。茶树的地下部积累的铁较地上部多，此外，在春茶生长期，茶树次生根中的铁含量较其他时期高。

3. 铁对茶树的影响　　铁在光合作用中发挥重要作用，铁是光合电子传递链中细胞色素酶和铁氧还蛋白的辅基，是铁硫蛋白的组成成分，铁也参与叶绿体的合成过程，是合成过程中一些酶的激活剂。近年来，人们还发现铁在维持叶绿体构造方面的影响比对叶绿素合成的影响更大。茶树缺铁时叶绿体结构发育不完整，叶绿素合成受到影响，光合电子传递链也不能正常运行，造成光合速率大幅下降。铁参与自由基的清除，是过氧化物酶、过氧化氢酶和超氧化物歧化酶的辅基。茶树缺铁，自由基代谢系统将不能正常发挥作用，过量的自由基会对茶树造成伤害。

铁能促进茶树对土壤氟的吸收。研究显示，铁能在距离根尖 0.2～0.5cm 处和侧根基等部位形成铁氧化物胶膜，铁氧化物胶膜能促进茶树根系对氟的吸收。铁在茶树重金属胁迫响应机制中发挥作用，研究发现，随着铅浓度的上升，对植物危害性小的有机结合态铅和铁锰氧化态铅含量也随之上升，这说明将有毒的游离铅离子螯合为铁锰氧化态是茶树缓解铅胁迫的重要机制之一。

铁在茶树体内流动性差，属于不可再利用元素，因此缺素症最先出现在嫩叶。茶树缺铁初期，嫩叶失绿，但叶脉仍呈绿色，整个嫩梢呈淡黄色或米白色，无杂色斑点，后期顶芽枯死，但不焦黄，与其他元素的失绿症有明显差异。

（五）铜

1. 茶树中铜的吸收和转运　　植物体内的铜大多来源于土壤，但土壤并不是铜的唯一来源。研究者发现茶树全株及叶片、主根、侧根铜含量与土壤全铜和有效态铜含量之间的相关性并不显著，而茶树叶片也有较强的铜吸收能力。土壤铜的有效性和全铜含量相关性不强，但与土壤 pH、土壤溶解性有机物的关系较大。研究表明，随着茶园 pH 的下降，铜、铅等重金属的有效性显著上升。在通气状况良好的土壤中，铜以 Cu^{2+} 的形式被植物吸收；在土壤潮湿缺氧的情况下，铜以 Cu^{+} 的形式被植株吸收。铜转运子（copper transporter，COPT）在根系吸收铜的过程中发挥最关键的作用。铜在植物体内的长距离运输主要通过木质部完成，在韧皮部中转载的铜主要被运输至幼嫩的芽叶。铜离子在木质部中主要和烟酰胺（nicotinamide，NA）螯合形成络合物，而黄色条纹蛋白（yellow stripe like，YSL）主要负责木质部中铜的运输。研究表明，土壤有效钾和磷对茶树吸收铜有促进作用，且有效磷能显著促进铜向枝条部分转移和累积。但是，磷、钾过量对茶树铜的吸收和转运起反效果。另外，施加磷、钾肥对铜吸收转运的效果在不同茶树品种间存在明显差异。

2. 茶树中铜的分布 铜属于重金属元素，摄入过量会严重危害人体健康。茶树中的铜含量高于一般作物，我国农业农村部规定绿色茶叶中的铜含量不得超过 60mg/kg，有机茶叶中的铜含量不得高于 30mg/kg，茶树中铜被吸收后主要被富集在根中。对盆栽茶树施加铜后，根中铜含量的增量远高于茎和叶，且随着施加浓度的增加，根中的铜含量增量也随之增加，但茎和叶中的铜含量则变化不大；施加 300mg/kg 的铜后，根、茎和叶中铜的增加量分别为对照的 748 倍、43 倍和 17 倍。这说明，茎和叶可能对铜毒害的耐受度较低，需要茶树根系来抵御这一毒害。除根系外，铜主要分布于在茶树生命活动旺盛的新梢部位，茶树吸收的铜有一半积累在根中，有 20%转移、累积在叶片。在嫩叶中，铜的含量与叶片的成熟度成正比，在老叶中，铜的含量与老叶的成熟度成反比，这说明铜在茶树中具有一定的流动性。由于铜对细胞器存在毒害，因此需要将游离铜离子区隔在细胞器之外，植物叶细胞的亚细胞定位证明，细胞中的铜主要以络合态区隔于细胞壁和液泡中。不同品种茶树抵御铜胁迫的方式有所不同：'铁观音'在铜胁迫条件下，会主动提高细胞溶质和细胞器中的铜离子含量，而'肉桂'在铜胁迫条件下会提高细胞壁中铜离子的结合率。

铜含量在茶树年生长周期的不同时间段也存在差异。在冬末、春初平均含量较高；随着茶树的生长发育，总铜含量逐渐降低，在秋季茶树生长结束时，总铜含量达到最低。

3. 铜对茶树的影响 铜是茶树氧化还原系统相关酶（如多酚氧化酶、抗坏血酸氧化酶、超氧化物歧化酶和细胞色素氧化酶等）的重要组成成分，参与茶树细胞活性氧代谢。值得一提的是，茶树铜含量与红茶品质的形成息息相关，若茶树含铜量过低，则会影响红茶的发酵步骤，使成品红茶出现叶色花杂、香气不纯等症状。铜参与茶树的光合作用。首先，铜是光合电子传递链中质体蓝素的组成部分，参与光合作用的光反应；其次，铜是 RuBP 羧化酶的组成成分，参与光合作用的暗反应。铜还参与茶树的碳、氮代谢，促进蛋白质和氨基酸的合成。不论是土施还是叶面喷施适量铜肥均能显著提高茶叶品质，使游离氨基酸、可溶性糖、茶多酚、咖啡碱、儿茶素的含量等茶叶品质物质的含量显著提升，还能改善茶叶香型。但施用过量的铜又会使得茶叶品质降低。

施肥不当，特别是偏施氮肥的茶园容易缺铜。在缺铜半年后，茶树开始显现缺素症状，缺素初期仅新梢顶部嫩叶上出现大小不一、形状不规则的圆点病斑，病斑中央呈白色，周围呈红色。中期病斑由红色转为枯黄色，后逐渐转化为白色坏死斑块。后期病叶严重失绿，叶缘坏死，斑块扩大。缺铜症的最大特点是叶片局部失绿，且失绿程度与其他缺素症相比较轻，缺铜前中期老叶基本不受影响。

（六）钼

1. 茶树中钼的吸收和转运 在土壤中，钼主要以钼酸根离子（MoO_4^{2-}）的形式存在，土壤钼的有效性受温度、施肥状况和土壤 pH 影响，在 pH<5.5 或土壤有效氮含量较高时，土壤钼的有效性受到严重抑制。研究者对我国 16 个产茶省中 53 个试验点的茶园土壤分析发现，其中约有 70%的茶园缺钼。

土壤中的钼主要以钼酸根离子的形式被植物吸收，关于植株对钼的吸收是否需要能量供应目前还存在争论。植物对钼的吸收、转运和同化需要特定的系统，参与钼吸收、转化和同化系统的蛋白质可分为三类：特异性转运蛋白、共转运体和钼同化蛋白。共转运体包括硫酸盐转运体和磷酸盐转运体，它们和特异性转运蛋白一同负责钼的吸收和转运，钼同化蛋白则负责将钼插入相关酶使酶产生生物活性。研究发现，土施钼肥可以促进茶树对磷素和钼素的吸收，抑制硫素的吸收，且硫肥的施用也明显降低了茶树对钼的吸收。这证明了茶树体内硫酸盐转运体和磷酸盐转运体与钼吸收、同化的相关性。

2. 茶树中钼的分布　　茶树中的钼含量不高，茶树中的钼主要聚集在根中，根中聚集的钼是叶中的几十倍，茶叶钼含量在 $0.1\sim1.0mg/kg$。有研究指出，茶叶中的钼含量仅为 $0.4\sim1.0mg/kg$，根中的钼可超 $10mg/kg$。

3. 钼对茶树的影响　　钼在茶树碳、氮代谢中发挥重要作用。钼是硝酸还原酶的组成成分，参与氨基酸和蛋白质的合成。此外，钼还与茶树可溶性糖、儿茶素及叶绿素含量息息相关，缺钼会导致酯型儿茶素和叶绿素的含量下降。在外源添加钼肥后，茶树 DNA、叶绿素、可溶性糖、儿茶素和蛋白质的合成均受到促进。钼能影响茶树体内的激素代谢，钼元素能促进吲哚乙酸（IAA）的合成，且虽然对赤霉素（GA$_3$）和脱落酸（ABA）的含量影响较少，但是能调节 IAA 与 ABA 及 GA$_3$ 与 ABA 之间的平衡。

植物对钼素缺乏的敏感度很高。有研究报道了茶树缺钼的症状：在缺钼培养的情况下，茶树 5 个月左右出现缺钼症。初期顶芽停止生长，顶部新叶出现不规则的橘黄花斑，中央有锈色圆点，刚发芽的新叶不受影响。后期大面积新老叶片花斑严重，病叶主脉两侧的病斑扩大、组织坏死，最终导致病叶枯死脱落。虽然植物对钼素缺乏的敏感度很高，但对钼胁迫的耐受性很强，大多数植物在大于 $100mg/kg$ 的钼条件下仍不会出现钼毒害症状。植物对钼胁迫的响应机制一般有两种：一种是通过根系分泌有机酸或其他螯合剂将钼络合后沉淀，降低土壤钼的有效性；另一种则是在体内将钼螯合固定，区隔在细胞壁、液泡等区域，防止游离态钼离子损伤细胞器。目前，关于茶树钼胁迫响应的研究较少，具体机制尚不明确。

（七）氯

1. 茶树中氯的吸收和转运　　茶树体内的氯有两个来源：一是通过根系吸收土壤中的氯；二是通过叶片吸收空气中的氯。土壤中的氯以氯离子（Cl$^-$）的形式被茶树吸收，多数学者认为植物吸收氯的过程属于次级主动运输，在质膜上 ATP 合酶的驱动下，膜内的氢离子被泵出膜外形成质子动力势（proton motive force，PMF），氯离子在该动力势的驱动下和氢离子以 2∶1 的比例进入植物根系，这一过程受到光照的促进和其他阴离子的拮抗。植物体内的氯大多以 Cl$^-$ 的形式存在，主要通过蒸腾作用产生的拉力在植物体内运输，流动性极强。

2. 茶树中氯的分布　　茶叶中氯的含量丰富，可占茶叶干物质的 $0.2\%\sim0.6\%$，在茶树体内的分布无明显规律。

3. 氯对茶树的影响　　首先，氯在植物体内主要起电化学作用，维持细胞膨压及电荷平衡、调节细胞溶质势。其次，氯在植物的光合作用中发挥重要作用：一方面，氯和钾一起控制保卫细胞皱缩或膨胀，控制气孔的开闭，间接影响光合作用；另一方面，氯作为放氧复合体的组成成分，参与水的光解，直接影响光合作用。

氯的天然供应充分，基本不会出现缺素症。但是茶树是中等耐氯植物，对氯过量的反应较为敏感。氯对茶树的毒害分为直接毒害和间接毒害：过量的氯会抑制活性氧清除剂（如过氧化物酶、过氧化氢酶、超氧化物歧化酶等）的活性，使茶树活性氧代谢系统失衡，这是直接毒害；氯会抑制茶树对其他元素，特别是磷元素的吸收，进而影响茶树的正常生长发育，这是间接毒害。在高温天气下大量施用含氯肥料极容易出现氯毒害，且氯害的症状和干旱、病害、冻害等胁迫十分相似。初期老叶叶尖出现枯焦，中期叶缘发生褐变，并向叶脉方向延伸，后期整片老叶焦枯呈褐色。严重时新叶也发生褐变，新梢凋萎、变黑，并发出"茶酵味"。还有其他学者报道，氯害的症状表现为施加氯肥的枝条首先出现症状，初期叶片主脉和叶尖发黑，随后叶色由黑变黄，叶尖叶缘卷曲，外形似火烧，后期病叶大量脱落，嫩枝枯死，从植株顶部继续向下发展，最终使整株植物死亡。

三、茶树铝、氟营养

对茶树而言，铝、氟是两种特殊的元素，大量研究表明，茶树是一种具有极强氟、铝富集能力的植物，铝和氟在茶树中的含量水平远远超过其他植物。从茶树生理的方面来说，氟、铝虽然不是茶树生长发育的必需元素，但在茶树生命活动中发挥着重要作用。从食品安全的方面来说，铝和氟这两种元素都主要积累在茶树叶片中，对茶叶食品安全有着重要影响。茶叶生产中氟、铝和重金属含量超标问题，不仅影响了茶叶的品质，限制了茶叶的价格和销量，也成为我国茶叶出口的重大障碍，直接影响我国茶叶的经济发展。

（一）铝元素

铝元素（Al）位于元素周期表第三周期第ⅢA族，相对原子质量为26.89，在地壳中的含量仅次于氧和硅。在自然土壤中，铝通常以难溶性的硅酸盐化合物或氧化物形式存在，但茶树是一种嗜酸性植物，喜酸怕碱，适宜生长在酸性土壤中，且种植茶树会促进土壤pH下降。有研究表明，在pH<5的情况下，铝主要以交换态铝和络合态铝（Al^{3+}）的形式存在，且随着土壤酸化程度加剧，铝的有效性和活性显著提升。

对人体健康而言，铝会在体内慢性蓄积，并产生毒害：与磷、钙、镁等元素发生反应，干扰这些元素的正常代谢，引起铝性脑病、骨病及铝性贫血等诸多严重疾病。对一般植物的生长发育而言，铝主要起负面作用，会抑制植物的正常生长发育：诱导活性氧的形成；干扰磷、钙、镁等元素的正常代谢和吸收，特别是以活性铝形式固定土壤中的磷酸化合物，使植物对磷元素的吸收大量减少，此机制也会减弱磷肥的作用，过剩的磷肥溶于土壤，又会加剧土壤的酸化，使铝的活性进一步上升。研究表明，施用大量氮肥虽然可以降低土壤的pH，但也会显著降低茶叶中的铝含量。

1. 铝对茶树的影响　　对茶树生长发育而言，铝主要起正面作用。首先，研究表明，在适量情况下，铝对茶树产量和品质均有促进作用，茶树根系和新梢生物量显著提升；在缺铝情况下，茶树根系发育异常，生长受阻。水培实验表明，铝之所以能诱导茶树生长，是因为适量铝能提高茶树光合速率、促进根系生长、增强抗氧化防御能力。研究发现，水培外源施铝时，茶叶茶多酚、咖啡碱、维生素C、茶氨酸和叶绿素等物质均增加，且与铝添加量呈正相关。其次，铝对茶树其他元素的吸收代谢也有影响，许多研究表明，铝可促进茶树对磷元素的吸收。通过水培实验发现，铝可通过上调碳氮代谢、提高抗氧化系统活性、增强硼的吸收和运输等方式缓解缺硼对茶树的影响。活性铝还能与氟离子络合，降低二者的毒害。

2. 茶树对铝的吸收和转运　　茶树中的铝主要来源于土壤，茶树对铝的吸收机制目前尚不明确，总的来说，可以总结为根系吸收、茎部转运、叶片富集的规律。目前有两种主流观点：一种观点认为铝和磷酸在土壤中结合后以Al-P络合物的形式被茶树根系吸收，Al-P络合物进入茶树后因周围环境pH升高而解离成铝离子和磷酸，磷酸可被茶树直接利用，参与新陈代谢。铝元素则以离子形式与茶树根系中的游离羟基（如茶多酚上的羟基）或某些有机酸（如草酸、苹果酸）再次形成络合物（图6-1）。利用核磁共振技术，在茶树木质部中检测到Al-柠檬酸盐、Al-苹果酸盐和Al-草酸盐等铝络合物，且Al-柠檬酸盐的含量显著高于其他铝络合物，而氟元素则主要以氟离子的形式存在。研究还发现茶叶中的大部分铝与儿茶素结合，少部分与酚酸和有机酸结合，综上所述可以推得：铝元素在被茶树吸收后主要以Al-柠檬酸复合物的形式由木质部从地下部运输至地上部，而后进入叶片与儿茶素等有机物络合并积累下来。另一种观点认为铝主要以Al-F络合物的形式被茶树根系吸收，但Al-F络合物在茶树体内的运输机制尚不明确。一部分人认为Al-F络合物在进入茶树后即刻解离并分别运输，另一部分人则认为Al-F络合物即是茶树体内铝、氟的运输形式（图6-1）。推测Al-F络合物在吸收后会在茶树根系解离，并不会以Al-F络合物的形式在茶树中运输。研究发现叶片中同样存在Al-F络合物，并推测Al-F络合物也是茶树Al元素的运输形式之一。研究者根据茶树吸收铝、磷存在相关性，铝可以促进茶树磷吸收，磷为茶树所需必需元素，土壤中铝的含量远大于氟等观点推测，Al-P络合物是茶树从土壤中吸收铝的主要途径。

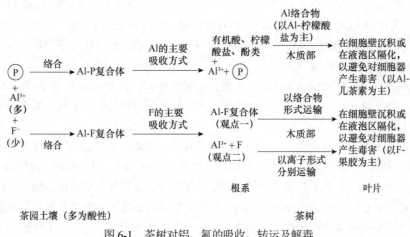

图6-1　茶树对铝、氟的吸收、转运及解毒

3. 铝的富集特性　许多研究均表明，茶树的集铝、耐铝能力受遗传信息的控制，不同品种茶树的集铝能力存在显著差异：适制红茶品种的集铝能力高于适制绿茶品种。研究者通过测定相同树龄、相同培养条件下福建省主要适制乌龙茶茶树品种小至中开面的对夹二、三叶嫩梢茶叶的铝含量后发现，'梅占'中的铝含量最低，仅445mg/kg，'肉桂'的铝含量最高，为814mg/kg，二者间相差近2倍。茶树不同器官的铝元素含量存在显著差异，老叶和成叶中的铝含量最高，根系次之，嫩叶、枝干中最少。此外，在不同生长阶段，茶树体内的铝含量也存在差异，在一年中，同等嫩度的鲜叶以秋茶铝含量最高，夏茶次之，春茶最低。随着茶树树龄的增加，铝的积累量逐渐增加。

4. 茶树耐铝机制　研究表明，茶树成熟叶中铝含量可达30 000mg/kg，是一般植物铝含量的几十倍乃至上百倍，这说明茶树中可能存在独特的铝耐受和解毒机制。

（1）**氧化系统**　对普通植物而言，过量的铝离子会诱导植物产生大量活性氧，许多学者认为铝毒害可能是根系吸收铝离子后产生过量自由基引起自由基代谢失衡的后果，茶树之所以能够富集大量铝，可能是因为具有较强的自由基代谢能力。陆建良等的研究证明，原初超氧化物歧化酶（SOD）活力与物种耐铝能力呈正相关，丙二醛（MDA）含量与耐铝能力呈负相关，而茶树的原初SOD活力远高于实验中的4个大麦、小麦品种，MDA含量远低于大麦、小麦。铝元素还能促进茶树抗氧化能力的提高，研究发现，低浓度的铝处理可以促进茶树过氧化物酶、过氧化氢酶活性的提高，高浓度的铝处理虽然使茶树过氧化物酶活性降低，但提高了过氧化氢酶活性。有研究者在排除其他元素影响的条件下发现，铝处理提高了茶树正常植株和根部培养细胞超氧化物歧化酶、过氧化氢酶（CAT）和抗坏血酸过氧化物酶（APX）的活性。

（2）茶树根系能分泌大量有机酸　　植物根系分泌的有机酸可以与土壤中的交换态铝离子（Al^{3+}）络合，进而缓解铝离子对植物根系的破坏。茶树根系同样能分泌有机酸，有机酸的成分主要为草酸和苹果酸。随着铝浓度的提高，茶树根系中有机酸的含量也随之上升。Morita 等（1998）通过核磁共振技术对茶树根尖进行分析后发现 Al-草酸络合物与 Al 处理浓度呈正相关。Xu 等对茶树根系进行铝处理后发现，Al^{3+}对茶树根部的莽草酸合成途径有促进作用。综上所述，茶树耐铝机制和根系分泌的有机酸高度相关，茶树通过将铝离子转化为络合态铝以降低铝对根系的毒害。

（3）茶树体内有诸多良好的铝螯合剂　　茶树中的有机酸、茶多酚都能与活性铝结合，这些螯合剂分布在细胞质膜外侧，阻止活性铝进入细胞，进而降低铝对茶树的毒害。通过核磁共振技术发现，铝在茶树根部主要以 Al-草酸（1∶1）、Al-苹果酸（2∶1）和 Al-磷酸（3∶1）的形态存在，铝在木质部中的存在形式有 Al-柠檬酸盐、Al-苹果酸盐和 Al-草酸盐，在叶片中的存在形式有 Al-儿茶素、Al-F、Al-草酸和 Al-磷酸等无毒络合物。这些均可证明茶树体内丰富的铝螯合剂与茶树耐铝机制高度相关。

（4）铝可促进茶树对磷的吸收　　土壤中的铝会与磷酸盐络合，对一般而言，Al-P 络合物无法吸收，故无法正常生长发育，但对茶树而言，Al-P 络合物可促进茶树对磷素的吸收，进而能促进茶树生长。

（5）茶树细胞内铝的分布　　铝在被茶树吸收后，主要固定于根和叶片细胞的细胞壁中。研究发现，铝在根尖和叶片细胞壁中的含量分别占茶树根和叶片内总铝含量的 69.83% 和 75.20%，且一半以上的铝元素存在于根细胞壁的果胶中。而在原生质体内，铝元素主要富集于液泡中。研究者在茶叶样品中添加果胶酶和纤维素酶后，发现铝元素的浸出量显著增加，而细胞壁的主要成分是纤维素和果胶，这也进一步证明了铝在被固定后主要位于细胞壁中。这样的分布说明细胞壁中的某些成分有着固定活性铝的作用，使活性铝不能直接进入茶树细胞产生毒害，而液泡中铝的分布也说明茶树细胞存在某种转运机制，能将进入原生质体的活性铝转移至液泡，而液泡中存在的铝螯合剂又能将活性铝络合为低毒或者无毒的化合物。

（二）氟元素

氟元素（F）位于元素周期表第二周期第ⅦA 族，相对原子质量为 19，化学性质极为活泼，是已知元素中非金属性最强的元素。氟在自然界中广泛分布，以化合物形式存在于大气、岩石、土壤、水和植物中，在地壳中主要以有冰晶石（Na_3AlF_6）、萤石（CaF_2）、氟磷灰石 [$Ca_5(PO_4)_3F$]、绒毛石（NaF）和黄玉 [$Al_2(SiO_4)F_2$] 等化合物矿物形式存在。土壤中氟一般存在于矿物质中，或被黏土和氢氧化物吸附，分为难溶态、交换态和水溶态。大气中的氟由火山喷发或含氟燃料燃烧后排放的废气带来，主要以氟化氢气体或者其他含氟尘埃小颗粒存在。水环境中的氟大多来自岩石的风化、土壤、雨水及工业废水排放，其中 F^- 占 95%，其次是以镁-氟复合物（MgF^+）形式存在。氟是人体必需微量元素，在适当 pH 条件下，氟有助于促进儿童骨骼生长，可预防龋齿，保护牙齿健康，氟化物还有预防和治疗微生物感染、炎症、癌症等诸多疾病的作用。但过量摄入氟会引起氟中毒，急性氟中毒会使患者出现呕吐、呼吸困难、神经损伤及肺水肿等症状，如不及时治疗甚至会导致死亡。根据植物对氟污染的抗性可将所有植物分为敏感、中等敏感和抗性 3 种类型，对一般植物而言，氟是具有毒害作用的元素，氟积累会对植物产生慢性、累积性生理障碍，表现为叶尖和叶缘出现伤斑，叶片褪绿、坏死、脱落，枝梢顶端枯死。这主要是由于氟元素损坏了植物的叶绿体、线粒体和细胞膜结构，加速了细胞器的衰老，抑制了光合作用、呼吸作用及其他代谢活动关键酶的活性。

1. 氟对茶树的影响　　茶树富集氟的能力是一般植物的 10～100 倍，属于氟抗性植物，对茶树而言，少量的氟不会对其产生毒害，但大量的氟同样会抑制其生长发育。研究表明，当外界环境中的氟浓度超过 0.32mmol/L 时，茶树的亚细胞结构会遭到破坏。

（1）氟对氧化系统的影响　　氟会诱导茶树产生活性氧，且浓度越高产生的活性氧越多，当产生的活性氧超过茶树自由基代谢系统的承受能力时，茶树的膜系统便会受到损害，破坏叶绿体等膜结构的完整性，影响光合作用、呼吸作用等生理活动。在低氟浓度下，一些抗氧化酶如过氧化物酶、过氧化氢酶和超氧化物歧化酶等的活性会显著增加，以清除过量的自由基，但随着氟浓度的升高，活性氧浓度升高，使得抗氧化酶的活性显著降低。茶树抗坏血酸-谷胱甘肽循环系统在清除自由基方面也扮演着重要角色，在低氟环境下，抗坏血酸-谷胱甘肽循环系统响应氟胁迫，相关酶活性上升，并及时清除活性氧，保护茶树免受伤害。但随着氟浓度的增加，活性氧的产生速度大于系统清除活性氧的速度，使得茶树系统和循环系统都受到损害，相关酶活性下降。

（2）氟对其他营养元素吸收的影响　　氟元素会影响茶树对其他元素的吸收，如氟离子与氯离子竞争结合位点，影响氯离子吸收；又如氟离子可与金属阳离子结合影响该阳离子的有效性，如 CaF_2。研究表明，高浓度（600mg/L）的氟处理会使茶树叶片、茎部和根部的磷、钾、镁、钙元素的含量显著下降。此外，随着氟处理浓度的增加，钙、钾、锌、铜的含量也显著下降，锰的含量显著升高，铁的含量先升高后降低，镁含量先降低后升高。

（3）氟对光合作用的影响　　过量氟会诱导茶树产生自由基，破坏细胞结构。随着氟含量的增加，茶树细胞超微结构的损伤越发严重，甚至出现叶绿体降解、线粒体空化等现象，影响光合作用和呼吸作用。此外，过量的氟离子还会与叶绿素上的镁离子相结合，破坏叶绿素结构，抑制光合作用。高氟处理会使茶树叶片中的叶绿素 a、叶绿素 b 含量显著下降，且叶绿素 b 对氟的敏感度更高；氟还能通过影响气孔开度而影响光合作用，低浓度的氟处理会增加气孔开度，而高浓度的氟处理会使气孔开度显著降低，这是为了减少水分流失，是对氟胁迫的应对措施之一。而且，光合作用相关酶（如 RuBP 羧化酶和 ATP 合酶）的活性会受氟的抑制，进而影响光合作用。

（4）氟对呼吸作用的影响　　茶树在感受到氟胁迫信号后会将糖酵解途径（EMP）转化为磷酸戊糖途径（PPP），从而提高茶树的抗逆性，并在短时间内提高茶树的呼吸速率。但随着氟浓度的增加，过量的自由基会破坏细胞膜和线粒体结构，抑制呼吸酶活性，使呼吸速率显著下降。

（5）氟对氮代谢的影响　　氟化物可以抑制茶树氮代谢相关酶的活性，如谷氨酰胺合成酶、丙氨酸转氨酶等的活性，使茶树的固氮能力下降，氨基酸的合成减少，最终使茶树体内氨基酸和蛋白质合成减少，扰乱茶树的氮代谢平衡。

（6）氟对茶叶品质的影响　　从食品安全的角度而言，每千克干茶中氟含量最高可达几千毫克，而其中的 80% 以上可溶解在茶汤中，若氟含量超标，会对人体健康产生不利影响。从茶叶品质分析的角度而言，低浓度的氟可以促进茶叶某些品质的提升，而高浓度的氟则会降低茶叶的整体品质。实验发现，随着氟处理浓度的增加，水培茶苗中茶多酚、蛋白质、儿茶素的含量降低而可溶性糖含量显著升高，主要矿质元素含量显著下降。Yang 等（2020）的研究表明，氟浓度低于 4mg/L 时可通过上调相关生物合成酶的活性促进茶树儿茶素的生物合成，而高于 8mg/L 时则抑制茶树生长和儿茶素的合成。若环境中的氟过量，茶叶中香气物质的合成也会受到抑制，从而影响茶叶品质。

（7）茶树对氟的吸收和转运　　通常情况下，茶树主要通过根系吸收土壤溶液中的氟，氟在土壤中以难溶态、交换态和水溶态这3种形态存在，其中仅水溶态氟能被茶树所吸收。当茶园环境受到污染、空气中氟含量过高时，茶树也可通过叶片气孔或表皮角质层吸收大气中的氟化物。在氟浓度较低时，茶树对土壤氟的吸收主要是主动吸收，吸收速率随氟浓度的增加而迅速增加，而当氟浓度较高时，则为被动吸收。我国大部分茶区氟浓度都较低（10mg/L），茶树对氟的吸收一般属于主动吸收。研究证明茶树根系吸收氟的吸收动力曲线在低浓度时符合Michalis-Menten模型，在高浓度时随外界氟浓度的提高呈线性增长。茶树吸收氟离子，受到诸多外界因素的影响，如温度、溶液pH、离子通道抑制剂等，有研究者比较了不同温度、湿度、溶液pH对茶树氟吸收速率的影响，发现在一定温度条件下，茶树的氟吸收速率随着温度的升高而加快，当温度为35℃时，吸收速率是5℃时的3倍左右；在高浓度氟溶液中，相对湿度和茶树氟吸收速率成反比。

在酸性土壤中，水溶态氟容易与氯络合形成AlF^{2+}、AlF_2^+和AlF_3，利用^{19}F NMR（核磁共振）技术，发现外施氟、铝元素的水培液中有AlF^{2+}、AlF_2^+和AlF_3存在，且在氟、铝处理的水培茶树叶片细胞汁液中检测到一种可能是AlF^{2+}的Al-F复合物。有研究者认为茶园中氟离子会优先与铝离子结合形成Al-F复合物并被茶树根系吸收。茶树从土壤中吸收的氟、地下部的氟主要从木质部运输至地上部，也有部分由韧皮部运，具体机制尚不明确。当氟积累较少时，茶树根系会不断吸收土壤溶液中的氟，且大部分氟积累于叶中。随着叶片中氟积累量的增多，多余的氟开始向其他器官迁移，并不会抑制茶树对氟的吸收。前文提到，Morita等（1998）利用NMR技术，在茶树木质部中检测到Al-柠檬酸盐为铝的主要运输途径，而则以F^-形式存在于木质部。后续则发现叶片中有Al-F络合物的存在。目前氟在木质部中的运输形式有两种主流观点：一种认为茶树在吸收Al-F络合物后会先进行解离，再分别运输至叶片中重新组合；一种则认为茶树吸收Al-F络合物后直接运输至叶片贮存（图6-1）。氟在茶树中属于易移动的元素，茶树老叶脱落前，部分氟可转移到茶树的其他部位被再次利用。

2. 茶树中氟的积累特性

（1）品种差异　　不同的茶树品种间聚氟能力存在差异。对31个茶树品种的成熟叶片中氟含量比较发现，‘乌牛早’的氟积累量（2163.2mg/kg）比‘浙农138’（805.7mg/kg）高出近3倍。研究者对‘中茶102’‘中茶101’‘乌牛早’‘龙井43’的氟吸收累积特性进行对比发现，‘中茶102’的氟吸收累积特性最强，‘中茶108’最弱。综上，茶树的集氟能力很大程度上受到茶树基因型的控制。茶树虽然是特殊的“聚氟耐氟”植物，但过高的氟积累对人体健康和茶树生长都没有益处，因此有必要对氟吸收、累积特性弱的茶树品种进行筛选。

（2）部位差异　　同一品种茶树各部位对氟的吸收累积能力也存在较大差异，研究发现茶树成熟叶的集氟能力远大于根，根的集氟能力大于茎；茶树器官中的氟含量分布规律为老叶＞落叶＞嫩叶＞茶果＞细茎＞侧根＞粗茎＞主根，其中约90%的氟都聚集在叶片中。针对不同叶位的研究发现，芽头中的氟含量最低，第六叶中的氟含量最高。氟含量与叶嫩度成反比。砖茶是最容易出现氟超标的茶，因为其主要以老叶为原料。因此，为了消除茶叶中氟过度的危害，制茶时应选用嫩叶，避免选用成熟叶。

（3）季节差异　　除不同品种、不同部位的氟积累量存在差异外。同一嫩度、不同季节的茶叶中的氟积累量也存在差异：一般春茶中氟含量最高，夏、秋茶氟含量相对较低。

（4）生长周期的差异　　在同一季中，随着茶树的生长，叶中积累的氟也会逐渐增加，头次采摘的茶叶中的氟含量最低。

3. 茶树耐氟机制

（1）茶树体内的金属阳离子和多糖能够与氟离子结合　　茶树体内的金属阳离子（如

Al^{3+}、Fe^{3+}、Ca^{2+}）可与 F^- 结合形成络合物，降低氟离子的毒性，研究发现在没有 Al^{3+} 存在的条件下，氟主要以 F^- 的形式存在，在施加铝后，叶片中的游离 F^- 基本都转化为 Al-F 络合物，证明了 Al 在缓解氟毒害方面的作用。同时，钙和镁对茶树叶片中多糖与氟的结合起促进作用，且叶片中 80% 的氟均与茶多糖结合。也有人发现外源施加 Ca^{2+} 可以有效缓解氟对茶树的毒害。

（2）茶树细胞内氟的分布　　细胞壁的主要成分为多糖和蛋白质，多糖包括纤维素、半纤维素和果胶，多糖上的阳离子基团及吸附在细胞壁附近的阳离子都具有螯合氟离子的能力，可以将游离态氟离子转化为无害的络合态，这是茶树细胞抵御氟毒害的重要防线之一。除细胞壁外，茶树富集的氟还储存在细胞可溶性组分中。对茶树中氟的亚细胞分布进行研究后发现，18.9% 的氟富集在细胞壁组分，71.8% 的氟富集在可溶性组分，仅 9.3% 的氟富集在细胞器组分。此外，还发现原生质体中 98.1% 的氟都积累在液泡中，叶片中 80% 的氟和多糖络合在一起，因此，液泡中的氟也是与其他物质螯合形成无毒或低毒的络合态氟。综上所述，茶树通过将吸收的氟固定在细胞壁和隔离在液泡的方式减少氟对细胞器的破坏，使茶树具有较强的耐氟能力。

◆ 第二节　茶树对矿质元素的吸收、运输和利用

茶树营养学的主要任务是阐明营养（养分）物质的吸收、运输、分配和转化规律，并在此基础上通过施肥、配套栽培措施和遗传改良的手段调节茶树的代谢和生长发育，提高养分效率，从而达到茶叶高产高效、优质和茶园栽培管理可持续发展的目的。据中国茶叶流通协会统计，2021 年，全国 18 个主要产茶省（自治区、直辖市）的茶园总面积为 326.41 万 hm^2，同比增加 9.90 万 hm^2，茶园面积的持续增长对茶园养分管理及茶树养分高效吸收利用性状的遗传改良提出了较高的要求。

依据植物营养学，可将茶树营养学的内容概括为：①茶树营养生理学，即研究养分元素在茶树中的生理功能与养分的吸收，养分在体内的长距离和短距离运输，养分的分配和再利用等；②茶鲜叶产量生理学，即研究茶树鲜叶产量的形成，养分的分配和调节过程，养分源库关系、内源激素或生长调节剂在产量形成过程中的作用；③逆境生理学，研究茶树在养分缺乏胁迫或其他逆境条件下通过营养调节的生理变化及适应机制；④茶树根际营养，主要研究茶树根际微域中养分及代谢物的生物效应及机制；⑤研究不同茶树品种的矿质养分效率、耐土壤养分缺乏胁迫性状的生理与分子机制，阐明养分效率、耐胁迫机制，筛选和培育高产优质、养分高效茶树品种。

一、茶树对矿质元素的吸收

茶树养分的高效吸收对茶叶产量和品质的保证发挥着至关重要的作用。茶园养分合理供应和对茶树养分吸收及需求规律的了解是获得茶叶高产和优质的前提与关键，必须以茶树的营养特性、全生育期及年生长周期生长发育规律，以及土壤养分供应状况为依据，还需结合茶树生长对环境的要求，充分发挥茶树生物学潜力，挖掘茶树养分遗传性状在茶树种质资源中的变异及遗传的潜力（王新超等，2004；Chen et al.，2017）。

（一）养分进入植物细胞的机制

1. 茶树对养分吸收的选择性　　不同茶树基因型对离子吸收效率不同，从而表现出养分

效率的差异。茶树是典型的叶用经济作物，每年多次采摘茶叶及修剪带走了大量枝叶，因此茶树整个生长过程对养分的需求甚为迫切。例如，无机氮（硝态氮、铵态氮）和有机氮（氨基酸、小肽等）等均可作为茶树的氮源，但茶树具有喜铵态氮的特性。Morita 等（1998）发现等量的 NH_4^+ 及 NO_3^- 条件下（各 50mg/L），24h 后茶树吸收的 NH_4^+-N 是 NO_3^--N 的两倍，但是在 10mg/L NH_4^+ 及 90mg/L NO_3^- 条件下，茶树吸收的 NO_3^--N 是 NH_4^+-N 的两倍。这表明，在 NO_3^--N 与 NH_4^+-N 等量的条件下，茶树对铵态氮的吸收利用效率显著高于其对硝态氮的吸收，茶树优先选择吸收铵态氮，但是茶树对 NO_3^--N 与 NH_4^+-N 的选择性吸收受其浓度条件的影响。Ruan 等（2016）采用组织非损伤微测技术进行检测，发现无论是单一形态还是混合态氮，茶树根部对 NH_4^+ 的吸收速率显著高于对 NO_3^- 的吸收速率，表明了茶树喜铵的营养特性，同时也发现 NO_3^- 的存在会降低茶树根系对 NH_4^+ 的吸收速率，而 NH_4^+ 的存在则会提高对 NO_3^- 的吸收速率（图 6-2）。

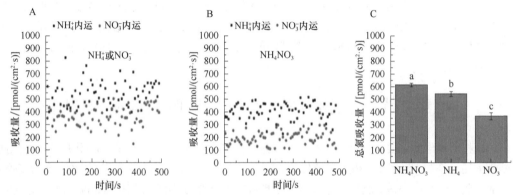

彩图

图 6-2　扫描离子选择电极技术检测不同氮素形态下茶树根系对 NH_4^+ 及 NO_3^- 净吸收量（Ruan et al.，2016）

A. 在饲喂单一形态氮的条件下，茶树对 NH_4^+ 及 NO_3^- 净吸收量；B. 饲喂混合氮形态条件下，NH_4^+ 及 NO_3^- 净吸收量；
C. 不同氮形态下茶树总氮吸收量，a～c 表示差异显著

2．茶树根系质外体中养分离子特征　矿质养分可通过沿浓度梯度的扩散作用或蒸腾流引起的质流作用进入质外体空间，经跨膜转运后再进入根细胞中。根系质外体和细胞膜影响根系对养分的选择性吸收。质外体空间可发生养分累积与利用、物质储藏与转化、植物与微生物互作及信号转导等过程，并且有助于植物对环境胁迫做出适应性反应等。茶树通过对根质外体中的养分进行活化或钝化以满足对养分的需求并适应环境的养分条件（张俊伶，2021）。例如，茶树喜铝，适宜浓度的铝可促进茶树的生长与发育（Li et al.，2017），茶树根系分泌草酸、苹果酸等有机酸活化根质外体空间中的铝，可促进对铝的吸收。

3．离子的跨膜运输　茶树养分的吸收、运输与分配涉及一系列的跨膜运输。细胞的质膜、液泡膜、内质网膜等可调节各种分子态和离子态养分的进入或排出，且具有明显的选择透性，扮演着非常重要的生物学功能，包括接受外界信号分子的受体蛋白、进行物质运输的载体蛋白和通道蛋白等。

矿质养分经跨膜运输进入根细胞包括被动运输与主动运输两种途径（张俊伶，2021）。茶树氨基酸转运基因 *CsAAPs* 可跨膜吸收、运输茶氨酸，根据测算出的米氏常数 K_m 值表明膜转运蛋白与底物之间的亲和力存在明显差异，K_m 值越小，吸收离子的速度越快，吸收动力学试验证实了 *CsAAP4*、*CsAAP5* 和 *CsAAP6* 对茶氨酸的亲和力比 *CsAAP1*、*CsAAP2* 和 *CsAAP8* 高（图 6-3）。载体蛋白饱和时的最大吸收速率为 V_{max}，V_{max} 值越大，载体运输离子的速度越快。载体学说能够较好地从理论上解释关于离子吸收中的 3 个基本问题，即离子的选择性吸收、离子通过质膜及在质膜上的转运，以及离子吸收与代谢的关系。

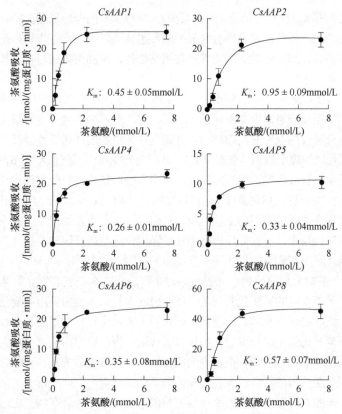

图 6-3　茶树氨基酸转运基因 *CsAAPs* 吸收茶氨酸的动力学曲线（Dong et al.，2020）

（二）影响茶树养分吸收的因素

茶树主要通过根系从土壤中吸收矿质养分。除了茶树遗传因素外，立体栽培环境因子对养分的吸收及向地上部的转运都有显著影响，如茶树生理状态和温度、光照等环境因素。因此，影响茶树养分吸收的因素包括介质中的养分浓度、温度、光照强度、土壤水分、通气状况、土壤 pH、养分离子的理化性质、根的代谢活性、茶树树龄和生育时期、茶树养分状况等。

1. 介质中养分的浓度　　外界养分供应浓度较低时，其吸收速率随外界供应浓度的提高而增加，该现象适用于描述在介质中养分浓度较低时浓度与吸收率的关系。为实现养分高效吸收，植物进化出受环境和内部条件变化调节的主动和被动运输系统，如高亲和力转运系统和低亲和力转运系统（张俊伶，2021）。如果中断某一养分的供应，吸收这个养分的基因表达会被诱导，从而促进茶树对这一养分的吸收。无氮处理 3d 的茶树再恢复供无机氮（$NH_4^+ + NO_3^-$），5h后 *CsAMT1.2*、*CsNRT1.1* 及 *CsNRT2.5* 在根系中被诱导表达，这些基因被诱导表达有助于在缺氮条件下提高根系铵态氮的吸收速率，控制吸氮的反馈调节能力可持续一段时间，因此，在缺氮一段时期后再供应氮会导致地上部含氮量显著增加（Zhang et al.，2020a）。含氮量的增加正是由于茶树对养分恢复供应的反馈调节能力。通常控制养分吸收的反馈调节可在很短的时间内产生，茶树硝态氮转运基因 *CsNRTs*、铵态氮转运基因 *CsAMT1.2* 及氨基酸态氮转运基因 *CsAATs* 表达量显著上升。茶树的芽叶萌发生长存在轮性，根系对养分的吸收受茶树对养分需求量的控制，该反馈调控机制可通过体内养分含量进行反馈调节吸收速率。细胞质是各种代谢反应的主要场所。养分的重要作用在于保证细胞质组成稳态及正常代谢，因此，一般认为，当养分供应不足时，可通过调节跨膜的吸收或对储存在液泡中的养分再分配来调节。相反，当养分供应过量时，就会有大量的养分储存在液泡中，如茶树 *CsVAT1.3* 基因介导氨基酸的跨液泡膜的转运以调节茶树对氮的利用，另外，液泡也会区隔一些有害物质以减轻毒害作用，茶树喜铝需铝，除了次生代谢物茶多酚、细胞壁糖类物质等可与铝结合外，推测茶树还可将过量的铝区隔在液泡中以减少胞质中铝的浓度。

2. 温度　由于根系对养分的吸收主要依赖于根系呼吸作用所提供的能量，而呼吸作用过程中一系列的酶促反应对温度非常敏感，所以，温度对养分的吸收也有很大的影响。在适宜温度范围内，养分吸收随温度升高而增加。低温往往使植物的代谢活性降低，因而导致减少养分吸收量。茶园栽培管理中提倡"基肥早施"，是因为秋季闭园后气温不断下降，土温也越来越低，茶树根系的生长和吸收能力也逐渐减弱，适当早施可使根系吸收和积累更多的养分，为冬季御寒及来年茶叶生产奠定物质基础，还可以提高养分利用效率。"春山挖破皮"诠释了早春时期通过茶园浅耕提高根系分布层的土壤温度，从而促进养分吸收的道理。夏季温度过高时体内酶钝化，细胞膜透性增大，导致矿质养分的被动溢泌，这是高温限制茶树吸收矿质元素的主要原因，这很好地诠释了茶园夏季追肥应避开高温的原因。

3. 光照　茶树为耐荫植物。光照对茶树生育的影响主要表现在光照强度、光照周期、光质三个方面，其不仅影响茶树代谢状况，还会引起大气和土壤的温湿度变化，进而影响茶树对养分的吸收、茶叶的产量和品质。橙光对碳代谢、碳水化合物的形成具有积极的作用，是物质积累的基础。紫光比蓝光波长更短，不仅对氮代谢、蛋白质的形成意义重大，而且与一些含氮的品质成分如氨基酸、维生素和很多香气成分的形成有直接的关系。光照可通过影响茶树叶片的光合强度而对某些酶的活性、气孔的开闭和蒸腾强度等产生间接影响，从而影响根系对矿质养分的吸收。光照直接影响光合效率，而糖与碳水化合物等光合产物被送到根部，能为矿质养分的吸收提供必需的物质基础。光与气孔的开闭系统关系密切，而气孔的开闭与蒸腾强度又紧密相关，因此，适宜的光照强度条件下，蒸腾强度大，养分随蒸腾流的运输速度快，促进茶树对养分的长距离运输，进而促进根系对养分的吸收。

4. 土壤水分　土壤水分影响茶树地上部及根系生长，进而影响养分吸收。茶园土壤水分状况也会影响根系的垂直分布（如深根系或浅根系）及侧根的生长，而茶园施肥在耕作层，因此，茶园土壤合理的水分管理与养分的吸收密不可分。

5. 通气状况　土壤的通气状况主要影响茶树根系的呼吸作用，土壤养分的形态和有效性等方面影响茶树对养分的吸收。通气良好可保证茶树根系良好的呼吸作用；低氧嫌气环境对茶树根系产生毒害。这一过程对根系正常发育、根的有氧代谢及离子的吸收都有重要的意义。茶园土壤提倡适当耕作与增加土壤通透气密切相关，茶树栽培谚语"春山挖破皮"就是茶叶生产实践中总结出来的一条增产经验——浅耕除了增温，也增加了透气性，从而促进养分的吸收。茶树喜湿怕涝，茶园土壤渍害影响根系呼吸，产生有害物质，从而影响根系发育及养分的吸收。

6. 土壤 pH　土壤 pH 影响土壤中养分离子的有效性（图 6-4），pH 会改变介质中 H^+ 和 OH^- 的比例，从而影响养分的有效性，并对茶树的养分吸收有显著影响。而且，茶园施肥需结合土壤 pH 选择生理酸性或生理碱性肥料。目前，我国茶园土壤 pH 普遍偏低（Yan et al., 2020），需根据需要进行肥料的选择或 pH 调节从而促进养分的吸收与利用。

Ruan 等（2007）发现介质的 pH 会影响茶树对 NH_4^+-N 和 NO_3^--N 的吸收（表 6-2），当介质 pH 分别为 4.0 和 6.0 时，茶树对 NH_4^+-N 及 NO_3^--N 的吸收速率显著低于 pH 5.0，证实了茶树生长的适宜 pH 范围为 4.5~5.5。茶园土壤过度酸化时的茶树树势衰老，以及茶园土壤偏碱时僵苗等均与茶树养分吸收受影响密切相关，如茶园土壤过度酸化，土壤有效磷含量比较低，从而表

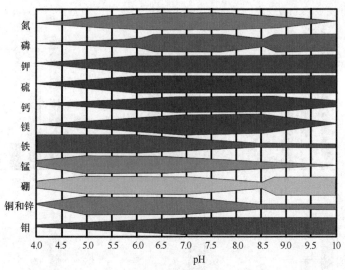

图 6-4　土壤 pH 对土壤养分有效性的影响（张俊伶，2021）

养分有效性随色块图示变窄而下降

现出典型的生理缺素症。pH 对茶树养分吸收的影响可能取决于膜蛋白对养分的吸收，酵母异源表达茶树氨基酸转运基因 *CsAAPs* 吸收转运茶氨酸的效率受介质 pH 影响，在 pH 4～8 时，吸收速率随 pH 增加而降低（图 6-5）。

表 6-2　介质 pH 对不同形态氮养分吸收速率的影响（Ruan et al.，2007）

N 形态	吸收速率/［μmol/（g 根·d）］			
	pH	NH_4^+	NO_3^-	总 N
NH_4^+	4.0	165.9±21.8	—	165.9±21.8
	5.0	194.2±23.8	—	194.2±23.8
	6.0	151.2±27.0	—	151.2±27.0
NO_3^-	4.0	—	60.9±9.4	60.9±9.4
	5.0	—	96.3±13.5	96.3±13.5
	6.0	—	43.6±2.3	43.6±2.3
$NH_4^+ + NO_3^-$	4.0	124.8±39.2	20.1±7.6	144.9±46.0
	5.0	121.2±40.7	18.7±11.8	139.9±51.1
	6.0	103.6±13.7	6.4±3.2	110.0±16.6

二、矿质元素在茶树体内的运输和利用

茶树根系从介质中吸收的矿质养分，一部分在根中被利用，另一部分经根部短距离运输后在木质部装载，再经长距离运输到地上部，供茶树生长发育所需。同时，茶树地上部的光合产物及部分矿质养分，可通过韧皮部运输到根部或者地上部其他部分。由此构成茶树体内的物质循环系统，调节养分在体内的分配。介质中的养分从根表皮细胞进入根内，经皮层组织到达中柱的转运过程称为养分的横向运输，又称为短距离运输。养分从根系经木质部向地上部的运输，以及养分从地上部经韧皮部由源向库的运输过程，称为养分的长距离运输。在长距离运输过程中，养分在地上部和地下部之间的转移和分配对调节茶树根系吸收养分具有重要的作用，从而影响养分的利用效率。

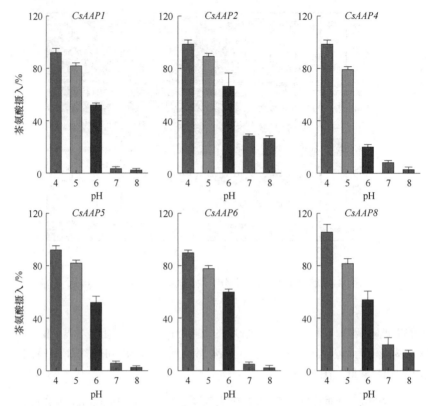

图 6-5 pH 对茶树氨基酸转运基因 *CsAAPs* 吸收茶氨酸的影响（Dong et al.，2020）

激素可在冠根间传递体内的养分状况，细胞分裂素、生长素等参与茶树对养分胁迫的响应。例如，缺氮时茶树根尖中细胞分裂素合成减少，并减少其向地上部的运输；供氮水平提高后，根中细胞分裂素合成增加，或将储藏形式的细胞分裂素转为活性的细胞分裂素，由根向地上部运输，调控地上部的生长。不同氮处理条件下，生长素、细胞分裂素和硝酸盐信号共同调控茶树侧根的发育，该调控网络参与调节氮的吸收（Hu et al.，2020）。小肽分子也参与茶树地上地下养分信号转导。

不同营养元素在韧皮部中的移动性不同。依据营养元素在韧皮部中移动的相对难易程度，一般将元素分为移动性大的（氮、磷、钾、镁、硫）、移动性小（铁、铜、锌、硼和钼）的和难移动的（钙和锰）三类。韧皮部中养分移动性的大小与它们在韧皮部汁液中的浓度大小基本吻合。茶树富集铝、氟及锰，主要定位在细胞壁，其含量随着叶龄的增加而增加，其在韧皮部中的浓度情况目前暂时没有报道。Sun 等（2020）通过标记的 dUTP 在脱氧核糖核苷酸末端转移酶（TUNEL）染色发现，茶树根尖细胞核 DNA 在缺 Al^{3+} 处理 1d 后就已明显损伤，并且 DNA 损伤程度随缺 Al^{3+} 时间延长而逐渐加剧，表明铝在茶树中的再利用效率比较低，推测铝在韧皮部汁液中含量非常低，为难移动元素（图 6-6）。

因为茶树多年生、一年多次萌发的生物学特性，体内养分的循环对茶树的正常生长必不可少，对于应对养分胁迫及提高养分利用效率具有重要意义。养分循环可以向根系传递地上部生长对养分的需求状况，调节根系对土壤中养分的吸收；此外，由于土壤中养分浓度和分布存在动态变化，茶树芽叶的萌发经常会受到养分供应不足的限制，养分通过韧皮部从地上部向根系的循环可以在一定程度上缓解茶树生长对养分需求的矛盾。

养分再利用是植物体内的正常生命活动过程，在植物不同生育时期均可发生养分的再利用。

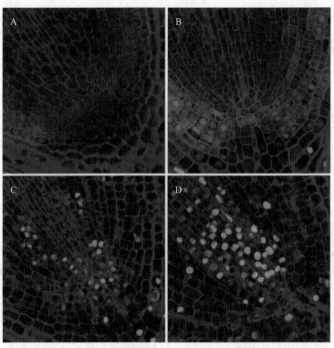

彩图

图 6-6　茶树根尖细胞核 DNA 损伤（Sun et al.，2020）

TUNEL 染色，绿色显示细胞核内 DNA 的受损状况。图示营养液加铝培养（A）及去除铝培养 1d（B）、
2d（C）、3d（D）后茶树根尖染色情况。

木质部与韧皮部两个系统间存在养分的相互交换，这种交换对于协调茶树体内各个部位的矿质营养非常重要

养分再利用的重要性体现在茶树旺盛生长期土壤养分供应不足时或落叶阶段。植物某一器官或部位中的矿质养分可通过韧皮部运往其他器官或部位，而被再度利用，这种现象叫作矿质养分的再利用。Okano 等（1994）发现茶树芽叶萌发期间，吸收的氮 75% 分配在正在萌发的幼嫩芽叶中，幼嫩芽叶中的氮又有 70% 被转运用于新芽叶的萌发。Zhang 等（2020b）对不同茶树品种的幼嫩芽叶、红绿茎着生叶及麻梗灰茎着生叶的氮含量进行了测定，明确了年生育周期的变化规律，定义了茶树氮表观再移动效率以反映氮在茶树冠层叶及幼嫩叶中的流通，表明在连续两轮生长期间氮源和汇交替；同时定义了年生育周期中氮利用效率的动态变化，结果揭示了与氮素指标相关的节律和生理特征，这些生理指标与茶树不同时期的氮需求及吸收密切相关。Ma 等（2019）研究发现冬末至早春，茶树处于休眠状态条件下，氮被吸收并向地上部转移，吸收的氮被储存并于第二年春季茶树新梢生长时再利用。

养分在茶树体内的再利用具有重要的生物学意义。例如，自噬过程中液泡养分的再利用，储存蛋白降解，细胞壁和酶的降解等。茶树自噬相关基因 *CsATG101* 与 *CsATG3a* 的表达随着叶片成熟度的增加而增加（Huang et al.，2022，2023），拟南芥超表达 *CsATG3a* 促进了氮的再利用从而增强其对低氮的耐受性，表明自噬在茶树养分再利用过程中发挥着重要作用。第一步，养分离子在细胞中被转化为可运输的形态，如自噬过程中氮一般由蛋白质降解为可移动的游离氨基酸小分子含氮化合物；磷由有机含磷化合物分解为无机态磷，此为养分的激活。茶树生长旺盛期，对养分需求量大的新器官（或部位）会发出"养分饥饿"信号，该信号被传递到养分源器官（或部位）后，该部位细胞接收信号启动自噬过程并启动运输系统，将细胞内的养分转移到细胞外，准备进行长距离运输。第二步，再利用的养分进入韧皮部，被激活的养分转移到细胞外的质外体后，通过原生质膜的主动运输进入韧皮部筛管中，再根据养分的需求进行韧皮

部的长距离运输,经过跨质膜的主动运输过程卸入需要养分的新器官细胞内。

三、养分调节茶树产量的生理基础

(一)养分供应与茶树生长发育

根系是茶树养分、水分吸收的主要器官,茎是养分、水分运输的主要器官。养分不但是器官生长所必需的物质基础,影响茶叶产量与品质,还可能作为茶树生长发育的调节因子,通过调节茶树体内一系列信号反应系统(如激素信号系统),调节侧根的分化、生长,进而影响养分的吸收及茶鲜叶产量的构成。

茶树对氮需求甚多,我国有机茶园及出口欧盟茶生产茶园普遍存在养分严重不足导致生殖生长旺盛而营养生长受阻的情况。茶树养分状况对生长素、细胞分裂素及赤霉素生物合成途径的影响值得高度关注,这些激素参与细胞生长,从而调节茶树茎的伸长生长,有利于增加茎的机械强度。养分供应强度对根的生长、形态及构型有显著的调节作用。例如,氮、磷养分轻度缺乏促进根的生长,使根冠比增加。氮、磷养分轻度缺乏会诱导茶树侧根的伸长,刺激侧根的生长发育,以通过扩展根的吸收面积,提高养分吸收效率。养分对根系形态的调节作用通常是通过影响激素信号网络实现的。在养分过度缺乏时,植物根系无法再做出积极的适应性反应,只能维持生存,这种情况下,所有养分缺乏都使根变小。在养分不足的情况下,当茶树根系遇到介质中局部富集的养分时,通常会增加侧根的长度和/或数量,以促进养分的高效吸收,这一现象称为根的"向肥性",茶园底肥及基肥挖沟深施的意义在于利用根系的向肥性促进根系在土壤中的合理分布,通过塑造根系形态增强茶树的抗旱、抗寒等特性,奠定茶树高产优质的基础。养分供应参与茶树营养生长及生殖生长的协调,以叶用为主的茶园,利用养分管理促进其营养生长是栽培管理的重点。在营养生长与生殖生长同步进行的生长阶段,养分供应情况会影响营养生长与生殖生长的平衡。充足的氮肥可促进营养生长,抑制花芽分化等生殖生长,有机茶园生殖生长旺盛正反映了养分不足的负面效应。因此,茶园栽培管理中,氮素施用时间及用量可以调控茶树的生长发育,最终影响茶叶的产量。掌握茶树养分需求、营养生长及生殖生长的发育规律,根据茶树长势及养分需求规律,精准调控施肥时间与施用量,才能促进营养生长以提高茶叶产量,抑制茶树的生殖生长。

(二)养分供应与源库关系

茶叶产量的形成可通过"源库关系"理论来分析。茶树叶片光合作用合成有机物质为其他器官提供营养,因此被称为源,库主要是指正在生长的芽、幼叶、茎、根等。在产量形成期,库器官主要是指幼嫩芽叶等储存器官。不同条件下,源和库都可能是限制茶叶产量的因素,在低产、低养分供应水平下,茶树营养生长(尤其是叶片生长)受限制,茶叶产量通常受同化产物供应(源)不足所限制。矿质养分对源库关系的调节作用,一方面表现在对源器官生长和库器官发育的影响;另一方面表现在对源的光合作用、库的干物质积累速率及光合产物运输的影响。

多种矿质养分以不同方式影响光合作用过程。例如,氮可以调节叶绿素、光合作用相关蛋白质及酶的合成与分解。相当部分的有机态氮以酶蛋白的形式存在于叶绿体中。磷作为 ATPase 的主要成分,通过控制叶绿体中淀粉的合成和蔗糖跨叶绿体膜进入细胞质。钾可以通过调节气孔开闭影响 CO_2 运输,进而调节光合作用。中、微量元素中,铁和镁是叶绿素合成的关键元素,铁和铜参与电子传递和光合磷酸化作用。锰参与光合作用过程中水的分解。除此之外,养分供应还参与光合产物运输,在缺钾条件下,光合产物输出速率降低,糖在源叶中积累,茶树幼嫩芽叶的生物量减少,产量降低。同时,茶园土壤养分供应状况主要影响茶树总体光合产物储存库容的大小，如幼嫩芽叶的萌发及密度，单芽重等。在中度养分供应条件下，通常表现为单位面积芽密度和/或芽重下降（库容减少）；如果茶树氮供应严重不足，冠层叶会出现早衰甚至脱落，光合产物供应不足，茶叶产量显著下降。因此，科学合理的养分管理要注重对茶树库容的调节，根据茶树萌发的轮性及生育规律保证养分供应，这有利于提高肥料利用率，实现节肥高产增效。养分供应量、供应时间、养分形态、不同养分的配比，既能影响茶树的生物量，也会显著影响茶树不同部位的相对生长量，进而决定最终收获的产量。深入理解其中的茶树营养生理学机制，对于合理高效利用肥料提高作物产量具有重要意义。

主要参考文献

韩文言. 2006. 茶叶品质与钾素营养. 杭州：浙江大学出版社.

刘美雅，汤丹丹，矫子昕，等. 2021. 适宜氮肥施用量显著提升夏季绿茶品质. 植物营养与肥料学报，27（8）：1407～1419.

骆耀平. 2015. 茶树栽培学. 5版. 北京：中国农业出版社.

马立锋，陈红金，单英杰，等. 2013. 浙江省绿茶主产区茶园施肥现状及建议. 茶叶科学，33（1）：74～84.

马立锋，石元值，阮建云. 2000. 苏、浙、皖茶区茶园土壤 pH 状况及十年来的变化. 土壤通报，31（5）：205～207.

阮建云，管彦良，吴洵. 2002. 茶园土壤镁供应状况及镁肥施用效果研究. 中国农业科学，35（7）：815～820.

阮建云，吴洵. 1997. 钾和镁对乌龙茶产量和品质的影响. 茶叶科学，17（1）：9～13.

阮建云，吴洵. 2003. 钾、镁营养供应对茶叶品质和产量的影响. 茶叶科学，23：21～26.

施嘉璠. 1992. 茶树栽培生理学. 北京：农业出版社.

苏有健，廖万有，丁勇，等. 2011. 不同氮营养水平对茶叶产量和品质的影响. 植物营养与肥料学报，17（6）：1430～1436.

汤丹丹，刘美雅，范凯，等. 2017. 茶树氮素吸收利用机制研究进展. 园艺学报，44（9）：1759～1771.

王新超，杨亚军，陈亮，等. 2004. 不同品种茶树氮素效率差异研究. 茶叶科学，24（2）：93～98.

吴洵，王晓萍. 1987. 红壤茶园镁的农化性质与茶树镁营养. 中国茶叶，1：2～5.

伍炳华. 1991. 茶树水分生理及抗旱性的研究概况与探讨. 茶叶科学简报，（1）：1～5.

杨亦扬，马立锋，石元值，等. 2008. 叶绿素仪（SPAD）在茶树氮素营养诊断中的适用性研究. 茶叶科学，28（4）：301～308.

张俊伶. 2021. 植物营养学. 北京：中国农业大学出版社.

张群峰，倪康，伊晓云，等. 2021. 中国茶树镁营养研究进展与展望. 茶叶科学，41（1）：19～27.

赵青华，孙立涛，王玉，等. 2014. 丛枝菌根真菌和施氮量对茶树生长、矿质元素吸收与茶叶品质的影响. 植物生理学报，50（2）：164～170.

邹振浩，沈晨，李鑫，等. 2021. 我国茶园氮肥利用和损失现状分析. 植物营养与肥料学报，27（1）：153～160.

Chen C S, Zhong Q S, Lin Z H, et al. 2017. Screening tea varieties for nitrogen efficiency. Journal of Plant Nutrition, 40: 1797～1804.

Dong C X, Li F, Yang T Y, et al. 2020. Theanine transporters identified in tea plants (*Camellia sinensis* L.) . Plant J, 101: 57～70.

Hu S K, Zhang M, Yang Y Q, et al. 2020. A novel insight into nitrogen and auxin signaling in lateral root formation in tea plant [*Camellia sinensis* (L.) O. Kuntze]. BMC Plant Biol, 20: 232.

Huang W, Ma D, Hao X, et al. 2022. CsATG101 delays growth and accelerates senescence response to low nitrogen stress in *Arabidopsis thaliana*. Frontiers in Plant Science, 13: 880095.

Huang W, Ma D, Xia L, et al. 2023. Overexpression of CsATG3a improves tolerance to nitrogen deficiency and increases nitrogen use efficiency in *Arabidopsis*. Plant Physiol. Biochem., 196: 328～338.

Li Y, Huang J, Song X W, et al. 2017. An RNA-Seq transcriptome analysis revealing novel insights into aluminum tolerance and accumulation in tea plant. Planta, 246: 91～103.

Li Y, Wang W, Wei K, et al. 2019. Differential transcriptomic changes in low-potassium sensitive and low-potassium tolerant tea plant (*Camellia sinensis*) genotypes under potassium deprivation. Scientia Horticulturae, 256: 108570.

Ma L, Shi Y, Ruan J. 2019. Nitrogen absorption by field-grown tea plants (*Camellia sinensis*) in winter dormancy and utilization in spring shoots. Plant Soil, 442: 127～140.

Morita A, Ohta M, Yoneyama T. 1998. Uptake, transport and assimilation of ^{15}N-nitrate and ^{15}N-ammonium in tea (*Camellia sinensis* L.) plants. Soil Science and Plant Nutrition, 44 (4): 647～654.

Okano K, Komaki S, Matsuo K. 1994. Remobilization of nitrogen from vegetative parts to sprouting shoots of young tea (*Camellia sinensis* L.). Jap. J. Crop Sci, 63 (1): 125～130.

Ruan L, Wei K, Wang L, et al. 2016. Characteristics of NH_4^+ and NO_3^- fluxes in tea (*Camellia sinensis*) roots measured by scanning ion-selective electrode technique. Scientific Reports, 6: 38370.

Tang S, Zhou J J, Pan W K, et al. 2022. Impact of N application rate on tea (*Camellia sinensis*) growth and soil bacterial and fungi communities. Plant and Soil, 475 (1-2): 343-359.

Yan P, Wu L, Wang D, et al. 2020. Soil acidification in Chinese tea plantations. Sci. Total Environ., 715: 136963.

Yang T, Lu X, Wang Y, et al. 2020. HAK/KUP/KT family potassium transporter genes are involved in potassium deficiency and stress responses in tea plants (*Camellia sinensis* L.): Expression and functional analysis. BMC Genomics, 21 (1): 556.

Zhang X, Liu H, Pilon-Smits E, et al. 2020a. Transcriptome-wide analysis of nitrogen-regulated genes in tea plant (*Camellia sinensis* L. O. Kuntze) and characterization of amino acid transporter CsCAT9.1. Plants, 9 (9): 1218.

Zhang Y, Ye X, Zhang X, et al. 2020b. Natural variations and dynamic changes of nitrogen indices throughout growing seasons for twenty tea plant (*Camellia sinensis*) varieties. Plants (Basel), 9 (10): 1333.

|第七章|

逆境胁迫与茶树生理生态

◆ 第一节　非生物胁迫与茶树适应性

一、茶树逆境及其抗逆适应

(一)逆境的定义及种类

逆境是对植物生长发育或生存不利的各种环境因子的统称，又称胁迫。逆境生理指逆境对植物生长发育的影响、植物在逆境下的生命活动规律及植物对不良环境的适应性和抵抗力的生理基础和分子机制。植物在长期的系统发育中形成的对逆境的适应性和抵抗能力称为植物的抗逆性，简称抗性。抗性是植物对环境的适应性反应，是逐步形成的，这种适应性形成的过程称为抗性锻炼。逆境的种类多种多样，茶树生命周期中主要面临生物胁迫和非生物胁迫两大类，它们之间可以相互交叉、相互影响。

(二)逆境对茶树的危害

胁迫因子首先直接使生物膜受害，导致细胞脱水，质膜透性加大，这种伤害称为原初直接伤害。质膜损伤后，膜系统受到破坏，位于膜上的酶代谢紊乱，各种生理活动无序进行，进一步导致代谢失调，影响正常的生长发育，此种伤害称为原初间接伤害。一些胁迫因子往往还可以产生次生胁迫伤害，即不是胁迫因子本身的作用，而是由此引起的次生伤害。例如，盐分胁迫的原初直接伤害是盐对茶树细胞质膜的伤害及其导致的代谢失调。另外，盐分过多，使土壤水势下降，产生水分胁迫，使茶树根系吸水困难，这种伤害称为次生伤害。逆境对茶树的危害主要表现在以下几个方面。

1. **质膜损伤**　植物遭受到逆境胁迫时，造成膜相变和膜结构破坏，质膜及各种细胞器膜系统都会膨胀或破损。包括：①膜透性增大，内含物渗漏，细胞物质交换平衡破坏，代谢紊乱，有毒物质积累，细胞受损，原生质停止流动；②结合在膜上的酶系统活性降低，有机物分解占优势；③膜蛋白损伤，使蛋白质分子中的—SH 氧化形成—S—S—，可破坏蛋白质空间构象，转变为不可逆的凝聚状态。

2. **活性氧伤害**　当茶树遭受胁迫时，植物体内氧代谢失调，细胞内自由基产生和清除的动态平衡被打破，形成氧化胁迫。这种情况下，植物组织会通过各种途径产生超氧阴离子自由基、羟基自由基、过氧化氢、单线态氧等，它们有很强的氧化能力，性质活泼，称为活性氧。其可能的机制是活性氧加速膜脂过氧化链式反应，自由基增多；而超氧化物歧化酶等保护酶系统又被破坏，可积累许多有害的过氧化产物，如丙二醛（MDA）等。自由基破坏膜结构，损伤生物大分子，引起代谢紊乱，导致茶树死亡。

3. **代谢失调**　在各种逆境胁迫下，茶树的生理生化反应发生紊乱。例如，水分代谢失调时，茶树的蒸腾速率和水分吸收能力下降，但蒸腾量大于水分的吸收量，出现水分胁迫，造成植物含水量下降而萎蔫；光合速率下降同化产物供应减少，这可能是光合作用酶活性下降、钝化或气孔关闭，造成 CO_2 供应不足等所致；呼吸速率大起大落主要表现出呼吸速率下降、呼吸速率先升后降和呼吸速率明显增加等 3 种类型。同时，呼吸代谢途径也发生变化，如在干旱、感病、机械损伤时，磷酸戊糖途径所占比例会有所增强；分解代谢大于合成代谢，水解酶活性增强，大分子物质被降解；淀粉分解为葡萄糖，蛋白质水解加强，可溶性氮含量增加。

（三）茶树对逆境的适应

茶树对逆境的适应有两种形式，一是避逆性，指茶树通过各种方式在时间或空间上避开逆境的影响，如适度干旱或营养元素失衡的条件下，通过调整开花时间等生育期来避开不良外界条件的影响，或者通过形成特殊的形态结构，如茶叶表皮毛的多少、叶片表层蜡质的厚度等来避免干旱的伤害。二是耐逆性，指茶树在不良环境中，通过代谢变化来阻止、降低甚至修复由逆境造成的损伤，以保证正常的生理活动。例如，茶树在越冬期间，通过前期冷驯化能够获得较强的抗低温的能力，进而能够抵御冬季严寒，茶树这种耐逆性状的强弱与茶树品种具有密切的关系。一般来说，避逆性多取决于茶树的生长周期特性、形态和解剖学特点，而耐逆性往往与原生质特性和内部生理机制有关。这两类抗逆性有时并不能截然分开，同一茶树可以同时表现出两种抗性。

1. 形态结构适应　茶树通过形态结构变化来抵抗或适应逆境。例如，根系发达、叶小以适应干旱条件；扩大根部通气组织以适应淹水条件；冬季低温来临，植物生长停止，进入休眠，以适应周期性低温逆境等。

2. 生理适应　茶树通过代谢变化来适应逆境，主要可形成逆境蛋白、增加渗透调节物质和脱落酸含量，减少质膜系统的破坏。

3. 生物膜的变化　生物膜结构和功能的稳定性与茶树抗逆性密切相关。抗逆性强的茶树品种在逆境胁迫下，常常表现出质膜及各种细胞器膜系统的稳定，受损伤轻。研究发现，生物膜中不饱和脂肪酸含量越高，相变温度越低，茶树的抗寒性越强。在进入越冬期间，膜磷脂含量显著增高，抗冻性增强。

4. 逆境蛋白的表达　逆境能诱导合成一些与逆境相适应的蛋白质，以提高茶树对各种逆境的抵抗能力，这些蛋白质称为逆境蛋白。例如，热激蛋白（HSP）是在高温下诱导合成的，能提高茶树的抗热性；抗冻蛋白是低温胁迫下诱导合成的，能减轻冰晶对生物膜系统如类囊体膜、线粒体膜等的伤害；冷调节蛋白是低温诱导合成的，可提高抗寒性；病程相关蛋白（PRP）是茶树受到病菌侵染过程中诱导合成的一些分子量较小的蛋白质，参与茶树的抗病过程。

5. 抗氧化防御系统　茶树体中有 SOD、CAT 和 POD 等保护酶系统，维生素 E、维生素 C、谷胱甘肽、类胡萝卜素等非酶自由基清除系统，主要作用是清除活性氧自由基，防止其过度积累，减轻或避免活性氧对膜脂的攻击，防止膜损伤；而低水平活性氧（ROS）自由基还可作为胁迫信号分子诱导各种逆境相关基因的表达，提高茶树的抗逆性。

6. 渗透调节　在细胞含水量不变的情况下，通过增加或降低细胞内的溶质浓度来改变细胞的渗透势，调节细胞内外的渗透平衡，称为渗透调节。通常渗透调节是茶树对逆境的一种适应性反应，其主要功能是维持细胞膨压和细胞膜稳定，保持气孔开放以维持茶树光合作用，保持细胞持续生长等。大量实验表明，逆境会诱导参与渗透调节的基因表达，主动积累渗透调节物质，提高细胞液浓度，降低水势，使细胞能从外界吸水，植株正常生长。渗透调节物质有可溶性糖、有机酸和一些无机离子等，主要包括两类物质：一类是由外界进入细胞中的无机离子,特别是 K^+、Na^+、Ca^{2+}、Mg^{2+}、Cl^-、NO_3^-、SO_4^{2-} 等;另一类是在细胞内合成的有机溶质,如脯氨酸、甜菜碱、蔗糖、甘露醇及多胺等,由于它们不干扰细胞内正常的生化反应,因此统称为相容性物质。脯氨酸是多种植物体内最有效的一种亲和性渗透调节物质。多种逆境下,茶树体内都累积脯氨酸,尤其干旱胁迫时脯氨酸累积最多,可比原始含量增加几十到几百倍。脯氨酸积累的原因有:①蛋白质合成减慢,脯氨酸参与蛋白质合成量减少;②脯氨酸合成酶活化,脯氨酸合成量增加;③脯氨酸氧化酶活性降低,脯氨酸氧化分解减慢。脯氨酸主要是细胞质渗透物质,在抗逆中的作用是:①保持原生质与环境的渗透平衡,防止失水;②脯氨酸与蛋白质结合能增强蛋白质的水合作用,增加蛋白质的可溶性和减少可溶性蛋白质的沉淀,以保证这些生物大分子结构和功能的稳定;③水分胁迫期间,产生的氨可被转化成脯氨酸,起解毒作用,同时,脯氨酸也可作为复水后植物直接利用的氮源。

7. 植物激素　　逆境可引起茶树激素含量和活性的变化,从而影响茶树的生理过程。例如,ABA 是一种胁迫激素,可调节植物对胁迫环境的适应。在低温、高温、干旱和盐害等多种胁迫下,植物体内 ABA 含量可大幅度升高,这主要是逆境胁迫增加了叶绿体膜对 ABA 的通透性,并加快根系合成的 ABA 向叶片的运输及积累所致。ABA 主要通过关闭气孔来减少蒸腾失水,保持组织内的水分平衡,并增加根的透性和水的通导性等来增强茶树的抗性。逆境下,乙烯含量升高,引起器官衰老和枝叶脱落,减少蒸腾面积,保持水分平衡,使茶树减轻因环境胁迫带来的伤害。乙烯提高多酚氧化酶、几丁质酶等活性,影响茶树呼吸,从而直接或间接地参与植物对逆境伤害的修复或对逆境的抵抗过程。植物体内存在系统性传递信息的信号物质。除 ABA 作用之外,还有其他信号分子如 Ca^{2+}、蛋白激酶、H^+(pH)、ROS 和 NO 等,参与植物抗逆反应。近年来,许多研究表明,Ca^{2+} 钙调蛋白、pH、环二磷酸腺苷核糖(cADPR)、钙依赖性蛋白激酶(CDPK)、丝裂原活化蛋白激酶(MAPK)等均参与 ABA 和(或)渗透胁迫信号转导途径。

(四)交叉适应

茶树等植物在自然环境生长过程中,常常会遭受多种逆境,各种逆境对茶树的危害是相互联系的,如干旱伴随着高温,高温也会引起干旱。又如低温胁迫同时也会引起水分胁迫等。植物经历了某种逆境后,能提高对另一些逆境的抵抗能力,这种对不良环境间的相互适应作用称为交叉适应或交叉忍耐,如低温、高温等逆境能提高茶树对水分胁迫的抗性;缺水、盐渍等预处理可提高茶树对低温和缺氧的抗性等。交叉适应的物质基础可能是植物激素——ABA。植物在各种逆境条件下都表现出 ABA 含量增加,ABA 可能作为逆境的激素信号,诱导植物发生某些适应性的代谢变化,其中很多变化可能在抵抗多种逆境中起作用,从而形成了植物对逆境的交叉适应性。

(五)茶树抗逆性的获得及整体抗逆性

当环境发生变化时,茶树个体发育过程中会发生相应的性状变异。这些变异性状在生物学中称为获得性状。植物抗逆性的强弱主要是遗传因素决定的,但植物通过胁迫锻炼可以提高耐逆性,说明植物已进行了驯化或已获得抗性。驯化和适应不同,驯化是指经过数代筛选在遗传上获得的耐逆性,实质是对遗传变异的选择结果,驯化比适应要复杂得多。

逆境下产生的变异只表现在细胞生理反应和表型上则称为逆境反应,仅是激活酶和引起细胞运动等;逆境下产生的变异发生基因型的变化称为抗逆性的获得,如干旱条件下的蒲公英叶型发生变异;冰叶日中花在盐渍或干旱条件下生长时,光合途径由 C_3 途径转向 CAM 途径。

至今，植物抗逆性在分子水平、代谢机制、基因定位和遗传研究方面已取得了很大进展。研究表明，植物对逆境胁迫的应答是整体性的变化，有一套共同的细胞、生化、分子反应机制，同时也伴随有个体独立的驯化和适应过程。植物整体抗逆性，一般是指植物在整个生长发育过程中具有由基因控制的、能够抵抗各种环境胁迫的能力，反映在分子、细胞、组织器官、个体植株、群体甚至整个生态系统的不同水平上，但在茶树中的研究相对较少。

植物对逆境的适应是受遗传性和植物激素两种因素控制的：通过基因控制诱导逆境蛋白产生，增强对逆境的适应性，或通过代谢改变提高抗逆能力。近年来，随着组学大数据技术的应用和研究深入，茶树抗逆性的表观遗传学取得了一定进展。在不同逆境信号的诱导下，茶树体内次级信号会激活或可引起表观遗传调控因子（包括 small RNA、DNA 甲基化、组蛋白修饰酶和染色质重构因子等）表达改变。这些表观遗传调控因子通过组蛋白修饰和 DNA 甲基化，引起稳定的表观遗传学修饰和非稳定的改变。其中，非稳定的改变介导茶树的抗逆响应，而稳定的表观遗传学修饰会引起可遗传的和长期不可遗传的胁迫记忆。

植物整体抗逆性是一个抽象的概念，主要包括以下几方面。

1）交叉适应性。植株必须具有交叉抗性，如抗旱、抗寒、抗干热风，同时又要抗高温、抗涝、抗病虫害等，这样才能有良好的整体抗逆性和广泛的适应性。

2）形式多样性。抗逆性可体现在群体、植株、器官、组织、细胞、生理代谢、分子、基因等不同水平上，以及抵抗、忍耐和躲避逆境等不同形式上。

3）抗逆的阶段性。植物生长发育中决定不同性状的基因具有阶段性，是逐渐程序化表达的。不同生长发育阶段其抗逆性重点也是不同的，如冬小麦秋播时要抗旱萌发，分蘖期要抗寒，成株期要抗旱、抗热和抗病虫害，灌浆期要抗干热风，成熟期要抗倒伏和抗穗发芽等。

4）遗传的持久性。植物所具有的整体抗逆性，必须是由基因控制的遗传特性，才能保持持久抗性和广泛适应性。

5）效应的整体性。植物以不同形式、不同水平表达的抗逆性，通过自我调节，保证正常生长发育和获得较好的产量品质，形成效应的整体性。

茶树整体抗逆性主要是通过自身适应和育种改良获得。第一，自然进化适应（自然选择）。野生茶树主要靠自然杂交，自然适应严酷的环境诱变，一旦获得稳定突变，将会出现新的抗逆类型，它们是人类研究抗逆性的典型和极端材料。第二，人工选择培育。通过诱变筛选、杂交育种、基因工程等方法，进行植物抗逆性的改良。另外，还可通过人工保护和调控措施，增强植物抗逆性，如将含有不同抗性基因的材料进行复合杂交，是现代茶树育种的主要途径。

二、低温与茶树适应性

低温是植物常面临的一种逆境环境因子，它影响着植物的地理分布、生长发育、产量和品质，严重的时候还会造成植物死亡，导致经济作物的减产。低温对植物造成的伤害可分为冷害（零上低温）和冻害（零下低温），二者对植物的伤害方式并不相同，其中冷害主要导致细胞的代谢失衡，这是参与代谢途径和各种细胞过程的酶类的活性受到寒冷温度的抑制而造成的。冻害主要导致细胞脱水，细胞遭受冷冻低温时，从细胞壁开始结冰，随着冰晶在细胞壁中生长，水不断地从细胞内进入细胞壁，细胞因此脱水塌陷，对细胞壁和原生质体产生了机械胁迫。

植物遭受逆境后，会产生一系列的反应来适应，这种适应性反应也称为抗逆性。植物的抗逆性不是突然形成的，而是通过逐步适应形成的，植物逐步适应逆境的过程称为驯化（acclimation）。许多温带或常绿植物经历一段时间的零上低温，体内发生一系列适应低温的形态和生理生化变化，抗寒性逐步提高，这个过程叫作冷驯化。例如，茶树经过秋季渐变的低温锻炼，就可以忍受冬季的严寒。在我国，茶树主要分布在热带和亚热带地区，也有的分布在暖温带地区，这些地区的年最低气温大多在0℃以下，有些甚至到-15℃，而几小时的零下低温即可对未经冷驯化的茶树造成不可逆的损伤，因此，冷驯化对茶树安全越冬至关重要。

植物对逆境胁迫的反应称为应答。在长期进化过程中，植物在分子、细胞和生理水平上形成了多种应答机制来适应外界低温环境：①形成了复杂的基因调控网络来调节抗寒性；②发生了细胞膜组分、结构和功能的改变；③合成抗冻化合物（如可溶性糖、糖醇类等）、抗冻蛋白和抗氧化物质；④降低细胞含水量等。

（一）低温胁迫对茶树的伤害

低温胁迫是环境温度低于茶树最适生长温度下限而引起的伤害。茶树是起源于热带或亚热带地区的常绿木本植物，性喜温暖湿润，属于冷敏感植物，因此，低温对茶树的影响巨大。茶树在其生命周期中经历的低温胁迫主要分为两种，即越冬期的低温胁迫和春季芽萌发以后的"倒春寒"胁迫。越冬期的低温影响着茶树的地理分布，我国的茶树种植区域主要集中于东经102°以东，北纬32°以南，分为西南、华南、江南和江北四大茶区。秋冬季，随着气温逐渐下降，茶树通过冷驯化获得抗寒性，当茶树在冷驯化阶段获得的抗寒能力不足以抵御外界低温时，受低温胁迫的茶树叶片表现为褪绿、褐色或紫红色，严重时，叶片和茎杆干枯（图7-1A）。春季，随着气温回升，幼嫩且未经过冷驯化的新梢萌发出来，此时如果气温骤降（"倒春寒"天气），未获得抗寒能力的新梢受冻褐变、焦枯，严重影响春茶的产量和品质（图7-1B）。在我国，冷害、冻害或"倒春寒"危害常给茶园造成数十亿元的年度经济损失。

图7-1　成熟茶叶遭受冬季低温胁迫（A）和新梢遭受"倒春寒"（B）　　彩图

低温首先损伤细胞的膜结构，使生物膜发生膜脂相变，从液晶态转变为凝胶态，膜脂的脂肪酸链变得有序排列，膜上会出现裂缝或孔道，膜的透性增大。当茶树遭遇低温时，细胞膜透性增大，细胞内的电解质及小分子有机物向细胞外渗出，细胞内的离子平衡被破坏，外渗液的电导值增大。同时细胞膜上的蛋白质组分不能正常执行功能，导致许多生理过程被抑制。当细胞膜系统损伤严重时，茶树便失去了对低温环境的适应能力。

叶绿体是植物光合作用的场所，是植物细胞中对低温最为敏感的结构之一。光合作用中的光反应吸收并转化光能为化学能供碳同化使用，在正常情况下，茶树光合作用的供能和耗能平衡，光合最大化，处于光合稳态，但低温环境下，低温造成叶绿体形态结构和功能的损害，也直接损伤叶片的光合系统反应中心，光合稳态被打破。有研究发现，冷驯化前茶树叶绿体中的类囊体排列紧密，冷驯化后叶绿体中的类囊体发生解离分散。叶绿素是主要的光合作用色素，低温能够抑制酶活性，影响叶绿素生物合成的系列酶促反应，导致叶片的叶绿素含量减少，降低茶树对光的利用效率。

叶绿体、线粒体和过氧化物酶体在生命活动中都会产生 ROS，低温造成的光合作用失调会直接导致叶绿体产生过量的 ROS。茶树细胞内存在 ROS 的产生和清除系统，正常情况下，二者处于平衡状态。当 ROS 浓度较低时，对细胞没有伤害，其主要作为信号分子调节细胞的生理活动。而低温胁迫诱导的 ROS，打破了茶树体内 ROS 代谢系统的平衡，高浓度的 ROS 对细胞具有毒性，它会导致膜脂过氧化产生 MDA，破坏膜的完整性，使胞内电解质及小分子有机物大量渗漏，造成代谢紊乱，严重时导致细胞死亡。

因此，电导值、能反映植物潜在的光化学效率（F_v/F_m）、MDA 含量、ROS 含量和清除能力等，这些都是目前被用来评价茶树抗寒性的重要生理指标。

（二）茶树适应低温的生理机制

1. 茶树叶片的形态结构　　观察叶片解剖结构，是鉴定茶树抗寒性的早期方法之一。在低温驯化过程中，茶树叶片的组织结构会发生相应变化。早在 20 世纪 80 年代末，就有研究指出，茶树叶片栅栏组织厚度/海绵组织厚度的值与抗寒性具有相关性。茶树的叶片总厚度、角质层厚度、上表皮厚度和栅栏组织厚度等均与抗寒性呈正相关。也有研究提出了叶片解剖结构指数，该指数计算公式包含了栅栏组织厚度/海绵组织厚度、上表皮厚度/海绵组织厚度、栅栏组织厚度/总厚度、角质层厚度/总厚度和海绵组织厚度/总厚度 5 个因子，用于茶树幼苗期抗寒性的早期鉴定。

2. 茶树叶片的束缚水和自由水含量　　植物体内的水分可以分为束缚水（结合水）和自由水（游离水）。束缚水与细胞内的原生质体结合在一起，而自由水呈现游离的状态。由于束缚水不易结冰和蒸腾，因此总含水量减少和束缚水相对含量增加有利于增强茶树的抗寒性。在冷驯化过程中，茶树成熟叶片内总含水量和自由水含量随着环境温度的降低而下降，束缚水含量则随着环境温度的降低而上升。通常叶片内束缚水含量相对较高而自由水含量相对较低的茶树品种的抗寒性较强。

3. 细胞膜结构和组分　　细胞膜是由蛋白质、脂质和糖等成分组成。其中，膜脂主要由磷脂组成，脂肪酸又是磷脂的主要成分。一般认为，膜脂相变程度与脂肪酸的种类、含量及组成比例有着密切关系。从结构上分析，脂肪酸的碳链越短，则固化温度越低；相同碳链长度下，不饱和键数量越多，则固化温度越低。研究发现，茶树叶片的不饱和脂肪酸含量随温度的降低而显著上升，膜脂脂肪酸的去饱和化及不饱和度增大，能改善低温胁迫下细胞膜的流动性，维持细胞膜的正常功能，提高茶树的抗寒性。

4. 活性氧调节　　适量的 ROS 及 ROS 产生与清除的平衡关系对植物的正常生长和发育非常重要。低温胁迫下，茶树的 ROS 水平升高，相应地，茶树会通过增强抗氧化保护性酶（如超氧化物歧化酶、过氧化氢酶和过氧化物酶）的活性等来提高对 ROS 的清除能力。抗氧化保护性酶的活性与茶树的抗寒性存在着密切关联。不同品种茶树抗寒性的强弱与其具备的抗氧化能力高低有着直接的关系，研究表明，经历冷驯化后，抗寒品种具有更高的抗氧化酶类活性来清除体内 ROS，这对抵抗低温逆境具有积极的作用。

除了抗氧化酶类，抗坏血酸、维生素 E、还原型谷胱甘肽、类胡萝卜素及一些次生代谢物质等也能发挥 ROS 清除作用。模式植物拟南芥中，黄酮醇类的含量与叶片的抗寒性密切相关，其中槲皮素和花色苷衍生物等参与拟南芥抗冻。茶树的次生代谢物质比模式植物更为丰富，有研究表明，茶树的挥发性物质能够有效调控茶树的抗寒性。橙花叔醇是茶树中最重要的挥发性物质之一，它可以作为信号物质激发茶树体内的低温防御机制，除此之外，茶树体内的橙花叔醇糖苷会在低温下大量积累，可以有效地清除低温胁迫诱导产生的ROS。除橙花叔醇以外，研究人员还发现挥发物质如芳樟醇、香叶醇及水杨酸甲酯等在茶树低温胁迫下个体间的信息交流中发挥着重要作用。这些物质既可以通过糖苷化过程提高自身的抗氧化能力，也能诱导低温响应途径的相关基因的表达来提高茶树的抗寒性。

5. 渗透调节 低温胁迫下，茶树细胞中的渗透调节类物质会逐渐积累，包括可溶性蛋白质、可溶性糖、氨基酸、甜菜碱等，这类物质主要有提高细胞液浓度、降低冰点、增强细胞保水能力和维持细胞膜正常功能等作用。自然冷驯化期间，茶树叶片内的可溶性蛋白质和可溶性糖（包括蔗糖、葡萄糖、果糖、半乳糖和棉子糖等）含量随着环境温度的降低而显著性增加，随着环境温度的回升而降低至越冬前水平。可溶性蛋白质含量在不同抗寒性茶树品种成熟叶中具有差异，即抗寒性强的品种中可溶性蛋白质含量更高。抗寒品种中果糖、葡萄糖和蔗糖在冷驯化期间的增加倍数大于敏感品种。

游离氨基酸，包括脯氨酸、γ-氨基丁酸（GABA）等也可作为降低细胞冰点、防止细胞脱水的有效抗冻物质，它们的含量在低温下也会发生相应变化。在自然越冬过程中，茶树叶片的游离脯氨酸含量和氨基酸总量均随着环境温度的降低而增加，随着环境温度的回升又明显降低。外源施加GABA和脯氨酸均能提高茶树的抗寒性。

6. 合成抗冻蛋白 胁迫蛋白是指一些逆境诱导基因编码的蛋白质，有保护和稳定生物膜的作用。低温诱导的蛋白质包括COR蛋白、抗冻蛋白（antifreeze protein，AFP）、胚胎发生晚期丰富蛋白（late embryogenesis abundant protein，LEA蛋白）等。AFP是植物在适应低温过程中产生的抑制冰晶生长的蛋白质，它通过进入膜内或附着于膜表面，抑制冰晶的形成和重结晶，降低冰晶形成速度。LEA蛋白是植物中广泛存在的亲水性小分子蛋白质，它的积累与抵抗脱水关系密切。脱水素（dehydrin，DHN）属于LEA蛋白家族，是一类逆境诱导蛋白，脱水素的累积与植物细胞抗冻、抗脱水能力等密切相关，在茶树中也发现了受低温诱导的脱水素基因，如*CsDHN*。

（三）茶树适应低温的分子机制

1. 信号分子 钙离子（Ca^{2+}）是植物响应环境刺激信号转导网络中的第二信使。目前认为质膜是细胞感知低温的起点，植物对低温信号的初始反应可能是细胞膜上的Ca^{2+}通道，当受到低温刺激后，植物细胞内的Ca^{2+}浓度在短时间内迅速增加，从而激发下游耐寒防御反应。在模式植物水稻中，鉴定到了低温感受基因——*COLD1*（*chilling tolerance divergence 1*），它编码的是一个G-蛋白信号调节因子，定位于细胞膜和内质网，低温时*COLD1*与G-蛋白α亚基RGA互作，激活Ca^{2+}通道，随后下游低温响应基因的表达水平发生改变。在模式植物拟南芥中发现Ca^{2+}通道蛋白环核苷酸门控通道（cyclic nucleotide-gated ion channel，CNGC）对植物感受及响应温度起着重要作用。目前，茶树如何感知低温尚不明确，茶树中的低温感受基因还未被发现，不过已有不少研究证明Ca^{2+}信号途径在茶树新梢和成熟叶响应低温胁迫时发挥重要作用，许多Ca^{2+}信号途径相关基因在冬季或低温处理的茶树叶片和新梢中上调表达。

除Ca^{2+}外，低浓度的ROS和糖等也可作为信号物质参与植物的低温抗性调节。ROS可作为第二信使引发叶绿体到细胞核的信号反馈，从而改变很多基因的表达，Ca^{2+}渗透通道也可以被ROS激活，二者介导的信号传递过程存在交叉。糖也可作为信号分子，如外源葡萄糖可以促进信号转导相关基因的表达。目前已提出了一个糖介导的茶树低温响应模型，并发现了多个受低温调控的糖代谢途径相关激酶。例如，己糖激酶（hexokinase，HXK）具有磷酸化己糖和介导糖信号的作用，在茶树中也发现了受低温诱导的 *CsHXK* 基因 *CsHXK3* 和 *CsHXK4*。

2. 低温胁迫信号的转导　　为了适应和抵御外界逆境，植物在进化过程中形成了应答并适应逆境胁迫的有效分子机制。激酶、转录因子等在低温信号转导中发挥了主要作用。蛋白质的磷酸化/去磷酸化是生物体中常见的翻译后修饰。植物中的蛋白激酶通过磷酸化来调节信号转导，在生长发育和逆境响应等过程中发挥重要作用。茶树中已发现受低温调控的 CsMPK3、CsMEKK1、CsOST1/SnRK2.6 和 CsCRPK1 等激酶，虽然它们的功能及作用机制并未鉴定，但它们的同源基因在调控植物低温响应方面的作用机制均已得到解析，这也有助于对茶树低温响应调控网络的理解。

Ca^{2+} 感受蛋白和结合蛋白通过感知细胞质中的钙离子浓度并转导信号来调节下游基因的表达，使植物适应外界环境变化。Ca^{2+} 结合蛋白包括三大类：钙调蛋白（calmodulin protein，CaM）和类钙调蛋白（CaM-like，CaML）家族，钙调磷酸酶 B 类似蛋白（calcineurin B-like，CBL）家族和钙依赖性蛋白激酶（Ca^{2+}-dependent protein kinase，CDPK）。茶树中已克隆出不少低温响应的 Ca^{2+} 信号途径相关基因，如受低温诱导的钙调蛋白 CsCaM1 和 CsCaM2，类钙调蛋白 CsCML16、CsCML18-2 和 CsCML42；26 个 *CsCPK* 基因中有 10 个表达被低温抑制，有 14 个表达被低温诱导；通过对 8 个 CsCBL 和 25 个 CsCBL 互作蛋白质激酶（CBL-interacting protein kinase，CIPK）基因的低温响应模式及蛋白质互作鉴定发现，CsCBL-CsCIPK 模块参与调控茶树的低温响应，但它们介导的茶树新梢和成熟叶的低温响应存在不同的机制，如 CsCBL9-CsCIPK14b 和 CsCBL9-CsCIPK1/10b/12/14b 可能分别调节茶树新梢和成熟叶的低温响应。

转录因子（transcription factor，TF）又称作反式作用因子，指的是一类能够与真核基因启动子区域中的顺式作用元件特异结合，从而控制基因在特定时空以特定强度表达的蛋白质分子。转录因子的功能研究对于阐明植物整个基因调控网络也是至关重要的。当植物受外界低温、干旱、盐胁迫等刺激时，通过一系列信号转导诱导转录因子与相应的顺式元件结合，激活或抑制 RNA 聚合酶转录复合物的生成，然后调控胁迫响应基因的转录表达，提高植物的抗逆性。在错综复杂的低温信号网络中，CBF（C-repeat binding factor）和 ICE（inducer of CBF expression）转录因子的功能和作用机制较为明确，它们是植物低温信号途径的关键正调控基因。ICE 通过结合 *CBF* 启动子中的 MYC 元件（CANNTG）来诱导 *CBF* 的表达，CBF 通过识别下游低温调控（*cold-regulated*，COR）基因启动子中特异的 CRT/DRE 顺式元件（CCGAC）来诱导 *COR* 基因的表达，从而介导低温胁迫应答，提高植物抗寒或抗冻能力。ICE-CBF-COR 信号途径是模式植物里研究最为清楚的低温响应信号途径。研究人员克隆了茶树中的 *CsICE1* 和 6 个 *CsCBF* 基因，证实了 *CsICE1* 通过结合 *CsCBF1* 和 *CsCBF3* 的启动子来诱导它们的表达，也证实了 *CsCBF1* 能够结合 CRT/DRE 顺式作用元件，表明 ICE1-CBF 转录因子介导的低温响应信号途径在茶树中是保守的。

CBF 的表达受到上游转录因子的精密调控，除 ICE 之外，还受 CAMTA3 的正调控，MYB15 和 EIN3 的负调控。ICE1 受到多种蛋白质翻译后修饰的调控，它能被 E3 泛素连接酶 HOS1 泛素化，泛素化的 ICE1 蛋白通过 26S 蛋白酶体途径降解；它能被 MPK3 磷酸化，磷酸化后的 ICE1 稳定性降低；它能被 OST1/SnRK2.6 磷酸化，抑制 HOS1 介导的 ICE1 的泛素化降解，使 ICE1 的蛋白质稳定性增强。在茶树中，CsICE1 以外的 CsCBF 上游调控因子及 CsICE1 的蛋白质修饰调控也取得了一些研究进展。转录因子 CsWRKY4 和 CsOCP3 均能负调控 *CsCBF1* 和 *CsCBF3* 的表达，并且 CsWRKY4 和 CsOCP3 都能与 CsICE1 发生蛋白质相互作用，从而减弱 CsICE1 对下游 *CsCBF1/3* 的诱导程度。

植物中已鉴定到超过 84 个转录因子家族。来自 AP2-ERF、bZIP、MYB、bHLH、WRKY 和 NAC 等家族的许多转录因子基因参与低温胁迫响应。在茶树中，除 *CBF* 和 *ICE* 基因外，也在上述多个转录因子家族中克隆出许多低温诱导或抑制的转录因子，如 CsbHLH043/045/079/095/116、CsbZIP1/2/12/13/14/15/16/17/18、CsMYB14/15/73、CsWRKY3/7/16/24/48 等。

3. **冷响应基因的表达与调控**　虽然 ICE-CBF 通路被证实是正调控植物低温响应的关键途径，但在拟南芥中研究发现，CBF 仅调控了 10%～20%的 *COR* 基因，说明存在着非依赖于 CBF 的低温信号调控途径。依据是否有 CBF 的参与，植物低温信号转导途径可分为 CBF 依赖途径和 CBF 不依赖途径两大类，低温响应基因 COR 也被分为受 CBF 调控和不受 CBF 调控两大类。相较于 CBF 依赖途径，CBF 不依赖途径的研究还有很长的路要走。转录组分析发现，茶树中存在几千个 *COR* 基因，其编码蛋白质在稳定膜结构、激活 ROS 清除系统、合成抗冻蛋白质或渗透保护性物质等中发挥重要作用。目前，茶树中也克隆到一些 *COR* 基因，如 β-1,3-葡聚糖酶相关基因（*GLP*）、几丁质酶相关基因（*CLP*）、胚胎后期发生丰富蛋白质相关基因（*LEA*）、β-淀粉酶基因（*BAM*）等，但只处在分析它们在低温胁迫下的表达模式的阶段，它们的功能机制及上游调控因子鉴定等，将是未来的研究重点。

4. **低温响应的功能基因**　茶树作为多年生常绿木本植物，其遗传杂合度高、基因组大等因素决定了它可能具有比模式植物更复杂的低温胁迫响应机制。因此，研究茶树如何响应低温、其中的分子机制是什么、与模式植物相比有何异同等具有重要的理论和应用价值。

茶树抗寒性是一个复杂的数量性状，其不是受单一信号通路或单个基因的调控，而是多基因在不同信号途径和转录、转录后及翻译后水平共同调控所致。研究茶树低温响应基因的功能，解析其作用机制，对完善茶树适应低温的分子机制及指导抗寒分子育种具有重要意义。自 2010 年以来，随着多组学技术的应用，茶树中已鉴定到大量的低温响应基因，随着茶树基因组测序完成，茶树进入功能基因组研究时代，但受限于不成熟的茶树遗传转化技术，茶树基因的功能鉴定常常采用在模式植物如拟南芥、杨树、番茄中进行异源过表达的方式来进行。近几年，反义寡聚核苷酸诱导基因沉默的技术被成功应用到茶树中，为茶树基因功能的同源鉴定打开了新局面。目前已鉴定出多个基因在低温下的生理功能，如转录因子基因 *CsICE1*、*CsCBF3*、*CsbZIP6*、*CsbZIP18*，COR 基因 *CsSWEET1a/16/17*、*CsINV5*、*CsUGT91Q2*、*CsUGT78A14*、*CsUGT71A59* 等（表 7-1）。但是，与茶树中的低温响应基因数量相比，已开展功能鉴定的基因只是冰山一角，未来仍需要开展大量研究工作。

表 7-1　茶树低温响应基因的功能及转基因表型

基因	注释信息	转化植物/方式	生理功能	参考文献
CsICE1	bHLH 家族转录因子，特异性识别 MYC 顺式作用元件，转录激活 *CsCBF1*、*CsCBF3*	拟南芥/过表达	正调控抗寒性	Ding et al.，2015；Peng et al.，2022
CsCBF3	CBF 转录因子	拟南芥/过表达	正调控抗寒性	Hu et al.，2020
CsbZIP6	碱性亮氨酸拉链（bZIP）家族转录因子	拟南芥/过表达	负调控抗寒性	Wang et al.，2017a
CsbZIP18	碱性亮氨酸拉链（bZIP）家族转录因子	拟南芥/过表达	负调控抗寒性和 ABA 信号通路	Yao et al.，2020b
CsSWEET1a	定位于细胞膜的 SWEET 家族糖转运体，与 *CsSWEET17* 互作	拟南芥/过表达	正调节抗寒性	Yao et al.，2020a
CsSWEET16	定位于液泡膜的 SWEET 家族糖转运体	拟南芥/过表达	正调节抗寒性	Wang et al.，2018
CsSWEET17	定位于细胞膜的 SWEET 家族糖转运体，与 *CsSWEET1a* 互作	拟南芥/过表达	正调节抗寒性、叶片和种子大小	Wang et al.，2020

续表

基因	注释信息	转化植物/方式	生理功能	参考文献
CsINV5	液泡型蔗糖转化酶,不可逆地将蔗糖水解为葡萄糖和果糖	拟南芥/过表达	正调控抗寒性	Qian et al.，2018
CsUGT91Q2	倍半萜 UDP 葡萄糖基转移酶,特异性催化橙花醇的糖基化	茶树叶片/反义寡核苷酸沉默	正调控抗寒性	Zhao et al.，2020
CsUGT78A14	糖基转移酶,催化黄酮醇的糖基化	茶树叶片/反义寡核苷酸沉默	正调控抗寒性	Zhao et al.，2019
CsUGT71A59	尿苷二磷酸（UDP）-葡萄糖基转移酶,特异性催化丁香酚糖苷的形成	茶树叶片/反义寡核苷酸沉默	正调控抗寒性	Zhao et al.，2022
CsPMEI4	PMEI（果胶甲基酯酶抑制剂）家族成员,在翻译后水平上抑制果胶甲基酯酶（PME）活性	拟南芥/过表达	负调控抗寒性	Li et al.，2022
CsSPMS	精胺合成酶,参与精胺的生物合成	烟草/瞬时表达	正调控抗寒性	Zhu et al.，2015
CsHSP17.7 *CsHSP18.1* *CsHSP21.8*	sHSP（小热激蛋白）家族成员	酵母细胞和拟南芥/过表达	正调控抗寒性	Wang et al.，2017b
CsHis	H1 组蛋白,染色质结构蛋白	烟草/过表达	正调控抗寒性	Wang et al.，2014

三、干旱胁迫与茶树适应性

随着全球气候转暖,降水量减少,干旱问题不断加剧,特别是在干旱和半干旱地区,严重影响了茶叶的产量和品质。因此干旱已成为限制茶产业发展的重要因素（图 7-2）。

彩图

图 7-2　干旱对茶产业的影响

（一）干旱对茶树的影响

1. 干旱对茶叶产量的影响　　茶叶是重要的经济农业作物,据统计,全球茶树种植覆盖五大洲中的 50 多个国家,其中中国茶园面积约 4400 万亩,约占全球茶树种植面积的 60%。在很多产茶国,茶叶是赚取外汇的主要商品,也是劳动者的主要收入来源。因此,茶叶产量和质量的变化会对劳动者的生计和地区经济产生重大影响。干旱限制茶树的生长发育,对茶树的产量和品质产生不可逆转的负面影响,造成巨大的经济损失。据以往研究报道,干旱导致不同种植区域茶树作物损失 14%～40%,且导致 6%～19% 无性系茶树品种植株死亡。例如,干旱灾害使得坦桑尼亚和斯里兰卡每年的茶叶减产量分别达到了 33% 和 26%;于 2009 年发生在东非大裂谷的干旱灾害导致肯尼亚茶叶产量下降了 30%;2013 年,印度阿萨姆邦茶园遭受高温干旱灾害，使得产业总产量降低了 21%。在中国，包括干旱在内的恶劣天气导致茶叶产量下降 11%～35%，这对茶叶行业有着严重的负面影响。例如，2013 年，中国浙江省内约 13.9 万亩茶园受到严重的干旱灾害，造成了近 17.2 亿元人民币的经济损失。总之，干旱是全球茶树种植国家面临的巨大威胁，利用生物技术增强茶树抗旱能力迫在眉睫，同时积极探究茶树应对干旱胁迫的措施具有重要产业意义。

2. 干旱对茶树形态学的影响　　茶树在遭受干旱胁迫时会面临一系列形态上的反应，最直观的影响表现在形态改变。茶树遭受旱害，树冠叶片首先受害，叶片主脉两侧叶肉泛红，并逐渐形成界限分明但部位不一的焦斑。随着部分叶肉细胞红变与支脉枯焦，继而逐渐由内向外扩展，由叶尖向叶柄延伸，主脉受害，整叶枯焦，叶片内卷直至自由脱落。与此同时，枝条下部成熟较早的叶片出现焦斑，顶芽相继受害，树本体水分供应不上，致使茶树顶梢蔫，幼芽嫩叶短小轻薄，卷缩弯曲，色枯黄，芽焦脆，幼叶易脱落，茶树发芽轮次减少（图 7-3）。

彩图

图 7-3　干旱对茶叶形态的影响

干旱程度的加剧，对茶树叶片的影响也逐渐加剧。轻度干旱时，嫩叶影响较小，部分老叶逐渐失水缺绿，随后叶缘慢慢卷曲，叶尖变褐；中度干旱时，茶树新梢的叶间距变小，新叶小而且卷曲，随着中度干旱时间的延长，叶片萎蔫枯焦脱落，顶芽闭合未干死；重度干旱时，茶树叶片枯焦脱落，出现大量的鸡爪枝，随着重度干旱时间的延长，大部分鸡爪枝枯死，主干部分未干死；极度干旱时，土壤中基本没有可利用的水分，茶树地上部分叶片全部干死脱落，地下部分根毛干枯而死，茶树整体随着干旱时间的延长而死亡。

3. 干旱对茶树品质的影响　　茶氨酸、多酚和咖啡碱是茶树次生代谢产物的重要品质参数。干旱影响茶树的氮代谢，进而影响茶树的茶氨酸代谢。研究发现干旱处理'福云 6 号'，茶树一叶和二叶的茶氨酸含量显著降低。南京农业大学选择'龙井长叶'为研究对象设置水培实验，发现随着干旱处理时间的延长，儿茶素单体和咖啡碱含量逐渐降低。在干旱土培条件下，多酚代谢途径的苯丙氨酸氨裂解酶表达量显著降低。因此，干旱对茶树品质体现出负调控的作用。

（二）干旱对茶的生理响应的影响

1. 干旱胁迫对茶树渗透调节物质的影响　　茶树遭受干旱胁迫时，会通过渗透调节减少水分的流失。茶树参与渗透调节的物质主要有无机离子和有机渗透调节物质。前者可以通过各种离子泵控制无机离子进出，调节离子浓度，维持渗透势的稳定性；后者主要是蛋白质、氨基酸类、糖类物质和甜菜碱等，在调节胞质渗透势的同时保护酶、蛋白质和生物膜不受损害。

参与茶树渗透调节的无机离子主要有 K^+ 和 Cl^-。安徽农业大学宛晓春课题组发现：干旱削弱了茶树质膜 H^+-ATPase 的活性，加速膜电位去极化，进而激活外向 K^+ 通道活性，调节气孔运动来抵御干旱；复水后，质膜 H^+-ATPase 活性提高，膜电位复极化，激活内向 K^+ 通道，气孔重新张开。比较不同抗性的茶树品种发现：抗性品种茶树叶肉细胞 K 含量显著高于敏感品种。而对于阴离子调控茶树渗透调节的研究，通过设置 PEG 模拟干旱，对比不同抗性茶树品种 '台茶 12'（抗性品种）和 '福云 6 号'（敏感品种）发现：干旱胁迫显著促进了 '福云 6 号' 叶肉细胞 Cl^- 外排，且外排量显著高于抗性品种；而外源加 K^+，均缓解了 Cl^- 外排，且抗性品种的 Cl^- 外排总量远低于敏感品种（图 7-4）。

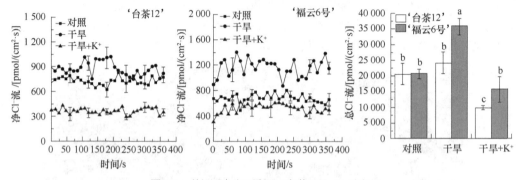

图 7-4　外源 K^+ 对干旱下 '台茶 12'（A）和
'福云 6 号'（B）叶肉细胞净 Cl^- 流动态变化及对叶肉细胞总 Cl^- 流（C）的影响

茶树遭受干旱胁迫时光合作用受阻，通过可溶性糖和氨基酸的积累维持细胞膨压的稳定以提高茶树对干旱逆境的适应性。干旱胁迫显著提高了 '台茶 12' 叶肉细胞的葡萄糖、果糖和蔗糖的含量；同时分析不同氨基酸的变化，精氨酸和天冬氨酸含量显著增加。此外，PEG 处理 '舒茶早' 也诱导可溶性糖含量显著增加，干旱处理可诱导脯氨酸脱氢酶蛋白表达上调。

2. 干旱胁迫对茶树抗氧化系统的影响　　茶树在遭受旱害时，体内会迅速积累 ROS，包括超氧自由基（$\cdot O_2^-$）、羟基自由基（$\cdot OH$）和过氧化氢（H_2O_2），从而破坏茶树的正常代谢。敏感的茶树品种 '软枝乌龙' 在干旱胁迫下积累高水平 H_2O_2，染色实验进一步明确了 ROS 对叶肉细胞的伤害程度。茶树为缓解过度 ROS 引起的氧化损伤，主要通过酶促氧化系统 [SOD、POD、CAT、抗坏血酸过氧化物酶（APX）、谷胱甘肽还原酶（GR）、单脱氢抗坏血酸还原酶（MDHAR）和脱氢抗坏血酸还原酶（DHAR）] 和非酶促氧化系统 [维生素 C、还原型谷胱甘肽（GSH）、胡萝卜素（Car）、脯氨酸（Pro）、甘露醇、山梨醇、肌醇、生育酚和黄酮类物质] 维系茶树体内稳态。Tony 等（2016）利用土培处理不同抗性茶树品种 'TRFCA SFS150'（抗性品种）和 'AHP S15/10'（敏感品种），高通量测序发现茶树 SOD、CAT、POD 等相关基因在水分胁迫下受到不同程度的调控，且耐旱品种的 SOD 表达量显著高于感旱品种。西南大学通过比较 '龙井 43''槠叶齐''宁州 2 号''白叶 1 号' 二年生扦插苗的耐旱性，发现抗性品种 '龙井 43' 的 POD 活性显著增加。通过大田试验对比 9 个茶树品种对干旱的响应，发现抗性品种通过非酶促反应体系——多元酚清除 ROS。

3. 干旱胁迫对茶树光合系统的影响　　光合作用是为茶树生长发育提供能量和碳水化合物的重要代谢活动。当空气或土壤环境中的水分含量降低到对植物造成胁迫时，为了缓解缺水状况，叶片气孔关闭，使得 CO_2 吸收受阻，净光合速率（Pn）下降。随着干旱胁迫的逐步加深，体内光合器官的形态发生了畸形变化，光合色素的合成降低，光合作用中的电子传递链及相关酶活性受到影响，植物因此受到进一步的损伤。随着田间持水量逐渐降低，金花茶一年生幼苗叶片净光合速率（Pn）、气孔导度（Gs）、蒸腾速率（Tr）和 PSⅡ实际光化学量子效率（ΦPSⅡ）均显著降低。PEG 处理二年生的扦插苗，随着处理时间的延长，PSⅡ光化学效率逐渐降低。最新研究通过高光谱成像发现：干旱显著降低光系统Ⅱ的最大效率，进一步说明了干旱削弱了茶树的光合效率。

4. 干旱胁迫对茶树细胞膜系统的影响　　细胞膜系统的完整性、稳定性和流动性是植物生命活动的基础。当植物遭受干旱胁迫时，细胞内产生的 ROS 会侵袭膜系统，促使膜上磷脂和脂肪酸首先受损，从而造成生物膜的脂质过氧化或脱脂化，破坏生物膜上酶蛋白的空间构型，最终导致细胞膜通透性增加，离子大量泄漏，引起植物的死亡。植物对干旱胁迫的抵御能力在很大程度上取决于体内不饱和脂肪酸的水平。在茶树叶肉细胞中，不饱和脂肪酸约占总脂肪酸的 80%。最常见的不饱和脂肪酸包括油酸、亚油酸和亚麻酸。干旱导致茶树细胞膜脂质过氧化，降低细胞膜的不饱和度，进而削弱了细胞膜的流动性。茶树对干旱胁迫的抵御能力在很大程度上取决于体内不饱和脂肪酸的水平和调节脂肪酸不饱和性的脂肪酸去饱和酶（fatty acid desaturase）。福建农林大学研究发现 PEG 胁迫处理'铁观音'茶树幼苗 12h，诱导脂肪酸去饱和酶 CsFAD2 和 CsFAD6 的表达。此外，PEG 处理'福云 6 号'5d，发现叶肉细胞亚麻酸含量显著降低且脂肪酸不饱和度减少了约 10%，细胞膜对叶肉细胞水含量的滞留能力显著降低。因此，干旱胁迫降低了脂肪酸不饱和度，从而显著降低了细胞膜流动性。

5. 干旱胁迫对茶树体内激素水平的影响　　茶树遭遇干旱胁迫时，茶树体内激素也会发生不同程度的变化。茶树水杨酸（SA）与 ABA 对干旱有着相同的响应，在干旱初期，缓慢增加含量，上升到高峰后迅速下降，但含量依旧比未受干旱胁迫的茶树高。干旱胁迫促进茶树胞内 ABA 和 SA 含量迅速积累，且抗旱品种的 ABA 和 SA 含量高于敏感品种。

（三）茶树抗旱性的研究进展

1. 筛选抗旱茶树品种　　筛选抗旱性强的茶树品种是提高茶树抗旱能力的重要手段之一。抗旱性强的无性系茶树 K 滞留能力较强。通过对比不同茶树品种，测定叶肉细胞 K 含量和 K 离子流，明确了抗性较强的品种如'台茶 12'和'中茶 108'等叶肉细胞 K 含量较高，K 离子流偏低，表现出具有较强的 K 滞留能力。从茶树解剖结构上分析，栅栏组织厚度与叶片总厚度比值及上表皮厚度与茶树抗旱性表现出相关性。此外，分析'福云 6 号'茶树叶片蜡质，经 GC-MS 分析鉴定出十三大类共 58 种蜡质成分，包括酯类、甘醇类、萜类、甾醇类、脂肪酸及其衍生物。选用低失水率品种的'金牡丹'和高失水率品种的'红芽佛手'为实验材料，通过对一年生盆栽茶苗进行干旱处理，分析叶片蜡质变化与干旱胁迫之间的关系。总之，两个茶树品种的蜡质晶体在干旱处理下不断增加，且抗性品种高于敏感品种。

2. 茶行覆盖　　干旱降低了茶园土壤含水量和空气相对湿度，进而影响茶树对水分的吸收。在茶园行间铺草，可以有效地阻挡阳光对茶园的直射，减少土壤水分的流失，防止茶苗因干旱出现茶苗萎凋的现象，提高茶苗的存活率。此外，不同颜色的地膜覆盖对地表温度、水分分布影响差异大，目前主要以黑色地膜为主在茶园推广。此方法前期需要人工统一在行间覆盖，在地膜两侧用园艺地钉固定。在大田试验中发现茶行间铺稻草和黑色地膜可显著降低地温且提高茶园表层土壤的含水量 10%～15%（图 7-5）。

3. 茶园间种　　茶园行间距一般可以达到 1m，由于行间的裸露，表面蒸发严重。茶园间作是茶叶生产过程中改良生态环境、提高相应经济效应的重要措施。茶园合理间作可有效保持土壤的水分。近些年鼠茅草在安徽祁门茶园中推广，其在控草、保水、改土、增肥方面有很好

图 7-5　茶园间铺草和地膜

的效果，研究发现，茶园间种鼠茅草不仅可以提高茶园表层土壤的含水量，同时还可抑制杂草发生，如鼠茅草间作的土壤含水量在 7～10 月平均增长约 40%（图 7-6）。

图 7-6　茶园间种鼠茅草

　　鼠茅草的播种具体如下：播种前将茶行中的石块清理干净，再使用除草机清理茶行中的杂草。清理完茶行中的杂草后，使用旋耕机翻耕土壤，保证深度 10cm，使土壤疏松平整。土壤翻耕后即可播种鼠茅草，播种时将种子和沙子 1∶10 拌匀后撒播；鼠茅草播种用量一般为 1～1.5kg/亩；安徽地区适宜种植时间为 9 月上旬至 10 月上旬。

　　播种后施用耙子等工具平整土地及覆土，使鼠茅草种子埋在土下 2～3cm。播种后注意观察土壤含水量，土壤相对含水量在 65%以下时需要人工浇水。3～5 月为鼠茅草的旺长期，5～6月为灌浆成熟期，之后逐渐枯死。播种后第二年秋季可复生，根据实际情况适当补种，以保证鼠茅草生物量。播种后第二年春天追施氮肥，每亩 5kg。

　　4. 外源喷施　　随着茶产业的发展，为了保证茶叶的产量和品质，通常在叶面肥基础上添加一些外源物质以提高茶树抗旱性。近年来，通过筛选不同抗旱材料，发现叶肉细胞 K^+ 滞留能力是茶树抗旱的重要参数之一，因此外源喷施 K^+ 可显著提高'福云 6 号'的抗旱性。通过氨基酸分析仪进一步分析叶肉细胞的氨基酸含量发现，精氨酸含量显著增加，因此外源喷施精氨酸同样增强了'福云 6 号'的抗旱性。精氨酸是多胺代谢的上游，通过外源喷施亚精胺或精胺，维持质膜 H^+-ATPase 的活性和脂肪酸不饱和度也可提高质膜的稳定性和流动性。研究发现，干旱胁迫下，外源 ABA 能提高茶树体内脯氨酸、可溶性糖及可溶性蛋白的含量，同时增强了抗氧化酶活性，从而降低干旱胁迫对茶苗的伤害。ABA 处理后的茶苗在复水后，渗透调节物质含量和抗氧化酶活性均保持较高值，外源 ABA 对提高茶树抗旱性起到一定的作用。最新的研究以'舒茶早'为试验材料，PEG-6000 模拟干旱胁迫环境，喷施 5-氨基乙酰丙酸（5-AL）显著提高干旱胁迫下茶树叶片叶绿素的含量并有效缓解干旱胁迫对茶树叶片 PSⅡ反应中心的损伤。

综上所述，通过外源喷施 K、精氨酸、多胺、5-氨基乙酰丙酸和 ABA 均可提高茶树的抗旱性。

5. 建立喷灌系统　　茶园灌溉是预防旱害最直接有效的方法，茶园灌溉的方式有 4 种，即浇灌、流灌、喷灌和滴灌。茶园灌溉方式的确定必须充分考虑合理利用当地水资源、满足茶树生长发育对水分的要求、灌溉效果等因地制宜地运用。浇灌是一种最原始的劳动强度最大的给水方式。对广大山地茶园，不宜大面积采用，仅在修建其他灌溉设施和临时抗旱时局部应用。茶园流灌对地形因子要求严格，一般只适于平地茶园、水平梯式茶园及某些坡度均匀的缓坡条植茶园。同时此种给水形式需要建造众多的地下管道，耗材较多，目前大量推广仍存在一定困难。因此，目前茶园主要通过喷灌形式作为茶园预防旱害的主要措施。

喷灌系统主要由水源、水泵、动力、压力输水管道及喷头等部分组成。喷灌相对于地面流灌有许多优点，主要包括：①节约用水，通过喷灌强度等的控制可有效地避免土壤深层渗漏和地面径流损失，较地面流灌可省水 30%～50%；②灌水均匀，均匀度可达 80%～90%；③适应广，各类茶园可用，不受地形条件的限制；④可灵活控制灌溉周期；⑤节约劳力，可以提高工效 20～30 倍；⑥少占耕地，可减少沟渠耗地；⑦可改善茶园小气候，提高产量和品质。

四、热害生理与茶树耐热性

由高温引起植物伤害的现象称为热害。茶树生长发育的适宜年均温为 15～20℃，极端的高温会对茶树造成热害等。植物对高温胁迫的适应和抵抗能力称为抗热性。

（一）高温对茶树的伤害

当日平均气温为 22～23℃时，茶树生长速度最快，此后随着气温的升高，茶树的生长速度开始逐渐降低。当日最高温度高于 30℃且伴随低湿天气时，茶树的活跃生长就将停止。持续多天 35℃以上的高温、低湿天气将使茶树叶片出现烧伤现象。研究表明，高温胁迫可从多个方面影响茶树的生理与代谢过程，抑制植株的生长和发育。茶树受高温危害后症状为热害开始初期，树冠顶部嫩叶首先受害，但没有明显的萎蔫过程，之后叶片主脉两侧的叶肉因叶绿体遭破坏产生红变，接着有界限分明和部位不一的焦斑形成，然后叶片蛋白质凝固，由红转褐甚至焦黑色，直至脱落。受害顺序为先嫩叶、芽梢，后成叶和老叶，先蓬面表层叶片，后中下部叶片。随着高温的延续，植株受害程度不断加深、扩大，直至植株干枯死亡。

1. 直接伤害　　直接伤害指高温直接破坏原生质结构的伤害。茶树体受到短期高温后，会直接影响细胞质的结构，迅速出现热害症状，并从受害部位向非受害部位扩展。

（1）蛋白质变性　　由于维持蛋白质空间构型的氢键和疏水键的键能较低，高温易使这些键断裂，失去生理活性。蛋白质的热变性最初是可逆的，但在持续高温作用下很快转变为不可逆的凝聚状态。

（2）膜脂液化　　高温作用下，构成生物膜的蛋白质与脂质之间的键断裂，脂质脱离膜形成一些液化的小囊泡，从而破坏膜结构，导致膜丧失选择透性与主动吸收的特性。膜脂液化程度与脂肪酸的饱和程度有关，脂肪酸饱和程度越高，膜热稳定性越好，耐热性越强。

（3）蒸腾失水　　高温胁迫会导致茶树过度蒸腾失水，严重时还会造成叶片脱落、枝条干枯，进而引起茶树器官损伤乃至出现茶树整株死亡。茶树为了减少蒸腾、提高水分利用率，会关闭气孔，降低光合速率，并且胁迫时间越长，其光合速率下降越快。

2. 间接伤害　　高温引起细胞大量失水，进而导致代谢异常，该过程是缓慢的。高温持续时间越长或温度越高，伤害也越严重。

（1）代谢性饥饿　　高温胁迫下，茶树幼苗叶片的总呼吸速率降低，抗氰呼吸速率升高，同时三磷酸腺苷（ATP）生成量也明显降低。在高温胁迫下，叶片呼吸作用加剧，氧化作用无法贮备净光合物质，致使能量供应减少，同时合成与酶有关的物质如维生素在高温下也有所减少，最终导致茶树机体合成代谢大大减弱，使茶树生长受阻。

高温胁迫下，若茶树处于温度补偿点以上的较高温度，呼吸大于光合，物质消耗大于合成，会造成代谢性饥饿，高温持续较长时间会导致茶树死亡。C_3 植物由于乙醇酸氧化酶温度系数 Q_{10} 较高，在高温下因光呼吸增强更易造成饥饿现象。

（2）光抑制　　高温对光合作用的影响，一方面是通过降低叶绿素含量致使光合速率下降。叶绿素 a 和叶绿素总量随温度的升高均呈下降趋势，高温加剧了叶绿素的水解并阻止叶绿素合成，同时对叶绿体膜系统的破坏也导致叶绿素减少。另一方面高温造成作物光合系统损伤，从而降低光合速率。利用叶绿素荧光动力学方法进行研究，发现高温使茶树叶片核酮糖-1,5-双磷酸羧化酶羧化能力和核酮糖双磷酸酶再生能力下降，严重影响光合碳同化过程的进行。

高温会抑制植物光系统Ⅱ的光化学效率，叶绿素荧光参数 F_o、F_v/F_m、F_v/F_o 均呈现先升高后降低的趋势，叶绿素荧光参数（ETR）、Y（Ⅱ）等在第 3 天稍有升高之后不断下降，非光化学猝灭系数（qN）、调节性能量耗散的量子产量 [Y（NPQ）] 先升高后降低，光化学猝灭系数（qP）则逐渐下降，非调节性能量耗散的量子产量 [Y（NO）] 随着胁迫时间的进行先降低后升高，说明植物叶片受到高温干旱胁迫后，会通过提高 PSⅡ 反应中心的开放程度、潜在活性，减少捕获的光能并增加热耗散来消耗光系统中的过剩光能等方式来抵御外界伤害，但这种自我保护和调节不是无限的，当伤害累积到一定程度时，茶树叶片自我保护性调节机制变弱，Y（NO）则不断增加，PSⅡ 反应中心的开放程度、潜在活性、最大活性、调节性能力耗散等方面不断降低，直至植株死亡。

（3）抑制生长代谢　　光合作用合成的有机物质是茶树生长发育的物质基础，而高温不仅会导致作物光合物质积累量降低、源库关系失衡，还会导致茶树体内对养分的吸收、同化和运移发生变化。

（4）有毒物质累积　　高温时，茶树组织内氧分压下降，无氧呼吸增强，可积累无氧呼吸产生的乙醛、乙醇等有毒物质。高温抑制氮化物的合成，大量游离 NH_3 积累，毒害细胞。如果提高茶树体内的有机酸（如苹果酸、柠檬酸等）含量，则氨含量减少，酰胺增加，热害症状将大大减轻。肉质植物如仙人掌类等有机酸代谢旺盛，能减轻氨的毒害，抗热性较强。

（5）蛋白质破坏及膜透性增大　　高温下不仅蛋白质降解加速，而且合成受阻。原因在于：①高温使细胞产生自溶的水解酶类或溶酶体破裂放出的水解酶类使蛋白质分解；②高温下氧化磷酸化解偶联，ATP 减少，蛋白质合成受阻；③高温破坏核糖体与核酸的生物活性，降低蛋白质的合成能力。

（6）生理活性物质缺乏　　高温使一些基础生化反应受阻，植物生长所必需的活性物质不足，导致生长不良或引起伤害。茶树叶片中氨基酸含量随温度（35～40℃）升高而略有增加，而增加量是由蛋白质和多肽在酶的催化下水解所得，之后随温度的升高，氨基酸分解加快，积累量减少，同时高温影响根系对养分的吸收，从而影响氨基酸的合成，使氨基酸含量急剧下降。高温胁迫使细胞的游离氨基酸含量增加，引起脯氨酸积累，蛋白质发生降解。另外，高温下呼吸作用增强，可溶性碳水化合物被大量消耗，因降解量大于合成量，导致碳水化合物含量呈下降趋势。

（7）茶叶产量品质下降　　高温天气常造成茶树的生理功能下降明显。高温下与茶树品质产量有关的生理指标如茶树的百芽重、根系活力、光合作用能力、叶绿素含量等均下降，导致茶树生长发育减退，进而影响到茶叶的生化成分，其中决定茶叶味道和香气的氨基酸因高温下的加速分解积累量减少，同时高温对根系吸收的影响作用阻碍了氨基酸的合成，从而造成其含量大量降低，而有苦涩味刺激的茶多酚、粗纤维呈上升趋势，另有咖啡碱含量升高，从而导致茶叶品质下降。高温使芽梢发芽旺盛期及采收期延迟，茶树的新芽发芽数量明显减少，叶片寿命缩短，叶片的干物质同化和积累减少，幼芽嫩叶饱满度差，叶片变得卷曲色黄，芽尖焦脆，幼叶极易从枝上脱落，从而影响茶叶产量。

（二）植物耐热性的基础

1. 外部条件

（1）环境湿度　　栽培作物时控制淋水或充分灌溉，可使细胞含水量不同，造成抗热性有很大差别。通常湿度高时，细胞含水量高，植株或器官抗热性降低。

（2）矿质营养　　矿质元素与耐热性的关系较复杂，植物的氮素过多，其耐热性降低；而营养缺乏的植物，其热死温度反而提高。其原因可能是氮素充足增加了植物细胞含水量。此外，一般而言，一价离子可使蛋白质分子键松弛，使其耐热性降低；二价离子如 Mg^{2+}、Zn^{2+} 等连接相邻的两个基团，加固了分子的结构，增强了热稳定性。

2. 内部生理　　
植物的抗热性与自身的代谢有关。①耐热性强的植物，体内蛋白质对热稳定，即在高温下仍能维持一定的正常代谢。热激蛋白的种类和数量可以作为植物抗热性的生化指标。②有机酸代谢旺盛，抗热能力相对较高，如生长在沙漠和干热山谷中的植物。因为有机酸可以消除因蛋白质分解而释放的氨（NH_3）的毒害。③细胞汁液自由水含量越少，蛋白质分子越不易变性，抗热性越强。④高温胁迫会导致植物叶片细胞质膜的透性增加、MDA 含量显著提高、膜脂的过氧化作用加剧。而植物细胞为了减轻氧化胁迫带来的伤害，会启动自身的抗氧化防御系统（SOD、POD、CAT 等），通过酶促和非酶促作用保护细胞免受活性氧等的毒害。⑤在高温胁迫环境下原生质膜的半透性减弱，植物细胞会被动失水，而渗透调节物质可以通过提高植物细胞质浓度，降低水势，从而平衡细胞内外水分，使植物适应高温环境生长。⑥为抵抗高温逆境，植物体内的胁迫激素如 ABA、SA、PA 类等激素含量会有所增加，而促进植物生长的激素如 IAA、GA 等激素含量则下降。ABA 含量增加能够使叶片细胞可溶性蛋白质含量增加，诱导形成生物膜系统保护酶，降低膜脂的过氧化程度，从而保护膜结构的完整性，增强植物的抗氧化能力，同时也可以诱导抗性基因的表达，以提高植物的抗逆能力；而 SA 则可以减轻高温对植物生长的胁迫。

3. 内部分子因素　　
植物受高温刺激后大量合成的一类蛋白质称为热激蛋白（HSP），大部分 HSP 的功能是作为分子伴侣防御热胁迫，主要参与植物体内新生肽的运输、折叠、组装和定位，以及变性蛋白质的复性和降解。热胁迫使蛋白质不能折叠或错误折叠，错误折叠的蛋白质常聚集和凝结沉淀，导致正常结构破坏或酶活性丧失，严重影响了细胞功能，作为分子伴侣的 HSP 通过帮助错误折叠的蛋白质和聚集蛋白质形成正确构象，并阻止一些蛋白质的错误折叠，在温度突然升高时帮助细胞行使正常功能。被诱导合成 HSP 的细胞，提高了抗热性，并在致死温度下仍能存活。HSP 有稳定细胞膜结构与保护线粒体的功能，所以热激蛋白的种类和数量是植物抗热性的生化指标。植物体内通过多种不同的 HSP 信号转导途径介导植物的耐热性。在茶树中鉴定出 47 个 *CsHSP* 基因，其中含 7 个 *CsHSP90*、18 个 *CsHSP70* 和 22 个 *CssHSP* 成员。研究发现 *CsHSP17.2* 的表达受高温诱导，在拟南芥和酵母中过表达该基因均能够显著增强耐高温，且 *CsHSP17.2* 作为分子伴侣，通过维持最大的光化学效率和蛋白质合成，增强活性氧的清除和诱导其他热激反应相关基因的表达来参与植物的耐热性。*HSP* 基因的表达受热激转录因子（heat shock transcription factor，Hsf）调节。目前，已经在茶树中确定了 25 个 *CsHsf* 基因，通过系统发育分析将其分为 3 个亚家族（即 A、B 和 C）。基因结构、保守结构域和基序分析表明，每一类中的 *CsHsf* 成员相对保守。*CsHsf* 的启动子区域存在参与植物生长调节、激素反应、胁迫反应和光反应的各种顺式作用元件。许多 *CsHsf* 受到干旱、盐和热胁迫及外源 ABA 和 Ca^{2+} 的差异调节。在酵母中异源表达 *CsHsfA2* 能够提高酵母耐热性；最新研究发现，茶树 *CsHsfA* 能够通过调节茉莉酸信号途径来调控高温胁迫下类黄酮的代谢。

　　钙有助于调节植物对各种不利环境条件的反应，包括热激反应。钙预处理可以增加热胁迫下茶树叶片的脯氨酸、可溶性糖、Ca^{2+} 和叶绿素含量，降低 MDA 含量和相对电导率。对叶绿体超微结构的进一步分析表明，热激反应诱导了茶树叶片中淀粉颗粒的积累和基质层的破坏。同时钙预处理抵消了热激反应对光合装置结构的不利影响。这些结果表明外源钙预处理增加了茶树的耐热性，但这种机制目前还不清楚。多种实验表明，保卫细胞可能通过胞质钙振荡这一重要信号转导机制，参与植物的耐热性，这与钙和热胁迫下积累的一种非蛋白氨基酸，即 GABA 的产生密切相关。*CsCDPK20* 和 *CsCDPK26* 过表达通过增加脯氨酸含量，降低 MDA 含量从而增加了转基因拟南芥植物的耐热性，表明 *CsCDPK20* 和 *CsCDPK26* 可能在茶树热激反应的反应中起正调节作用。

五、盐害生理与茶树耐盐性

　　茶树生长要求偏酸土壤（pH 4.0～5.5），习惯上把以 Na_2CO_3 和 $NaHCO_3$ 为主的土壤称为碱土，把以 NaCl 和 Na_2SO_3 为主的土壤称为盐土。但自然界中两者往往同时存在，因此统称为盐碱土。通常土壤含盐量占土壤干重的 0.2%～0.5% 时，不利于植物的生长；而盐碱土的含量却高达 0.6%～10%，严重伤害植物。植物通过生理代谢反应来适应或抵抗进入细胞的盐分危害，称为耐盐性。

（一）盐害对植物的伤害

　　通常将盐害分为原初盐害和次生盐害。原初盐害是指盐胁迫对植物质膜的直接影响，如膜组分、透性和离子运输等变化，使膜结构和功能受到伤害；次生盐害是土壤盐分过多使土壤水势进一步下降，从而对植物产生渗透胁迫。另外，离子间的竞争也可引起某种营养元素的缺失，干扰植物的新陈代谢。

　　1. 渗透胁迫及抗氧化酶系统　　土壤中盐含量过高会使土壤溶液水势降低，茶树吸水困难，从而造成渗透胁迫，导致茶树细胞脱水，严重时出现气孔关闭，甚至导致细胞内水分外渗，造成生理干旱。土壤高盐对植物细胞膜的完整性、蛋白酶的活性、植物的营养吸收等产生破坏作用。主要是植物遭受盐胁迫后产生多种形式的活性氧，如过氧化氢和羟基自由基，这些成分通过破坏细胞内部结构而破坏细胞功能。盐胁迫后茶树体内脯氨酸和可溶性蛋白含量降低，细胞渗透势减弱，MDA 含量增加并增大了电解质渗透率；显著增强了茶树叶片中 SOD、POD 及抗坏血酸-过氧化物酶（APX）等酶活性，同时显著降低了 AsA 和 GSH 两种抗氧化剂的含量，因而增加了 O^{2+} 和 H_2O_2 的含量，使茶树叶片遭受氧化程度上升。

　　2. 质膜伤害　　高浓度的 NaCl 可置换细胞膜结合的 Ca^{2+}，膜结合的 Na^+/Ca^{2+} 增加，膜结构破坏、功能改变，细胞内的 K^+、PO_4^{3+} 和有机溶质外渗。盐胁迫下，细胞内活性氧增加，诱导膜脂过氧化或膜脂脱脂作用发生，膜完整性降低，选择透性丧失。

　　3. 离子平衡失调　　土壤中某种离子过多往往排斥植物对其他离子的吸收，导致植物营养失调、生长受抑，还会产生单盐毒害。例如，小麦生长在 Na^+ 过多的环境中，植株体内会缺

K^+，也会影响 Ca^{2+}、Mg^{2+} 的吸收；若磷酸盐过多则会导致缺 Zn^{2+}。

4. 代谢紊乱

1）光合作用下降：盐胁迫茶树时，茶树叶片中光合色素（叶绿素、类胡萝卜素）的含量降低，显著减弱了茶树的光合作用和呼吸作用；盐胁迫下茶树叶片最初的荧光效率明显增大，使可变荧光、最大荧光、最大光化学效率及潜在光化学效率明显减小，增加了光合能力的相对限制值，并且使实际光化学效率、表观光合电子传递速率显著降低。

2）呼吸作用不稳定：低盐促进呼吸，高盐抑制呼吸。

3）引起氧化胁迫：盐分过多时，光合碳同化受抑，假环式光合磷酸化增强，光合电子传递给 O_2 增多，导致茶树叶片过氧化氢、超氧阴离子和 MDA 过量积累，引起氧化胁迫。

4）蛋白质合成受阻：盐分过多可降低蛋白质的合成，促进蛋白质分解。其原因一方面是盐胁迫使核酸分解大于合成，从而抑制蛋白质的合成；另一方面是高盐使氨基酸生物合成受阻。

5）有毒物质累积：盐胁迫使植物体内积累有毒物质，如氮代谢中间产物，包括 NH_3、异亮氨酸、鸟氨酸和精氨酸等转化成具有毒性的腐胺和尸胺，它们又可被氧化为 NH_3 和 H_2O_2，从而产生毒害。

6）内源激素响应：茶树根际土壤遭受盐、碱胁迫时，根系细胞感知盐碱胁迫，引起 ABA 大量合成，经信号转导引起气孔关闭，造成与茶树正常生长有关的代谢活动减弱，如 IAA 和 GA 等物质合成减少。然而，盐、碱胁迫下茶树内源激素的作用及其作用机制尚不清楚。

（二）植物耐盐生理基础

1. 耐渗透胁迫　　渗透调节是茶树耐盐的方式之一，通过细胞渗透调节适应由盐渍而产生的水分逆境。可溶性蛋白、可溶性糖和脯氨酸是茶树抗逆境重要的渗透平衡调节物。盐胁迫处理期间，茶树通过大量积累可溶性糖、可溶性蛋白、脯氨酸，从而降低茶树细胞水势，以此来调节细胞内的渗透平衡，减轻盐胁迫引起的生理干旱对细胞膜的损伤，提高茶树耐盐性。

2. 耐营养缺乏盐　　碱胁迫阻碍茶树幼苗生长。盐、碱胁迫直接促使植物根系土壤环境中 pH 上升，高 pH 除影响根系对矿质元素的吸收、转运及分配，还会导致土壤及植物的营养不良。盐胁迫下多数植物的生长相关系数会随着盐胁迫浓度的增加呈现先增后减的变化；而碱胁迫下呈现递减趋势。盐碱地会导致幼龄茶树黄化和缺乏 N、Mn 和 Cu，N 是组成叶绿素的元素，Mn 和 Cu 是叶绿素形成过程中功能酶的催化剂，与叶绿素和叶绿体的形成关系密切，可直接影响叶片的颜色。

3. 代谢稳定且仍具解毒作用　　某些植物在盐渍时仍能保持酶活性，维持正常的代谢过程，如大麦幼苗在盐渍时仍保持丙酮酸激酶的活性。有些植物在盐渍环境中诱导形成二胺氧化酶，以分解有毒的二胺化合物（如腐胺、尸胺等），消除其毒害作用。

4. 产生渗透调节蛋白　　盐渍时能诱导植物产生渗调蛋白。该类蛋白质合成和积累发生在细胞对盐胁迫进行逐级渗透的调整过程中，有利于降低细胞渗透势和防止细胞脱水，提高植物对盐胁迫的抗性。

5. 激活抗氧化酶系统　　SOD、POD、CAT、APX 是植物中清除氧自由基和过氧化产物的重要保护酶，在逆境条件下保护细胞膜系统，减轻盐胁迫对细胞膜的伤害程度。植物在盐胁迫逆境中产生应激反应，生成渗透应激蛋白（如超氧化物歧化酶、过氧化氢酶等抗氧化酶）及渗透调节物质（如脯氨酸、有机酸及甜菜碱等），通过清除活性氧，解除 ROS 对细胞造成的损害。随着盐胁迫时间的延长，茶树叶片中 POD、CAT 的活性呈先上升后下降的趋势，而 SOD 的活性一直呈增大趋势。在盐胁迫处理前期，SOD、POD、CAT 3 种酶协同清除氧自由基和过氧化产物，保护细胞膜系统。胁迫后期，由于细胞膜受伤程度增大，POD、CAT 活性降低，清除氧自由基，保护细胞膜系统的功能主要由 SOD 负责。另外，重要的抗氧化剂 AsA 和 GSH 也在植物清除体内活性氧的过程中起着重要的作用。茶树在受到盐胁迫后，AsA 和 GSH 的合成量迅速增加，以促进活性氧的清除，缓解盐胁迫带来的毒害作用。

6. 内源激素响应　　植物在响应高盐胁迫时，ABA 提高植物耐盐的作用机制可能是高盐加速植物体内 ABA 的积累，累积的 ABA 能诱导 ABA 响应基因的表达，提高植物抗盐性。

（三）植物耐盐分子基础

过量 Na^+ 对植物是有毒的，但植物可限制 Na^+ 的吸收、增加 Na^+ 外排，同时保证 K^+ 的吸收，以此来维持细胞质较低的 Na^+/K^+ 值，从而提高耐盐性。近年来，人们对盐胁迫下的植物维持离子平衡的机制进行了深入研究，发现植物细胞膜中一些载体、通道和信号系统控制 K^+、Na^+ 等离子进出细胞，维持细胞的离子平衡。在盐、碱胁迫下，植物响应信号分为两大类。一类为耐盐、碱蛋白，在植物遭受盐、碱胁迫信号的感受、调控和表达等起着重要作用，如 CDPK、磷脂酶、MAPK、通道蛋白和水孔蛋白等；另一类为耐盐、碱基因，在植物遭受盐、碱胁迫时编码基因和调控基因。

目前，已从拟南芥中鉴定了 5 个耐盐基因 *SOS1*、*SOS2*、*SOS3*、*SOS4*、*SOS5*。其中，*SOS1*、*SOS2* 和 *SOS3* 介导了细胞内离子平衡的信号转导途径；*SOS1* 编码质膜 Na^+/H^+ 逆向转运蛋白；*SOS2* 编码丝氨酸/苏氨酸蛋白激酶；*SOS3* 编码钙结合蛋白和 *N*-豆蔻酸化序列。研究表明，SOS 信号系统是指调控细胞内外离子均衡的信号转导途径的系统，盐胁迫下介导细胞内 Na^+ 的外排及向液泡内的区域化分布，调节离子稳态和提高耐盐性。SOS1、SOS2 和 SOS3 在植物耐盐性的共同途径中发挥作用。在盐胁迫下，植物细胞质内的 Ca^{2+} 交换及 Ca^{2+} 感受蛋白的表达和活性被激活。SOS3 是一个 Ca^{2+} 感受器，编码 Ca^{2+} 结合蛋白，在 Ca^{2+} 的存在下，SOS3 激活 SOS2 激酶，并与 SOS2 蛋白酶结合形成 SOS3-SOS2 激酶复合物，通过磷酸化激活 SOS1，随后通过质膜上的 Na^+/H^+ 逆向转运蛋白将 Na^+ 排除细胞外，阻止 Na^+ 在细胞内的积累。SOS1 的转录水平受 SOS3-SOS2 激酶复合物的调节。SOS2 也激活液泡膜上的 Na^+/H^+ 逆向转运蛋白将 Na^+ 转运至液泡内。Na^+ 通过 HKTI 转运因子进入细胞质也受到 SOS2 的限制。*ABI1* 调节 *NHX1* 基因的表达，而 *ABI2* 与 SOS2 相互作用，或通过限制 SOS2 激酶活性，或通过 SOS2 靶物质的活性负调节离子平衡。

目前，已从拟南芥中克隆了 Na^+/H^+ 运输载体基因 *CsNHX1*，研究表明该基因在茶树的耐盐性方面具有重要功能。*CsWRKY57*、*CsWRKY40*、*CsbZIP4*、*CsNHX6* 已从茶树中被克隆，研究表明 *CsWRKY57*、*CsWRKY40* 可被盐胁迫诱导，*CsbZIP4* 可能通过调控 SOS 信号途径正向调控盐胁迫响应，在茶树耐盐胁迫响应中具有重要作用。除此之外，*CsRAC1*、*CsHAK*、*CsFHY3*、*CsRAV2*、*CsbZIP17*、*CsbZIP18*、*CsBADH1*、*CsCMO*、*CsHXK1* 等基因也在茶树盐胁迫中发挥着重要的调节作用。

◆ 第二节　虫害胁迫与茶树适应性

植物营固着生活，经常遭受多种植食性昆虫和害螨攻击。为保证生存和繁衍，植物已经进化出包括组成抗性和诱导抗性在内的多种适应性生存策略。其中，组成抗性主要依赖于植物固有物理防御和化学防御来影响植食性昆虫对寄主植物的选择、取食和产卵等。诱导防御则是植物遭受植食性昆虫攻击后表现出的抗虫特性，在植物自我保护过程中发挥重要作用。诱导抗性是植物生理上的非持久性变化，可逆转。与此相似，在识别茶树害虫为害方式和虫害相关分子模式后，茶树也会产生特异性诱导防御反应，从而提高自身生长适合度。

一、为害茶树芽叶的害虫类群

目前，我国常见的茶树害虫和害螨种类已超过 400 余种。害虫除了显著降低茶叶产量外，还降低茶叶品质，干扰农事活动。其中，约 60% 的害虫以茶树叶片或韧皮部汁液为食，严重影响了茶叶的产量和品质。根据为害方式，为害茶树芽叶的害虫可分为食叶性害虫和吸汁性害虫两大类群。

（一）食叶性害虫类群

食叶性害虫通常具有咀嚼式口器，咬食叶片呈缺口或空洞状，严重时可连同芽叶、嫩枝、树皮嚼食殆尽。此类害虫多营裸露生活，少数可卷叶、缀叶或营巢；具有主动迁移扩大为害的能力，易间歇性暴发成灾。茶树食叶性害虫类群包括毒蛾类、尺蠖类、蓑蛾类、刺蛾类、卷叶蛾类、象甲类、蝗虫和蟊斯类等。目前，茶毛虫（*Euproctis pseudoconspersa*）、灰茶尺蠖（*Ectropis grisescens*）、油桐尺蠖（*Buzura suppressaria*）、茶小卷叶蛾（*Adoxophyes orana*）、茶刺蛾（*Iragoides fasciata*）和茶丽纹象甲（*Myllocerinus aurolineatus*）等害虫是我国四大茶区常发的食叶性害虫类群。

1. 茶毛虫　茶毛虫属鳞翅目毒蛾科，又称茶黄毒蛾、油茶毒蛾。年发生 2～3 代，一般以卵块越冬，少数以蛹或幼虫越冬。雌蛾一般产卵于老叶背面，卵块椭圆形，上覆黄褐色厚绒毛；幼虫体表的毒毛或蜕皮壳会引起人体皮肤红肿、奇痒；幼虫群集性强，在茶树上具有明显侧向分布习性，3 龄起开始分群向茶行两侧迁移，数十头至百余头整齐排列在叶片上，同时咬食叶片成缺口；发生严重时可将整片茶园食尽，影响茶树长势；蛹圆锥形，浅咖色，外被黄棕色丝质薄茧（图 7-7）。

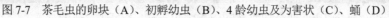
图 7-7　茶毛虫的卵块（A）、初孵幼虫（B）、4 龄幼虫及为害状（C）、蛹（D）

彩图

2. 灰茶尺蠖　灰茶尺蠖属鳞翅目尺蛾科灰尺蛾亚科。年发生 6～7 代，以蛹越冬。初孵幼虫在茶丛顶层形成发虫中心，后爬至茶树顶部叶片从叶缘处咬食表皮和叶肉，2 龄幼虫咬食叶片成 "C" 形缺口，渐向茶丛下部转移，4～5 龄幼虫进入暴食期；幼虫畏光，受惊后有吐丝下垂的习性，清晨和黄昏取食最盛；发生严重时造成枝梗光秃，严重影响茶叶的产量和质量。幼虫老熟后吐丝下垂至茶丛树冠下表土中，并筑一土室后化蛹。成虫具趋光性，羽化当日即可交尾，卵常被成堆地产于茶树枝丫、裂缝或枯枝落叶、土表缝隙间，上覆白色絮状物，每雌产卵 300 余粒（图 7-8）。

3. 油桐尺蠖　油桐尺蠖属鳞翅目尺蛾科。年发生 2～4 代，以蛹越冬。以幼虫咬食叶片

彩图

图 7-8　灰茶尺蠖幼虫（A）及田间为害状（B、C）

为害，食量大，能将叶、嫩茎全部食尽，从而造成上部枝梢枯死，树势衰弱。成虫具有趋光性，羽化当天交尾，卵成堆产于茶园周围树木的皮层缝隙内或茶丛枝丫间；幼虫 6～7 龄，初孵幼虫行动活跃，能吐丝下垂，借助风力传播扩散。初孵幼虫灰黑色，2 龄后体色随环境而异，有深褐、灰绿、青绿等色。蛹呈圆锥形，深棕色至黑褐色（图 7-9）。

彩图

图 7-9　油桐尺蠖的卵（A）、幼虫（B）及蛹（C）

4. 茶小卷叶蛾　茶小卷叶蛾属鳞翅目卷叶蛾科。在各地年发生代数略有差异，贵州年发生 4 代，长江中下游地区年发生 5 代，广东年发生 6～7 代，台湾年发生 8～9 代，多以幼虫在卷叶虫苞内越冬，少数以蛹越冬。幼虫吐丝卷结嫩叶成虫苞，潜伏其中咬食叶片为害，被害叶片呈不规则枯斑，造成鲜叶减少，芽梢生长受阻，严重为害时在茶园会显现明显的为害中心。成虫喜糖醋气味，具趋光性，羽化当天即可交尾，卵多产于茶丛中部老叶背面（图 7-10）。

彩图

图 7-10　茶小卷叶蛾幼虫（A）、田间为害状（B）及蛹（C）

5. 茶刺蛾　茶刺蛾属鳞翅目刺蛾科。寄主植物除茶树外，还有油茶、咖啡、柑橘、桂花和玉兰等。年发生 3～4 代，因不同地区而异。以老熟幼虫在茶树根际落叶和表土中结茧越冬。幼虫喜食成、老叶，但当成、老叶被食尽后，也可取食嫩叶。幼虫老熟后多在 20 时后沿枝干爬行至茶丛基部枝丫间、落叶下或浅土中结茧。成虫趋光性强，羽化当晚即能交配，每雌约产 20 粒卵，散产于茶树叶片背面叶缘处，以茶丛中、下部居多（图 7-11）。

6. 茶丽纹象甲　茶丽纹象甲属鞘翅目象甲科。年发生 1 代，以老熟幼虫越冬。成虫为害常形成不规则弧形缺刻，严重时仅留主脉。主要为害夏茶，严重发生时茶叶产量损失可高达 50% 以上。成虫善爬动，畏光，具有假死性。一般清晨露水干后开始活动，中午日光强时多栖

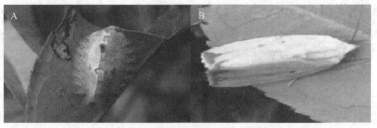

彩图

图 7-11 茶刺蛾幼虫及为害状（A）和成虫（B）

息于叶背或枝叶间荫蔽处，以 14 时至黄昏活动最盛，夜间不活动。成虫自 10～16 日龄开始达到性成熟，有多次交尾习性，多在黄昏至晚间进行。卵散产或 3～5 粒聚集产于树冠下落叶或表土中，幼虫栖息于土中，取食有机质和植物须根，老熟后在表土层内化蛹（图 7-12）。

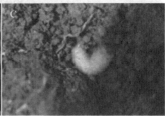

彩图

图 7-12 茶丽纹象甲成虫（A）、田间为害状（B）及幼虫（C）

（二）吸汁性害虫类群

吸汁性害虫一般具有刺吸式或锉吸式口器，以若虫和成虫将口器直接刺入植物组织，吸取汁液，破坏植物维管组织，最终导致芽梢枯萎，叶片脱落。茶树上的吸汁性害虫类群包括叶蝉类、蚜虫类、粉虱类、椿象类、蓟马类、蜡蝉类、蚧壳虫和螨类等。目前，小贯松村叶蝉（*Aleurocanthus spiniferus*）、茶蚜（*Toxoptera aurantii*）、黑刺粉虱（*Aleurocanthus spiniferus*）、绿盲蝽（*Lygus lucorum*）、茶棍蓟马（*Dendrothrips minowai*）、茶黄蓟马（*Scirtothrips dorsalis*）、八点广翅蜡蝉（*Ricania speculum*）、茶橙瘿螨（*Acaphylla theae*）和茶跗线螨（*Polyphagotarsonemus latus*）等害虫是我国茶区常发的吸汁性害虫类群。

1. 小贯松村叶蝉 俗称茶小绿叶蝉，曾用名假眼小绿叶蝉，是半翅目叶蝉科小绿叶蝉族松村叶蝉属的一种刺吸式口器专食性害虫。年发生 9～12 代，田间世代重叠严重，以成虫越冬，但在云南和海南等省无明显越冬现象。以成虫和若虫刺吸汁液为害，阻碍营养物质的正常输送，导致芽叶失水、生长缓慢、焦边、焦叶，造成减产，全年以夏茶受害最重。成虫产卵于嫩梢、叶脉、叶柄或叶肉组织中，若虫大多栖息于嫩叶背面及嫩茎上，以叶背面居多，散产。1～2 龄若虫活动性不强，3 龄后行动迅速、善跳，有一定的趋光性（图 7-13）。

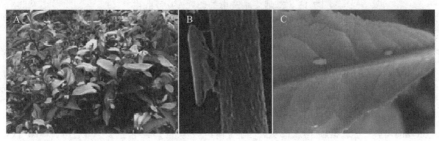

彩图

图 7-13 小贯松村叶蝉田间为害状（A）、产卵雌成虫（B）、若虫及蜕皮壳（C）

2. 茶蚜　　茶蚜属半翅目蚜科，刺吸式口器害虫。年发生25～27代，田间世代重叠严重。以无翅孤雌蚜、老龄若虫、卵在茶树中下部的芽梢腋叶间越冬，在南方也存在无越冬的现象。以成、若蚜在茶树嫩叶背面和嫩梢上刺吸为害，致使新梢发育不良，芽叶细弱、卷缩，严重时新梢不能抽出；茶蚜排泄物——蜜露常诱致烟霉菌发生，使叶、梢为黑灰色，引发茶煤病，阻碍光合作用。在秋季短日照和低温等因子的诱导下，蚜群分化出性蚜，雌、雄性蚜交尾后产下受精卵；生长季节营孤雌生殖，卵胎生。当芽梢处虫口密度过大或气候异常时，即产生有翅蚜迁飞到新的芽梢上繁殖为害（图7-14）。

彩图

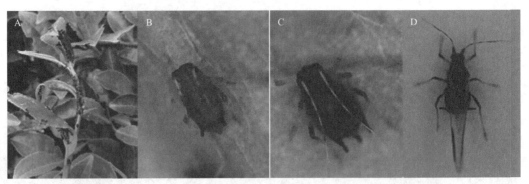

图7-14　茶蚜田间为害状（A）、无翅蚜若蚜（B）、无翅蚜成蚜（C）及有翅蚜成蚜（D）

3. 黑刺粉虱　　黑刺粉虱属半翅目粉虱总科粉虱科，刺吸式口器害虫。寄主植物除茶树以外，还有油茶和山茶等。年发生4～6代，因地区不同而存在差异，田间世代重叠严重，以若虫越冬。黑刺粉虱若虫群集在寄主的叶片背面吸食汁液，引起叶片营养不良而发黄、提早脱落；排泄物能诱发煤污病，使枝、叶、果受到污染，影响茶树叶片的光合作用，导致枝枯叶落，严重影响茶叶的产量和质量。残留在叶背的蛹壳是各种害螨的越冬场所，有效防治黑刺粉虱可控制次年害螨的大发生。成虫常在树冠内活动，嗜好在幼嫩树叶上生活，飞翔能力不强；成虫羽化当天即可交尾产卵，多产在叶背，散生或密集成圆弧形，也可营孤雌生殖（图7-15）。

彩图

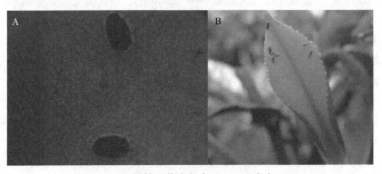

图7-15　黑刺粉虱若虫与卵（A）及成虫（B）

4. 绿盲蝽　　绿盲蝽属半翅目盲蝽总科盲蝽科，刺吸式口器害虫。年发生5代，以卵在茶树越冬芽的鳞片缝隙内越冬。初孵若虫即可刺吸为害嫩芽，形成众多红点，继而枯竭变褐，随芽叶伸展形成"破叶疯"。若虫行动敏捷，白天潜伏，夜晚爬至茶树嫩梢上取食为害。雌成虫一生可多次交尾，卵散产。绿盲蝽生活隐蔽，行动活跃，并有明显的趋嫩习性。发生严重时，对春茶的产量和品质均会产生较大影响（图7-16）。

5. 茶棍蓟马　　茶棍蓟马属缨翅目蓟马科，锉吸式口器害虫。年发生5～10代，因地区不同而异，田间世代重叠严重，无明显的越冬现象。以成、若虫锉吸芽叶为害，受害叶片背面

彩图

图 7-16 绿盲蝽田间为害状（A）及成虫（B）

出现纵向的红褐色条痕，条痕相应的叶片正面略凸起，失去光泽。受害严重时，叶背的条痕合并成片，叶质僵硬变脆，茶叶产量和品质下降。初孵若虫不甚活跃，有群集性，常十至数十头聚于叶面、叶背甚至潜入芽缝取食。成虫飞翔力不强，受惊则弹跳飞起。烈日下多栖息于丛下荫蔽处或芽缝内，雨天在叶背活动。成虫羽化当天即可交尾，卵散产于芽下一至三叶内，或4～5粒产于叶面凹陷中（图 7-17）。

彩图

图 7-17 茶棍蓟马田间为害状（A）及若虫（B）

6. 茶黄蓟马 茶黄蓟马属缨翅目蓟马科，锉吸式口器害虫。年发生 10～11 代，田间世代重叠严重，无明显越冬现象。茶黄蓟马以一、二龄若虫和成虫锉吸为害新梢叶，以芽下第二叶为主。虫口密度不高时，叶片主脉两侧可见两条平行于主脉的红褐色条状疤痕，叶片微卷；虫口发生量大时，则整个叶片褐变，叶背布满褐色小点，芽叶变小，甚至枯焦脱落，严重影响茶叶的产量和品质。成虫活泼，喜跳跃，受惊后能从栖息场所迅速跳开或举翅迁飞。成虫具有趋嫩习性，无趋光性，有趋色性（黄色）。以两性生殖为主，也营孤雌生殖（图 7-18）。

彩图

图 7-18 茶黄蓟马若虫和叶正面为害状（A）及背面为害状（B）

7. 八点广翅蜡蝉 八点广翅蜡蝉属半翅目蜡蝉总科广翅蜡蝉科，刺吸式口器害虫。年发生 1 代，以卵于枝条内越冬。主要以成、若虫刺吸茶树嫩梢为害，新梢受害后生长迟缓，甚至枯萎。若虫期分泌白色蜡质，排泄蜜露污染叶片及枝梢，引发煤污病，影响茶树的正常生长。幼龄若虫具有较强的群集性，4 龄后分散为害。若虫爬行迅速，受惊动后跳跃逃逸，腹末蜡丝簇生，披散波状弯曲，上举作孔雀开屏状。蜡丝常脱落于栖息为害处。成虫在茶树嫩梢产卵，常致新梢生长枯竭或折断。成虫飞行力较强，具趋光性和趋色性，有聚集产卵习性，虫量大时被害枝上布满卵列，上覆有白色绵毛状蜡丝（图7-19）。

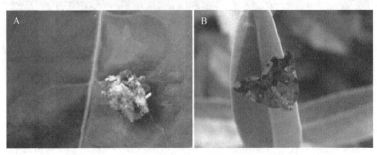

图 7-19　八点广翅蜡蝉若虫（A）及成虫（B）

8. 茶橙瘿螨　　茶橙瘿螨属蛛形纲蜱螨目瘿螨科，刺吸式口器害虫。年发生 20～30 代，世代重叠严重，各虫态均可越冬，一般以成螨越冬居多。营孤雌生殖，每雌产卵 20～50 粒，散产于嫩叶叶背。幼螨孵出即在叶背栖息吸食，蜕皮 2 次后变为成螨。蜕皮期间保持不食不动，蜕皮完成后继续取食。茶橙瘿螨在茶树上以茶丛上部最多，中部次之，下部最少，一般以芽下第 2～3 叶上螨口数量较大。在田间，早春呈高度聚集分布，发虫中心明显，随螨量增大渐趋扩散（图7-20）。

图 7-20　茶橙瘿螨成螨（A）及为害状（B）

9. 茶跗线螨　　茶跗线螨属蛛形纲蜱螨目跗线螨科，刺吸式口器害虫。年发生 20～30 代，田间世代重叠严重，多以雌成螨在茶芽鳞片内或叶柄等处越冬。以成、若螨刺吸茶树嫩梢和芽叶，致使芽叶色泽变褐，叶质硬脆增厚、萎缩多皱、生长缓慢甚至停滞，产量锐减，品质下降。以两性生殖为主，也营孤雌生殖。雌螨一生只交尾 1 次，卵散产于芽尖或嫩叶背面，每雌产卵百余粒，趋嫩性强；雌成螨在成叶上也可以成活，但不产卵。茶跗线螨活动能力差，只能随着芽叶伸展即向上或周围茶梢上部迁移。螨口呈聚集分布，春季茶园中呈现明显的发虫中心（图7-21）。

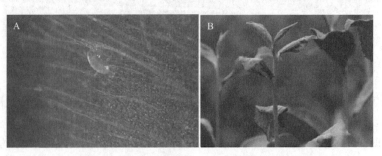

图 7-21　茶跗线螨成螨（A）及为害状（B）

彩图

彩图

彩图

二、茶树对害虫的组成型防御

组成型防御是植物经过漫长的自然选择之后形成的稳定的遗传变化，主要依赖于植物固有的物理和化学特性来抵御植食性昆虫的危害。物理防御主要包括表皮毛、角质层及植物组织等，是植物抵御植食性昆虫为害的第一道防线，在寄主植物适应性中发挥着重要的作用。

（一）表皮毛

植物表皮毛是由植物表皮细胞发育形成的一类具有特殊结构的毛状附属物。植物表皮毛形态多样，结构通常可分为单细胞和多细胞，或是有分支和无分支，或是有腺体和无腺体等（图 7-22）。表皮毛的大小从几微米到长达 6.5cm。一些表皮毛与叶片表面呈直角，另一些则呈倾斜或钩状。

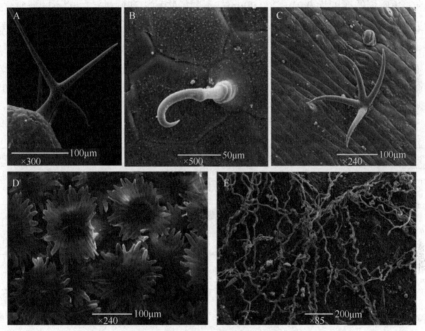

图 7-22　不同的表皮毛类型（Bar and Shtein，2019）
A. 单细胞分枝表皮毛；B. 棍棒状表皮毛；C. 多细胞星状（星形）表皮毛；
D. 多细胞盾形（鳞）表皮毛；E. 絮状（带状）表皮毛

作为物理屏障，植物表皮毛起到防御小型植食性昆虫攻击的作用。表皮毛可干扰昆虫和其他小型节肢动物在植物表面上的运动，使昆虫更难取食到叶肉组织。此外，表皮毛通常由营养价值低的物质组成，如纤维素、半纤维素等，不利于昆虫的生长和发育。多细胞腺体可以看作是物理防御和化学防御的结合体。有些腺毛可产生次级代谢产物（如萜类和生物碱），对植食性昆虫产生驱避和拒食的作用。寄主植物表皮毛的密度也可以影响植食性昆虫的生长、存活和繁殖力。

茶树叶片的表皮毛，也称茶毫，为单细胞非腺体结构，富含儿茶素、咖啡碱、蛋白酶抑制剂等多种抗虫物质，与茶树的抗虫性密切相关。有研究发现，表皮毛数量多且密集的品种对茶树害螨的抗性能力更强。例如，茶橙瘿螨在'白毫早''毛蟹''云旗'等具有高密度表皮毛的茶树品种上发生数量更少，这可能是由于浓密的表皮毛致使其口针难以插入叶肉组织正常取食。但是，茶树叶片表皮毛中丰富的抗虫物质是否直接参与抗虫则尚待进一步研究。研究人员通过比较茶跗线螨不同抗性茶树品种的表皮毛发现，抗性品种的表皮毛密度和长度均显著大于感性品种。通过比较茶小绿叶蝉在不同茶树品种上的生命表时发现，表皮毛的长度和密度与茶小绿叶蝉的发育历期呈极显著正相关。此外，研究发现茶树叶片茸毛密度与茶小绿叶蝉雌成虫蜜露的排泄量呈显著负相关，叶片茸毛长度与蜜露排泄量呈显著正相关。有研究结果表明，黑刺粉虱单位叶面积的产卵量和世代存活率均与茸毛长度存在一定的正相关，与茸毛密度存在一定的负相关。

（二）角质层

角质层是疏水性的外部屏障，几乎覆盖于所有陆生植物的组织和器官表面，可将植物与外界环境分隔开来，也是植物抵抗生物胁迫的重要形态结构。成熟器官的角质层主要分为两层：一是由表皮蜡形成的最外层，二是由聚合物形成的所谓"角质层本身"，即嵌入表皮蜡中的角质或皮聚糖。角质层的厚度为 0.01～200.00μm，不同植物种类和同种植物的不同器官之间差异很大。表皮蜡是由多种疏水化合物组成的混合物，主要由脂肪族脂质组成，如极长链脂肪酸及其衍生物。此外，表皮蜡可能含有三萜和苯丙烷等其他化合物。表皮蜡可沉积为薄膜、晶体等多种形式，包括颗粒、针、板和带等。角质层则是一种聚酯，主要是一些脂肪族单体，还含有甘油和少量酚类化合物。角质层的物理机械特性会影响植食性昆虫的运动和附着，从而影响植物的组成型防御特性（表 7-2）。

表 7-2 植物角质层的抗虫性作用

植物	角质层影响	目标害虫	参考文献
羽衣甘蓝 （Brassica oleracea var. acephala）	兴奋剂	甘蓝蚜（Brevicoryne brassicae）	Thompson，1963
抱子甘蓝 （Brassica oleracea var. gemmifera）	黏附	拟辣根猿叶甲（Phaedon cochleariae）	Stork，1980
	驱避	斑蚜（Therioaphis）	Bergman et al.，1991
多腺悬钩子 （Rubus phoenicolasius）	障碍物	管蚜（Amphorophora rubi）	Lupton，1967
高粱（Sorghum bicolor）	驱避	蝗虫（Locusta migratoiodes）	Atkin and Hamilton，1982
	兴奋剂	麦二叉蚜（Schizaphis graminum）	Weibel and Starks，1986
玉米（Zea mays）	驱避	草地贪夜蛾（Spodoptera frugiperda）	Yang et al.，1993
茶树（Camellia sinensis）	—	茶橙瘿螨（Acaphylla theae watt）	陈华才等，1996
		茶跗线螨（Polyphagotarsonemus latus）	刘奕清等，2000
		小贯松树叶蝉（Empoasca onukii）	邹武等，2006
		黑刺粉虱（Aleurocanthus spiniferus）	王庆森等，2006

注：表中"—"表示尚未确定

叶片角质层参与茶树对多种害虫的防御反应。茶树叶片近轴面的角质层比远轴面角质层厚 1 倍以上。并且，随着叶片的生长表皮蜡层的厚度逐渐增加。此外，极长链脂肪酸（VLCFA）及其衍生物是茶树芽下第二叶表皮蜡的重要化学组分，而三萜类和甾体类是完全展开叶片（芽下第五叶）表皮蜡的主要化学成分。有研究结果表明，抗螨茶树品种叶片的下表皮厚度显著高于感性品种，高度角质化的表皮增大了茶橙瘿螨口针的刺吸阻力，不利于取食。此外，茶树叶片下表皮的角质化程度也是判断茶树对黑刺粉虱和茶小绿叶蝉抗性的重要因子之一。研究人员发现，叶片下表皮角质层越厚，黑刺粉虱和茶小绿叶蝉的产卵量越少，世代存活率越低，该茶树品种（品系）对二者的抗性越强，呈现出显著负相关。也有研究发现抗虫茶树品种叶片的蜡质含量显著高于感虫茶树品种。

（三）植物组织

植物组织强度是影响植物抗虫性的重要部分（表7-3）。一些研究结果表明，水稻、甘蔗和小麦品种的茎因表皮细胞的增加而变厚，阻止或限制了以茎为食物的节肢动物的危害。野生番茄（*Lycopersicon hirsutum*）茎中的厚皮层阻止了马铃薯长管蚜（*Macrosiphum euphorbiae*）的取食。研究表明，玉米对欧洲玉米螟（*Ostrinia nubilalis*）的抗性取决于许多引发玉米叶和茎韧性增加的物理和化学因素。南方豌豆抗虫品种中高度加厚的木质化荚壁可阻止豇豆象鼻虫（*Chalcodermus aeneus*）的产卵和幼虫取食。种子壁加厚与大豆对大豆螟虫（*Grapholitha glicinvorella*）的抗性有关。

表 7-3　植物组织强度对植物抗虫性的影响

植物	组织	目标害虫	参考文献
欧洲白桦（*Betula pendula*）	茎	尺蛾科（Geometridae）	Mutikainen et al.，1996
大柱波罗尼亚（*Boronia megastigma*）	芽尖	斑木虱科（Aphalaridae）	Mensah and Madden，1991
十字花科（Crucifers）	叶片	拟辣根猿叶甲（*Phaedon cochleariae*）	Tanton，1962
向日葵（*Helianthus annuus*）	果皮	欧洲葵螟（*Homoeosoma electellum*）	Rogers and Kreitner，1983
莴苣（*Lactuca sativa*）	茎	银叶粉虱（*Bemisia argentifolii*）	Cohen et al.，1996
多毛番茄（*Lycopersicon hirsutum*）	茎	马铃薯长管蚜（*Macrosiphum euphorbiae*）	Quiras et al.，1977
紫苜蓿（*Medicago sativa*）	茎	苜蓿象鼻虫（*Hypera postica*）	Fiori and Dolan，1981
紫苜蓿（*Medicago sativa*）	茎	叶蝉（*Empoasca fabae*）	Brewer et al.，1986
水稻（*Oryza sativa*）	茎	二化螟（*Chilo suppressalis*）	Patanakamjorn and Pathak，1967
甘蔗（*Saccharum officinarum*）	叶片	甘蔗顶螟（*Scirpophaga novella*）	Chang and Shih，1959
甘蔗（*Saccharum officinarum*）	茎	甘蔗螟虫（*Diatraea saccharalis*）	Martin et al.，1975
高粱（*Sorghum biocolor*）	叶片	高粱芒蝇（*Atherigona soccata*）	Blum，1968
小麦（*Triticum aestivum*）	茎	麦茎蜂（*Cephus cinctus Vigna*）	Wallace et al.，1974
豇豆（*Vigna unguiculata*）	荚皮	豇豆象鼻虫（*Chalcodermus aeneus*）	Fery and Cuthbert，1979
玉米（*Zea mays*）	叶片	欧洲玉米螟（*Ostrinia nubilalis*）	Beeghly et al.，1997
玉米（*Zea mays*）	叶片	草地贪夜蛾（*Spodoptera frugiperda*）	Davis et al.，1995
茶树（*Camellia sinensis*）	叶片	黑刺粉虱（*Aleurocanthus spiniferus*）	王庆森等，2006
茶树（*Camellia sinensis*）	叶片	小贯松村叶蝉（*Empoasca onukii*）	张贻礼等，1994；曾莉等，2001

茶树叶片内部结构与茶树抗虫性的关系多以茶小绿叶蝉为研究目标。茶树嫩叶栅栏组织细胞和嫩茎皮层厚角细胞的厚度是影响茶树对茶小绿叶蝉抗性的主导因子：细胞厚度越大，茶树受害程度越轻，二者呈现显著负相关。随后，研究也发现茶小绿叶蝉的虫口密度与叶片栅栏组织厚度、海绵组织厚度、下表皮厚度、主脉下方厚角组织厚度呈极显著负相关，但是与叶片主脉下表皮厚度和韧皮部厚度呈显著正相关；叶片下表皮角质层、下表皮和栅栏组织可能对黑刺粉虱的口针刺入构成机械障碍，从而增强茶树对黑刺粉虱的抗性。有研究认为，栅栏组织厚度、海绵组织厚度、主脉下方表皮厚度和主脉下方厚角组织厚度与茶小绿叶蝉虫口密度呈极显著负相关。研究人员鉴定了云南省30份茶树种质资源对茶小绿叶蝉的抗性，发现抗虫品种的下表皮

厚度均大于感虫品种，提出茶树品种对茶小绿叶蝉的抗性与叶片的叶肉厚度、上表皮细胞数、栅栏组织厚度和海绵组织厚度等指标均呈显著负相关，系统揭示了叶片的厚度和硬度形成了叶蝉口针刺穿叶表的屏障，构成了影响刺吸式口器害虫取食的重要机械因子。此外，也有研究结果表明，叶片越厚的茶树品种对茶丽纹象甲的抗性越强。

三、茶树对害虫的防御应答与适应

在遭受植食性昆虫攻击（取食、产卵等）时，植物可以通过识别植食性昆虫的相关分子模式和为害模式，启动体内多种信号转导途径并激活众多转录因子，最终产生系统性的抗虫防御反应（防御基因转录水平上升、防御化合物积累、抗虫性上升）。茶树在识别茶树害虫为害后，会启动早期信号事件，继而激活茉莉酸（jasmonic acid，JA）、水杨酸（salicylic acid，SA）、乙烯（ethylene，ET）和赤霉素（gibberellin，GA）等植物激素信号途径，从而引起次生性防御化合物的积累，最终对害虫产生直接或间接防御反应。目前的观点认为这样的防御应答是可以逆转的，随着害虫为害的消失而逐渐消失。

（一）早期信号事件

植物早期信号事件发生在防御相关基因转录表达和防御相关代谢物产生之前，是负责植物识别和触发下游信号转导途径的最早反应。通常情况下，植食性昆虫为害会引起细胞膜表面跨膜电势（V_m）变化、Ca^{2+}内流、丝裂原活化蛋白激酶（MAPK）活化和ROS爆发等。这些早期信号事件又可以进一步激活JA、SA和ET等植物激素介导的相关信号转导途径，引起防御相关基因转录水平上调及防御化合物含量的上升，最终植物表现出抗虫防御反应。

重要粮食作物（如水稻、玉米）的早期信号事件研究较为系统和深入。但是，相关研究在茶树上起步较晚。茶尺蠖幼虫为害的茶树转录组学结果显示，虫害相关分子模式的受体、Ca^{2+}信号通路、MAPK活化、ROS爆发和众多转录因子参与了茶树抗虫防御的早期信号事件。继而，有研究发现挥发性吲哚暴露处理可提高茶树对茶尺蠖幼虫为害诱导的茶树早期信号元件基因的转录表达，如钙调蛋白（CAM）基因、类钙调蛋白（CML）基因、钙依赖性蛋白激酶（CDPK）基因、MPK基因 *CsMPK2* 和 *CsMPK3*，WRKY 转录因子基因 *CsWRKY7* 和 *CsWRKY75*，MYC基因 *CsMYC2a* 和 *CsMYC2b* 等。由于茶树缺少有效的遗传转化体系，为了验证Ca^{2+}信号通路是否为吲哚介导茶树抗虫性的必需分子元件，研究人员利用钙离子通路特异性抑制剂$LaCl_3$和W7[*N*-(6-aminohexyl)- 5-chloro-l-naphthalenesulfonamide]证明了钙离子为吲哚引发茶树防御警备和提高茶树抗虫性的必需分子元件。此外，也有研究人员利用荧光定量PCR方法测定了(*Z*)-3-己烯醇、芳樟醇、DMNT和α-法尼烯等4种挥发性化合物暴露处理对MAPK通路元件（*MPK2*和*WRKY3*）、Ca^{2+}通路相关基因（*CAM*、*CML*和*CDPK*）和JA合成相关基因（*LOX1*、*AOC*和*AOS*）表达量的影响。揭示了茶尺蠖幼虫为害诱导茶树释放的挥发物，通过上调茶树Ca^{2+}通路和JA信号途径相关基因而调控了β-罗勒烯的释放，从而介导了邻近茶树对茶尺蠖的抗性。

（二）植物激素

在植物应答虫害胁迫的过程中，激素信号通路在早期信号到下游的转录水平、蛋白质水平和代谢水平的重组方面发挥着重要的调控作用。识别到害虫为害后，植物通过激活植物体内复杂的植物激素信号网络，调控下游相应防御代谢物的积累而产生抗虫性。茉莉酸和水杨酸信号转导通路是其中的核心通路，植物生长素、脱落酸、乙烯和赤霉素等其他植物激素则通过与茉莉酸和水杨酸信号转导通路的相互作用而发挥其调控功能。以上植物激素信号通路介导的模式植物抗虫机制已得到较为深入的解析。囿于研究手段，植物激素介导的茶树抗虫机制仅在以下几个方面进行了粗浅的解析：①害虫为害/模拟为害对茶树体内植物激素含量的影响；②害虫为害/模拟为害对茶树植物激素信号通路重要合成酶基因和下游响应基因转录表达，以及下游次生代谢物含量的影响；③植物激素及相关信号通路抑制子处理后对茶树抗虫性、相关基因表达量和防御化合物含量的影响。业已证明，茉莉酸和水杨酸可参与茶树对多种害虫的防御应答，其中，茉莉酸通路是正调控茶树防御反应过程的核心通路；此外，生长素通路、脱落酸通路和赤霉素通路同时参与调控茶树的诱导防御反应。但是，上述植物激素信号网络对茶树诱导抗虫性的调控机制尚待深入解析。

（三）虫害诱导挥发物

植食性昆虫利用植物挥发物进行远程寄主定位。在遭受植食性昆虫为害后，植物通过改变自身挥发物组成相、提高挥发物的释放量，以及释放虫害诱导的特异性挥发物等方式与周围有机体进行化学信号交流，从而发挥其生态功能。业已证明，虫害诱导的植物挥发物（herbivore induced plant volatile，HIPV）不仅可以提高植物的抗性，而且还能被植食性昆虫利用，以提高后代的交配、繁衍效率和选择有利后代生长发育的寄主环境，充分体现出二者在长期协同进化过程中各自获得了竞争性的生存策略。总的来说，一方面，HIPV 通过吸引害虫的天敌前来捕食或寄生，从而实现虫害诱导植物产生的间接防御反应；HIPV 被邻近植物的未知受体识别后，可通过激活植物的 Ca^{2+} 和茉莉酸通路，引起邻近植物的防御警备效应，当有害虫为害时会产生更强和更快的防御反应；另一方面，HIPV 也可被害虫利用进行交配或产卵场所定位；HIPV 的释放量和释放速率还可被害虫识别，用于嗜好寄主的选择，从而提高后代的生长适合度和繁殖效率。

茶树是多年生的木本经济作物，茶树叶片中的芳香类物质，如芳樟醇、吲哚、水杨酸甲酯等是茶叶香气的重要组成成分。被茶树害虫为害后，茶树挥发物的组成相会发生相应变化，进而影响茶叶品质。大量研究结果表明，不同害虫为害诱导茶树释放的挥发物中有许多相同的成分，如茶尺蠖、茶丽纹象甲和茶小绿叶蝉为害均可诱导茶树释放 (Z)-3-己烯基乙酸酯、(E)-β-罗勒烯、芳樟醇、(E,E)-α-法尼烯、(E)-橙花叔醇、吲哚和苯乙醇等 17 种共有的挥发物成分。另外，由于取食策略、为害程度和虫害来源激发子的不同，不同种类害虫为害又会诱导茶树释放一些特异性成分，如茶小绿叶蝉为害可特异性诱导茶树释放水杨酸甲酯、4,8,12-三甲基-1,3,7,11-十三碳四烯（TMTT）和香叶醇，茶尺蠖为害可特异性诱导茶树释放 (Z)-β-罗勒烯、苯甲醇、(Z)-3-己烯基丁酸酯及 (E)-α-法尼烯等 8 种挥发性化合物，茶丽纹象甲为害可特异性诱导茶树释放 γ-依兰油烯和 1,3,8-p-薄荷三烯。三种茶树害虫诱导茶树释放挥发物的种类详见表 7-4。

表 7-4　三种茶树害虫诱导茶树释放挥发物的种类

序号	挥发物	茶丽纹象甲	茶尺蠖	茶小绿叶蝉
1	(Z)-3-己烯醛	√	√	—
2	(E)-2-己烯醛	√	√	—
3	(Z)-3-己烯醇	√	√	√
4	(Z)-3-己烯基乙酸酯	√	√	√
5	(Z)-3-己烯基异丁酸酯	—	√	√
6	(Z)-3-己烯基丁酸酯	√	√	√

续表

序号	挥发物	茶丽纹象甲	茶尺蠖	茶小绿叶蝉
7	(E)-2-己烯基丁酸酯	√	√	√
8	(Z)-3-己烯基-2-丁酸甲酯	√	√	√
9	(Z)-3-己烯基-3-丁酸甲酯	√	√	√
10	(Z)-3-己烯基戊酸酯	√	√	—
11	(E)-2-己烯基己酸酯	√	√	√
12	(Z)-3-己烯基苯甲酸酯	—	√	√
13	(Z)-3-己烯基苯乙酸酯	√	√	—
14	(Z)-3-己烯基己酸酯	—	√	—
15	苯乙基-2-丁酸甲酯	√	√	—
16	丁酸己酯	√	—	—
17	2-乙酸-1-己醇	—	√	—
18	α-蒎烯	√	√	√
19	β-月桂烯	√	√	√
20	(Z)-β-罗勒烯	—	√	—
21	γ-萜烯	√	—	√
22	(E)-β-罗勒烯	√	√	√
23	芳樟醇	√	√	√
24	(E)-4,8-二甲基-1,3,7-壬三烯	√	√	√
25	β-雪松烯	√	√	—
26	(E)-石竹烯	√	√	—
27	(E)-β-法尼烯	—	√	—
28	(E,E)-α-法尼烯	√	√	√
29	(E)-橙花叔醇	√	√	√
30	4,8,12-三甲基-1,3,7,11-十三碳四烯	—	—	√
31	γ-木犀烯	√	—	—
32	香叶醇	—	—	√
33	苯甲醇	—	√	—
34	苯甲醛	√	√	√
35	2,6-二甲基-3,7-辛二烯-2,6-二醇	√	—	—
36	1,3,8-p-薄荷三烯	√	—	—
37	苯乙醇	—	—	—
38	1-硝基-2-苯乙烷	√	√	—
39	苄异腈	√	√	—
40	吲哚	√	√	√
41	水杨酸甲酯	—	—	√

注："√"诱导，"—"不诱导

资料来源：Sun et al., 2010，2014；Cai et al., 2014；蔡晓明，2009；王国昌，2010；Jing et al., 2019，2021

根据茶树害虫的生物学习性，从 HIPV 中开发害虫的引诱剂配方，与诱捕器或粘板结合使用直接诱杀害虫是 HIPV 利用的重要途径之一。例如，根据茶丽纹象甲在田间聚集分布的习性，科研工作者从茶丽纹象甲为害诱导茶树释放的挥发物中筛选出成虫引诱剂配方。有研究结果发现，茶丽纹象甲为害诱导茶树释放的 40 余种挥发物中，苯甲醇、(Z)-3-己烯基乙酸酯和香叶烯等 13 种挥发物能够引起茶丽纹象甲雌雄成虫强烈的触角电生理反应；其中，γ-萜品烯、苯甲醇、(Z)-3-己烯基乙酸酯、香叶烯、苯甲醛和 (Z)-3-己烯醛对茶丽纹象甲的雌雄两性均具引诱活性，(E/Z)-β-罗勒烯和 (E,E)-α-法尼烯仅对茶丽纹象甲雄成虫具有引诱作用，芳樟醇、(Z)-3-己烯醇、苯乙醇和 (E)-4,8-二甲基-1,3,7-壬三烯（DMNT）仅对茶丽纹象甲雌成虫具有引诱作用。在此结果基础上，科研工作者采用正交法对具有引诱作用的化合物进行组合配比，筛选出与茶丽纹象甲为害苗引诱活力相当的两个配方组合并进行田间效果验证，结果表明 (E/Z)-β-罗勒烯和 (Z)-3-己烯基乙酸酯两种物质的组合对茶丽纹象甲具有显著的引诱活性。茶尺蠖利用寄主植物挥发物进行定位交配和产卵的场所。在茶尺蠖诱导茶树释放的众多挥发物中，苯甲醇、(Z)-3-己烯基丁酸酯和 (Z)-3-己烯醛对未交配的茶尺蠖雌雄成虫均具有显著的引诱效果，而芳樟醇和苯乙腈对二者均有驱避作用；交配后的茶尺蠖雌雄成虫可以被 (Z)-3-己烯基丁酸酯、(Z)-3-己烯基乙酸酯和 (Z)-3-己烯醛所引诱，由此推测茶尺蠖可能利用上述 3 种物质定位产卵场所。田间诱集效果表明，(Z)-3-己烯基乙酸酯、苯甲醇、(Z)-3-己烯基丁酸酯和 (Z)-3-己烯醛 4 种物质组合对茶尺蠖成虫具有显著的诱集效果，可作为茶尺蠖成虫引诱剂在田间使用。(Z)-3-己烯基乙酸酯是茶小绿叶蝉用于产卵场所定位的重要物质，其释放量在叶蝉抗、感茶树品种间存在明显差异，研究发现，茶小绿叶蝉会根据 (Z)-3-己烯基乙酸酯的释放量为后代选择更为合适的寄主。

利用邻近茶树对 HIPV 的感知作用，开发诱导抗虫剂是 HIPV 利用的另外一个重要方面。研究发现茶小卷叶蛾和神泽氏叶螨为害可诱导茶树释放法尼烯、芳樟醇和 (Z)-3-己烯醇等挥发物，并且这些物质可从为害部位通过维管束传导至健康部位，但是这种传导对健康部位次生代谢物积累的影响显著低于挥发物暴露处理。进而，有研究发现，茶尺蠖为害诱导茶树释放的挥发物可作为化学信号物质在茶树间传递，并具有激活邻近植株防御反应的作用。至今，已发现 (Z)-3-己烯醇、DMNT、芳樟醇、法尼烯、吲哚和橙花叔醇等化合物是引起邻近茶树防御警备或激活茶树防御反应的关键成分。例如，外用 (Z)-3-己烯醇处理可激活茶树 JA 和 ET 信号通路，并由此提高茶树对茶尺蠖的直接和间接防御反应，进一步研究发现 (Z)-3-己烯醇是在糖基转移酶的作用下生成 (Z)-3-己烯醇糖苷而发挥其调控功能的。DMNT 和吲哚暴露处理可激活茶树 JA 和 Ca^{2+} 通路，通过改变下游次生代谢物的积累从而提高茶树的防御反应；橙花叔醇暴露处理可激活茶树 JA、过氧化氢和 ABA 信号通路，从而提高下游多酚氧化酶、胼胝质和几丁质酶的活性，进而产生对茶小绿叶蝉和茶炭疽病的抗性；芳樟醇和 α-法尼烯暴露处理通过 JA 途径调控健康苗 β-罗勒烯的释放，而 (Z)-3-己烯醇、DMNT 和 α-法尼烯暴露处理则更多依赖于 Ca^{2+} 通路调控健康苗 β-罗勒烯的释放。以上研究结果为茶树诱导抗虫剂的开发提供了理论依据和技术支持。

（四）非挥发性的防御化合物

黄酮类化合物是植物体内重要的抗虫物质，其诱导合成受到植物体内 JA、SA、IAA 和 ABA 等多条信号转导途径的协同调控，通过引起害虫拒食、驱避害虫、降低害虫消化能力，甚至直接毒杀害虫等发挥其抗虫功能。例如，槲皮素对棉铃虫（*Helicoverpa armigera*）和亚洲小车蝗（*Oedaleus asiaticus*）等害虫的生长和发育具有抑制作用，对南部灰翅夜蛾（*Spodoptera eridania*）幼虫具有毒杀作用。儿茶素类化合物属于黄烷-3-醇类黄酮化合物，广泛存在于各种植物中，具有多种多样的生物学功能。业已证明，表没食子儿茶素没食子酸酯（epigallocatechin gallate，EGCG）具有抵御茶炭疽病菌（*Colletotrichum fructicola*）侵染并提高茶尺蠖幼虫生长适合度的能力，表儿茶素（epicatechin，EC）是黑杨（*Populus nigra*）体内重要的诱导抗菌活性成分之一，酯化没食子酸儿茶素是诱导植物抗性的重要激发子。目前，对茶树儿茶素类化合物的研究多集中于其生物合成和对非生物胁迫的响应，以及利用低温、遮阴等非生物胁迫方法调控茶树中儿茶素类化合物的含量从而改善茶叶品质等方面。生物胁迫（如灰茶尺蠖幼虫取食、茶小绿叶蝉为害）对茶树叶片中总儿茶素含量、茶黄素、多酚氧化酶和 3 种植物激素（JA、SA 和 ABA）的诱导作用偶见报道，已证明 EC、C 和 EGCG 3 种物质对灰茶尺蠖幼虫具有显著的拒食作用。

植物蛋白酶抑制剂被认为是植物抵御昆虫和病原微生物侵袭的重要"武器"，是参与植物直接防御反应的主要组分之一。植物蛋白酶抑制剂能与植食性昆虫肠道中消化酶结合，通过抑制其活性进而影响昆虫对营养物质的消化吸收，最终抑制昆虫的生长发育，这个现象多发生于鳞翅目和鞘翅目昆虫中。半胱氨酸蛋白酶抑制剂（cystatin）是植物蛋白酶抑制剂中的重要种类，在植物抗虫防御中发挥着重要作用。有研究发现将 *CPI* 基因转入杨树、烟草、甘蔗等植物可增强植物对植食性昆虫的抗性。科研人员在茶树'龙井 43'叶片中克隆获得一条半胱氨酸蛋白酶抑制剂基因，全长 cDNA 序列为 618bp，编码 205 个氨基酸残基，预测分子量为 23.07kDa，等电点为 6.22，与 *CsCPI1*（FJ719840.1）在核酸和氨基酸水平上分别具有 69.31% 和 60.4% 的同源性，暂将其命名为 *CsCPI2*。通过与拟南芥、甘蔗等已有 CPI 序列比对发现，*CsCPI2* 与其他植物编码半胱氨酸蛋白酶抑制剂的基因具有高度的同源性，在进化树上同组的拟南芥（*Arabidopsis thaliana*）、水稻（*Oryza sativa*）和大麦（*Hordeum vulgare*）CPI 等已被报道在植物防御中发挥重要作用。进一步研究发现，象甲为害 72h 显著诱导 *CsCPI2* 基因的表达，与其一致的是，茶丽纹象甲为害也促进了茶树 CPI 活性的升高。以上结果表明，茶丽纹象甲为害促进 *CsCPI2* 的转录积累及 CPI 活性升高，证明了 CsCPI 可能是茶丽纹象甲诱导茶树产生的重要防御物质。继而，科研人员利用重组质粒 *CsCPI2*-pMAL 转化大肠杆菌感受态细胞 Rosetta（DE3）表达菌株获得纯化蛋白 CsCPI2-MBP，并进行了 CPI 催化特性、稳定性和生物学测定等方面的研究，明确了 *CsCPI2* 不仅具有半胱氨酸蛋白酶的抑制活性，还在茶丽纹象甲的中肠中能保持高水平的抑制活性，是茶丽纹象甲中肠消化酶的竞争性抑制剂，对茶丽纹象甲具有直接防御作用，但是无直接毒杀作用。

四、调控茶树抗虫适应性的核心通路——茉莉酸信号转导途径

茉莉酸及其衍生物统称为茉莉素（jasmonates），是植物体内一类重要的脂质激素。在植物生长发育方面，茉莉酸参与调控根系生长、植物育性、花青素积累及叶片衰老等生命过程。另外，茉莉酸在调控植物抗性中也发挥了至关重要的作用，包括抵御植食性昆虫和病原菌侵害等生物胁迫及机械损伤、低温、干旱等非生物胁迫。

茉莉素的生物合成经历了依次发生于叶绿体—过氧化物酶体—细胞质中的多步催化过程。茉莉酸的生物合成途径最早由 Vick 和 Zimmermann 提出，经过二十多年的不断完善与补充，人们对此已经有了较为清晰的了解。如图 7-23 所示，植物体内的 JA 是经由十八碳烷酸途径合成的。当植物受到昆虫取食、病原菌侵染等环境胁迫时，叶绿体膜上的甘油酯和磷脂中含有的二烯不饱和脂肪酸（18:2）会通过脂肪酸去饱和酶（fatty acid desaturase，FAD）催化生成三烯不饱和脂肪酸（18:3），然后再经过磷酸酯酶 A1（phospholipase A1）水解生成游离的 α-亚麻酸（α-LeA，18:3）。亚麻酸是 JA 合成的前提，它被 13-脂氧化酶（13-lipoxyigenase，13-LOX）氧化为 13-氢过氧化亚麻酸（13-hydroperoxylinoleic acid，13-HPOT）。丙二烯氧化酶（allene oxide

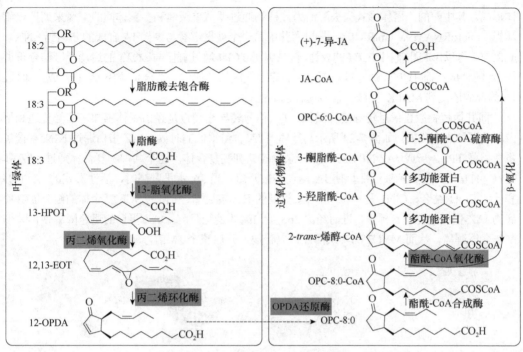

图 7-23　茉莉酸生物合成途径

synthase，AOS）再将 13-HPOT 催化脱氢，形成不稳定的 12,13-十八碳三烯酸（12,13-epoxyoctadecatrienoic acid，12,13-EOT）后，迅速地被丙二烯环化酶（allene oxide cyclase，AOC）催化生成 12-氧-植物二烯酸（12-oxo-phytodienoic acid，12-OPDA）。继而，在叶绿体中合成的 12-OPDA 将被转运到过氧化物酶体。在过氧化物酶体内，12-OPDA 还原酶将 12-OPDA 还原为 OPC-8:0 [3-oxo-2 (cis-2′-pentenyl)-cyclopentane-1-octanoic acid]。OPC-8:0 辅酶 A 连接酶（OPC-8:0-CoA ligase，OPCL）将 OPC-8:0 连接辅酶后生成 OPC-8:0 辅酶A（OPC-8:0-CoA）。OPC-8:0-CoA 在过氧化物酶体中经过三次 β-氧化最终生成 JA。JA 在细胞质中经茉莉酸甲基转移酶（jasmonic acid carboxyl methyltransferase，JMT）形成茉莉酸甲酯，或由茉莉酸氨基酸合成酶（jasmonic acid-amino acid synthetase，JAR）形成茉莉酸-异亮氨酸（jasmonic acid-isoleucine，JA-Ile）等衍生物。其中，右旋-7-异-茉莉酸-L-异亮氨酸 [(+)-7-iso-jasmonoyl-L-isoleucine，(+)-7-JA-Ile] 是植物体内具有活性的 JA 信号分子。另有研究表明，细胞色素 P450 CYP94B3 负责将 JA-Ile 转换为 12OH-JA-Ile，12OH-JA-Ile 在促进 COI1 和 JAZ 相互作用上弱于 JA-Ile。cyp94b3 突变体过量积累 JA 活性形式 JA-Ile，降低 12OH-JA-Ile 含量，而 CYP94B3 过表达植株则表现出 JA 缺陷的表型。

当受到机械损伤或病虫害侵袭时，植物体内会迅速积累 JA，但相关调控机制还不清楚。已有研究表明，植物 JA 的生物合成受 JA 信号转导途径的正反馈调控。拟南芥中 JA 合成相关的关键酶基因，包括 LOX2、AOS、AOC、OPR3 和 JAR1，外用 JA 和机械损伤处理均可显著上调它们的转录表达；番茄中 JA 合成的相关基因 TomLoxD 和 AOS 同样受机械损伤和外用 MeJA 的反馈诱导。遭受机械损伤后，JA 信号途径突变体 coi1-1 中的 JA 含量远远低于野生型，而且 coi1 和 myc2 中合成相关基因 LOX3 的表达量降低。此外，编码合成脂氧合酶的 LOX2 的表达受 JA 途径重要转录元件 MYC2 的直接调控。另外，JA 合成关键酶的存在形式也参与调控 JA 的合成，如丙二烯环化酶的基因在拟南芥基因组内有 4 个拷贝，4 种蛋白质之间可以形成不同的同源或异源二聚体，进而改变酶的活性。番茄中存在 12-氧-植物二烯酸还原酶的单聚体和二聚体形式，其中酶的二聚体形式失去酶活力，植物通过调节单聚体和多聚体间的平衡来调控该酶活力。microRNA319a（miR319a）是拟南芥中第一个被报道参与调控 JA 合成的非编码 RNA。miR319a 可以影响靶基因 *TCP4* 的表达，转录因子 TCP4 通过直接与 *LOX2* 的启动子区结合正调控 JA 的合成；而 TCP20 则通过与 *LOX2* 的启动子区的其他位点结合负调控 JA 的合成。此外，JA 的合成还受到 MAPK 及 Ca^{2+} 信号途径的调控。

同其他植物激素信号转导途径类似，JA 信号转导途径也是经由受体感知、信号传递和下游转录调控来完成的。如图 7-24 所示，当体内 JA 含量很低的时候，JAZ 蛋白通过 NINJA 接头蛋白招募 TPL，形成 JAZ/NINJA/TPL 转录调控共抑制复合体。这个共抑制复合体通过 JAZ 和 MYC_2 的互作抑制其转录活性，使 JA 途径不被开启。当 JA 水平升高时，活性形式的 JA 能够和受体 COI1 结合，COI1 是一个 F-BOX 类型的 E3 连接酶，它作为 SCF 复合体的组分能够使底物 JAZ 蛋白连上泛素标签，进而经由 26S 蛋白酶体途径降解。JAZ 蛋白的迅速降解使得共抑制复合体解体，从而 MYC2 的转录活性得以释放，开启整个 JA 信号转导途径。

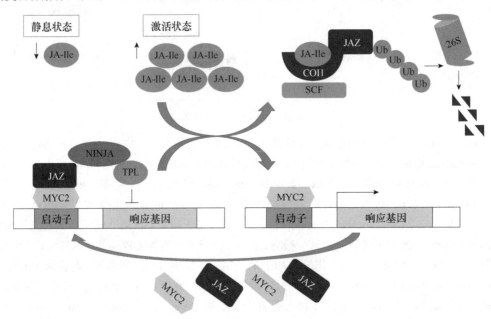

图 7-24　茉莉酸信号转导途径

茉莉酸途径在茶树抗虫防御过程中发挥着重要作用，也是目前茶树响应害虫胁迫调控机制研究得最为详尽的一条途径。外源 JA 或 MeJA 处理能够诱导茶树产生多种抗虫物质，如多酚氧化酶、丝氨酸蛋白酶抑制剂、儿茶素类化合物（EC 和 EGCG）等，上述抗虫相关代谢物会直接影响茶尺蠖幼虫的生长发育。进一步结合 JA 及 JA 通路抑制子处理也进一步证实 JA 参与茶树诱导抗虫性的产生。另外，外用 MeJA 处理诱导茶树挥发物和挥发物粗提物对单白绵绒茧蜂成虫具有显著的引诱作用，并且受 MeJA 处理的茶苗会释放出与茶尺蠖为害诱导的相似的挥发物组成相。

近年来，关于茶树中 JA 途径合成和信号转导的相关研究备受关注。目前已有 3 个实验室报道茶树 *CsLOX* 可能参与茶树 JA 的生物合成。研究人员在茶树中分离并克隆到第一条 *CsLOX1*（EU195885），通过原核表达及相关酶学活性分析发现，*CsLOX1* 具有双重 9/13-LOX 催化活性，为 9/13-LOX 类型。*CsLOX1* 受机损、外用 MeJA 处理及刺吸式口器害虫为害等诱导表达。陈慧（2013）在茶树中分离并克隆到一条 13S-LOX 类型的 *CsLOX3*（GW342753）。

CsLOX3 也受机损、MeJA、SA 和茶尺蠖为害的诱导表达。有研究基于茶树基因组数据库鉴定到 11 条 *CsLOX* 基因，通过蛋白质催化位点及对生物胁迫的响应模式推测 *CsLOX6*（MG708227）和 *CsLOX7*（MG708228）可能参与 JA 的合成。其他参与茶树 JA 合成的基因报道相对较少，主要通过单一基因序列分离的方式获得。研究发现，在茶树花中发现一条响应蓟马为害的 JA 合成基因 *CsAOS2*（AHY03308.1），定位于叶绿体膜上，暗示着它在叶绿体中发挥功能。进一步，通过在烟草体系中瞬时过表达 *CsAOS2*，证明 *CsAOS2* 可能参与烟草 JA 的合成。研究人员从茶树中分离到一条 *CsAOC*（HQ889679）的全长序列，其响应 MeJA、SA、机械损伤、叶蝉和茶尺蠖为害处理；但因其重组蛋白存在于包涵体中，其酶活性未能被检出。有研究报道的 *CsOPR3* 受 JA、机械损伤、叶蝉和茶尺蠖为害上调，其重组蛋白能够催化底物 12-OPDA 转化成 OPC-8:0，后者是 (+)-*cis*-JA 的天然前体。此外，在拟南芥 *opr3* 背景下过表达 *CsOPR3* 能互补机械损伤诱导的 JA 合成。研究结果表明，在茶树中分离到 *CsACX1*（KX650077.1）基因同样受 JA、机械损伤、叶蝉和茶尺蠖为害上调，在拟南芥 *acx1* 背景下过表达 *CsACX1* 同样能互补机械损伤诱导的 JA 合成。

　　研究人员基于草图水平的茶树基因组，鉴定到 13 条 *CsJAZ*，明确了它们在不同茶树组织部位的表达模式，以及对冷害、模拟旱害、不同植物激素（ET、GA、ABA 和 MeJA）处理等的响应模式，明确了部分 CsJAZ 定位于细胞核中，通过在酵母中过表达部分 *CsJAZ*，明确了它们能增强酵母对非生物胁迫的抗性。研究人员基于染色体级别的茶树基因组，通过蛋白质结构分析及剔除重复序列，明确了 7 条 *CsJAZ* 在茶树不同组织部位、植食性昆虫为害和病原菌侵染的表达模式，并进一步发现 CsJAZ2 和 CsJAZ3 同茶树转录因子 CsMYC2 存在相互作用。茶树中 CsJAZ1 存在 3 个可变剪切本，并且同黄酮醇含量呈负相关。通过反义寡聚核苷酸沉默 *CsJAZ1* 发现，茶树叶片中 ECG 和 EGCG 的含量显著升高。在拟南芥中过表达不同可变剪切本 *CsJAZ1-1*（OL898651）、*CsJAZ1-2*（OL898652）及 *CsJAZ1-3*（OL898653）发现，缺失 Jas 结构域的 *CsJAZ1-3* 过表达后，叶片中花青素含量显著升高。进一步发现，CsJAZ1-1 和 CsJAZ1-2 通过与 CsMYC2（XP_028062859.1）互作，进而影响其对黄酮类化合物合成基因的调控，最终负调控茶树黄酮醇的合成。

　　此外，基于茶树基因组可鉴定到 14 个 MYC，分析了它们在不同组织部位的表达量，并且发现其中 4 个蛋白定位于细胞核中，其中 CsMYC2.1（TEA000833.1）、CsMYC2.2（TEA003964.1）和 CsJAM1.1（TEA019380.1）均与拟南芥的 *AtJAZ2* 启动子区域具有转录激活活性，CsJAM1.2（TEA012449.1）则未影响 *AtJAZ2* 的表达。但 CsJAM1.1（TEA019380.1）和 CsJAM1.2 会抑制 CsMYC2.1 和 CsMYC2.2 的转录调控活性。拟南芥 *MYC2* 功能缺失突变体 *myc2* 中 *AtLOX2*、*AtVSP2* 和 *AtOPR3* 表达量显著降低，根长生长对 JA 处理不敏感。过表达 *CsMYC2.1* 能将 *myc2* 中 *AtLOX2*、*AtVSP2* 和 *AtOPR3* 的表达量恢复到与野生型接近的水平，并能部分恢复拟南芥突变体 *myc2* 根对 JA 的不敏感表型。此外，研究表明，CsMYC2 可体外结合黄酮类化合物关键合成基因 *CsDFR*、*CsANR* 等的启动子区域。在拟南芥 *myc2-2* 背景下过表达 *CsMYC2*（XP_028062859.1），MeJA 处理后可互补突变体花青素合成缺失的表型。拟南芥野生型背景下的过表达材料根系中槲皮素和山柰酚含量显著升高，多条黄酮合成基因，如 *AtCHS*、*AtCHI*、*AtDFR* 等表达量也显著升高。这表明 *CsMYC2* 正调控茶树黄酮醇合成基因的表达和相关化合物的合成。茶树与其他植物茉莉酸合成途径基因研究进展的比较结果详见表 7-5。

　　随着茶树基因组的逐步解析和持续完善，关于 JA 合成和信号转导的研究逐渐从单个基因分离向家族成员挖掘发展，相关基因的克隆及调控机制解析为今后抗虫靶标筛选及茶树新品种选育奠定了重要的理论基础。但是，目前的基因功能及 JA 调控网络解析仍处于相对初步的阶段。

表 7-5　茶树与其他植物茉莉酸合成途径基因研究进展的比较结果

茶树基因	研究结果	参考文献	其他物种	基因	功能描述	参考文献
CsLOX	CsLOX1 体外酶活分析具有 9/13-LOX 催化活性；响应机械损伤、MeJA、小贯松村叶蝉及茶蚜为害等处理	Liu et al.，2015	拟南芥	LOX2	参与机械损伤诱导 JA 合成	Bell et al.，1995
	CsLOX3 体外酶活分析具有 13-LOX 催化活性；响应机械损伤、MeJA、SA 及茶尺蠖为害等处理	陈慧，2013	番茄	TomloxD	参与机械损伤诱导 JA 合成；沉默后对棉铃虫和灰霉病抗性减弱	Yan et al.，2013
	CsLOX6 和 CsLOX7，基于蛋白质催化位点及对生物胁迫响应模式推测参与 JA 合成	Zhu et al.，2018	烟草	LOX3	参与机械损伤诱导 JA 合成；沉默后对烟草天蛾抗性减弱	Halitschke and Baldwin，2003
	—	—	水稻	LOX1	参与虫害诱导 JA 合成；沉默后对褐飞虱抗性减弱，过表达对褐飞虱抗性增强	Wang et al.，2008
	—	—	水稻	HI-LOX	参与虫害诱导 JA 合成；沉默后对二化螟和水稻卷夜蛾抗性减弱，对褐飞虱抗性增强	Zhou et al.，2009
	—	—	水稻	r9-LOX1	参与二化螟诱导 JA 合成；沉默后对二化螟抗性增强，褐飞虱若虫成活率升高	Zhou et al.，2014
	—	—	水稻	RCI-1	参与褐飞虱诱导 JA、JA-Ile 合成；过表达后对褐飞虱抗性增强，褐飞虱天敌吸引力增强；过表达植株株高和千粒重下降	Liao et al.，2022
	—	—	豌豆	LOX	沉默后对豌豆叶枯病抗性减弱	Toyoda et al.，2013
CsAOS2	亚细胞定位分析，其定位于叶绿体膜上，异源烟草系统（瞬时转化）证实其参与 JA 合成	Peng et al.，2018	拟南芥	AOS	参与机械损伤诱导 JA 合成	Park et al.，2002
	—	—	水稻	AOS	过表达后促进 JA 积累，对晚疫病抗性增强	Mei et al.，2006
	—	—	烟草	AOS	沉默后减少机械损伤和虫害诱导 JA 积累，未影响植物对昆虫的抗性	Halitschke and Baldwin，2003
	—	—	马铃薯	AOS	沉默后影响 JA 积累，对晚疫病抗性减弱	Pajerowska-Mukhtar et al.，2008
	—	—	毛栗	AOS	拟南芥异源过表达后对肉桂疫霉抗性增强	Serrazina et al.，2021
CsAOC	体外酶活分析发现位于包涵体中，未检测到酶活性；响应 MeJA、SA、机械损伤、叶蝉和茶尺蠖为害等处理	Wang et al.，2016	水稻	AOC	参与 JA 合成；沉默后对稻瘟病抗性减弱	Riemann et al.，2013
	—	—	豌豆	AOC	沉默后对豌豆叶枯病抗性减弱	Toyoda et al.，2013
CsOPR3	体外酶活分析具有催化活性；异源拟南芥系统证实其参与机械损伤诱导 JA 合成	Xin et al.，2017，2019	豌豆	OPR	沉默后对豌豆叶枯病抗性减弱	Toyoda et al.，2013
CsACX1	响应 MeJA、机械损伤、叶蝉和茶尺蠖为害等处理；异源拟南芥系统证实其参与机械损伤诱导 JA 合成	Xin et al.，2019	番茄	ACX1	参与 JA 合成；沉默后对烟草天蛾抗性减弱	Li et al.，2005

◆ 第三节 微生物与茶树适应性

微生物是一切微小生物的总称，其特点是形态微小、构造简单、进化地位低，包括属于原核类的"三菌"（细菌、放线菌、蓝细菌）与"三体"（支原体、立克次体、衣原体），真核类的真菌、酵母、微藻和原生动物及无细胞结构的病毒等。它们是地球上已知最大的生物类群，与植物和动物共同组成生物界。微生物广泛分布在土壤、水、空气和动植物等中，繁殖力强。目前，微生物已经应用在医疗保健、工业生产、农业生产、环境保护、生命科学基础研究开发等工农业生产，但微生物有时也会给人类生活生产带来负面影响。一方面，病原微生物会威胁农业生产安全和健康发展，轻则造成经济损失，重则导致可怕的粮食危机。另一方面，病原微生物还会对人畜健康带来不可预测的生存威胁。因此，如何利用好微生物这把"双刃剑"，仍然是科学家一直不断探索的科学问题。

一、微生物的鉴定

了解微生物，首先需要知道它们是哪一类别。因此，准确鉴定是研究微生物必不可少的首要工作。

（一）植物真菌的鉴定

植物真菌的分离主要分为以下几个步骤：将收集到的植物材料置于自来水下冲洗，以去除表面杂质。在冲洗完成后进行表面消毒，表面消毒液包括乙醇、氯化汞或次氯酸钠溶液。但需要注意的是，植物组织在表 7-6 列举的不同消毒液中浸泡的时间各不相同。

表 7-6　茶树内生菌分离组织表面消毒方案

表面消毒步骤	参考文献
将样品浸入 80%乙醇 60s，1% NaClO 60s，80%乙醇 60s，然后将表面消毒过的样品在无菌蒸馏水中清洗两次，每次 60s	Win et al.，2018
将样品浸入 70%乙醇 60s，0.5% NaClO 3min，70%乙醇 60s，然后用无菌水冲洗	Liu et al.，2015
将样品浸入 70%乙醇 60s，3% NaClO 3～5min，70%乙醇 30s，然后用无菌蒸馏水清洗	胡云飞等，2013
茶树根部样品浸入 70%乙醇 5min，0.1% HgCl₂ 60s，而茎和叶样品则是浸入 70%乙醇 5min，然后在 0.05% HgCl₂ 中浸泡 60s。最后，材料在无菌蒸馏水中洗涤以去除表面消毒剂的影响	Nath et al.，2015

在完成表面消毒后，植物材料需要进行切块。通常使用灭菌后的刀片将叶片材料切割成合适大小的片状，或者使用灭菌后的打孔器切成直径 6mm 的圆盘状。而根与茎材料则使用刀片将树皮和木质部分开后将其切成长度合适的小段或者将样品放入无菌水中制备组织匀浆。最后将这些材料或者组织匀浆均匀散布于培养基上，并将培养基放置于恒温培养箱中，使真菌菌落正常生长。应当注意的是，不同的真菌对不同类型的培养基表现出偏好性。目前，茶树半活体或死体营养型真菌的分离主要使用马铃薯葡萄糖琼脂（PDA）培养基。

茶树真菌的鉴定主要依靠形态学和分子鉴定相结合的方式。真菌形态学鉴定主要包括菌落颜色、质地、形状、大小和菌丝体颜色，结合光学显微镜观察菌丝体、分生孢子器、分生孢子、子囊和子囊孢子等微观特征，并结合相关资料进行菌株鉴定。

分子鉴定则是对 rDNA 基因的内部转录间隔区（ITS）进行序列分析，并在 NCBI 数据库中使用 BLAST 对序列进行搜索，并与代表性序列对比，随后利用序列构建系统发育进化树，以确定真菌分类。通常采用引物 ITS1 和 ITS4 或者 ITS5 和 ITS4 对真菌基因组 ITS 序列区段进行扩增测序,序列比对后,可初步明确真菌属级分类阶元。此外为更加精确地进行真菌分类,基于多基因 DNA 序列的真菌类群之间的系统发育关系得到越来越广泛的应用。系统发育树是根据 Kimura 2 参数模型,使用 MEGA 通过最大似然法构建,并通过基于 1000 次重采样执行引导分析来评估可靠性。

(二)植物细菌的鉴定

植物细菌的分离步骤与植物真菌的分离步骤相似(图 7-25)。将植物材料用自来水冲洗后进行表面消毒。在表面消毒后,取适量的植物材料置于无菌研钵中研磨至匀浆,然后用无菌水进行梯度稀释,将稀释的匀浆涂布在固体培养基上并放入培养箱中培养。目前,茶树内生细菌的分离主要采用 Luria-Bertani(LB)、营养琼脂(NA)、King's B(KB)和胰蛋白胨大豆琼脂(TSA)培养基。

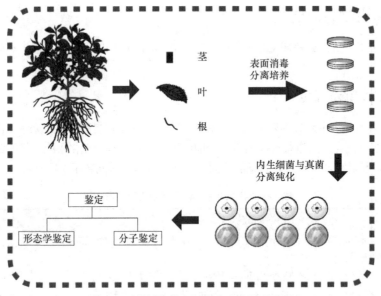

图 7-25　茶树真菌和细菌分离步骤示意图

植物细菌的鉴定包括形态学鉴定、生理生化试验和分子鉴定。形态学鉴定根据细菌的生长形态、大小、颜色和菌落个体表面及边缘的生长状况来确定菌株种类。生理生化试验是根据细菌培养过程中不同菌种所产生的新陈代谢产物进行鉴定,如醇类、氨基酸和蛋白质代谢试验、有机酸盐和铵盐利用试验、呼吸酶类试验及毒性酶类试验、BIOLOG 微生物鉴定系统、API 测试等。形态学鉴定通常会辅以生理生化试验来对细菌进行鉴定。分子鉴定则是对细菌的 16S rDNA 进行测序并进行序列分析与系统发育分析,确定菌株种类。此外,基于管家基因序列分析的多位点序列分析(MLSA)方法也被应用于细菌物种鉴别和菌株鉴定。

(三)植物病毒的鉴定

植物病毒属于活体型微生物,即它们的存活是无法离开宿主的,因此,植物病毒的鉴定工作包括分离提纯、鉴定和检测。

1)植物病毒的分离提纯。病毒分离指将同一病毒或株系与其他株系分离开,常用的方法有分离寄主分离法、专化介体分离法、理化分离法等。病毒的提纯是指提取高浓度的具有侵染性的病毒株系，主要程序为组织细胞破碎、提取液澄清、低分子量物质的去除和病毒的浓缩、病毒的进一步纯化和病毒保存。

2）植物病毒的鉴定和检测。为了对病毒进行准确的鉴定和检测，通常需要依据病毒的生物学特性、病毒粒体的物理特性、病毒的蛋白质特性和核酸特异性，采用两种或两种以上的方法对其进行检测。此外，随着高通量测序技术的发展和宏病毒组技术的应用，越来越多的新病毒被鉴定出来。①生物学特性检测法，即依据病毒的寄主植物和传播特性、局部或系统症状、症状的数量和严重程度对病毒进行鉴定和检测。②物理特性检测法，不同病毒粒体细微的组成和结构的不同，使其具有区别于其他病毒的生理生化特性，可以通过密度测定、沉降系数和扩散系数、紫外吸收光谱、电泳、超速离心、电镜观察、钝化温度、体外存活期、稀释限点等方法对病毒进行检测。③蛋白质特性检测法，其原理是抗原和抗体的特异性免疫反应。大多数植物病毒的外壳由一种或多种蛋白质组成，可依据病毒蛋白表面特性的不同进行检测。不同检测方法对病毒蛋白的来源要求不同，主要有完整的病毒蛋白、解离病毒的蛋白质亚基、通过生物工程技术表达的病毒蛋白等。检测方法主要有血清学检测法、沉淀反应法、免疫分析法、酶联免疫吸附法等。④核酸特异性检测法，是依据病毒核酸类型、大小和特性进行检测。检测方法主要有双链 RNA（dsRNA）检测法，该方法的依据是病毒在侵染植物内的复制过程中产生 dsRNA，或病毒本身为 dsRNA，而健康植株体内一般不会产生大分子的 dsRNA。⑤此外，还有基于核酸分子杂交的点印迹杂交法、组织印迹杂交法、原位杂交法、Southern 杂交法和 Northern 杂交法等，基于聚合酶链反应（PCR）的实时荧光定量 PCR、多重 PCR、嵌套式 PCR、免疫捕获 PCR 等方法。

二、茶树致病型微生物

病原物造成的茶树病害，通常会导致茶树生长发育延缓、茶叶品质和产量下降。目前，世界上已有记载的茶树病原种类多达 500 余种，我国记载的茶树病害种类有 138 种。有意思的是，目前发现的病原物均为真菌或藻类。那么，茶树是只受病原真菌和藻类的危害，还是病原细菌至今仍未被发现？茶树为了生存，是如何抵抗这些病原物的威胁的？因此，深入开展茶树病害的基础性科学研究，对于解析茶树进化奥秘、提升茶叶质量、制定合理的茶树绿色防控体系，具有重要的研究价值和研究意义。

（一）植物病害的发生

1. 植物病害　通常认为，经过长期的自然演化，每种植物都有满足自身生长发育所需要的最佳外部条件，如光照、水分营养、温度等，当这些条件满足时，植物自身生理功能达到其遗传潜能的最佳状态，此时植株是健康正常的。当病原物或不良环境因素影响植物组织和细胞生长时，会干扰植物细胞的正常生命活动，导致植物生病甚至死亡。但在初期往往影响的是一个或几个细胞，人类是无法用肉眼看见的，随着症状的加重，逐渐出现肉眼可见的组织学上的变化。因此，植物病害（plant disease）可以定义为植物细胞或组织对于病原物侵染或者环境因素干扰的一系列隐形或可见的反应，使其在形态、功能及完整性方面发生有害的改变，从而导致植物器官部分损伤、坏死，甚至整株死亡。在植物病害发生过程中需要明确两个不同的概念，即病状和病症，病状（symptom）是患病植株本身在受到某种致病因素的作用后，由内及外所表现的不正常状态；病症（sign）是生长在患病植物病部的病原物特征。前者是针对植株病害发生表型的描述，而后者是对病原物表型的描述。

认识植物病害，首先，必须清楚病原物不等于病害；其次，病害是不可动、不能扩散的，只有病原物的繁殖体和接种体可以扩散，病株可以被转移，涉及病害流行学或传播时不能将接种体等同于病害；最后，病害不同于伤害。伤害是植物短时间内受外界因素作用而突然形成的，没有病理变化过程，往往是突发性的，表现是随机的、不规律的；病害是外界有害因素持续影响而逐渐形成的，外部症状表现具有一定的稳定性和规律性。

2. 植物病害发生的基本因素 植物病害的发生，是植物与环境相互作用的结果，由寄主、病原物和环境因素三者间的关系所决定。

（1）寄主 自然状态下，大多数植株都能够顺利存活并产生理想的产量和品质，这与植物的抗病性密切相关。植物的抗病性（disease resistance）是植物抵御病原物侵染及侵染后所造成损害的能力，是植物与其病原物在长期共同进化过程中相互适应和选择的结果。植物的抗病性都是直接或间接地由寄主和病原物的遗传物质（基因）来决定的。所以，抗病性是特定植物品种对特定病原物的种、小种或菌株的抵抗能力，是一种相对的说法。

植物抗病性包括非寄主抗性和寄主抗性两种。当一种植物接触到非自身的病原物时，常常表现出持续抵抗这种病原物的抗性是非寄主抗性（nonhost resistance），也是自然界最常见的抗性形式。寄主抗性（host resistance）是寄主植物对其病原物表现出的真正抗性，这种抗病性在遗传上受一至多个抗病基因（R 基因）控制。在病原物攻击寄主时，这些基因被激活并编码产生各类酶、毒素等化学物质以抵御病原物的侵染。这类依赖于多个基因来控制各种防卫反应的抗性被称为部分抗性（partial resistance）、一般抗性（general resistance）、数量抗性（quantitative resistance）、多基因抗性（polygenic resistance）、成株抗性（adult-plant resistance）、田间抗性（field resistance）、持久抗性（durable resistance），它们普遍被归于水平抗性（horizontal resistance）。多数植物能够精准识别并完全抵抗某些病原物的种、小种或菌株，表现出高度抗病，但不抗其他种、小种或菌株，表现为感病。这种由寄主 R 基因特异性识别不亲和病原物所激活的抗性称为 R 基因抗性、单基因抗性（monogenic resistance）、质量抗性（qualitative resistance）、专化抗性（differential resistance）等，它们普遍被称为垂直抗性（vertical resistance）。

（2）病原物 病原物（pathogen）是能够从被侵染的寄主植物中获得营养，并引起植物病害的一类生物。病原物包括真菌、原核生物（细菌和柔膜菌）、寄生性高等植物和绿藻、病毒和类病毒、线虫、原生生物。这些病原物引起的植物病害也叫作侵染性病害或生物引起的病害。

病原物所具有的基本特征是寄生性和致病性。寄生性（parasitism）是指寄生物克服寄主植物的组织屏障和生理抵抗，从其体内夺取养分和水分等生活物质，以维持其生存和繁殖的能力。根据获得营养的方式可以将病原物分为自养生物（autotroph）和异养生物（heterotroph），异养生物又可分为腐生物和寄生物。腐生物（saprophyte）从无生命的有机物中获得营养；寄生物（parasite）可直接从活的寄主中获取营养，其生长发育过程往往与寄主的生理活动交织在一起。根据病原菌的寄生程度，可分为专性寄生物和非专性寄生物。专性寄生物（obligate parasite）也称为活养寄生物（biotrophic parasite），这类寄生物必须从活着的寄主细胞中获得营养物质，一般不能人工培养，当寄主植物的细胞或组织死亡后，活养寄生的生活阶段也随之结束。非专性寄生物（nonobligate parasite）是寄生习性与腐生习性兼而有之，既可以在活着的寄主植物上寄生，也可以在已死的有机体及各种营养基质上存活。其中的半活养寄生物，通常是以寄生生活为主，当寄主病组织死亡后，还能以腐生形式生存一段时间，在特定的培养基上也可以生存。病原物通过分泌酶、毒素、生长调节物及其他化合物干扰植物细胞的新陈代谢，通过吸收寄主细胞的养分供自己使用从而使植物患病。致病性（pathogenicity）是病原物在寄生过程中使植物发病的能力，表现为有致病性和无致病性。一种病原物致病性的强弱程度则称为致病力（virulence），也称为毒力或毒性。

（3）环境因素　　环境因素是决定植物病害发生的主要因素之一，其中包括温度、湿度、风、生物介体、光照、土壤 pH 与土壤结构、寄主植物自身营养元素含量、空气污染物等多种因素，这些因素单独或多重作用于植物和病原物，改变相互作用的两者的生存环境，造就植物病害发生的进程。

1）温度。温度是维持生命体存活的重要决定因素，植物和病原物都有维持活性的生长温度范围，越接近生长温度范围的极值，则越会影响它们的正常生命活动。冬季的温度较低，植物和病原物生长受限，一般不会发生病害；而当温度逐渐升高，植物开始正常生长，病原物活性增强，随着夏季高温的出现，植物防御机制会受到非生物胁迫的影响，增加了植物病害的发生概率。但由于不同病原物对高温与低温的偏好，一些病原物在低温或高温条件下生长，要比在其他温度条件下更好，而同样的温度环境会造成寄主生长缓慢，从而造成植物病害的发生。因此，许多病害在低温地区、季节或年限中发生更加严重，而有些病害却在高温时节发生严重。

2）湿度。湿度和温度一样，在许多环节中影响植物病害的发生发展。湿度是病原物侵入寄主和存活的必要条件。对于许多病原物而言，雨水和流动水决定了病原物在同一植株上的分布及植株之间的传播。高湿度能提高植物的含水量，增加寄主植物的发病概率。许多病害的发生还与一年中的降水量及其分布密切相关。例如，真菌分生孢子的形成、萌发及寿命都离不开湿度。因此，湿度不但影响病害的发病程度，还决定特定季节是否能够发病。此外，许多侵染植物地下组织的病害，其发病的严重程度与土壤湿度成正比，在接近饱和点时发病最严重。湿度的增加主要影响土壤病原物的繁殖和传播，而土壤含水量过高造成的涝害还会降低植物的防御能力，这又增加了病原物侵入寄主的风险。

3）风。许多病害的病原物需要通过风和昆虫等媒介进行传播扩散。风雨夹带的沙石会造成植物表面组织的损伤，增加病原物通过伤口侵染植物从而发生侵染性病害的机会。风还可以加快植物潮湿表面的干燥速度，从而影响侵染性病害的发生。

4）生物介体。许多病害的病原物能够通过生物介体进行传播侵染。某些病原物能够通过昆虫进行传播，如植物致病性病毒寄生在昆虫体内进行传播，还有些植物病原物能够附着在昆虫或动物体表进行传播，同时昆虫和动物也会给植物造成一定的损伤，有利于致病菌的侵染与发病。此外，某些昆虫的危害还能诱发植物病害的发生与发展。例如，茶树遭受蚜虫和叶螨等害虫的危害，能够诱发茶树烟煤病的发生。人类的社会活动与农事操作也会引起植物病原物的传播及病害的发生与流行，如植物种苗或种子的调运、植物博览会中植物的展览、灌溉等行为，是植物病原菌传播的一个重要途径。

5）光照。光照的强度和持续时间能增强或降低植物的感病性和发病程度。

6）土壤 pH 与土壤结构。土壤 pH 对土传病害的发生起重要作用。pH 的高低主要影响病原物在土壤中的生长状态，当 pH 适宜于病原物活力时可增加病害发生的严重度，另外，过高或过低的土壤 pH 会造成植物生长势减弱，降低寄主的免疫力，从而增加病害的发生概率。

（二）茶树常见真菌病害及其发病原因

1. 茶炭疽病　　茶炭疽病是我国茶园最常见的茶树叶部病害之一。

1）病原物。茶长圆盘孢，拉丁名为 *Discula theae-sinensis*，属黑盘孢目黑盘孢科盘长孢属。

2）分布为害。我国各产茶区均有发生。发病后茶树出现大量焦枯病叶，发生严重时可引起大量落叶，影响茶树生长势和茶叶产量。

3）病状。茶炭疽病主要发生在茶树当年生成熟叶片上。初期病斑呈暗绿色水渍状，病斑常沿叶脉蔓延扩大，并变为褐色或红褐色，后期可变为灰白色。病斑形状大小不一，但一般在叶片近叶柄部呈大型红褐色枯斑，有时可蔓及叶的一半以上。边缘有黄褐色隆起线，病健交界明显。病斑正面可散生黑色、细小的突出粒点，即病原菌的分生孢子盘。

4）发病规律。茶炭疽病病菌潜育期较长，一般多在嫩叶期或伤口组织侵入，在成叶期才出现症状。温湿度是影响茶炭疽病发生的最重要的气候因素，春夏之交及秋季雨水较多的季节，茶炭疽病发生较重。

2. 茶轮斑病　　茶轮斑病又称茶梢枯死病，是茶园常见的叶部病害。

1）病原物。茶拟盘多毛孢，拉丁名为 *Pestalotiopsis theae*，属半知菌亚门黑盘孢目黑盘孢科盘多毛孢属（图7-26）。

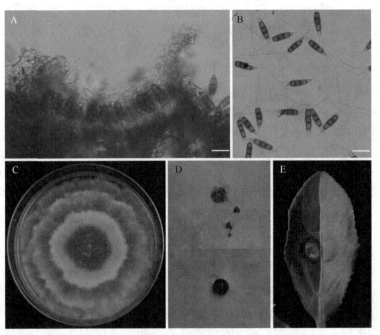

彩图

图7-26　茶轮斑病致病菌形态特征及为害状（姜浩供图）

A. 分生孢子盘；B. 分生孢子；C. PDA培养基生长15d的菌落形态；D. 孢子堆；E. 接种茶树叶片5d症状。标尺=20 μm

2）分布为害。我国各产茶区均有发生。受害叶片会大量脱落，严重时引起枯梢，致使树势衰弱，产量下降。

3）病状。茶轮斑病主要为害成叶和老叶。常从叶尖或叶缘上开始发病，逐渐扩展为圆形至椭圆形或不规则形褐色大病斑，成叶和老叶上的病斑具明显的同心轮纹。发病后期病斑中间变成灰白色，湿度大时出现呈轮纹状排列的浓黑色小粒点。此病也可侵染嫩梢，引致枝枯落叶，扦插苗则会引起整株死亡。

4）发病规律。茶轮斑病致病菌为弱寄生菌，病菌孢子主要从叶片的伤口处（如采摘、修剪、机采的伤口及害虫为害部位）侵入，病菌对无伤口的叶片一般无致病力。高温高湿有利于此病的发生，一般在夏、秋两季发生较重。排水不良、扦插苗圃或密植茶园易发病。

3. 茶云纹叶枯病　　茶云纹叶枯病又称叶枯病，是茶园常见的一种叶部病害。

1）病原物。有性态为山茶球座菌（*Guignardia camelliae*），属子囊菌亚门座囊菌目座囊菌科球座菌属；无性态为 *Colletotrichum camelliae*，属半知菌亚门黑盘孢目黑盘孢科刺盘孢属（图7-27）。

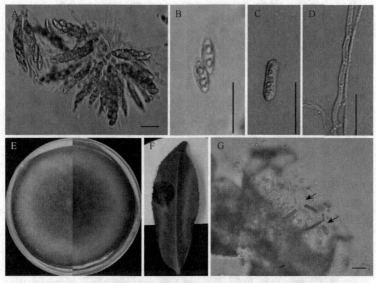

彩图

图7-27　茶云纹叶枯病致病菌形态特征及为害状（姜浩供图）

A. 子囊果；B. 子囊孢子；C. 分生孢子；D. 菌丝；E. PDA 培养基生长 7d 的菌落正反面形态；
F. 接种茶树叶片 5d 症状，右侧为对照；G. 分生孢子盘，箭头指示刚毛。标尺=20μm

2）分布为害。我国各产茶区均有发生。病害发生严重的茶园呈成片枯褐色，叶片早期脱落，幼龄茶树则可能整株枯死。

3）病状。茶云纹叶枯病多从叶尖或叶缘发生，褐色，半圆形或不规则形，上生波浪状轮纹，似云纹状；后期病斑中央变灰白色，病斑上有灰黑色扁平的小粒点，且沿轮纹排列。嫩叶上的病斑初为圆形褐色，后变黑褐色。在枝条上可形成灰褐色斑块，椭圆形略凹陷，生有灰黑色小粒点，常造成枝梢干枯。

4）发病规律。茶云纹叶枯病为高温高湿型病害，8月下旬至9月上旬为发病盛期。地下水位高、排水不良、肥料不足的茶园易发此病，茶树受冻或旱害或夏季阳光直射造成日灼斑后都易发此病。品种间抗病性差异明显，'云南大叶种''凤凰水仙'等品种易感病。

4. 茶饼病　　茶饼病又称叶肿病、疱状叶枯病，是茶树上一种重要的芽叶病害。

1）病原物。坏损外担菌，拉丁名为 *Exobasidium vexans* Massee，属担子菌亚门外担菌目外担菌科外担菌属。

2）分布为害。我国南方产茶省份局部发生，以四川、贵州、云南 3 省的山区茶园发病较重，近年来在浙江、福建、湖北、广西等省（自治区）茶园发生较多。茶饼病可直接影响茶叶产量，同时其病叶制茶易碎，所制干茶苦涩，影响茶叶品质。

3）病状。茶饼病主要发生在嫩叶上，病斑多数正面凹陷，浅黄褐色至暗红色，相应的叶片背面凸起呈馒头状，即疱斑。叶背凸起部分表面覆有一层灰白色或粉红色或灰色粉末状物，后期粉末消失，凸起部分萎缩成褐色枯斑，边缘有一灰白色圈，似饼状。一片嫩叶上可形成多个疱斑，严重时可达十几个（图7-28）。

4）发病规律。茶饼病属低温高湿型病害。一般在春茶期和秋茶期发病较重，而在夏季高温干旱季节发病轻；丘陵、平地的郁蔽茶园，多雨情况下发病重；多雾的高山、高湿凹地及露水不易干燥的茶园发病早且重；管理粗放，茶园通风不良、密闭高温的发病重；大叶种比小叶种发病重。

彩图

图 7-28　茶饼病不同发病期田间为害状（姜浩供图，拍摄于西藏茶园）

A. 早期叶正面症状；B. 盛发期叶正反面症状；C. 发病后期症状；D. 暴发茶园为害状

三、茶树内生型微生物

在过去的几十年中，内生菌引起了人们的关注。几乎所有维管植物中都存在内生菌，内生菌存在于所有宿主植物的器官中，甚至它们的种子中都带有内生菌。随着研究的深入，内生真菌和内生细菌被认为是一种新型的微生物资源，具有巨大的研究价值和广阔的应用前景。在长期的共生进化作用下，内生菌与寄主之间建立了良好的互利共赢的关系。一方面，内生菌从植物体中获得生命所需的营养物质，另一方面，内生菌也会对寄主的生理活动产生有益影响。通常，部分植物内生菌通过产生生物活性分子促进植物生长，如植物激素（吲哚乙酸、赤霉素、细胞分裂素）、铁载体、磷酸盐溶解酶及 1-氨基环丙烷-1-羧酸（ACC）脱氨酶等，而一些固氮菌可以通过固氮作用来提高土壤肥力从而促进植物生长。因此，利用植物与内生菌之间的植物促生作用可提高作物生产力。

此外，内生菌群可以调节寄主植物对生物胁迫和非生物胁迫的抗性。内生菌主要通过养分与空间竞争、产生抗病原菌次级代谢产物及诱导宿主防御相关基因的表达等作用与植物病原菌产生拮抗，从而降低植物病害的发生率。此外，内生菌具有在寄主体内不会引起感染或疾病的优势，因此，内生菌是生物防治应用的潜在候选菌株来源。非生物胁迫会对植物的生理和形态产生严重的负面影响，而内生菌则可以通过植物激素的生物合成和养分吸收来帮助其寄主植物适应非生物胁迫并促进植物生长。化石真菌菌丝和孢子的发现表明，内生真菌对于陆地植物祖先抵抗非生物胁迫（如干旱、盐度、金属、紫外线辐射和早期古生代土地特征的温度波动）至关重要。

在生物技术上，内生菌群是各种次级代谢产物的丰富来源，次级代谢产物主要包括生物碱、萜类、类固醇、聚酮类、醌类、异香豆素、酯类、黄酮类、内酯类等，而这些化合物具有抗菌、抗真菌、杀虫、抗氧化剂及细胞毒性和抗癌等功能，丰富了生物活性分子的化学多样性，为药物开发提供了新途径。有研究发现，一些植物内生真菌可以产生高药用价值的寄主植物次级代谢产物，如紫杉醇、喜树碱等，为解决某些药用植物生长缓慢和短缺而造成的医疗资源短缺和生态破坏提供了新思路，同时也可以用作药物生产的生物工程工具。

茶是世界三大无乙醇饮料之一，被誉为 21 世纪的健康饮品，当今世界有近半数人饮茶。而茶树也是一种世界性的经济木本作物，在森林生态系统中发挥了重要作用。开展茶树内生菌的研究，不仅为应对全球气候变化挑战的可持续农业发展提供了有希望的解决方案，而且为药物发现提供了另一种途径，也为防治茶树病害、提高茶叶品质等方面提供了一种新途径。

（一）内生菌定义

植物内生菌的定义尚无定论，目前最为常用的定义是 Petrini 在 1991 年提出的，即生活在植物器官中的所有生物，在其生命中的某个时期，能够在不对寄主造成明显伤害的情况下定殖于植物内部的有机体。按照其定义应当包括细菌、真菌、昆虫、藻类及其他维管植物，但是目前的研究基本聚焦在内生真菌和内生细菌。

（二）茶树内生菌多样性

大多数内生菌起源于其寄主植物的生长环境，包括根际微生物、空气中悬浮的真菌孢子及昆虫和动物摄食过程携带的微生物。内生真菌和内生细菌的传播方式主要有水平（植物或者土壤到植物）、垂直（亲本植物到种子）或两者混合。研究表明，植物内生真菌和内生细菌群落的构建并不是随机的，主要由植物生境、土壤类型、植物种类和环境微生物等因素决定。茶树中含有丰富的内生真菌群和内生细菌群，表 7-7 和表 7-8 列出了从茶树中分离得到的内生真菌和细菌，并对其进行了分类。在此前的报道中，内生真菌涵盖了 3 门 6 纲 15 目 29 科 43 属，座囊菌纲（Dothideomycetes）的格孢腔菌目（Pleosporales）、粪壳菌纲（Sordariomycetes）的间座壳菌目（Diaporthales）、小丛壳目（Glomerellales）、肉座菌目（Hypocreales）和炭角菌目（Xylariales）为优势菌。内生细菌涵盖了 4 门 7 纲 19 目 36 科 54 属，其中放线菌门（Actinobacteria）的微球菌目（Micrococcales），芽孢杆菌纲（Bacilli）的芽孢杆菌目（Bacillales）和 β-变形菌纲（Betaproteobacteria）的伯克霍尔德氏菌目（Burkholderiales）为优势菌。其中有部分内生真菌和细菌尚未鉴定而未分类。

（三）茶树内生菌的分布及其影响因素

1. 茶树内生菌的分布　　各品种茶树的根、茎、叶、芽、花中均可以分离得到茶树内生真菌和细菌（陈晖奇等，2006）。茶树内生菌的数量和种类随着样品采集的时间、组织类型及茶树品种的不同而变化。不同茶树类型的组织有各自的优势菌群，并随着季节而变化。此外，同一种菌群在植株不同部位的分布并不均匀，具有特异性。同时茶树所处的地理环境对内生菌群的数量和种类具有一定的影响。

2. 影响茶树内生菌分布的因素

（1）茶树组织类型对内生菌分布的影响　　茶树内生菌的分布存在明显的组织特异性。游见明（2008）在四川省五通农场茶园的茶树根、茎、叶中共分离得到了 143 株内生真菌，其中根部分离得到 11 个属的 62 株真菌，茎部分离得到 9 个属的 55 株真菌，叶部分离得到 6 个属的 36 株真菌。其中根、茎、叶中的优势菌群分别为镰刀霉属（*Fusarium*）、木霉属（*Trichoderma*）与链格孢属（*Alternaria*）。研究发现，茶树的叶片和枝条中可以分离得到丰富的内生真菌，成熟叶片中分离频率高达 93.88%～100.00%，花瓣、种胚、根、芽和种皮中的内生真菌分离率出

表 7-7 茶树内生真菌统计表

门	纲	目	科	属	种	参考文献
Ascomycota	Dothideomycetes	Botryosphaeriales	Botryosphaeriaceae	Botryosphaeria	Botryosphaeria dothidea	Win et al., 2018, 2021
			Phyllostictaceae	Guignardia	Guignardia mangiferae	Win et al., 2018
				Guignardia	Guignardia sp.	Win et al., 2018
				Phyllosticta	Phyllosticta capitalensis	Win et al., 2021
		Cladosporiales	Cladosporiaceae	Cladosporium	Cladosporium asperulatum	Win et al., 2018
				Cladosporium	Cladosporium cladosporioides	Win et al., 2021
				Cladosporium	Cladosporium sp.	Win et al., 2021
		Mycosphaerellales	Mycosphaerellaceae	Pseudocercospora	Pseudocercospora kaki	Zhu et al., 2014
				Pseudocercospora	Pseudocercospora sp.	Win et al., 2018, 2021
			Didymellaceae	Didymella	Peyronellaea glomerata	Win et al., 2018
				Epicoccum	Epicoccum nigrum	Win et al., 2018
				Phoma	Phoma bellidis	Win et al., 2021
				Phoma	Phoma herbarum	Win et al., 2018
		Pleosporales		Stagonosporopsis	Stagonosporopsis cucurbitacearum	Win et al., 2018
			Didymosphaeriaceae	Paracamarosporium	Paraconiothyrium hawaiiense/ Microdiplodia hawaiiensis	Win et al., 2018
					Paraconiothyrium sp.	Win et al., 2021
				Paraphaeosphaeria	Paraphaeosphaeria neglecta	Win et al., 2018, 2021
			Leptosphaeriaceae	Plenodomus	Plenodomus sp.	Win et al., 2018
			Lophiostomataceae	Lophiostoma	Lophiostoma sp.	Win et al., 2021
			Phaeosphaeriaceae	Setophoma	Setophoma chromolaena	Win et al., 2018
				Setophoma	Setophoma yingyisheniae	Win et al., 2021
					Alternaria alternata	Win et al., 2021
			Pleosporaceae	Alternaria	Alternaria mali	Win et al., 2018
				Alternaria	Alternaria sp.	游见明, 2008
			—	—	Pleosporales sp.	Win et al., 2018, 2021

续表

门	纲	目	科	属	种	参考文献
Ascomycota	Dothideomycetes	—	—	—	Dothideomycetes sp.	Win et al., 2018, 2021
	Eurotiomycetes	Eurotiales	Aspergillaceae	Aspergillus	Aspergillus fumigatus	Nath et al., 2015; 胡云飞等, 2013
					Aspergillus niger	Nath et al., 2015; 胡云飞等, 2013; 陈晖奇等, 2006
					Aspergillus sp.	游见明, 2008; 苏纶证等, 2010
				Penicillium	Penicillium aculeatum	胡云飞等, 2013
					Penicillium chrysogenum	Nath et al., 2015
					Penicillium citrinum	胡云飞等, 2013
					Penicillium crustosum	Nath et al., 2015
					Penicillium oxalicum	胡云飞等, 2013
					Penicillium paxilli	Win et al., 2021
					Penicillium sclerotiorum	Nath et al., 2015; 胡云飞等, 2013; Zhu et al., 2014
					Penicillium thomii	Win et al., 2021
					Penicillium sp.	游见明, 2008; Nath et al., 2015; Agusta et al., 2006a
	Saccharomycetes	Saccharomycetales	—	Candida	Candida sp.	游见明, 2008
	Sordariomycetes	Diaporthales	Diaporthaceae	Diaporthe	Diaporthe celeris	Win et al., 2021
					Diaporthe eres	Win et al., 2018
					Diaporthe garethjonesii	Win et al., 2021
					Diaporthe nobilis	Win et al., 2018, 2021
					Diaporthe pustulata	Win et al., 2018
					Diaporthe sackstonii	Win et al., 2018
					Diaporthe sojae	Win et al., 2021
					Diaporthe sp.	Win et al., 2018; Agusta et al., 2006b
					Diaporthe sp. 1	Win et al., 2021
					Diaporthe sp. 2	Win et al., 2021

续表

门	纲	目	科	属	种	参考文献
Ascomycota	Sordariomycetes	Diaporthales	Diaporthaceae	Diaporthe	*Diaporthe amygdali / Phomopsis amygdali*	Win et al., 2018
					Diaporthe subordinaria / Phomopsis subordinaria	Win et al., 2018
			Melanconiellaceae	Melanconiella	*Melanconiella* sp.	Win et al., 2018
			Valsaceae	Phomopsis	*Phomopsis* sp.	Win et al., 2018, 2021
		Glomerellales	Glomerellaceae	Colletotrichum	*Colletotrichum camelliae*	Win et al., 2021
					Colletotrichum gloeosporioides	胡云飞等, 2013
					Colletotrichum pseudomajus	Win et al., 2021
					Colletotrichum sp.	陈晖奇等, 2006
					Colletotrichum spp.	游见明, 2008
					Glomerella cingulata	胡云飞等, 2013
					Glomerella sp.	Win et al., 2018
		Hypocreales	Hypocreaceae	Trichoderma	*Trichoderma koningiopsis*	Win et al., 2018, 2021
					Trichoderma longibrachiatum	苏经迁等, 2010
					Trichoderma pseudokoningii	陈丹等, 2010
					Trichoderma tsugarense	Win et al., 2021
					Trichotderma viride	游见明, 2008
					Trichotderma sp.	游见明, 2008
			Nectriaceae	Fusarium	*Fusarium babinda*	Win et al., 2021
					Fusarium concentricum	Win et al., 2021
					Fusarium oxysporum	Nath et al., 2015; 胡云飞等, 2013; Win et al., 2021
					Fusarium sp.	Agusta et al., 2006a
					Fusarium spp.	游见明, 2008
				Nectria	*Nectria* sp.	游见明, 2008
			Sarocladiaceae	Sarocladium	*Sarocladium strictum / Acremonium strictum*	Win et al., 2018

续表

门	纲	目	科	属	种	参考文献
Ascomycota	Sordariomycetes	Hypocreales	—	Tubercularia	Tubercularia sp.	游见明，2008
			Cephalothecaceae	Phialemonium	Phialemonium dimorphosporum	Win et al.，2018
		Sordariales	Chaetomiaceae	Chaetomium	Chaetomium sp.	游见明，2008
				Mycothermus	Mycothermus thermophilus/Scytalidium thermophilum	胡云飞等，2013
			Apiosporaceae	Nigrospora	Nigrospora sphaerica	Win et al.，2021
				Arthrinium	Arthrinium arundinis	Win et al.，2021
				Neopestalotiopsis	Neopestalotiopsis clavispora	Win et al.，2018
			Sporocadaceae	Pestalotiopsis	Pestalotiopsis camelliae	Win et al.，2018，2021
					Pestalotiopsis fici	Wang et al.，2015
					Pestalotiopsis sp.	Win et al.，2018；Agusta et al.，2006b
					Pestalotiopsis spp.	Win et al.，2021
				Pseudopestalotiopsis	Pseudopestalotiopsis theae	Win et al.，2021
		Xylariales	Xylariaceae	Nemania	Nemania sp.	Win et al.，2018
				Phialemoniopsis	Phialemoniopsis sp.	Win et al.，2021
			—		Xylariales sp.	Win et al.，2018
			Phomatosporaceae	Phomatospora	Phomatospora sp.	Win et al.，2021
Basidiomycota	Agaricomycetes	Agaricales	Schizophyllaceae	Schizophyllum	Schizophyllum sp.	Larran et al.，2016
		Russulales	Peniophoraceae	Peniophora	Peniophora incarnata	Win et al.，2018
					Peniophora sp.	Win et al.，2021
Mucoromycota	Mucoromycetes	Mucorales	Mucoraceae	Mucor	Mucor irregularis	Win et al.，2021
					Mucor lusitanicus	Win et al.，2021
					Mucor sp.	游见明，2008
				Thamnidium	Thamnidium sp.	游见明，2008
3	6	15	29	43		

注：表中的"—"表示未分类；最后一行数字表示总数

表 7-8　茶树内生细菌统计表

门	纲	目	科	属	种	参考文献
Actinobacteria	Actinomycetia	Corynebacteriales	Mycobacteriaceae	Mycobacterium	*Mycobacterium fortuitum*	Shan et al., 2018
					Mycobacterium sp.	Wei et al., 2018
			Nocardiaceae	Nocardia	*Nocardia jiangxiensis*	Shan et al., 2018
					Nocardia nova	Jiang et al., 2021
		Micrococcales	Cellulomonadaceae	Cellulomonas	*Cellulomonas flavigena*	朱育菁等，2009
			Dermabacteraceae	Brachybacterium	*Brachybacterium* sp.	Wei et al., 2018
			Dermatophilaceae	Mobilicoccus	*Mobilicoccus caccae*	Shan et al., 2018
			Dermatophilaceae	Piscicoccus	*Piscicoccus intestinalis*	Shan et al., 2018
			Kytococcaceae	Kytococcus	*Kytococcus schroeteri*	Shan et al., 2018
				Leifsonia	*Leifsonia lichenia*	Shan et al., 2018
					Leifsonia shinshuensis	Jiang et al., 2021
				Leucobacter	*Leucobacter* sp.	Wei et al., 2018
			Microbacteriaceae		*Microbacterium arborescens*	朱育菁等，2009
				Microbacterium	*Microbacterium imperiale*	朱育菁等，2009
					Microbacterium testaceum	朱育菁等，2009；Shan et al., 2018
					Microbacterium sp.	Wei et al., 2018
				Kocuria	*Kocuria* sp.	Wei et al., 2018
			Micrococcaceae	Micrococcus	*Micrococcus* spp.	Jia et al., 2022
					Micrococcus sp.	Wei et al., 2018
				Pseudarthrobacter	*Pseudarthrobacter* sp.	Wei et al., 2018
		Micromonosporales	Micromonosporaceae	Micromonospora	*Micromonospora olivasterospora*	Shan et al., 2018
		Propionibacteriales	Kribbellaceae	Kribbella	*Kribbella karoonensis*	Shan et al., 2018
					Kribbella shirazensis	Shan et al., 2018
		Pseudonocardiales	Pseudonocardiaceae	Pseudonocardia	*Pseudonocardia kunmingensis*	Shan et al., 2018

续表

门	纲	目	科	属	种	参考文献
Actinobacteria	Actinomycetia	Pseudonocardiales	Pseudonocardiaceae	Saccharomonospora	*Saccharomonospora* sp.	Wei et al., 2018
		Streptomycetales	Streptomycetaceae	Streptomyces	*Streptomyces costaricanus*	Shan et al., 2018
					Streptomyces diastaticus	Shan et al., 2018
					Streptomyces fumigatiscleroticus	Shan et al., 2018
					Streptomyces griseorubiginosus	Shan et al., 2018
					Streptomyces levis	Shan et al., 2018
					Streptomyces longispororuber	Shan et al., 2018
					Streptomyces rhizophilus	Shan et al., 2018
					Streptomyces thermocarboxydus	Shan et al., 2018
					Streptomyces xiamenensis	Shan et al., 2018
					Streptomyces sp.	Shan et al., 2017；Wei et al., 2018
		Streptosporangiales	Nocardiopsaceae	Nocardiopsis	*Nocardiopsis dassonvillei*	Shan et al., 2018
			Thermomonosporaceae	Actinomadura	*Actinomadura bangladeshensis*	Shan et al., 2018
					Actinomadura geliboluensis	Shan et al., 2018
					Actinomadura meyerae	Shan et al., 2018
					Actinomadura nitritigenes	Shan et al., 2018
Bacteroidetes	Bacteroidia	Bacteroidales	Prevotellaceae	Prevotella	*Prevotella loescheii*	朱育菁等，2009
	Flavobacteriia	Flavobacteriales	Flavobacteriaceae	Myroides	*Myroides* spp.	Yan et al., 2018
Firmicutes	Bacilli	Bacillales	Bacillaceae	Bacillus	*Bacillus amyloliquefaciens*	黄晓琴等，2015
					Bacillus aryabhattai	Jiang et al., 2021
					Bacillus cereus	Jiang et al., 2021
					Bacillus flexus	Jiang et al., 2021
					Bacillus kochii	Jiang et al., 2021
					Bacillus nealsonii	Jiang et al., 2021

续表

门	纲	目	科	属	种	参考文献
Firmicutes	Bacilli	Bacillales	Bacillaceae	Bacillus	Bacillus paranthracis	Jiang et al., 2021
					Bacillus safensis	Sun et al., 2019
					Bacillus siamensis	Jiang et al., 2021
					Bacillus subtilis	李建华等, 2008
					Bacillus subtilis subsp. stercoris	Jiang et al., 2021
					Bacillus sp.	Yan et al., 2018
					Bacillus spp.	洪永聪等, 2005; Jia et al., 2022
				Brevibacterium	Brevibacterium frigoritolerans	Jiang et al., 2021
					Brevibacterium sp.	Wei et al., 2018
				Fictibacillus	Fictibacillus spp.	Yan et al., 2018
				Lysinibacillus	Lysinibacillus fusiformis	Jiang et al., 2021
					Lysinibacillus spp.	Yan et al., 2018; Jia et al., 2022
				Oceanobacillus	Oceanobacillus spp.	Yan et al., 2018
			Paenibacillaceae	Paenibacillus	Paenibacillus tylopili	Jiang et al., 2021
					Paenibacillus spp.	Yan et al., 2018; Jia et al., 2022
			Planococcaceae	Bhargavaea	Bhargavaea spp.	Yan et al., 2018
				Solibacillus	Solibacillus isronensis	Jiang et al., 2021
			Staphylococcaceae	Staphylococcus	Staphylococcus spp.	Yan et al., 2018
Proteobacteria	Alphaproteobacteria	Caulobacterales	Caulobacteraceae	Brevundimonas	Brevundimonas sp.	Yan et al., 2018
		Hyphomicrobiales	Aurantimonadaceae	Aurantimonas	Aurantimonas spp.	Jia et al., 2022
		Rhizobiales	Bradyrhizobiaceae	Bosea	Bosea spp.	Yan et al., 2018; Jia et al., 2022
				Bradyrhizobium	Bradyrhizobium spp.	Yan et al., 2018
			Methylobacteriaceae	Methylobacterium	Methylobacterium spp.	Yan et al., 2018; Jia et al., 2022
			Rhizobiaceae	Ensifer	Ensifer spp.	Yan et al., 2018

续表

门	纲	目	科	属	种	参考文献
Proteobacteria	Alphaproteobacteria	Rhodobacterales	Rhodobacteraceae	Rhodobacter	*Rhodobacter sphaeroides*	Yan et al., 2018
		Sphingomonadales	Sphingomonadaceae	Sphingobium	*Sphingobium* spp.	Yan et al., 2018
				Sphingomonas	*Sphingomonas* spp.	Yan et al., 2018; Jia et al., 2022
			Burkholderiaceae	Burkholderia	*Burkholderia cepacia*	赵希俊等, 2014
				Burkholderia	*Burkholderia* spp.	Yan et al., 2018
				Limnobacter	*Limnobacter thiooxidans*	Jiang et al., 2021
				Trinickia	*Trinickia diaoshuihnensis*	Jiang et al., 2021
				Ralstonia	*Ralstonia* spp.	Yan et al., 2018
	Betaproteobacteria	Burkholderiales	Comamonadaceae	Variovorax	*Variovorax* spp.	Yan et al., 2018
				Herbaspirillum	*Herbaspirillum camelliae*	Lei et al., 2021
			Oxalobacteraceae	Herbaspirillum	*Herbaspirillum* spp.	Yan et al., 2018; Jia et al., 2022
				Massilia	*Massilia* spp.	Yan et al., 2018
			—	Aquincola	*Aquincola* spp.	Yan et al., 2018
	Gammaproteobacteria	Enterobacterales	Erwiniaceae	Pantoea	*Pantoea* spp.	Yan et al., 2018
				Erwinia	*Erwinia* spp.	Jia et al., 2022
			Yersiniaceae	Serratia	*Serratia* spp.	Yan et al., 2018
		Pseudomonadales	Moraxellaceae	Acinetobacter	*Acinetobacter* spp.	Yan et al., 2018
			Pseudomonadaceae	Pseudomonas	*Pseudomonas fluorescens*	朱育菁等, 2009
				Pseudomonas	*Pseudomonas* spp.	Yan et al., 2018
		Xanthomonadales	Rhodanobacteraceae	Luteibacter	*Luteibacter* spp.	Yan et al., 2018; Sun et al., 2019
			Xanthomonadaceae	Stenotrophomonas	*Stenotrophomonas* spp.	Shan et al., 2018
4	7	19	36	54		

注：表中的"—"表示未分类；最后一行数字表示总数

现明显的下降趋势。在不同发育期的叶片中，内生真菌的总分离率均较高，但是叶芽中内生菌以内生细菌为主且分离频率为65%，而内生真菌的分离频率为7.5%。在成熟叶片中则以内生真菌为主且分离频率为89.28%，而并未分离到内生细菌。说明在茶树叶片的成熟过程中，叶片中的内生细菌在逐渐减少而内生真菌在逐渐增多，表现出演替的过程。在茶树内生真菌组织偏好性研究中发现，胶孢炭疽菌茶树专化型（*Colletotrichum gloeosporioides* f.sp. *camelliae*）在树皮和老叶组织中的丰度显著高于木质部和新叶中。芒果球座菌（*Guignardia mangiferae*）和围小丛壳（*Glomerella*）是组织特异性内生真菌，它们仅分别在叶和茎中检测到。以上的研究表明，茶树内生真菌和细菌存在明显的组织类型偏好性。随着组织成熟度的增加，组织中的内生真菌和细菌的优势种群会表现出演替的过程。

图7-29是茶树内生真菌和内生细菌在茶树不同组织中的分布，可以看出内生真菌对茶树茎叶表现出偏好性。内生细菌对茶树叶片组织表现出偏好性，而根和茎组织中内生细菌较少，该结果出现的原因是目前多数研究仅从茶树叶片中分离茶树内生细菌，而从根中和茎组织的分离试验较少，因此需要更加深入研究以探寻其规律。

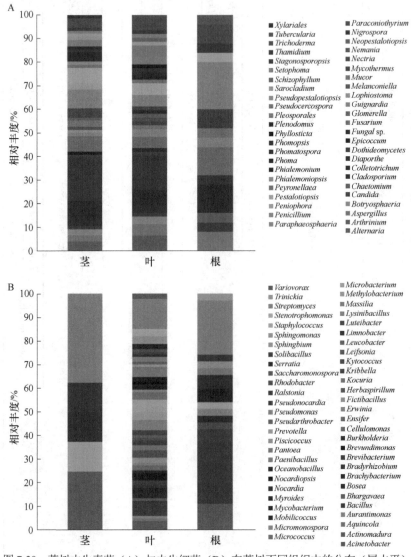

彩图

图7-29 茶树内生真菌（A）与内生细菌（B）在茶树不同组织中的分布（属水平）

（2）茶树品种对内生菌分布的影响　　不同茶树品种间内生真菌和细菌的分布存在显著差异。研究人员对日本埼玉县某茶园的 3 种茶树品种（'Hokumei''Sayamakaori''Yabukita'）的内生真菌进行分离发现，4 种较为常见的内生真菌除格孢腔菌目（Pleosporales）外，胶孢炭疽菌茶树专化型（*Colletotrichum gloeosporioides* f.sp. *camelliae*）、派伦霉属一种真菌（*Peyronellaea glomerata*）和葡萄座腔菌（*Botryosphaeria dothidea*）都表现出明显的品种偏好性。还有研究表明，在自然环境下具有同等栽培管理水平的'紫鹃'和'云抗 10 号'枝条中可培养的内生细菌群落差异较大，这两个茶树品种含有相同的 12 种内生细菌属，而'紫鹃'特有 7 种内生细菌，'云抗 10'特有 11 种内生细菌。不同茶树品种的生理状态存在差异性，因此会导致内生真菌和细菌分布的差异性，但是两者之间的作用机制及具体联系需要进一步的探究。

（3）季节对内生菌分布的影响　　茶树生理状态随着季节的更替而变化，其体内内生菌的种类数量也发生着变化。游见明（2008）在 3 月、5 月、7 月及 9 月对四川省茶园'早白尖 5 号'的根、茎、叶进行内生真菌的分离发现，3 月、5 月和 9 月内生真菌的分离率较高，而 7 月则较低。胡云飞等（2013）在春、夏、秋季对江苏省茶园'龙井长叶'的根内生真菌进行分离，发现根系内生真菌的优势种为围小丛壳菌（Glomerella cingulata），而春季围小丛壳菌分离率与夏、秋两季差异明显。通过在一年中对安徽省茶园的'紫鹃'的枝条中进行内生细菌的分离，春、夏、秋冬分别得到了 9 个、70 个、27 个和 4 个分离株。优势菌分别为贪噬菌属（Variovorax）、草螺菌属（Herbaspirillum）、甲基杆菌属（Methylobacterium）和芽孢杆菌属（Bacillus）。以上结果表明，茶树内生细菌的数量随着季节变化较大，而优势菌群也随着季节的变化而交替。

（四）茶树内生菌的生物学功能

1. 与植物病原菌的拮抗作用　　植物病原菌是导致作物产量和品质降低的主要因素之一。全世界有超过 19 000 种真菌在农作物中引起疾病，对粮食安全造成严重威胁，因此防治植物病害尤为重要。部分茶树内生真菌和细菌具有与植物病原菌拮抗的作用，具有较好的生防潜力。

从'铁观音'叶片中分离得到的菌株枯草芽孢杆菌（*Bacillus subtilis*）TL2 对 4 种茶树致病菌（茶芽枯病菌、茶轮斑病菌、茶炭疽病菌及茶煤烟病菌）的菌丝生长有较强的抑制作用，抑制率分别达到 83.6%、83.3%、90.3%及 86.5%。可见从茶树中分离得到的内生细菌对茶树病害的防治具有较好的应用潜力。从印度阿萨姆茶园中分离得到的菌株胶孢炭疽菌（*Colletotrichum gloeosporioides*）CgloTINO1 对茶树病原菌茶拟盘多毛孢（*Pestalotiopsis theae*）和油茶炭疽菌（*Colletotrichum camelliae*）具有较强的拮抗作用。在进一步的研究中发现，该菌株发酵培养液对这两种病原菌的生长也有一定的抑制作用，5 日龄培养物的无细胞培养滤液抑制效果高于 20 日龄的。通过检测发现两种培养液中的几丁质酶和蛋白酶活性存在显著差异，说明这些酶在该菌株与病原菌拮抗的过程中发挥了一定的作用。该研究从酶的角度解释了茶树内生真菌与植物病原菌的拮抗作用（图 7-30）。

冰核细菌（*Pantoea ananatis*）附生于茶树叶片上，可以诱发或加重茶树霜冻害的发生。而从茶树健康组织中分离得到的菌株解淀粉芽孢杆菌（*Bacillus amyloliquefaciens*）Y1 对冰核细菌的菌落扩展有明显的抑制作用。该研究结果可以为防治茶树霜冻害提供一种思路。

茶树内生菌除对茶树致病菌有拮抗作用外，对其他植物的致病菌也有一定的拮抗作用。从'福云 6 号'茶树品种的叶片中分离得到的放射杆状根瘤菌（*Rhizobium radiobacter*），可以有效抑制番茄病原细菌 *Ralstonia solanacearum* 及两种植物病原真菌即西瓜细菌性果斑病菌（*Acidovoraxavenaesub citrulli*）和棉花黄萎病大丽轮枝菌（*Verticillium dahliae*），尤其是对西瓜细菌性果斑病菌具有极好的抑菌效果。

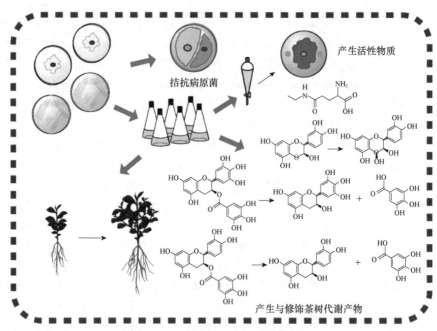

图 7-30　茶树内生菌生物学功能图

从茶树叶片中分离得到的内生真菌 *Pseudocercospora kaki* 和菌核青霉菌（*Penicillium sclerotiorum*）对稻瘟病菌（*Magnaporthe grisea*）具有明显的抑制作用，它们的双培养液及其乙酸乙酯的提取物对稻瘟病菌的抑制作用明显强于单培养液。这说明多种内生真菌协同拮抗病原菌也是一种较为有效的生防途径。

2. 促进植株生长作用（PGP 功能）　一些内生真菌和细菌通过提供铁载体、磷酸盐溶解酶、ACC 脱氨酶、固氮及植物激素如吲哚乙酸、赤霉素、细胞分裂素等来促进植物的生长（图 7-30）。通过对'紫鹃'和'云抗 10 号'茶树中分离得到的内生细菌进行 PGP 测定，发现草螺菌属（*Herbaspirillum*）、甲基杆菌属（*Methylobacterium*）及慢生根瘤菌属（*Bradyrhizobium*）的内生细菌表现出一定的 PGP 性能。有研究人员将从茶树各部位分离得到的内生真菌进行了PGP 性能的鉴定，发现在这些内生真菌中黑曲霉具有最强钾增溶的能力和 IAA 产生能力，尖孢镰刀菌具有较好的产生 GA_3 的能力及锌增溶能力。研究人员还从茶树中分离得到了 37 株具有PGP 活性的内生细菌，其中大黄欧文氏菌（*Erwinia rhapontici*）X001、大黄欧文氏菌 DQ-03、草螺菌属 CZBSD1 和哈特草小螺菌（*Herbaspirillum huttiense*）SCSIO-43762 这 4 个菌株具有 5种 PGP（IAA、磷增溶、铁载体、ACC 脱氨酶、固氮）特性，并且对水稻苗和茶树扦插苗的生长具有显著的促进作用。近年来从茶树根部分离得到了 16 株具有 PGP 功能的耐铝内生细菌，其中长野雷夫松氏菌（*Leifsonia shinshuensis*）可以促进小麦和茶树生长的同时减轻铝胁迫。以上研究表明，部分茶树内生菌具有显著的 PGP 能力，是一种可以开发成高效生物肥料的潜在资源。

3. 产生具有生物活性的代谢产物　茶树内生菌在培养的过程中可以产生一些具有生物活性的产物（图 7-30）。从茶树新鲜枝条上获得的内生真菌链格孢菌（*Alternaria alternata*）固体培养物中分离到的 9 种化合物中，交链孢酚对枯草芽孢杆菌的抑制作用最强，MIC80 为8.6μg/mL，而 9-甲醚交链孢酚对人骨肉瘤细胞 U2OS 有轻微的细胞毒作用，IC50 为 28.3μmol/L。通过 GC-MS 对茶树内生真菌 *Pseudocercospora kaki* 和菌核青霉菌（*Penicillium sclerotiorum*）的培养液进行分析，发现双培养液中的生物活性物质多于单培养液。这在一定程度上揭示了双培养液对稻瘟病菌的抑制作用好于单培养的原因。

茶树内生菌产生具有生物活性的代谢产物在抗植物病原菌方面具有较大的应用潜力。可以作为真菌或细菌抑制剂的生产来源。极端环境可以刺激真菌产生新型的代谢产物，尽管部分代谢产物不直接参与生长和能量生成的基本代谢过程，但是有利于其在极端环境下的生存，这为开发茶树内生菌有价值的代谢产物提供了指导。

4. 产生与修饰茶树代谢产物　茶树内生菌可以修饰茶树中部分代谢产物的结构。研究人员从茶树中分离得到的内生真菌间座壳属（*Diaporthe* sp.）能立体选择性地氧化具有 2R 取代的黄酮类化合物的 C-4 碳，使其从同一方向氧化为 3-羟基结构。例如，将 (+)-儿茶素和 (−)-表儿茶素的 C-4 位置上进行立体选择性氧化，分别得到相应的 3,4-(Z)-二羟基黄烷衍生物。研究发现，从茶树中分离得到的内生细菌藤黄色杆菌属（*Luteibacter* sp.）可以代谢产生茶氨酸，而茶氨酸是茶树中含量最高的非蛋白质氨基酸，对茶叶的品质具有较为重要的作用。内生菌可以产生或修饰茶树的代谢产物，这一特性可以为内生菌与植物宿主之间的互作研究提供一种新的思路，此外也可以为丰富茶树叶片内含物质和改善茶叶品质提供思路。

5. 其他生物学功能　除了以上功能，茶树内生菌还有许多功能。茶树内生细菌枯草芽孢杆菌 TL2 菌株除与病原菌拮抗外，对氯氰菊酯也表现出较强的降解能力，这为病虫害的防治及农药残留的治理提供了一种新方法。研究人员从茶树中分离到多株可以产生多酚氧化酶的内生真菌。而多酚氧化酶能有效催化多酚类化合物氧化形成相应的醌类物质，在含酚废水处理、木质素降解及染料脱色等领域得到较好的研究和应用。有研究发现从茶树叶片分离得到的山茶草螺菌（*Herbaspirillum camelliae*）菌株可以水解 EGCG 和 ECG 释放出 GA，展现出鞣酸酶活性，为改善茶叶的口感提供新思路。

（五）未来发展

内生真菌和内生细菌是一种新型的微生物资源，具有巨大的研究价值和广阔的发展前景。植物病害影响着全世界的农作物，导致全球粮食产量下降约 10%，目前主要采用农药来减少农业生产中的损失。然而农药的大量使用会对人类和生态系统功能产生负面影响，如对环境、食物链及土壤造成污染，降低土壤肥力，打破生态平衡，这威胁农业的可持续发展。生物防治是控制植物病害发生并且对环境影响最小的途径之一，生物防治的药剂或产品包括了天敌、微生物、化学活性物质及天然产物。而部分内生菌也具有与植物病原菌拮抗的作用。在一项针对小麦的研究中证明了小麦内生真菌可以显著降低由 *Drechslera tritici-repentis* 引起的小麦褐斑病。目前，通过对峙实验发现一些茶树内生真菌或细菌对茶树病原菌具有拮抗作用，但是需要进一步研究其机制及在实际应用中的作用效果，为茶树病害生物防治提供新途径。而茶树内生真菌和细菌对其他作物如小麦和西瓜的病原菌的生长产生抑制作用，因此茶树内生真菌和内生细菌是较好的生物防治潜在资源。

植物内生菌代谢产生丰富的天然化合物，如具有抗菌作用的代谢产物、高价值的宿主植物次级代谢产物及其他具有药用价值的代谢产物，茶树也是一种药用植物，其中包括茶多酚、儿茶素、茶氨酸等药用成分，而目前只有可以产生茶氨酸的内生细菌的报道，同时茶树内生菌的次级代谢产物相关功能研究较少。此外，茶树内生真菌可以修饰茶树中的次级代谢产物，这些功能对宿主的生理代谢会有影响，进一步研究它们之间的相互作用机制可以为提升作物品质提供新思路。

内生菌可以产生植物激素、铁载体、ACC 脱氨酶等使宿主受益，同时也可以增强宿主植物对土壤养分如氮和磷及其他营养元素的吸收，从而达到促进植物生长的功能。部分茶树内生真菌和细菌具有以上植物的促生功能，未来对茶树生长的实际促进效果深入探究，可以为茶叶增产提质提供新途径。随着植物激素在农业中的广泛使用，植物激素的微生物生产将有光明的前景，而这类茶树内生真菌和细菌则是潜在的植物激素生产的资源。此外，一些微生物会产生无法使用的铁载体，从而抑制病原微生物的生长，减少植物病害的发生。而茶树内生菌在植物生长促进的过程中的铁载体生产特性也使其具有生防潜力。

总体来说，目前对茶树内生菌的研究相对较浅，因此需要更加深入的研究来阐明内生菌与茶树的相互作用机制，从而更好地理解茶树内生微生物群相互作用及其生态学和医学意义。

四、茶树病毒

病毒侵染植物后，在一定的条件下不会使植物产生明显的感病症状，也有些病毒可以使感病植株迅速死亡。在这两种情况之间，被病毒侵染植物的不同组织会产生各种各样的症状。主要有叶片出现萎黄、条纹、斑驳或花叶等失绿症状，叶面出现环斑或坏死斑，叶片皱缩或卷曲，严重者脱落或死亡，果实出现斑驳或畸形，种皮出现杂色，叶片和茎等部位产生瘤状物，植株生长发育不良和矮化等症状。

（一）茶树病毒的发现

病毒是一类具有侵染性的、由蛋白质包裹着遗传物质的非细胞专性寄生生物，其遗传物质为 DNA 或 RNA。茶树富含多酚类等抗病毒次生代谢成分，因此，长久以来认为茶树中不含有病毒。研究人员采用基于二代测序的宏基因组方法，结合同源注释和测序验证，在茶树中鉴定到了 7 种病毒，根据转录丰度，同源的病毒依次为蓝莓坏死环斑病毒（*Blueberry necrotic ring blotch virus*，BNRBV）、美国李子线状病毒（*American plum line pattern virus*，APLPV）、三七病毒 A（*Panax notoginseng virus A*，PnVA）、玉米相关整体病毒 2（*Maize-associated totivirus 2*，MATV2）、玉米相关整体病毒（*Maize-associated totivirus*，MATV）、杆状 DNA 病毒 2（*Piper DNA virus 2*，PVD2）、日本葎草潜隐病毒（*Humulus japonicus latent virus*，HJLV），其中丰度最高的两种病毒分别被命名为茶树坏死环斑病毒（*Tea plant necrotic ring blotch virus*，TPNRBV）和茶树网斑病毒（*Tea plant line pattern virus*，TPLPV）。

（二）茶树坏死环斑病毒简介

1. TPNRBV 分类和基因组结构　　基于二代测序（next-generation sequencing）的宏基因组技术，鉴定得到了 TPNRBV 病毒序列，系统进化树分析显示该病毒与蓝莓坏死环斑病毒（BNRBV）进化关系最近，同属于北岛病毒科（*Kitaviridae*），蓝莓坏死环斑病毒属（*Blunervirus*），均为正义单链 RNA 病毒。通过透射电镜观察，该病毒粒子呈球状，直径大约为 85nm。

TPNRBV 基因组大小为 15kb 左右，包含 4 条正义单链 RNA，共有 7 个 ORF。RNA1 编码甲基转移酶、半胱氨酸-蛋白酶和解旋酶，RNA2 编码解旋酶-RNA 聚合酶，RNA1 和 RNA2 编码的蛋白质与病毒的复制和转录有关。RNA3 编码 4 个未知功能的蛋白质，p14、p29、p22 和 p22，分子量大小分别为 14kDa、29kDa、22kDa 和 22kDa。RNA4 编码移动蛋白。4 条 RNA 链均含有 poly（A）尾巴（图 7-31）。

2. TPNRBV 检测、症状和传播　　目前，已经建立了 TPNRBV 的 RT-PCR 和 RT-qPCR 检测方法。对引物进行优化后建立的 RT-qPCR 方法与传统 RT-PCR 检测相比，对 RNA1 的检测灵敏度提高了 1000 倍，对 RNA2、RNA3 和 RNA4 的检测灵敏度各提高了 10 倍。植物感染病毒后的症状主要有叶片萎黄、变色，植株矮化和生长发育不良，严重时会使植株死亡。茶树感

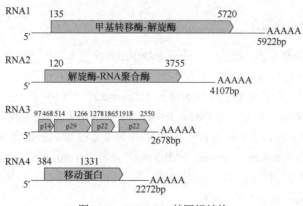

图 7-31　TPNRBV 基因组结构

染 TPNRBV 后，会在茶丛下部成熟叶片中产生褪绿和坏死环斑症状（图 7-32），并发生落叶现象。其他组织均无明显病症。有症状感病叶 TPNRBV 的 4 条链含量最高，随着离显症老叶距离的增加，4 条链的含量逐渐下降甚至检测不到。在夏季，由白化转为复绿状态成熟叶的病毒含量高于绿色无症状成熟叶。春季更有利于 TPNRBV 的增殖，顶芽、无症状成熟叶、有症状成熟叶、褐色茎和根中 TPNRBV 的 4 条链含量最高。

图 7-32　感染 TPNRBV 茶树下部成熟老叶症状

彩图

　　该病毒难以通过种子、扦插苗和机械接种传播。在自然条件下，TPNRBV 可以传播至部分茶树品种中，黄化品种'中黄 1 号'和'黄金芽'对该病毒更为敏感。将无 TPNRBV 茶树扦插苗置于发病茶园 1 年后，在黄化品种'中黄 1 号'和'黄金芽'茶丛下部成熟叶上，可以观察到一定程度的皱缩、花斑或坏死症状，且在这些叶片中均能够检测到 4 条 TPNRBV 链的存在。另外，在黄化品种'中黄 2 号'茶丛下部的部分成熟叶中，也能够检测到 4 条 TPNRBV 链，但是没有感病症状出现。白化品种'白叶 1 号'和绿色叶品种'龙井 43'茶丛下部的成熟叶也没有感病症状出现，也都没有检测到 4 条 TPNRBV 链。

　　3. TPNRBV 同科病毒的侵染性和危害　　同科的其他病毒侵染相应的宿主后，也会产生类似的坏死或落叶现象，如 BNRBV 感染蓝莓后，不能在宿主内进行系统性移动，也不能通过无性繁殖进行传播。然而在大田环境下，BNRBV 能够侵染无该病毒的蓝莓，并产生不规则、红褐色至黑色环斑，甚至导致蓝莓产生早熟落叶现象。柑橘粗糙病毒属（*Cilevirus*）的柑橘麻风病毒 C（*Citrus leprosis virus*-C，CiLV-C），可以通过螨虫进行传播，还能通过机械接种传播至草本植物中。植物感染 CiLV-C 后，会在叶片、枝条和果实上产生局部坏死症状。木槿绿斑病毒属（*Higrevirus*）的木槿绿斑病毒（*Hibiscus green spot virus*，HGSV），在宿主植物中不具备系统移动能力，但是能够通过螨虫进行传播。植物感染 HGSV 后，会在树皮上形成局部坏死症状，叶片上产生褪绿症状，在较冷的月份，症状主要出现在叶片上。

（三）茶树网斑病毒简介

1. TPLPV 分类和基因组结构　　通过宏基因组测序技术，在茶树中鉴定得到了 TPLPV。系统进化树分析显示该病毒与美国李网斑病毒（APLPV）进化关系最近，同属于雀麦草花叶病毒科（*Bromoviridae*），等距不稳定环斑病毒属（*Ilarvirus*）。TPLPV 基因组大小为 7.7kb 左右，包含 3 条正义单链 RNA，共有 4 个 ORF。RNA1 编码甲基转移酶-解旋酶，分子量为 117kDa。RNA2 编码 RNA 聚合酶，分子量为 80kDa。RNA1 和 RNA2 编码的蛋白质与病毒的复制相关。RNA3 编码移动蛋白（movement protein，MP）和外壳蛋白（coat protein，CP），分子量分别为 32kDa 和 23kDa，其 3'UTR 区有 7 个茎环结构。每条链 3'端均含有 poly（A）尾巴（图 7-33），而大部分同科病毒均不含有 poly（A）。

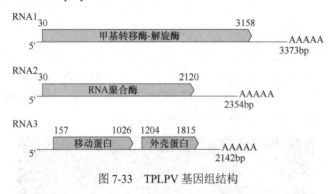

图 7-33　TPLPV 基因组结构

2. TPLPV 检测和侵染性　　目前只建立了 TPLPV 传统的 RT-PCR 检测方法。针对该病毒的侵染性和危害性研究较少。该病毒的侵染性克隆（一个全长 cDNA 克隆，通过合适的启动子可以在离体或活体条件下产生侵染性转录本）可以侵染本氏烟、番茄和豇豆等作物，侵染本氏烟后，在接种区域的叶脉和叶片上出现褪绿症状；接种番茄和豇豆后，能够在叶片上观察到褪绿花斑症状。

3. TPLPV 同科病毒的侵染性和危害　　该科病毒寄主范围广泛，如苹果花叶病毒（*Apple mosaic virus*，ApMV）能够侵染李属、苹果属、悬钩子属、蔷薇属、桦属、木瓜属和七叶树属等属的作物，在叶片有黄色网斑和花叶症状。李坏死环斑病毒（*Prunun necrotic ringspot virus*，PNRSV）能感染李属作物及罂粟和蔷薇，在感病植物叶片上形成坏死斑和穿孔，可通过种子和花粉进行传播。美洲李子线状病毒（*American plum line pattern virus*，APLPV）只能侵染李属作物，感病植物叶片上会出现黄色至浅黄色网斑症状。李矮缩病毒（*Prune dwarf virus*，PDV）也只能侵染李属作物，植物感染该病毒后，会在叶片上出现褪绿的环和斑点症状。

◆ 第四节　环境污染与茶树适应性

茶叶具有田间生长周期长、加工过程复杂、储存时间长等特点，易受到农业投入品、生物毒素、重金属等环境污染物的污染。环境污染物输入可能发生在茶叶种植、加工和包装运输等全链条环节。目前，茶叶中环境污染物主要来源于种植与加工阶段。工业排放、金属矿山开采等活动形成的重金属及产地和周边环境中的农药残留（甲胺磷、乙酰甲胺磷等），均在大气、土壤、水和植物之间相互扩散后，随着空气沉降、土壤吸收及污水灌溉造成茶叶污染。除铅、镉等重金属和农药残留外，蒽醌、高氯酸盐、塑化剂、多环芳烃等污染物也是我国茶叶质量安全的重要影响因素。种植阶段产地环境产生的污染物可经大气沉降、土壤吸收及随水传播等途径，造成茶叶（叶片、根系）被有害物质如高氯酸盐、多环芳烃等环境污染物污染。因此，研究环境污染物在茶树中的转移规律，解析环境污染物和茶树的适应性机制是当前研究的热点，也是茶叶中环境污染物控制的重要前提。

一、重金属污染

重金属是指相对密度大于 5 的金属，主要包括镉、铅、铬和砷[①]等。随着工业化和城市化的推进，采矿业、金属冶炼及工业"三废"（废水、废气和废渣）未能得到及时有效处理，我国面临的土壤重金属污染日益加剧，引起了国内学者的广泛关注。重金属污染主要来源于自然污染和人类活动，而后者被认为是土壤重金属污染的主要来源。我国灌溉水资源分布不均匀导致农田缺水，为了解决灌溉问题，农业上曾采用工业废水灌溉，致使大量重金属也一同进入农田土壤。此外，农业生产上为了提高粮食产量而大量施用农药化肥，也是主要的重金属污染源。环境中的重金属主要通过直接接触或食物链等途径进入人体并富集，损害肾、肝等器官，进而影响身体正常代谢，进而造成重金属中毒，严重影响人类健康。

茶园土壤呈酸性，而土壤酸化会降低土壤对重金属离子的吸附能力，进而增加其在土壤中的有效性。研究表明，随着土壤 pH 的逐渐降低，土壤中交换态铅、镉、铜、铝等含量呈现出明显上升的趋势，从而提高了重金属的生物利用率，增加了茶叶潜在安全风险。研究发现，2004年采集的茶叶样品中镉含量的平均值为 0.1mg/kg，比 1997 年的 0.06mg/kg 增加了 66.7%；2004年砷含量平均值为 0.65mg/kg，比 1997 年的 0.3mg/kg 增加了 117%，虽然样本中镉和砷的含量均明显低于国家限量标准，但茶园中的重金属问题仍应得到重视。近年来，诸多学者开始对茶树响应不同重金属胁迫进行探究，并取得了大量研究成果。下文总结了重金属胁迫对茶树生长发育、生理代谢和抗性等方面的影响，并综述了茶园重金属污染下的缓解措施，旨在为茶叶生产安全提供一定的理论基础和科学依据。

（一）重金属胁迫对茶树生长发育的影响

1. 重金属在茶树中的积累规律　　茶树生长在重金属污染的土壤中时，其根系作为与土壤环境的直接接触部分，在茶树响应重金属胁迫时起着重要作用。茶树中重金属的积累主要来源于根系的吸收，同时根系细胞壁可以将大部分重金属固定，从而减少向地上部分的转运。进入茶树体内的重金属在不同部位的分布存在组织特异性，其积累规律一般为根系中含量最高，茎中含量高于老叶，而新叶中重金属含量最少。例如，大部分重金属（镉、铅、砷等）均能被根系固定于细胞壁并富集，而其余部分则通过木质部向地上部转运。其中，根细胞壁中的果胶质、羧基及氨基等在吸附重金属功效上发挥重要作用。

2. 重金属胁迫对茶树生长的影响　　茶园土壤中的重金属对茶树生长会产生严重影响。重金属胁迫引起叶片黄化或出现褐色斑点，破坏叶绿素结构，降低光合色素积累等，进而抑制茶树光合作用，最终导致植物的生长受阻，生物量降低。例如，镉毒害显著降低了茶叶中叶绿素 a、叶绿素 b、类胡萝卜素的含量，研究表明，镉离子在进入植物细胞后，可能与叶绿体蛋白质的巯基结合，取代 Fe^{2+}、Zn^{2+} 和 Mg^{2+} 的结合位点，从而影响叶绿体的形成。与镉相似，土壤中重金属铬会抑制茶树根茎叶中干物质的积累，减少叶绿素含量，同时抑制光合速率和呼吸速率，降低气孔导度，并通过抑制茶树光合作用来影响其生长。通过三年盆栽实验发现，低浓度

---

① 砷是非金属元素，但砷的某些物理和化学性质类似于金属，因此将其归为重金属类别

铅处理后茶树表现为叶片黄化，萌芽能力减弱；较高浓度铅处理后茶树出现叶片萎蔫，茶芽变小的现象；而高浓度铅处理后茶树的生长受到显著抑制，其生物量显著降低。同时研究表明，茶树对铅有较强的忍受性，即使在铅浓度为2100mg/kg的处理下，也能完成正常的生命周期，仅出现部分毒害表型，但并未发现死亡。

（二）重金属胁迫对茶树生理代谢的影响

1. 重金属胁迫引起的茶树氧化应激反应　　重金属污染不仅会影响茶树的生长，同时还影响光合作用及其他生理过程，并产生大量的活性氧物质，破坏茶树体内氧化还原平衡状态，导致氧自由基的大量积累，造成氧化胁迫。研究发现，镉胁迫处理下，茶树叶片中丙二醛（MDA）及过氧化氢的含量也显著上升，与对照相比增加一倍多，严重影响茶树的正常生长。砷胁迫也会增加茶树叶片中活性氧的积累和脂质过氧化程度，从而诱发茶树叶片中剧烈的氧化应激反应。

2. 重金属胁迫对茶树抗氧化酶系统的影响　　为了缓解重金属引起的氧化应激，细胞中存在两种清除活性氧的系统，包括抗氧化酶类，有超氧化物歧化酶（SOD）、过氧化物酶（POD）、过氧化氢酶（CAT）和抗坏血酸过氧化物酶（APX）等。研究发现，10mg/L镉处理茶树60d后，叶片中CAT、APX和谷胱甘肽过氧化物酶（GPX）的活性均呈显著下降趋势，可造成活性氧的积累，从而诱发膜脂过氧化。同时在关于铬毒害的研究中也发现，随着铬浓度的上升，茶树叶片中SOD、POD和CAT的活性显著下降，表明高浓度铬会破坏茶树的抗氧化酶系统，进而影响细胞膜的结构和功能。叶江化等通过比较在铅胁迫下不同茶树的响应时发现，'肉桂'和'铁观音'叶片中SOD、POD和CAT的活性随铅胁迫浓度的增加呈现下降趋势，而低浓度铅胁迫下两种茶树的生理指标不存在显著差异，高浓度铅胁迫下前者对铅胁迫的耐受性高于后者，即茶树响应铅胁迫存在品种差异。

3. 重金属胁迫对茶树品质代谢的影响　　茶树中的各类代谢物如茶氨酸、儿茶素和咖啡碱等，其代谢途径被认为与茶树的生长发育和胁迫响应有着密切的联系。研究发现，在不同浓度铅处理下，茶叶中茶咖啡因和游离氨基酸含量均显著降低，但是叶片中儿茶素的含量则随着铅浓度的升高而不断增加，其原因可能是重金属胁迫削弱了氮代谢的同时加强了叶片中的碳代谢。此外，镉胁迫将导致茶树根和茎的愈伤组织中木质素含量增加。

茶多酚不仅是碳代谢的产物，同时也是重要的植物内源抗氧化物质。研究表明，低浓度的镉处理能促进茶叶中茶多酚的积累，提升茶树抗氧化能力并参与防御反应，如100μmol/L镉处理促进了茶树中酚类物质的合成，增加了茶多酚的积累进而缓解氧化胁迫。另外，镉处理还会增加茶树叶片中脯氨酸的含量，以维持细胞渗透压。但随着镉处理浓度的升高，茶树中多酚合成代谢受到严重影响，多酚含量迅速下降。此外，不同组织部位对重金属胁迫的响应也不一样。研究发现，镉胁迫将影响茶树不同组织的愈伤组织形成酚类化合物的能力。镉胁迫处理下，根和茎愈伤组织中可溶性酚类化合物的含量分别比对照增加50%和87%，而叶愈伤组织中酚类化合物的含量则略有下降。

（三）茶园重金属胁迫的抗性调控

茶树的生长及代谢物的合成均受到重金属胁迫的影响，因此，应通过茶园管理等相关调控技术来降低重金属对茶树的毒害作用。目前已有研究证明施加外源物和改善土壤pH可有效缓解重金属毒害并降低茶树叶片对重金属的积累。

研究表明，施加硒可以在一定程度上增加光合色素的含量，使茶树地上部镉的含量显著降低，这说明适当浓度的硒可以抑制茶树中镉向地上部的转运。同时还证明，外源施加硒可有效缓解镉对茶树叶片生物量的影响并降低镉在茶树叶片中的积累，减少镉胁迫对茶树的毒害作用。这一过程的潜在机制可能是硒与镉形成亚硒酸镉（$CdSeO_3$），使镉的溶解性下降，进而减少茶树对镉的吸收。除此之外，外源施加腐殖酸能显著缓解铅胁迫对细胞的损伤及氧化胁迫，同时增加细胞壁中果胶和果胶酸的含量，更有利于细胞壁对铅的富集并促进细胞伸长。研究发现外源施加褪黑素可显著缓解砷对茶树的毒害作用，实验结果表明，褪黑素主要通过增加茶树中花青素的合成，进而缓解砷毒害造成的氧化胁迫并减少砷的吸收。多胺作为植物中广泛存在的天然抗氧化剂。在铅毒害下外源喷施多胺不仅可以清除活性氧，还可以显著提高结合态蛋白质水平，提高蛋白质在逆境下的稳定性。

　　茶园土壤 pH 较低，导致重金属生物活性增强，因此调控茶园土壤 pH 对缓解茶树重金属胁迫起着重要的作用。研究人员利用盆栽及大田试验探究茶园中外源施加生石灰对茶树缓解铅胁迫的影响，结果表明，在偏酸性的茶园土壤中施加生石灰能显著降低土壤中铅的生物有效性，进而显著降低茶叶中铅的含量。尽管多个研究证实，某些外源物能有效缓解茶树重金属胁迫，但在实际茶园管理过程中仍然缺少适宜推广的缓解茶树重金属胁迫的有效措施。

　　除此之外，植物修复以其高效、经济、环保的修复方式在重金属污染土壤的修复中受到了各界学者的关注。植物修复是利用植物及其相关土壤微生物去除环境污染物的一种处理方法，其机制主要包括植物提取（phytoextraction）、植物固定（phytostabilization）、植物挥发（phytovolatilization）、植物降解（phytodegradation）、根过滤（rhizofiltration）、根系降解（rhizodegradation）和植物挥发（phytovolatilization）。通过在污染土壤中种植适宜的植物，吸收并富集土壤中的重金属，进而减少土壤的重金属含量，并且收获后的植物可用作生物能源。尽管植物修复在处理环境污染上有着巨大潜力，但仍缺少具备高富集重金属能力且生长速度快的植物种类，这限制了其在实际生产上的运用。今后仍需深入研究相关领域，探索更加高效实用的措施以缓解茶园重金属污染，保障茶叶的安全生产。

二、农药残留

　　茶树喜阴好湿，易受病、虫为害，尤其是虫害。目前对于茶园病虫害的综合防治，仍以化学防治为主，农业防治、物理防治和生物防治等手段为辅。虽然高毒、高残留的农药已逐渐被淘汰，绿色农药不断新起，但茶树病虫害与茶叶质量安全之间的关系尚未彻底解决。

　　农药残留是茶叶外源污染物，农药吸附在茶树叶片后，渗透到茶叶组织内，或与茶叶内含物质相互作用。农药在茶叶中的分布包括叶表面、组织间和组织内。农药的过量使用对茶树营养生长、茶叶产量和品质也造成严重影响。

（一）农药在茶树体内的代谢规律

1. 农药在茶树体内的消解动态　　研究表明，随着采摘间隔期的延长，农药的残留量呈现出近似负指数函数的递减规律。一级动力学模型是当前用以阐述某一农药在田间消解的规律最为常用的数学模型，表现出良好的拟合性。农药残留量降低至原始附着量 1/2 时所需的时间，称为该药的半衰期。半衰期的长短与农药消解速率呈显著负相关。短时大幅的降雨等特殊条件对农药消解（尤其是极性较高的农药）的影响显著，往往会降低一级动力学模型的拟合效果，也可利用二级动力学模型等其他数学模型寻求最佳拟合度。基于对农药理化性质与其在茶树叶表消解速率之间的关系，陈宗懋院士研究团队建立了农药在茶树上的原始附着量、消解率等与农药蒸气压、水溶性、环境因子等的数学关系，实现了对未知农药消解规律的理论预测。

2. 农药在茶树体内的代谢　　当前很多研究致力于修复有机化合物造成的环境污染，但如何解决农产品中农药残留超标的问题还没有引起科研人员的足够重视。很多发达国家已经制定了农产品农药最大残留限量的标准。为了尽可能地降低农药残留，农民往往调整农药剂量或延长农药安全间隔期。但是，这些措施通常根据农民田间或温室的实践经验而来，缺乏一定的科学依据。同时，各种农药因其分解、代谢的速度不同及茶树等作物的生长趋势和季节等不同很难保证农产品的农药残留达到标准，食品农药超标引起的公共卫生事件时有发生。因此，研究农药在作物体内代谢的基本过程对于提高农产品的产量、品质和食品安全具有重要意义。

植物具有一整套解毒机制，能够转化和分解残留在土壤或作物表面的农药。农药在植物体内的代谢主要分为三个阶段。第一阶段：农药进入植物组织内部后首先被单加氧酶和过氧化物酶等酶类氧化，增强农药的亲水性，利于其进一步代谢。第二阶段：主要是第一阶段产生的代谢产物与糖、谷胱甘肽等进行络合反应，形成对植物无毒、高度水溶性、移动性很差的络合物，此类代谢反应中谷胱甘肽转移酶和尿苷二磷酸葡糖转移酶等酶参与了催化过程。第三阶段：主要是可溶性络合物通过运输载体进入液泡或质外体，从而进行最后的分解代谢。研究表明，微生物、动物或植物的解毒基因在植物体内的过量表达能显著提高植物对农药的代谢能力，但在植物响应农药污染的过程中，如何启动信号转导机制以调控植物解毒基因表达还有待深入研究。

（二）农药对茶树生理代谢的影响

草甘膦、精稳杀得和盖草能等除草剂的除草机制已经研究得较为透彻，叶绿素荧光技术等新型设备也能在除草剂研究中明确作物的生长速率和光合能力。研究发现，百草枯作为一种非选择性触杀型除草剂，能够阻断光合电子传递和 NADPH 的形成，而其本身则被还原为百草枯游离基，使叶组织中的水和氧氧化形成超氧阴离子和过氧化氢。过氧化氢的大量产生与磷脂或蛋白质的氧化、酶失活、核酸断裂等氧化胁迫直接相关，这些过程导致的严重破坏，从而无法进行电子传递。另外，活性氧爆发能够直接导致 Rubisco 分子结构被破坏，因此循环酶的钝化可能是导致光合抑制的因素之一。但目前，杀菌剂和杀虫剂对作物产生药害的机制仍未见报道，有待进一步研究。

三、有机污染物

除农药残留外，茶叶中蒽醌（9,10-蒽醌）、塑化剂、多环芳烃等污染物也是我国茶叶质量安全的重要影响因素，其中新型污染物蒽醌和塑化剂是茶产业关注的热点。茶叶中有机污染物输入可能发生在茶叶种植、加工和包装运输等全链条环节，明晰其转移规律、生成机制和污染源是保障茶叶质量安全的前提。

（一）蒽醌

1. 蒽醌在茶叶中的来源解析　　蒽醌在环境中普遍存在，目前在空气、水（包括地表水、地下水和饮用水）、土壤、植物、鱼类/海产品和动物组织内部都检测到了蒽醌的存在。

由于蒽醌的潜在致癌性，欧盟制定茶叶中最大残留量（MRL）限量标准为 0.02mg/kg。"十三五"期间，蒽醌位列欧盟通报我国茶叶超标风险因素的首位。研究发现，在正常栽培方式下，环境中的蒽醌较难造成茶叶中蒽醌含量超标；加工过程是茶叶中蒽醌含量超标的关键环节，尤其是煤和柴的使用会引起烟尘污染，造成茶叶中更高的蒽醌残留水平；蒽醌阳性包装材质与茶叶的直接接触会使得茶叶中蒽醌含量较快增加。因此，通过考察蒽醌在茶叶种植、加工和储藏中的转移和转化规律，明确了茶叶中的蒽醌主要来源于加工过程中的煤和柴的使用及含蒽醌的包装物。多个标准提出了采用清洁化能源、选择低含量蒽醌纸板箱和透气透湿性差的包装袋等控制技术。

2. 蒽醌在茶树中的吸收和转移　蒽醌是近些年来出现在茶叶中的有机污染物。目前，关于蒽醌在植物体内的迁移实验较少。研究者利用水培试验研究发现，茶树根系对于蒽醌有一定的吸附作用，且可以通过转移在叶片中积累，且在成熟叶片中的含量要高于嫩叶。嫩叶中蒽醌的含量与水培液中蒽醌的添加量成正比，添加浓度越高，嫩叶中蒽醌含量越高。在添加浓度大于且等于 0.25mg/L 时，嫩叶中蒽醌便可超过 0.025mg/kg，经过加工损耗，干茶中蒽醌含量超过欧盟限量 0.02mg/kg，导致出口受限，水体中的蒽醌污染很有可能导致茶叶中蒽醌的污染。

而在土培环境中，蒽醌可以迅速被土壤和茶树根系吸附。一旦蒽醌被土壤固定后，茶树根系很难从土壤中吸收蒽醌。有研究报道称，受到蒽醌污染的土壤中的蒽醌含量为 1~2mg/kg，低于实验添加的浓度，蒽醌几乎很难转移到叶片上。在高浓度的蒽醌环境下，由于土壤对于蒽醌的吸附作用，仅有微量的蒽醌可以转移到叶片上，因此，蒽醌的土壤污染较难造成茶叶中蒽醌含量超标。

3. 蒽醌在田间的消解动态　蒽醌在茶树上的消解分为快速消解和缓慢消解两个阶段。有研究通过田间试验探索蒽醌的消解，蒽醌施加后茶树鲜叶上蒽醌的原始附着量为 2.29mg/kg；试验初期为蒽醌的快速消解阶段，3d 后蒽醌的含量便不到原始附着量的 20%；之后，蒽醌降解进入缓慢消解阶段，在第 21 天时，鲜叶上蒽醌的含量降为 0.035mg/kg。蒽醌的消解满足一级动力学方程，$C_t=1.0261e^{-0.1893t}$（$r^2=0.8099$），半衰期为 3.7d。蒽醌的消解可能受到环境因素（光照、高温、降水等）和茶树生长过程中生物稀释作用的影响。

（二）塑化剂（邻苯二甲酸酯类化合物）

1. 塑化剂的种类　邻苯二甲酸酯（phthalate，PAE）（图 7-34）在塑料制品、建筑材料、衣物及个人护理用品等材料中作为添加剂已被广泛使用，在加工制作、使用和储存等过程中，PAE 分子易被释放到周围环境中，对环境介质（包括水体、大气、土壤及沉积物）乃至人和生物体等造成影响。PAE 具有生殖毒性，具有类雌激素作用，有可能引起男性内分泌紊乱，导致精子数量减少。研究表明，塑料可形成塑料微粒通过水和空气向环境中转移，而塑料通常具有稳定的化学

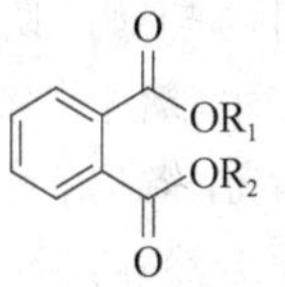

图 7-34　邻苯二甲酸酯
类化合物的结构通式
R_1 和 R_2 代表不同的化学基团

性质，在环境中不易降解，具有显著的生态风险，这导致邻苯二甲酸酯类化合物成了世界上最常见的污染物之一。目前，邻苯二甲酸二异丁酯（DiBP）、邻苯二甲酸二丁酯（DBP）和邻苯二甲酸二（2-乙基）己酯（DEHP）是空气和食物最常检出的 PAE。

2. 茶树中塑化剂的来源解析　PAE 的主要来源是化肥、地膜和其他农用化学品。其中，幼龄茶园中地膜覆盖除草，能够减少除草剂的使用并有效减少人工除草的成本，产生了较好的社会效益和经济效益。但由于地膜的广泛使用和塑料废弃物的不当处置，土壤中 PAE 的积累引起了人们的极大关注。

金珊等研究了设施栽培对绿茶品质的影响，利用改良的 SDE-GC/MS 方法对设施栽培茶叶和常规对照茶叶中香气物质的主要组分及含量进行了分析，DiBP、DBP 和邻苯二甲酸二十三烷基酯（ditridecyl phthalate）在设施栽培和常规对照茶样中的含量分别为 0.44% 和 0.46%、0.55% 和 0.84%、0.09% 和 1.38%，DiBP 和 DBP 的含量在设施栽培和常规对照中的差异不大，常规对照茶样中邻苯二甲酸双十三烷基酯的含量是设施栽培茶样的 15.33 倍。有研究者提出，茶叶中

邻苯二甲酸酯类化合物的可能来源如下。①洗涤液：科研人员研究了清水和洗涤液浸泡对蔬菜中 PAE 含量的影响，结果表明，清水和洗涤液浸泡后 DBP 和 DEHP 的洗脱率分别为 50%左右和 80%左右，DBP 的洗脱率大于 DEHP，因为 DBP 的水溶性大于 DEHP，且表面活性剂对 DBP 在水体系中的增溶作用大于 DEHP。由于茶叶表面的蜡质层有助于 PAE 吸附在茶叶表面，且采摘的茶鲜叶不经洗涤而直接加工成茶，因此茶叶表面可能吸附或沉降的 PAE 直接残留在成茶中。②空气或微尘：室内空气中或微尘中已被检测出有 PAE 存在，茶叶加工车间中因有塑料制品存在或使用，室内空气中极有可能有 PAE 的存在，在茶叶加工过程中的摊放、萎凋和干燥阶段 PAE 很可能吸附在茶叶表面而残留在成茶中。③制茶专用油：制茶专用油具有光滑锅面、使茶叶色泽绿翠等作用，一般用于炒青绿茶的生产，通过对两种常用的不同生产厂家的制茶专用油进行 PAE 残留量检测，发现有 DiBP 和 DEHP 的存在。④塑料包装：茶叶大多采用塑料包装，塑料包装中的 PAE 极有可能迁移至茶叶表面而被吸附，导致 PAE 在茶叶中残留。

3. 塑化剂对茶树生理代谢的影响　　农业领域中的 PAE 可被作物吸收，对植物的正常生长可造成不利影响，同时能通过食物链最终到达人体。研究表明，PAE 可在多种作物中积累，并影响其生长发育，如黄瓜、南瓜、白菜、小麦和水稻。研究发现，DBP 处理后蚕豆的胚根生长速率减缓，DBP 对蚕豆胚根具有遗传毒性。研究表明，黄瓜果实中的有机酸在 DBP 胁迫下显著下降，维生素 C、可溶性蛋白质和可溶性糖等指标也有所下降。有研究者提出 DBP 对拟南芥幼苗等植物产生明显的氧化损伤，苦草植株的氨基酸和蛋白质总量及谷胱甘肽含量均显著降低。

主要参考文献

蔡晓明. 2009. 三种茶树害虫诱导茶树挥发物的释放规律. 北京：中国农业科学院博士学位论文.

陈丹，苏林娟，陈思雅. 2010. 一株茶树叶部内生木霉的分离和鉴定. 福建林业科技, 37 (2): 15~18.

陈华才，许宁，陈雪芬，等. 1996. 茶树对茶橙瘿螨抗性机制的研究. 植物保护, 23 (2): 137~142.

陈晖奇，徐焰平，谢丽华，等. 2006. 茶树内生真菌的分离及其在寄主组织中的分布特征. 莱阳农学院学报:自然科学版, 23 (4): 250~254.

陈慧. 2013. 茶树被茶尺蠖取食诱导的一个 13-脂氧合酶基因的分离、功能鉴定与表达分析. 合肥：安徽农业大学硕士学位论文.

洪永聪，辛伟，来玉宾，等. 2005. 茶树内生防病和农药降解菌的分离. 茶叶科学, 25 (3): 183~188.

胡云飞，张玥，张彩丽，等. 2013. 茶树根系内生真菌与根际土壤真菌的季节多样性分析. 南京农业大学学报, 36 (3): 6.

黄晓琴，张丽霞，刘会香，等. 2015. 抗茶树冰核细菌内生菌的筛选及鉴定. 茶叶科学, (1): 6.

李建华，齐桂年，田鸿，等. 2008. 茶树根内生细菌的分离及其茶多酚耐受性的初步研究. 茶叶通讯, 35 (1): 14~16.

刘奕清，徐泽，周正科，等. 2000. 茶树品种抗侧多食跗线螨的形态和生化特征. 中国茶叶, 22 (1): 14~15.

苏经迁，王国红，杨民和. 2010. 茶树内生真菌混合培养增强对植物病原真菌的拮抗作用. 菌物学报, 29 (5): 7.

王国昌. 2010. 三种害虫诱导茶树挥发物的生态功能. 北京：中国农业科学院博士学位论文.

王庆森，陈常颂，吴光远. 2006. 黑刺粉虱对茶树品种的选择性. 福建农林大学学报：自然科学版, 35 (3): 251~253.

王庆森，黄建，陈常颂，等. 2009. 茶树种质叶片组织结构与其对黑刺粉虱抗虫性的关系. 茶叶科学,

29（1）：60～66.

王小菁. 2019. 植物生理学. 8 版. 北京：高等教育出版社.

武维华. 2018. 植物生理学. 3 版. 北京：科学出版社.

游见明. 2008. 茶树中内生菌的动态分布. 广西植物, 28（1）：4.

曾莉, 王平盛, 许玫. 2001. 茶树对假眼小绿叶蝉的抗性研究. 茶叶科学, 21（2）：90～93.

张贻礼, 张觉晚, 杨阳, 等. 1994. 茶树抗虫品种资源调查及抗性机制研究. 茶叶通讯, （2）：4～6.

赵希俊, 宋萍, 封磊, 等. 2014. 一株具有耐铝促生作用的茶树内生细菌的分离鉴定. 江西农业大学学报,
　　36（2）：407～412.

朱育菁, 陈璐, 蓝江林, 等. 2009. 茶叶内生菌的分离鉴定及其生防功能初探. 福建农林大学学报:自然
　　科学版, 38（2）：129～134.

邹武, 林乃铨, 王庆森. 2006. 福建主要茶树品种理化特性与假眼小绿叶蝉种群数量的相关性分析. 华东
　　昆虫学报, 15（2）：129～134.

Agusta A, Ohashi K, Shibuya H. 2006a. Composition of the endophytic filamentous fungi isolated from the tea
　　plant *Camellia sinensis*. Journal of Natural Medicines, 60(3): 268～272.

Agusta A, Ohashi K, Shibuya H. 2006b. Bisanthraquinone metabolites produced by the endophytic fungus
　　Diaporthe sp. Chemical and Pharmaceutical Bulletin, 54(4): 579～582.

Atkin D S J, Hamilton R J. 1982. The effects of plant waxes on insects. Journal of Natural Products, 45: 694～696.

Bar M, Shtein I. 2019. Plant trichomes and biomechanics of defense in various systems with *Solanaceae* as a
　　model. Botany, 97(4).

Bastias D A, Martínez-Ghersa M A, Ballaré C L, et al. 2017. *Epichloë* fungal endophytes and plant defenses: Not
　　just alkaloids. Trends in Plant Science, 22(11): 939～948.

Beeghly H H, Coors J G, Lee M. 1997. Plant fiber composition and resistance to European corn borer in four
　　maize populations. Maydica, 42: 297～303.

Bell E, Creelman R A, Mullet J E. 1995. A chloroplast lipoxygenase is required for wound-induced jasmonic acid
　　accumulation in *Arabidopsis*. Proceedings of the National Academy of Sciences of the United States of America,
　　92: 8675～8679.

Bergman D K, Dillwith J W, Zarrabi A A, et al. 1991. Epicuticular lipids of alfalfa relative to its susceptibility to
　　spotted alfalfa aphids (Homoptera, Aphididae). Environmental Entomology, 20: 781～785.

Blum A. 1968. Anatomical phenomena in seedlings of sorghum varieties resistant to the sorghum shoot fly
　　(*Atherigona varia soccata*). Crop Science, 8: 388～391.

Brewer G J, Sorensen E L, Horber E K, et al. 1986. Alfalfa stem anatomy and potato leafhopper (Homoptera:
　　Cicadellidae) resistance. Journal of Economic Entomology, 79: 1249～1253.

Cai X M, Sun X L, Dong W X, et al. 2014. Herbivore species, infestation time, and herbivore density affect
　　induced volatiles in tea plants. Chemoecology, 24: 1～14.

Chang H, Shih C Y. 1959. A study on the leaf mid-rib structure of sugarcane as related with resistance to the top
　　borer (*Scirpophaga nivella* F.). Taiwan Sugar Experiment Station, 19: 53～56.

Cohen A C, Henneberry T J, Chu C C. 1996. Geometric relationships between whitefly feeding behavior and
　　vascular bundle arrangements. Entomologia Experimentalis et Applicata, 78: 135～142.

Davis F M, Baker G T, Williams W P. 1995. Anatomical characteristics of maize resistant to leaf feeding by
　　southwestern corn borer (Lepidoptera: Pyralidae) and fall armyworm (Lepidoptera: Noctuidae). Journal of
　　Agricultural Entomology, 12: 55～65.

Ding Z, Li C, Shi H, et al. 2015. Pattern of CsICE1 expression under cold or drought treatment and functional verification through analysis of transgenic *Arabidopsis*. Genetics and Molecular Research, 14: 11259~11270.

Duan D, Tong J, Xu Q, et al. 2020. Regulation mechanisms of humic acid on Pb stress in tea plant (*Camellia sinensis* L.). Environmental Pollution, 267: 115546.

Fery R L, Cuthbert F P J. 1979. Measurement of podwall resistance to the cowpea curculio in the southern pea, *Vigna unguiculata* (L.) Walp. Hortscience, 14: 29~30.

Fiori B J, Dolan D D. 1981. Field tests for *Medicago* resistance against the potato leafhopper (Homoptera: Cicadellidae). Canadian Entomologist, 113: 1049~1053.

Gu S, Wei Z, Shao Z, et al. 2020. Competition for iron drives phytopathogen control by natural rhizosphere microbiomes. Nature Microbiology, 5: 1002~1010.

Gupta S, Chaturvedi P, Kulkarni M G, et al. 2020. A critical review on exploiting the pharmaceutical potential of plant endophytic fungi. Biotechnology Advances, 39: 107462.

Halitschke R, Baldwin I T. 2003. Antisense lox expression increases herbivore performance by decreasing defense responses and inhibiting growth-related transcriptional reorganization in *Nicotiana attenuata*. Plant Journal, 36: 794~807.

Han W, Shi Y, Ma L, et al. 2007. Effect of liming and seasonal variation on lead concentration of tea plant [*Camellia sinensis* (L.) O. Kuntze]. Chemosphere, 66(1): 84~90.

Hu Z, Ban Q, Hao J, et al. 2020. Genome-wide characterization of the C-repeat binding factor (*CBF*) gene family involved in the response to abiotic stresses in tea plant (*Camellia sinensis*). Frontiers in Plant Science, 11: 921.

Jia H, Xi Z, Ma J, et al. 2022. Endophytic bacteria from the leaves of two types of albino tea plants, indicating the plant growth promoting properties. Plant Growth Regulation, 96(2): 331~343.

Jiang X, Li W, Han M, et al. 2021. Aluminum-tolerant, growth-promoting endophytic bacteria as contributors in promoting tea plant growth and alleviating aluminum stress. Tree Physiology, 1: 159.

Jin C, Zheng S, He Y, et al. 2005. Lead contamination in tea garden soils and factors affecting its bioavailability. Chemosphere, 59(8): 1151~1159.

Jing T T, Qian X N, Du W K, et al. 2021. Herbivore-induced volatiles influence moth preference by increasing the β-ocimene emission of neighbouring tea plants. Plant Cell and Environment, 44(11): 3667~3680.

Jing T T, Zhang N, Gao T, et al. 2019. Glucosylation of (*Z*)-3-hexenol informs intraspecies interactions in plants: A case study in *Camellia sinensis*. Plant Cell and Environment, 42(4): 1352~1367.

Kupper H, Mijovilovich A, Meyer-Klaucke W, et al. 2004. Tissue-and age-dependent differences in the complexation of cadmium and zinc in the cadmium/zinc hyperaccumulator *Thlaspi caerulescens* (Ganges ecotype) revealed by X-ray absorption spectroscopy. Plant Physiology, 134(2): 748~757.

Larran S, Simón M R, Moreno M V, et al. 2016. Endophytes from wheat as biocontrol agents against tan spot disease. Biological Control, 92: 17~23.

Lei J, Zhang Y, Ni X, et al. 2021. Degradation of epigallocatechin and epicatechin gallates by a novel tannase TanHcw from *Herbaspirillum camelliae*. Microbial Cell Factories, 20: 197.

Li C, Schilmiller A L, Liu G, et al. 2005. Role of β-oxidation in jasmonate biosynthesis and systemic wound signaling in tomato. Plant Cell, 17: 971~986.

Li S, Zhang X, Wang X, et al. 2018. Novel natural compounds from endophytic fungi with anticancer activity. European Journal of Medicinal Chemistry, 156: 316~343.

Li X, Ahammed G J, Zhang X N, et al. 2021. Melatonin-mediated regulation of anthocyanin biosynthesis and antioxidant defense confer tolerance to arsenic stress in *Camellia sinensis* L. Journal of Hazardous Materials, 403(5): 123922.

Liao Z Y, Wang L, Li C Z, et al. 2022. The lipoxygenase gene *OsRCI-1* is involved in the biosynthesis of herbivore-induced JAs and regulates plant defense and growth in rice. Plant Cell & Environment, 45(9): 2827～2840.

Liu F, Weir B S, Damm U, et al. 2015. Unravelling *Colletotrichum* species associated with *Camellia*: Employing ApMat and GS loci to resolve species in the *C. gloeosporioides* complex. Persoonia-Molecular Phylogeny Evolution of Fungi, 35: 63～86.

Lo Presti L, Lanver D, Schweizer G, et al. 2015. Fungal effectors and plant susceptibility. Annual Review of Plant Biology, 66(1): 513～545.

Lupton F G H. 1967. The use of resistant varieties in crop protection. World Rev Pest Control, 6: 47～58.

Martin G A, Richard C A, Hensley S D. 1975. Host resistance to *Diatraea saccharalis* (F.): Relationship of sugarcane node hardness to larval damage. Environmental Entomology, 4: 687～688.

Mei C, Qi M, Sheng G, et al. 2006. Inducible overexpression of a rice allene oxide synthase gene increases the endogenous jasmonic acid level, PR gene expression, and host resistance to fungal infection. Molecular Plant-Microbe Interactions, 19: 1127～1137.

Mensah R K, Madden J L. 1991. Resistance and susceptibility of *Boronia megastigma* cultivars to infestations by the psyllid *Ctenarytaina thysanura*. Entomologia Experimentalis et Applicata, 61: 189～198.

Mulet M, Lalucat J, García-Valdés E. 2010. DNA sequence-based analysis of the *Pseudomonas* species. Environmental Microbiology, 12(6): 1513～1530.

Mutikainen P, Walls M, Ovaska J. 1996. Herbivore-induced resistance in *Betula pendula*: The vole of plant vascular architecture. Oecologia, 108: 723～727.

Nath R, Sharma G D, Barooah M. 2015. Plant growth promoting endophytic fungi isolated from tea (*Camellia sinensis*) shrubs of Assam, India. Applied Ecology and Environmental Research, 13(3): 877～891.

Nawrath C. 2006. Unravelling the complex network of cuticular structure and function. Current Opinion in Plant Biology, 9: 281～287.

Pajerowska-Mukhtar K M, Mukhtar M S, Guex N, et al. 2008. Natural variation of potato allene oxide synthase 2 causes differential levels of jasmonates and pathogen resistance in *Arabidopsis*. Planta, 228: 293～306.

Park J H, Halitschke R, Kim H B, et al. 2002. A knock-out mutation in allene oxide synthase results in male sterility and defective wound signal transduction in *Arabidopsis* due to a block in jasmonic acid biosynthesis. Plant Journal, 31: 1～12.

Patanakamjorn S, Pathak M D. 1967. Varietal resistance of rice to Asiatic rice borer, Chilo suppressalis (Lepidoptera: Crambidae), and its association with various plant characters. Annals of the Entomological Society of America, 60: 287～292.

Peng J, Li N, Di T, et al. 2022. The interaction of CsWRKY4 and CsOCP3 with CsICE1 regulates CsCBF1/3 and mediates stress response in tea plant (*Camellia sinensis*). Environmental and Experimental Botany, 199: 104892.

Qi T C, Huang H, Song S S, et al. 2015. Regulation of jasmonate-mediated stamen development and seed production by a bHLH-MYB complex in *Arabidopsis*. Plant Cell, 27: 1620～1633.

Qian W, Xiao B, Wang L, et al. 2018. CsINV5, a tea vacuolar invertase gene enhances cold tolerance in transgenic *Arabidopsis*. BMC Plant Biology, 18: 228.

Quiras C F, Stevens M A, Rick C M, et al. 1977. Resistance in tomato the pink form of the potato aphid,

Macrosiphum euphorbiae (Thomas): The role of anatomy, epidermal hairs and foliage composition. Journal of the American Society for Horticultural Science, 102: 166~171.

Riemann M, Haga K, Shimizu T, et al. 2013. Identification of rice allene oxide cyclase mutants and the function of jasmonate for defence against *Magnaporthe oryzae*. Plant Journal, 74: 226~238.

Rivera-Hoyos C M, Morales-Álvarez E D, Poutou-Piñales R A, et al. 2013. Fungal laccases. Fungal Biology Reviews, 27(3-4): 67~82.

Robinson T S, Scherm H, Brannen P M, et al. 2016. Blueberry necrotic ring blotch virus in Southern highbush blueberry: Insights into in planta and in-field movement. Plant Disease, 100(8): 1575~1579.

Rodriguez R J, White J F, Arnold A E, et al. 2009. Fungal endophytes: Diversity and functional roles. New Phytologist, 182(2): 314~330.

Rogers C E, Kreitner G L. 1983. Phytomelanin of sunflower achemes: A mechanism for pericarp resistance to abrasion by larvae of the sunflower moth (Lepidoptera: Pyralidae). Environmental Entomology, 12: 277~285.

Rustamova N, Bozorov K, Efferth T, et al. 2020. Novel secondary metabolites from endophytic fungi: Synthesis and biological properties. Phytochemistry Reviews, 19(2): 425~448.

Saikkonen K. 2007. Forest structure and fungal endophytes. Fungal Biology Reviews, 21(2): 67~74.

Serrazina S, Machado H, Costa R L, et al. 2021. Expression of *castanea crenata* allene oxide synthase in arabidopsis improves the defense to *Phytophthora cinnamomi*. Frontiers in Plant Science, 12: 628697.

Shan W, Zhou Y, Liu H, et al. 2018. Endophytic actinomycetes from tea plants (*Camellia sinensis*): Isolation, abundance, antimicrobial, and plant-growth-promoting activities. BioMed Research International, 2018: 1470305.

Shi T, Peng H, Zeng S, et al. 2017. Microbial production of plant hormones: Opportunities and challenges. Bioengineered, 8(2): 124~128.

Stork N E. 1980. Role of waxblooms in preventing attachment to brassicas by the mustard beetle *Phaedon cochleariae*. Entomologia Experimentalis et Applicata, 28: 100~107.

Sun J, Chang M, Li H, et al. 2019. Endophytic bacteria as contributors to theanine production in *Camellia sinensis*. Journal of Agricultural and Food Chemistry, 67(38): 10685~10693.

Sun X L. Wang G C, Cai X M, et al. 2010. The tea weevil, *Myllocerinus aurolineatus*, is attracted to volatiles induced by conspecifics. Journal of Chemical Ecology, 36(4): 388~395.

Sun X L, Wang G C, Gao Y, et al. 2014. Volatiles emitted from tea plants infested by *Ectropis obliqua* larvae are attractive to conspecific moths. Journal of Chemical Ecology, 40: 1080~1089.

Suryanarayanan T S, Rajulu G, Vidal S. 2018. Biological control through fungal endophytes: Gaps in knowledge hindering success. Current Biotechnology, 7(3): 185~198.

Tanton M T. 1962. The effect of leaf "toughness" on the feeding of larvae of the mustard beetle, *Phaedon cochleariae* Fab. Entomologia Experimentalis et Applicata, 5: 74~78.

Thompson K F. 1963. Resistance to the cabbage aphid, (*Brevicoryna brassicae*) in *Brassica* plants. Nature, 198: 209.

Tony M, Samson K, Charles M, et al. 2016. Transcriptome-based identification of water-deficit stress responsive genes in the tea plant, *Camellia Sinensis*. Journal of Plant Biotechnology, 43(3): 302~310.

Toyoda K, Kawanishi Y, Kawamoto Y, et al. 2013. Suppression of mRNAs for lipoxygenase (LOX), allene oxide synthase (AOS), allene oxide cyclase (AOC) and 12-oxo-phytodienoic acid reductase (OPR) in pea reduces sensitivity to the phytotoxin coronatine and disease development by *Mycosphaerella pinodes*. Journal of General Plant Pathology, 79: 321~334.

Venugopalan A, Srivastava S. 2015. Endophytes as *in vitro* production platforms of high value plant secondary metabolites. Biotechnology Advances, 33(6): 873～887.

Vick B A, Zimmerman D C. 1989. Metabolism of fatty acid hydroperoxides by *Chlorella pyrenoidosa*. Plant Physiology, 90: 125～132.

Wallace L E, McNeal F H, Berg M A. 1974. Resistance to both *Oulema melanopus* and *Cephus cinctus* in pubescent-leaved and solid stemmed wheat selections. Journal of Economic Entomology, 67: 105～110.

Wang L, Cao H, Qian W, et al. 2017a. Identification of a novel bZIP transcription factor in *Camellia sinensis* as a negative regulator of freezing tolerance in transgenic *Arabidopsis*. Annals of Botany, 119: 1195～1209.

Wang L, Feng X, Yao L, et al. 2020. Characterization of CBL-CIPK signaling complexes and their involvement in cold response in tea plant. Plant Physiology and Biochemistry, 154: 195～203.

Wang L, Yao L, Hao X, et al. 2018. Tea plant SWEET transporters: Expression profiling, sugar transport, and the involvement of CsSWEET16 in modifying cold tolerance in *Arabidopsis*. Plant Molecular Biology, 96: 577～592.

Wang M, Zou Z, Li Q, et al. 2017b. Heterologous expression of three *Camellia sinensis* small heat shock protein genes confers temperature stress tolerance in yeast and *Arabidopsis thaliana*. Plant Cell Reports, 36: 1125～1135.

Wang M X, Ma Q P, Han B Y, et al. 2016. Molecular cloning and expression of a jasmonate biosynthetic gene allene oxide cyclase from *Camellia sinensis*. Candian Journal of Plant Science, 96: 109～116.

Wang R, Shen W, Liu L, et al. 2008. A novel lipoxygenase gene from developing rice seeds confers dual position specificity and responds to wounding and insect attack. Plant Molecular Biology, 66: 401～414.

Wang W, Wang Y, Du Y, et al. 2014. Overexpression of *Camellia sinensis* H1 histone gene confers abiotic stress tolerance in transgenic tobacco. Plant Cell Reports, 33: 1829～1841.

Wang X, Zhang X, Liu L, et al. 2015. Genomic and transcriptomic analysis of the endophytic fungus *Pestalotiopsis fici* reveals its lifestyle and high potential for synthesis of natural products. BMC Genomics, 16(1): 28.

Wei W, Yu Z, Chen F, et al. 2018. Isolation, diversity, and antimicrobial and immunomodulatory activities of endophytic actinobacteria from tea cultivars Zijuan and Yunkang-10 (*Camellia sinensis* var. *assamica*). Frontiers in Microbiology, 9: 1304.

Weibel D E, Starks K J. 1986. Greenbug nonpreference for bloomless sorghum. Crop Sci, 26: 1151～1153.

Win P M, Matsumura E, Fukuda K. 2018. Diversity of tea endophytic fungi: Cultivar- and tissue preferences. Applied Ecology and Environmental Research, 16(1): 677～695.

Win P M, Matsumura E, Fukuda K. 2021. Effects of pesticides on the diversity of endophytic fungi in tea plants. Microbial Ecology, 82(1): 62～72.

Wu Y, Liang Q, Tang Q. 2011. Effect of Pb on growth, accumulation and quality component of tea plant. Procedia Engineering, 18: 214～219.

Xin Z, Chen S, Ge L, et al. 2019. The involvement of a herbivore-induced acyl-coa oxidase gene, csacx1, in the synthesis of jasmonic acid and its expression in flower opening in tea plant (*Camellia sinensis*). Plant Physiology and Biochemistry, 135: 132～140.

Xin Z J, Chen S L, Ge L G, et al. 2019. The involvement of a herbivore-induced acyl-coa oxidase gene, in the synthesis of jasmonic acid and its expression in flower opening in tea plant (*Camellia sinensis*). Plant Physiology and Biochemistry, 135: 132～140.

Xin Z J, Zhang J, Ge L G, et al. 2017. A putative 12-oxophytodienoate reductase gene *CsOPR3* from *Camellia sinensis* is involved in wound and herbivore responses. Gene, 615:18～24.

Yan L, Zhai Q, Wei J, et al. 2013. Role of tomato lipoxygenase D in wound-induced jasmonate biosynthesis and plant immunity to insect herbivores. PLoS Genetics, 9: e1003964.

Yan L, Zhu J, Zhao X, et al. 2019. Beneficial effects of endophytic fungi colonization on plants. Applied Microbiology and Biotechnology, 103(8): 3327~3340.

Yan X, Wang Z, Mei Y, et al. 2018. Isolation, diversity, and growth-promoting activities of endophytic bacteria from tea cultivars of Zijuan and Yunkang-10. Frontiers in Microbiology, 9: 1848.

Yang G, Wiseman B R, Isenhour D J, et al. 1993. Chemical and ultrastructural analysis of corn cuticular lipids and their effect on feeding by fall armyworm larvae. Journal of Chemical Ecology, 19: 2055~2074.

Yao L, Ding C, Hao X, et al. 2020a. CsSWEET1a and CsSWEET17 mediate growth and freezing tolerance by promoting sugar transport across the plasma membrane. Plant & Cell Physiology, 61: 1669~1682.

Yao L, Hao X, Cao H, et al. 2020b. ABA-dependent bZIP transcription factor, CsbZIP18, from *Camellia sinensis* negatively regulates freezing tolerance in *Arabidopsis*. Plant Cell Reports, 39: 553~565.

Zhang Y, Yu X, Zhang W, et al. 2019. Interactions between endophytes and plants: Beneficial effect of endophytes to ameliorate biotic and abiotic stresses in plants. Journal of Plant Biology, 62(1): 1~13.

Zhao M, Jin J, Gao T, et al. 2019. Glucosyltransferase CsUGT78A14 regulates flavonols accumulation and reactive oxygen species scavenging in response to cold stress in *Camellia sinensis*. Frontiers in Plant Science, 10: 1675.

Zhao M, Jin J, Wang J, et al. 2022. Eugenol functions as a signal mediating cold and drought tolerance via UGT71A59-mediated glucosylation in tea plants. The Plant Journal, 109: 1489~2506.

Zhao M, Zhang N, Gao T, et al. 2020. Sesquiterpene glucosylation mediated by glucosyltransferase UGT91Q2 is involved in the modulation of cold stress tolerance in tea plants. New Phytologist, 226: 362~372.

Zhou G, Qi J, Ren N, et al. 2009. Silencing OsHI-LOX makes rice more susceptible to chewing herbivores, but enhances resistance to a phloem feeder. Plant Jounal, 60: 638~648.

Zhou G, Ren N, Qi J, et al. 2014. The 9-lipoxygenase Osr9-LOX1 interacts with the 13-lipoxygenase-mediated pathway to regulate resistance to chewing and piercing-sucking herbivores in rice. Physiology Plantarum, 152: 59~69.

Zhu X, Hu Y, Chen X, et al. 2014. Endophytic fungi from *Camellia sinensis* show an antimicrobial activity against the rice blast pathogen *Magnaporthe grisea*. Phyton-Ineternational Journal of Experimental Botany, 83: 57~63.

Zhu X, Li Q, Hu J, et al. 2015. Molecular cloning and characterization of spermine synthesis gene associated with cold tolerance in tea plant (*Camellia sinensis*). Applied Biochemistry and Biotechnology, 177: 1055~1068.

Zhu X, Zhang Y, Du Z, et al. 2018. Tender leaf and fully-expanded leaf exhibited distinct cuticle structure and wax lipid composition in *Camellia sinensis* cv. fuyun 6. Scientific Reports, 8(1): 14944.

第八章

生态环境与茶树次生代谢

◆ 第一节 茶树次生代谢与调控

一、儿茶素的代谢与调控

儿茶素是 2-苯基苯并吡喃类的衍生物，属于类黄酮化合物中的黄烷-3-醇类。它是茶树中茶多酚的主要组成成分，占鲜叶干重的 12%～24%，是影响茶叶滋味品质、起到保健功效的标志性代谢物（宛晓春和夏涛，2015）。

（一）儿茶素的类型与分布

儿茶素具有典型类黄酮化合物的分子结构特征，由 A 环、B 环和 C 环 3 个环核组成基本的碳架 C6-C3-C6，其中两个芳香环通过一个 C3 环连接。根据聚合状态不同，儿茶素可划分为聚合态儿茶素和儿茶素单体。聚合态儿茶素又被称为缩合单宁或原花青素，目前已鉴定出的聚合态儿茶素多以二聚体的形式存在（Zhuang et al.，2020）。在儿茶素单体中，根据 C 环第 2 位和第 3 位连接基团的空间结构差异，可分为顺式儿茶素和反式儿茶素。茶树中儿茶素单体主要是顺式儿茶素，约占儿茶素总量的 70%，主要包括表儿茶素（epicatechin，EC）、表没食子儿茶素（epigallocatechin，EGC）、表儿茶素没食子酸酯（epicatechin gallate，ECG）和表没食子儿茶素没食子酸酯（epigallocatechin gallate，EGCG），还有少量的反式儿茶素，包括儿茶素（catechin，C）、没食子儿茶素（gallocatechin，GC）、儿茶素没食子酸酯（catechin gallate，CG）和没食子儿茶素没食子酸酯（gallocatechin gallate，GCG）（图 8-1）。按照 C 环的 3-位是否被没食子基团

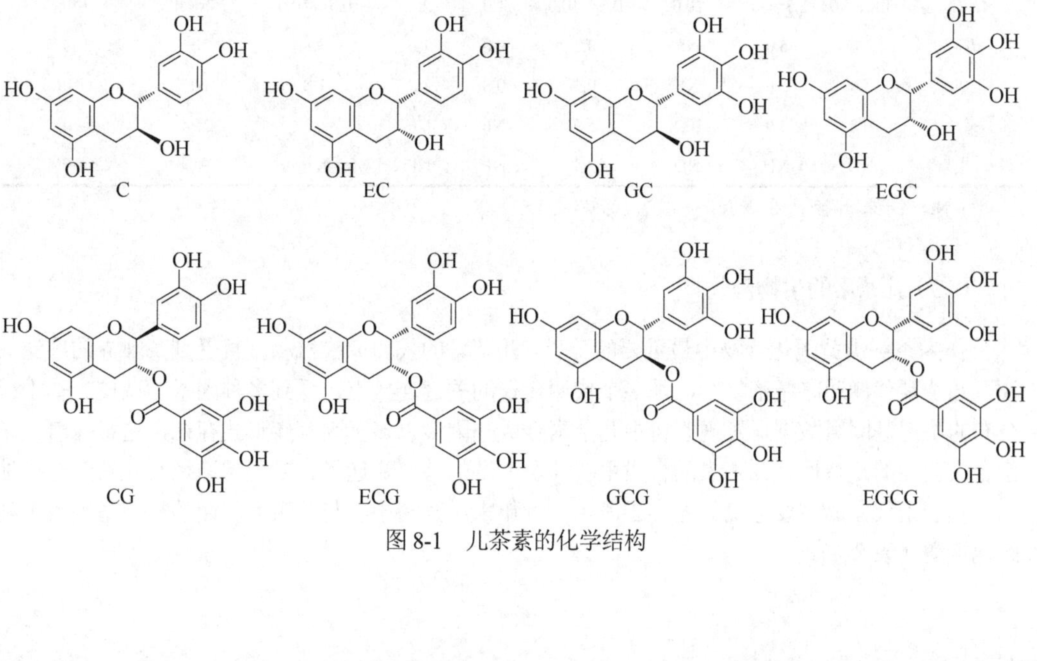

图 8-1 儿茶素的化学结构

取代，又可将儿茶素分为非酯型儿茶素和酯型儿茶素。非酯型儿茶素包括 C、EC、GC 和 EGC，酯型儿茶素包括 CG、ECG、GCG 和 EGCG，其中酯型儿茶素占总儿茶素总量的 80%（刘亚军等，2022）。此外，甲基化儿茶素（EGCG3″Me）是一类具有显著生理活性的儿茶素衍生物，是茶树体内最主要的甲基化儿茶素类型，由 EGCG 苯环上的 8 个酚羟基部分或全部转化为甲基而形成的甲基化儿茶素。EGCG3″Me 在抗氧化、抗过敏和调节肠道菌群等保健方面的效果显著优于 EGCG。近年来，研究人员发现在茶树体内存在另一类儿茶素衍生物——糖苷化儿茶素（Wang et al.，2022b），但其具体的生物学功能还有待进一步探究。

儿茶素在茶树体内的分布量具有明显的组织特异性（表 8-1）。总儿茶素含量随着茶树组织成熟度的增加而递减，在顶芽和嫩叶中的含量最高，其次是成熟叶、老叶和茎，在根中的含量最低。在不同发育时期的鲜叶中，儿茶素单体的含量也会产生变化。总体而言，随着叶片成熟度的增加，酯型儿茶素含量逐渐降低，非酯型儿茶素含量逐渐升高。在老叶中，酯型儿茶素和非酯型儿茶素的含量均呈现显著下降趋势（刘亚军等，2022）。甲基化儿茶素 EGCG3″Me 的含量则随着叶片成熟度的增加而上升，在第三、第四叶中达到最高；但 EGCG3″Me 在茎中的积累量极少（谢凤等，2019）。糖苷化儿茶素也是在第三叶中的积累量最高（Wang et al.，2022b）。聚合态儿茶素，也称为原花青素，在鲜叶中蓄积量较少，而在老叶中积累量较大（Zhuang et al.，2020）。随着茎成熟度的增加，原花青素在老茎中的含量要高于嫩茎（刘亚军等，2022）。在茶树叶片中，酯型儿茶素 EGCG 在整个叶片中均呈现高含量积累，而非酯型儿茶素 EC 和 EGC 主要分布于叶片两边靠近叶脉的部位（Liao et al.，2019a）。在叶片细胞中，儿茶素类化合物积累在幼叶的叶绿体、老叶的液泡及叶脉和茎导管的细胞壁中，同时在嫩茎的表皮薄壁细胞和幼嫩根的中柱鞘中也有蓄积（Liu et al.，2009）。

表 8-1　儿茶素在茶树各部位的分布量　　　　　　（单位：mg/g 干重）

组织部位	C	GC	EGC	EC	CG	GCG	ECG	EGCG	总量
芽和一叶	3.0~4.0	1.0~3.5	22.0~37.0	7.7~15.2	NF	NF	30.3~40.7	80.0	127.2~176.4
一叶	1.0~3.0	NF	30.0~70.0	0.5~5.9	2.9	4.0	3.4~20.6	50.0~80.0	NF
二叶	1.0~4.0	1.0~4.0	30.0~70.0	0.4~20.0	2.6	2.9	4.1~30.2	40.0~76.0	150.7~173.5
三叶	0.4~3.0	1.0~8.5	20.0~52.0	0.3~19.0	0.9	1.6	5.8~24.5	40.0~62.8	122.3~160.0
四叶	1.8~4.0	1.5~7.0	20.0	0.5~10.0	1.0	2.0	0.5~10.0	37.7~40.0	149.6
五叶	1.0	5.0	NF	0.2	0.8	1.6	3.8	NF	149.7
六叶	1.0	5.0	NF	0.3	0.8	1.2	1.8	NF	NF
嫩茎	0.8	1.9	10.1	5.9	NF	NF	4.2	27.4	NF
根	ND	ND	ND	2.4	NF	NF	痕量	痕量	NF

注：ND 表示未检测到；NF 表示未在文献中找到相关信息

（二）儿茶素的生物合成

作为茶树类黄酮化合物中最重要的一员，儿茶素的代谢调控机制一直受到茶叶界的广泛关注。儿茶素代谢通路精密复杂，是多个代谢途径的关键连接点，受到多种因素的调控。基于已公布的茶树基因组数据，发现茶树中儿茶素合成基因多以多基因家族形式存在，这意味着儿茶素合成调控的复杂性。儿茶素的合成主要涉及上游的莽草酸途径、苯丙烷途径及儿茶素合成途径。儿茶素代谢的主要途径如图 8-2 所示。近年来，茶树中参与儿茶素代谢的相关基因也被陆续地报道（表 8-2）。

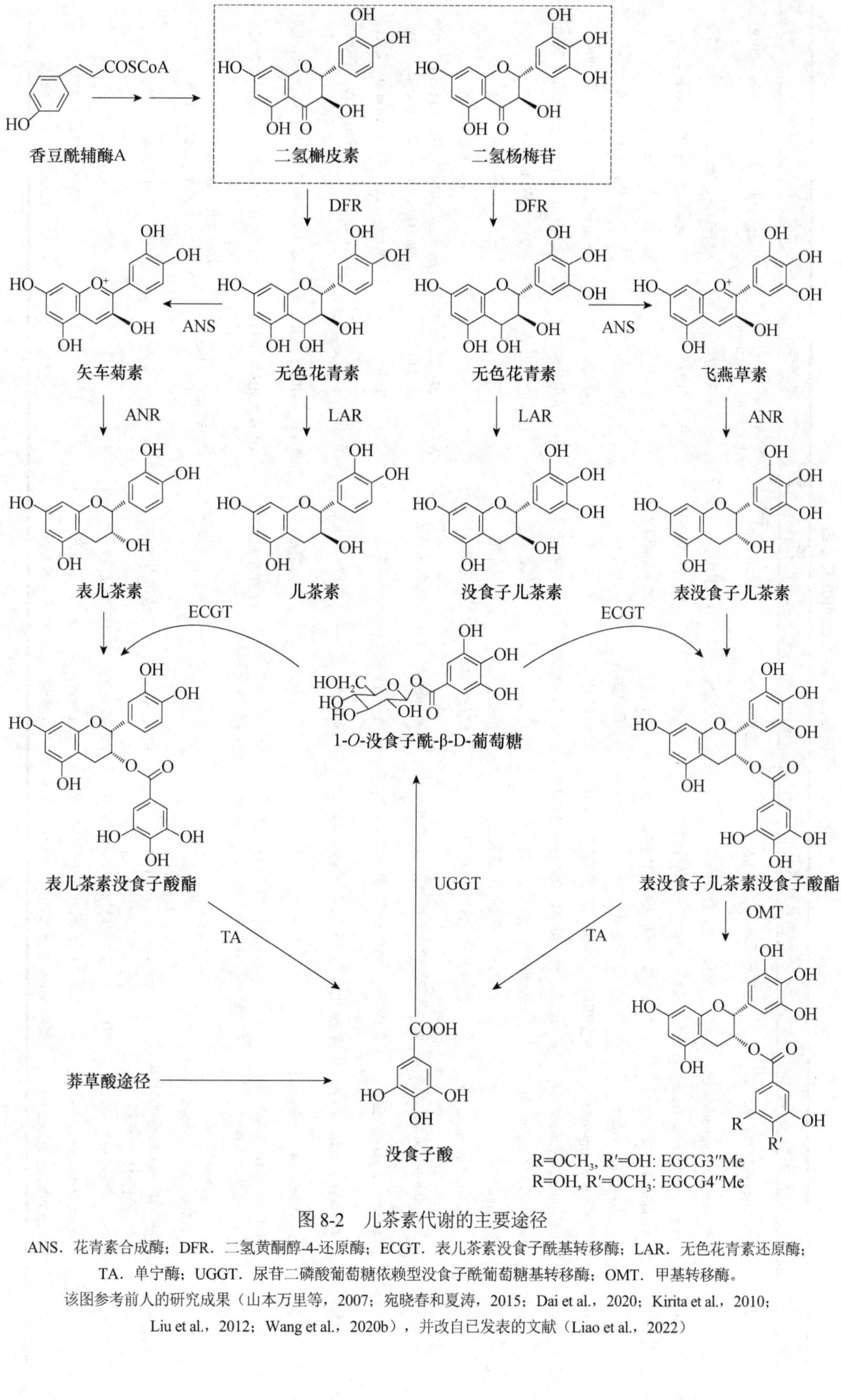

图 8-2 儿茶素代谢的主要途径

ANS. 花青素合成酶；DFR. 二氢黄酮醇-4-还原酶；ECGT. 表儿茶素没食子酰基转移酶；LAR. 无色花青素还原酶；

TA. 单宁酶；UGGT. 尿苷二磷酸葡萄糖依赖型没食子酰葡萄糖基转移酶；OMT. 甲基转移酶。

该图参考前人的研究成果（山本万里等，2007；宛晓春和夏涛，2015；Dai et al.，2020；Kirita et al.，2010；

Liu et al.，2012；Wang et al.，2020b），并改自己已发表的文献（Liao et al.，2022）

表 8-2 茶树中儿茶素代谢的相关基因

基因名称	全称	验证体系	催化底物	催化产物	上游调控因子	参考文献
DHQ	dehydroquinate dehydratase	原核表达、体外酶活	脱氢奎尼酸	脱氢莽草酸	miR5180b、miR1510b-5p、miR868-5p、novel-miR24	Huang et al., 2019; 孙平等, 2018
PAL	phenylalanine ammonia-lyase	原核表达、体外酶活	苯丙氨酸	肉桂酸	miR477	Wang et al., 2020a; Wu et al., 2017
C4H	cinnamate 4-hydroxylase	酿酒酵母异源表达、体外酶活	肉桂酸	香豆酸	LBD	Xia et al., 2017; Zhang et al., 2019
4CL	4-coumaroyl CoA ligase	原核表达、重组蛋白、体外酶活	香豆酸	香豆酸辅酶 A	MYB	Li et al., 2022a
CHS	chalcone synthase	—	香豆酸辅酶 A	查尔酮	miR7814	Sun et al., 2018
CHI	chalcone isomerase	重组蛋白、体外酶活、拟南芥异源表达	查尔酮	柚皮酮	miR529	Sun et al., 2018; 王文到, 2017
F3H	flavanone 3-hydroxylase	重组蛋白、体外酶活、拟南芥异源表达	4',5,7-三羟黄烷酮	二氢黄酮醇	miR156	Han et al., 2017a; Sun et al., 2018
F3'5'H	flavonoid 3',5'-hydroxylase	酿酒酵母、烟草异源表达	柚皮素	二氢杨梅素	—	Wang et al., 2014
F3'H	flavonoid 3'-hydroxylase	酿酒酵母、拟南芥异源表达	柚皮素	圣草酚	—	Guo et al., 2019
FLS	flavonol synthase	原核表达、烟草异源表达	二氢黄酮醇	黄酮醇	—	Jiang et al., 2020
DFR	dihydroflavonol 4-reductase	原核表达、拟南芥异源表达、点突变	二氢黄酮醇	无色花青素	WRKY、bHLH、LBD、miR5240	Luo et al., 2019, 2018; Ruan et al., 2022; Sun et al., 2018; Zhang et al., 2019
ANS	anthocyanidin synthase	原核表达、体外酶活、烟草异源表达	无色花青素	花青素	TCP	Wang et al., 2018; Yu et al., 2021
ANR	anthocyanidin reductase	同位素标记、体外酶活、烟草异源表达	花青素	表儿茶素	miR5559、miR5264、TCP	Sun et al., 2018; Wang et al., 2020b; Yu et al., 2021
LAR	leucoanthocyanidin reductase	—	无色花青素	儿茶素	WRKY、bHLH、miR2868	Luo et al., 2019, 2018; Sun et al., 2018
SCPL	serine carboxypeptidase-like acyltransferase	烟草瞬时表达、点突变、蛋白质体外结合实验（Pull-down）、免疫共沉淀（Co-IP）	没食子酰基葡萄糖、EC 和 EGC	ECG 和 EGC	MYB、GL3 和 WD40	Li et al., 2022b; Yao et al., 2022
CCoAOMT	caffeoyl-CoA 3-O-methyltransferase	原核表达、体外酶活、EMSA	EGCG	甲基化儿茶素	WRKY、bHLH	Luo et al., 2019; Luo et al., 2018; Zhang et al., 2015
UGT72B23	uridine diphosphate-dependent glycosyltransferase	原核表达、体外酶活	ECG、EGCG	糖苷化儿茶素	—	Wang et al., 2022b
TA	tannin	原核表达、拟南芥异源表达和点突变	ECG、EGCG	EC、EGC 和没食子酸	—	Dai et al., 2020
GPX	glutathione peroxidase	原核表达、重组蛋白、茶树瞬时转化	儿茶素	茶黄素	—	Zhang et al., 2020a
APX	ascorbate peroxidase	原核表达、重组蛋白、茶树瞬时转化	儿茶素	茶黄素	—	Zhang et al., 2020b

儿茶素的合成首先要经过莽草酸途径，莽草酸途径是连接植物初生代谢和次生代谢的重要桥梁。该途径以 4-磷酸赤藓糖醇（E4P）和磷酸烯醇丙酮酸（PEP）为底物，反应合成莽草酸，然后通过多步反应生成终产物苯丙氨酸进入后续的苯丙烷途径。苯丙烷途径是连接莽草酸途径和下游非酯型儿茶素及酯型儿茶素合成的中间途径。在苯丙烷途径中，以上游莽草酸代谢途径的终产物苯丙氨酸为合成底物，经过苯丙氨酸解氨酶（PAL）催化脱氨基反应将苯丙氨酸转化为反式肉桂酸，随后再经由肉桂酸-4-羟化酶（C4H）主导的羟基化修饰及对香豆酰辅酶 A 连接酶（4CL）介导的酯化连接反应后生成查耳酮，生成反式香豆酰辅酶 A。反式香豆酰辅酶 A 作为苯丙烷途径的终产物，进入儿茶素合成途径。

儿茶素下游的合成途径包括非酯型儿茶素和酯型儿茶素的合成途径。儿茶素合成途径的第一个中间产物是由查耳酮合酶（CHS）催化形成的查耳酮，再由查耳酮异构酶（CHI）将查耳酮闭环化后转化为黄酮酮，从而为合成黄酮醇、花青素和黄烷醇等所有形式的类黄酮物质提供直接前体，该酶是控制类黄酮总体丰度的关键限速酶。柚皮素是所有类黄酮类物质合成的直接前体。黄烷酮 3-羟基化酶（F3H）是下一个类黄酮代谢中的关键酶，通过识别上游合成的黄烷酮，进行羟基化修饰后转化为用于进一步合成黄烷醇和花青素的中间产物二氢黄酮醇。通过属于细胞色素 P450 超家族的类黄酮 3′-羟基化酶（flavanone 3′-hydroxylase，F3′H）和类黄酮 3′,5′-羟基化酶（F3′5′H）对二氢黄酮醇的 B 环 3′位和 5′位进行羟基化修饰，随后利用二氢黄烷醇 4-还原酶（DFR）的脱氢基作用，将二氢黄酮醇或经羟基化修饰后的二氢黄酮醇还原为黄烷 3,4-醇（宛晓春和夏涛，2015）。茶树与其他模式植物中类黄酮代谢的途径及关键酶基本一致。而针对类黄酮代谢末端的儿茶素茶合成代谢途径，一般认为下游产物黄烷 3,4-醇不仅可通过无色花青素还原酶（LAR）介导的还原反应催化生成反式儿茶素（C 和 GC），还可被花青素合成酶（ANS）转化合成花青素，再经过花青素还原酶（anthocyanin reductase，ANR）催化生成顺式儿茶素（EC 和 EGC）。

酯型儿茶素和非酯型儿茶素的区别在于 C 环的 3 位上是否有没食子酰化。在 20 世纪 80 年代，人们一直认为没食子酸是酯型儿茶素形成的直接前驱体物质，是关键的限制因子（Saijo，1983）。在酯型儿茶素合成途径的研究中，Liu 等（2012）采用蛋白质纯化技术、体外酶活测定方法和多种代谢物测定分析方法，最终从茶树中分离、纯化和鉴定到酯型儿茶素合成的酰基供体——1-O-没食子酰-β-葡糖苷（βG）。此外，研究人员还首次从茶树中纯化得到表儿茶素没食子酰基转移酶（ECGT）。茶树中酯型儿茶素的合成包含两步反应：①没食子酸在关键酶 1-O-没食子酰基-β-D-葡萄糖转移酶（UGGT）的催化下形成 1-O-没食子酰-β-葡糖苷；②1-O-没食子酰-β-葡糖苷作为活化的酰基供体，在 ECGT 的催化下，将没食子酰基转移到非酯型表儿茶素的 C 环 3 号位上（Liu et al.，2012）。随着近几年的持续深入探索，研究人员还发现茶树中 LAR 可直接催化 C 型无色花青素生成反式儿茶素（C 和 GC），也可以 ANS 和 ANR 的合成产物 EC 型无色花青素为底物，合成为顺式儿茶素（EC 和 EGC）。在酯型儿茶素合成的研究方面也有新的突破，许多研究证实茶树丝氨酸羧肽酶（SCPL）可催化非酯型儿茶素 C 环 3 位上的没食子酰基化，进而转化为酯型儿茶素（Ahmad et al.，2020；李伟伟，2013）。但是，目前尚未确定茶树中的 ECGT 是否属于 SCPL 家族（Ahmad et al.，2020）。

（三）儿茶素的分解与转化

儿茶素类化合物的分解代谢途径主要包括水解、甲基化和糖基化等。聚合态儿茶素——原花青素，也可称为缩合单宁（condensed tannin，CT），与水解单宁（hydrolysable tannin，HT）共同统称为单宁类化合物。研究者从茶树中鉴定获得新的植物单宁酶，属于羧酸酯酶家族。利用蛋白质纯化的方式，从茶树中分离鉴定出水解酯型儿茶素的单宁酶，并命名为 CsTA。随后，研究人员利用原核表达和真核表达技术分别获得 CsTA 融合蛋白。体外酶活性分析表明，从两种表达系统得到的 CsTA 蛋白都具有水解单宁酶活性（Dai et al.，2020），并发现该家族酶普遍存在于茶叶、柿子、葡萄和草莓等富含单宁的植物中。通过基因功能验证，它们可将涩味化合物的酯型儿茶素分解为 EGC 和没食子酸（gallic acid，GA）。编码这些蛋白质的单宁酶基因家族不同于微生物单宁酶基因，在植物中具有独立的系统进化起源。同时，CsTA 在平衡保健功效与苦涩风味形成中发挥了重要作用。

除水解外，儿茶素也有其他的转化形式，主要包括氧化聚合、甲基化和糖苷化。早在 20 世纪就有研究报道，新鲜茶叶中的儿茶素可在内源多酚氧化酶（PPO）和过氧化物酶（POD）的催化下，被氧化并聚合成高分子量的茶黄素（Roberts and Myers，1959）。近期，有报道显示抗坏血酸过氧化物酶（APX）和谷胱甘肽过氧化物酶（GPX）也可以直接催化儿茶素氧化聚合生成茶黄素（Zhang et al.，2020a；Zhang et al.，2020b）。茶黄素是构成汤色明亮的主要因素，也是赋予茶汤浓醇鲜爽口感的重要成分，同时还是形成茶汤"金圈"的最主要物质。此外，茶黄素可进一步耦合氧化生成更高分子质量的茶红素和茶褐素，但参与合成茶红素和茶褐素的具体代谢基因及潜在的调控机制则有待进一步探究。

研究者已从茶叶中成功分离获得甲基化 EGCG3″Me 和 EGCG4″Me（Saijo，1982；Sano et al.，1999）。目前，甲基化酶（CCoAOMT）编码基因也已经被鉴定，经原核表达的甲基化酶以 S-腺苷-L-甲硫氨酸（SAM）为甲基供体，与 EGCG 进行酶促反应，生成多种甲基化修饰类型的 EGCG（山本万里等，2007；Kirita et al.，2010；Huang et al.，2022c）。此外，植物中也有报道显示儿茶素类化合物会发生糖苷化修饰后转化为糖苷化儿茶素（Pang et al.，2008）。研究人员发现了一个新的儿茶素糖基化转移酶，其具备糖基化转移酶活性并以儿茶素没食子酸为底物催化形成儿茶素酯葡萄糖苷，在调控苦涩味酯型儿茶素的积累方面发挥了重要作用（Wang et al.，2022b）。

（四）儿茶素代谢的上游调控研究

儿茶素代谢不仅受到上述研究中已鉴定验证结构基因的表达水平影响，还受到各种上游调控因子对相关结构基因转录丰度的间接影响。转录因子在儿茶素代谢中扮演了至关重要的角色。紫化茶树中有高含量的儿茶素前体物质，有报道显示，转录因子 CsMYB75 和 CsGSTF1 参与了前体物质的积蓄，CsMYB75 能结合到 CsGSTF1 上游启动子序列，从而提高 CsGSTF1 的转录丰度，而 CsGSTF1 可将儿茶素前体物质从内质网转运到液泡中储存（Wei et al.，2019a）。Jiang 等（2018）观察到过表达 CsMYB5a 通过激活促进儿茶素代谢中 3 个结构基因 *LAR*、*ANS* 和 *ANR* 的表达，促进原花青素的显著积累，而另一转录因子 CsMYB5e 的高表达对花青素含量变化无显著影响，但却大幅提高 EC 型儿茶素在体内的积累水平。此外，R2R3-MYB、bHLH 及 WD40 可形成三元复合体 MBW，共同调控儿茶素合成下游多个结构基因的转录强度，正调控儿茶素的积累合成（Sun et al.，2016）。而除 CsMYB 转录因子外，通过转录因子表达水平与代谢物含量的关联分析，发现 TCP 和 LBD 转录因子具有同时调节植物组织发育和儿茶素生物合成的功能（Yu et al.，2021；Zhang et al.，2019）。

在过去的研究中，传统研究者对于分子生物学的研究思路禁锢在一个"DNA—mRNA—蛋白质—生物学功能"的定式中，只聚焦于编码 RNA，而忽视了非编码 RNA 的研究。最近，多项研究还发现非编码 RNA（non-coding RNA，ncRNA）中的微 RNA（microRNA，miRNA）可作为上游调控因子，通过在转录或转录后水平影响儿茶素代谢通路结构基因的表达水平，从而间接影响儿茶素和儿茶素的含量积累。Sun 等（2017）发现有 6 个 miRNA 分别靶向调控儿茶素代谢中的 *CHI*、*C4H*、*DFR* 和 *ANR*，通过转录抑制机制，影响以上 4 个结构基因的转录丰度。Fan 等（2015）也发现 Cs-miR156 通过抑制靶基因 *SPL* 在不同氮形态下的表达水平，从而间接影响茶树中儿茶素的积累变化。茶树中儿茶素代谢途径的调控机制是复杂的，可能涉及结构基因、转录因子和 ncRNA 为代表的上游调控因子等多方面因素的协同调控。此外，目前针对茶树长链非编码 RNA（long non-coding RNA，lncRNA）和环状 RNA（circular RNA，circRNA）的研究集中在生长发育和逆境胁迫方面，针对 ncRNA 参与儿茶素调控的研究还有待进一步拓展。同时，绝大多数已鉴定的 miRNA、lncRNA 和 circRNA 在茶树中调控转录后水平的生物学功能尚未得到深度验证。具体的多层级儿茶素代谢调控网络还有待进一步深入探究。

目前已有多项研究发现表观修饰在调控植物次生代谢物合成过程中发挥重要作用。其中，甲基化是最具代表性的表观修饰之一，可在不改变基因序列的前提下直接影响基因表达水平与生物学功能。在 DNA 水平上，DNA 甲基化是真核生物中最普遍的修饰，在众多生物过程中发挥着不可或缺的作用。但由于茶树生长周期长、基因组大、品种多样性丰度，基于表观遗传学的研究远远滞后于模式植物。目前，针对茶树 DNA 甲基化修饰方面的研究已取得一定进展。Wang 等（2018）利用重亚硫酸盐甲基化测序技术对茶树进行了全基因水平 DNA 甲基化研究，发现 DNA 甲基化驱动产生的一系列转座子（transposable element，TE）是造成茶树基因组庞大的主要原因。该研究还观察到茶叶最主要次生代谢途径——儿茶素合成途径结构基因表达水平也与 TE 含量高度相关。这说明 TE 介导的 DNA 甲基化可能还会对茶叶品质形成具有一定影响。此外，泛素化也是主要的表观修饰方式之一，其通过蛋白酶体标记蛋白质进行降解，改变蛋白质亚细胞位置，进而影响其蛋白质活性，促进或抑制蛋白质相互作用。Xie 等（2019）等发现茶树经历干旱胁迫后，儿茶素合成基因 *PAL*、*CHS*、*CHI* 和 *F3H* 均发生泛素化修饰，可能影响儿茶素积累水平，但仍需进一步的证据证实以上推论。目前有关茶树表观修饰介导儿茶素结构基因的调控关系仍处于初步探索阶段，深层次的儿茶素级联调控机制还需进一步研究。

（五）生态因子与生物因子对儿茶素代谢的调控

1. 光照对儿茶素代谢的调控 光照强度会影响儿茶素的合成。在实际生产中，人们也会采取遮阴的方式来降低儿茶素含量。在强光照下，儿茶素可能作为抗氧化剂来帮助茶树抵御强光带来的氧化损伤。适当的遮阴可以降低茶叶的涩味。茶叶中的儿茶素种类可能在面对光照强度的影响时，产生不同的趋势。在遮阴的过程中，黄酮合成途径上游相关的酶如 CHS、F3H、DFR 的表达较稳定，支路的 ANS 表达水平降低，LAR 表达水平升高，这导致表儿茶素（EC）含量下降，儿茶素含量上升（Hong et al.，2014）。也有研究表明，遮阴的条件下，所有主要儿茶素的含量均下降，包括 PAL、CHS、DFR、ANS、ANR、LNR 在内的基因表达均在遮阴后期或初期呈现暂时性下降（Liu et al.，2018）。儿茶素的积累和光合能力相关，光照强度适当增强，可以加速茶树的光合速率，同时可以通过提高酯型儿茶素合成前体的含量来增加儿茶素的含量（Xiang et al.，2021）。儿茶素的代谢与糖代谢息息相关，莽草酸途径和苯丙烷途径受到强烈抑制时，这些途径的抑制也对儿茶素的糖基化产生负面影响，因此黄酮类化合物在黑暗下减少也可能是叶片中糖含量减少而导致的（Yang et al.，2012）。

光质也会对儿茶素的含量产生影响。*CsMYBs* 可能是蓝光下调节类黄酮代谢的核心基因，高强度的蓝光会抑制类黄酮合成。不同的红蓝光比例下，儿茶素的含量不同（Zhang et al.，2020c）。目前有一些研究已经阐述 UVB 照射下儿茶素的积累机制。低通量、短时间的 UVB 刺激使儿茶素含量增加，过量的 UVB 辐射抑制儿茶素的积累。无论是红蓝光还是紫外辐射都会影响儿茶素的生物合成，且辐射强度是一个关键因子。Liu 等（2018）研究表明，茶树的一个同源二聚体蛋白 UVR8、COP1、HY5 和 MYB 会共同调节儿茶素合成相关的酶，从而对儿茶素含量产生影响。

2. 温度对儿茶素代谢的调控　　一般而言，在茶树的适生温度内，温度提高可以提高酶系的催化效率。糖代谢是其他物质代谢的基础，并为儿茶素的形成提供前体，温度对茶树的碳代谢有着显著的影响，这也在儿茶素的季节性含量变化上得到体现。在夏秋季，温度较高，儿茶素含量较高；在冬季低温下，儿茶素含量较少。同时，热胁迫可以通过调节苯丙烷途径的相关酶来影响儿茶素的含量（Ren et al.，2021）。然而，在温度升高的过程中，儿茶素合成酶基因的表达具有差异，这导致了不同种类的儿茶素对温度变化的反应不同。例如，随着季节的变化，8 月时，EC 和 EGC 含量增加，GC 和 CG 含量下降（Zhu et al.，2020）。同时，温度也可能通过调节底物向酯型儿茶素转化的速率来影响不同种类儿茶素的含量（Xiang et al.，2021）。从品种的角度来说，耐寒的品种儿茶素含量较高，并且可以通过促进 CsICE1-CsCBF-CsCOR 通路激活品种对于冷胁迫的耐受，同时外源 EGCG 的处理也可以使得茶树的耐寒性增强（Wang et al.，2022a）。

3. 水肥对儿茶素代谢的调控　　茶叶生长的年需降水量超过 1040mm，干旱胁迫是影响茶叶产量和品质的重要非生物胁迫（Lv et al.，2021）。干旱会造成活性氧的累积，导致细胞脂质和蛋白质的氧化并最终造成细胞死亡。而黄酮类化合物可以减少羟基自由基的形成从而减少细胞的氧化应激。干旱胁迫初期也会诱导儿茶素含量的上升，但随着干旱程度的增加，儿茶素含量逐渐下降（Sharma et al.，2011）。在干旱的条件下，茶树可以通过诱导关键合成酶基因的表达来促进儿茶素的合成，从而消除过量的自由基，其中 PAL 酶起着关键的作用（Lv et al.，2021）。研究结果表明，高茶多酚的茶树品种抗旱性也较强。但也有研究表明，随着土壤含水量的降低，非酯型儿茶素含量降低，酯型儿茶素呈现先降低后升高的趋势（Wang et al.，2016a）。施肥是一个重要的农艺措施。适量的氮肥能降低茶叶中的多酚含量（宛晓春和夏涛，2015）。儿茶素代谢途径也会受到 microRNA 的调控，如 Cs-miR156 介导了氮素营养对儿茶素代谢的调控（Fan et al.，2015）。钾的缺乏会降低光和电子的传递能力，影响光合作用的进行，钾过多会加速儿茶素的消耗，不利于儿茶素的积累（Lin et al.，2012；Huang et al.，2022b）。长期缺镁会使得儿茶素含量升高（Li et al.，2021）。

4. 地理状况对儿茶素代谢的调控　　茶叶的生长范围广泛，可以在海拔 0～2700m 种植（Han et al.，2017b）。有研究表明，儿茶素含量在不同地域间的差异可能会大于品种间的差异，且这种差异可能与叶绿素含量相关（Wei et al.，2011）。对于乌龙茶来说，儿茶素的含量及其没食子酰基化程度与海拔呈现显著负相关（Chen et al.，2014）。相关性分析表明，C 的含量和日平均气温呈现负相关，但与日照时间呈现正相关。ECG 和日照时间也呈现正相关（Wei et al.，2011）。对不同海拔光温因子的变化模式进行模拟发现，模拟高海拔光温变化模式下的儿茶素含量降低，这种降低是结构基因的表达被抑制而导致的（Wang et al.，2022c）。

5. 生物对儿茶素代谢的调控　　关于茶树中儿茶素抗病原作用的研究很少，研究中使用的大多数细菌和真菌对茶树不敏感，不是引起茶树主要病害的致病菌。此外，茶树感染茶饼病的致病菌——坏损外担菌（*Exobasidium vexans*）后，儿茶素含量下降。在感染的过程中，儿茶素被水解，水解产物没食子酸可以保护茶树免受感染。斜纹夜蛾（*Ectropis oblique*）侵害茶树后，儿茶素合成相关基因的转录被上调（Wang et al.，2016b）。但是，当茶角盲蝽（*Helopeltis theivora*）侵害茶树后，儿茶素含量却降低（Chakraborty and Chakraborty，2005）。这些研究表明，儿茶素对不同病害和虫害的响应不同。

二、咖啡碱的代谢与调控

生物碱是一类小分子含氮化合物，其种类繁多，结构和代谢途径各异。植物中的生物碱包括嘌呤碱、嘧啶碱、吡啶碱等。嘌呤碱是其中一种重要的生物碱，它们具有相同的嘌呤环结构，在特定的条件下可以相互转化。嘌呤生物碱包括咖啡碱（caffeine）、茶碱（theophylline）、可可碱（theobromine）、黄嘌呤（xanthine）、次黄嘌呤（hypoxanthine）、副黄嘌呤（paraxanthine）和甲基尿酸（methyluric acid）等（叶创兴等，1999）。其中咖啡碱是最为常见的一类嘌呤碱，已被发现存在于近100种植物中（Ashihara，2006）。咖啡碱在山茶属植物的嫩枝叶中含量最高，占茶干重的1%～5%（Nagata and Sakai，1986）。咖啡碱是茶叶滋味物质的主要组成成分，除其本身的苦味之外，还可与茶黄素、茶红素以氢键缔合形成络合物来提高茶汤品质（夏涛，2016）。同时，咖啡碱还具有兴奋神经中枢、缓解疲劳、助消化、强心解痉和利尿等功效（Jodra et al.，2020）。市场对咖啡碱的特殊需求，使得茶树咖啡碱生物合成及其调控研究具有重要的理论意义和实用价值。

（一）咖啡碱在茶树体内的分布

茶树中的咖啡碱主要分布在叶组织并集中在新梢中，并随叶质的老化而逐渐降低。编码咖啡碱合成酶的基因 *CsTCS1*（tea caffeine synthase）在嫩叶中的转录水平是在成熟叶中的三倍（Ashihara et al.，2008）。然而，可可碱到咖啡碱的代谢（咖啡碱合成的最后一步）并不仅限于嫩叶中，也可以发生在老叶中（Ashihara et al.，1997）。除叶片外，茶花、茶树茎梗、茶籽和根部也含有咖啡碱，但其含量甚微（Ashihara et al.，2011）。茶花的花瓣和雄蕊可以合成咖啡碱（Fujimori and Ashihara，1990）；茎梗中的咖啡碱以茎上部分居多，并随着茎梗的硬化而呈下降趋势，茎下部含量仅为0.01%左右；在茶树果实即茶籽完全成熟之前，咖啡碱的含量在显著增加（Suzuki and Waller，1985），但茶籽中的咖啡碱只分布在种皮中，占鲜重的0.09%左右；根部不足0.01%（表8-3和表8-4）。

表8-3　咖啡碱在茶树新梢各部位的分布量（宛晓春和夏涛，2015）　（单位：%干重）

新梢各部位	样本1	样本2	样本3	样本4
芽	3.74	3.89	—	4.70
一叶	3.66	3.71	3.58	4.20
二叶	3.23	3.29	3.56	3.50
三叶	2.48	2.68	3.23	2.90
四叶	2.09	2.38	2.57	2.50（上茎）
茎	1.67	1.63	2.15	1.40（上茎）

表8-4　咖啡碱在茶树各部位的分布量（宛晓春和夏涛，2015）　（单位：%）

部位	咖啡碱含量	部位	咖啡碱含量
芽和第一叶	3.55	红梗	0.62
第二叶	2.96	白毫	2.25
第三叶	2.76	花	0.80
第四叶	2.09	绿色果实外壳	0.60
嫩梗	1.19	种子	无
嫩茎	0.71	—	—

（二）咖啡碱的生物合成

咖啡碱的结构特点是黄嘌呤的 1、3、7 位的 N 上连接了 3 个甲基，表明咖啡碱的生物合成过程中，既需要嘌呤环，又需要甲基供体。黄嘌呤核苷是嘌呤生物碱合成的起始底物，目前已发现 4 条合成途径：腺嘌呤核苷酸合成途径（AMP 途径）、鸟嘌呤核苷酸途径（GMP 途径）、S-腺苷甲硫氨酸循环途径（SAM 途径）及二次利用途径（$de\ novo$ 途径）（Ashihara et al., 2017）。

1）AMP 途径：AMP（腺嘌呤核苷酸）→IMP（副黄苷酸）→XMP（黄嘌呤核苷酸）→黄嘌呤核苷，其过程为 AMP 在脱氨酶的作用下脱去氨基转化为 IMP，IMP 在脱氢酶的作用下生成 XMP，继而在 5′-核苷酶的作用下生成黄嘌呤核苷（Deng et al., 2010）。

2）GMP 途径：GMP（鸟嘌呤核苷酸）→鸟嘌呤核苷→黄嘌呤核苷，其过程为 GMP 经 5′-核苷酶的催化生成鸟嘌呤核苷，继而在脱氨酶的作用下生成黄嘌呤核苷。鸟嘌呤核苷除生成黄嘌呤核苷进入嘌呤碱合成途径外，还有一部分在鸟嘌呤核苷酶的作用下转化为鸟嘌呤进入鸟嘌呤核苷酸池（Zrenner et al., 2006）。

3）SAM 途径：腺苷→AMP→IMP→XMP→黄嘌呤核苷，S-腺苷甲硫氨酸（SAM）是咖啡碱合成途径中 3 步甲基化反应的重要甲基供体。在此过程中，SAM 可转化成 S-腺苷-L-高半胱氨酸（SAH），然后水解为半胱氨酸和腺苷。半胱氨酸通过 SAM 循环途径来补救 SAM 水平，腺苷则从循环中释放出来继而直接转化为 AMP，AMP 进入黄嘌呤核苷合成途径或先经腺苷核苷酶作用转化为腺嘌呤，再经腺嘌呤磷酸核糖转移酶作用转化为 AMP 进入黄嘌呤核苷合成途径。腺苷除了生成 AMP 进入嘌呤碱合成途径，还有一部分在腺苷核苷酶的作用下转化为腺嘌呤进入腺嘌呤核苷酸池（Ashihara et al., 2017）。

4）$de\ novo$ 途径：IMP→XMP→黄嘌呤核苷，在茶树嫩叶中，5′-核苷酶催化甘氨酸生成 IMP，IMP 在脱氢酶的作用下生成 XMP，继而在 5′-核苷酶的作用下生成黄嘌呤核苷。其中，IMP 脱氢酶是该途径的控速因子，决定了 $de\ novo$ 途径的效率（Zhu et al., 2019）。

同时，从黄嘌呤核苷到咖啡碱的生物合成途径也已基本研究清晰。该合成途径于 1985 年首次在茶树中被发现报道，称为咖啡碱形成的核心途径（Negishi et al., 1985）。核心途径主要以黄嘌呤核苷为底物，通过 3 步甲基化与一步脱核苷酸化合成咖啡碱。通过同位素示踪实验发现，该途径以黄嘌呤核苷为底物，首先甲基化为 7-甲基黄嘌呤核苷，后脱核苷酸化得到 7-甲基黄嘌呤，再经过两次的甲基化，先后分别生成可可碱（3,7-二甲基黄嘌呤）和咖啡碱（图 8-3）（Kato et al., 1996；Negishi et al., 1985）。这 3 步甲基化由 3 种不同的 SAM 依赖型 N-甲基转移酶催化完成。根据其底物特异性将其分为 7-甲基黄嘌呤核苷合成酶（催化黄嘌呤核苷形成 7-甲基黄苷）、可可碱合成酶（3,7-二甲基黄嘌呤合成酶，催化 7-甲基黄嘌呤形成可可碱）、咖啡碱合成酶（1,3,7-三甲基黄嘌呤合成酶，催化可可碱形成咖啡碱）（Kato and Mizuno, 2004）。

近几十年来，介导咖啡碱生物合成的酶/基因也陆续被解析。Negishi 等（1985）从茶树叶片提取液中发现了 N-甲基转移酶，同位素示踪实验表明它能催化 S-腺苷甲硫氨酸（SAM）的甲基转移给黄嘌呤，生成 7-甲基黄嘌呤，这是咖啡碱生物合成途径中的第一步。7-甲基黄嘌呤核苷合成酶基因（*CmXRS1*）最早在咖啡叶片中被克隆鉴定，其编码 372 个氨基酸（Mizuno et al., 2003）。参与第二步和第三步甲基化反应的 N-甲基转移酶在茶叶粗提取物中首次发现并进行功能验证（Suzuki et al., 1975a）。同时，咖啡中的可可碱合成酶编码基因如 *CaTS1*、*CaMXMT1*、*CaTS2*、*CaMXMT2* 和 *CaBTS1* 等被解析，其氨基酸序列相似度达 80%，均具有保守的 SAM 结合位点 A、B′、C 和 YFFF 等结构域（Wei et al., 2019b；Kato, 2001）。茶的可可碱合成酶基因 *CgcTS* 是从广西大瑶山 '秃房' 茶品种（*Camellia gymnogyna* Chang）茶树幼叶中克隆得到的。

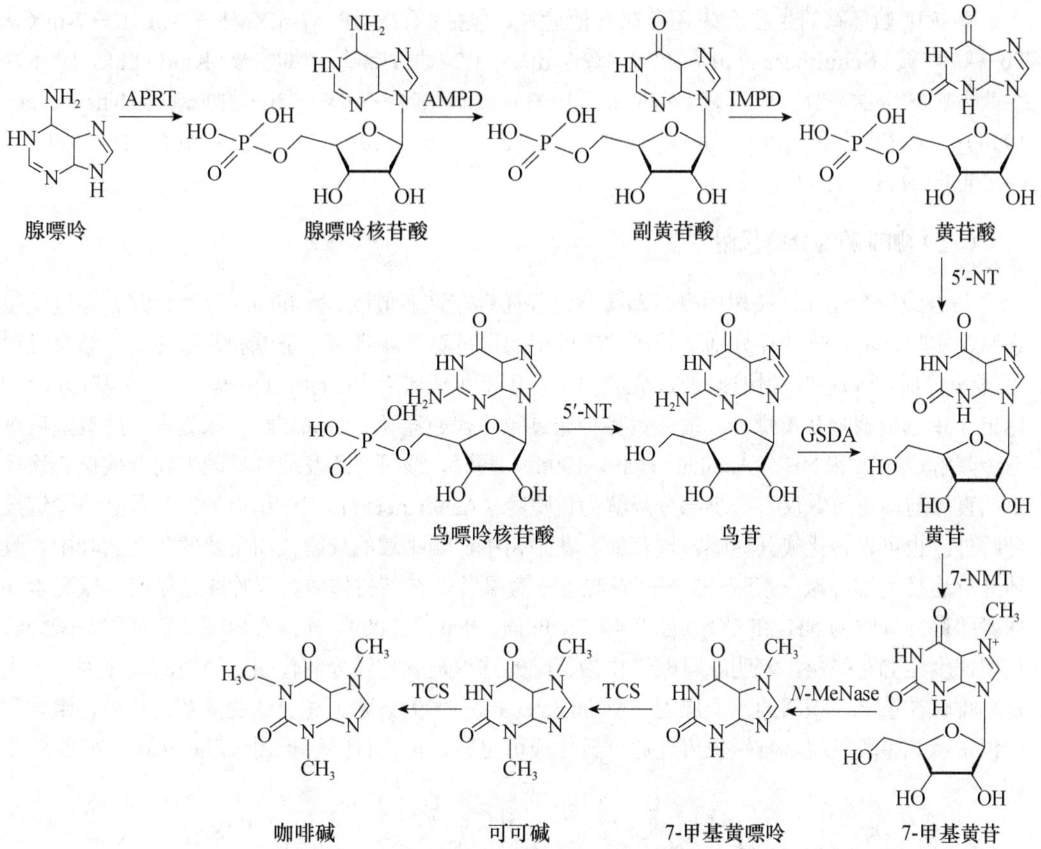

图 8-3 咖啡碱的生物合成途径与结构基因

APRT. 腺嘌呤磷酸核糖转移酶；AMPD. 腺嘌呤核苷酸脱氨酶；IMPD. 副黄苷酸脱氢酶；5′-NT. 5′-核苷酸酶；
GSDA. 鸟苷脱氨酶；7-NMT. 7-甲基黄苷合成酶；N-MeNase. N-甲基核苷酶；TCS. 咖啡碱合成酶

酶活实验证明 CgcTS 催化 7-甲基黄嘌呤的活性最高，且其在 mRNA 水平和蛋白质水平的表达模式一致，两者均在幼嫩的一叶中表达水平高而在老化的第四叶中表达水平低，这与可可碱在'秃房'茶中的分布规律一致（Teng et al.，2019）。咖啡碱合成酶 CsTCS1 最初是从茶树幼叶中分离纯化获得，其编码的 cDNA 由 1483 对碱基组成，编码 369 个氨基酸（Kato et al.，2000）。体外酶活实验证明 CsTCS1 可以 7-甲基黄嘌呤为底物催化发生 3-N-甲基化形成可可碱，也可可碱为底物催化发生 1-N-甲基化形成咖啡碱。同时 CsTCS1 在茶树内的表达模式与咖啡碱的含量分布模式一致（Jin et al.，2014，2016）。目前，已在茶树基因组中分离出了 6 个 CsTCSs，其中 CsTCS1 和 CsTCS2 已经被克隆出来，进一步研究证实 CsTCS2 并不编码甲基转移酶（Ogino et al.，2019）。

一般情况下，茶叶中的咖啡碱含量最高，而在可可茶中则是以可可碱为主。实验发现在可可茶中的 TCS 氨基酸的突变（192 位的精氨酸突变为组氨酸）使其缺失了 N-甲基转移酶活性，使可可碱不能进一步被催化成咖啡碱，从而导致其高含量蓄积（Ashihara et al.，1998，2001）。在福建新发现了一种不含咖啡因的茶树——'红芽茶'，其 TSC1 也发生突变，导致其失去咖啡因合成酶活性而大量积累可可碱（Jin et al.，2018）。从可可茶的案例中可以发现，正常茶树中甲基转移酶具有非常精准识别底物的能力，同一个酶可以在多种底物共同存在时主导性地催化一类底物。有研究指出产生甲基化顺序差异的原因与嘌呤环上氢原子的酸度不同有关（Suzuki et al.，1975b）。

茶树中咖啡碱的生物合成还存在其他途径，包括：①XMP→7-mXMP→7-mXR→7-mX→Tb→咖啡碱（Schulthess et al.，1996）；②7-mX→1,7-对黄嘌呤→咖啡碱（Kato et al.，1996）；③黄嘌呤→7-mX→Tb→咖啡碱（Ashihara，1993）；④黄嘌呤→3mX→Tb→咖啡碱（Ashihara et al.，1998）；⑤黄嘌呤→3mX→Tp→咖啡碱（Ashihara et al.，1997）；⑥Tp→3mX→Tb→咖啡碱（Ashihara et al.，1997）。

（三）咖啡碱的分解代谢

与合成研究相比，茶树中咖啡碱降解途径还存在许多谜题。Ashihara 等（1996）通过同位素示踪实验，将咖啡叶片分别培养在 ^{14}C 标记的可可碱、咖啡碱、茶碱和黄嘌呤中，结果发现 ^{14}C 标记的咖啡碱被叶片快速吸收，先脱去 7 位甲基生成带有 ^{14}C 标记的茶碱，再脱甲基形成 ^{14}C 标记 3-甲基黄嘌呤和黄嘌呤，最后黄嘌呤通过嘌呤代谢途径分解成尿酸、尿囊素、尿囊酸后进一步降解成 CO_2 和 NH_3（Ashihara et al.，1996）。同时，该研究还发现咖啡碱生物合成核心途径中的直接前体可可碱仅有一小部分降解为黄嘌呤（Ashihara et al.，1996，1997）。黄嘌呤除继续分解外，也可以转化成其他嘌呤核苷酸。在茶树中，咖啡碱的分解代谢主要发生在老叶中，具体分解途径为咖啡碱→茶碱→3-甲基黄嘌呤→黄嘌呤，在茶树体内黄嘌呤通过尿酸、尿囊素和尿囊酸最终分解为 NH_3 和 CO_2（图 8-4）（Ashihara et al.，2008）。同位素示踪实验证实茶碱分解代谢速度比咖啡碱快，表明咖啡碱转化为茶碱的过程是咖啡碱分解代谢途径中的限速因子，也是咖啡碱在茶叶中积累的重要原因（Ashihara et al.，1999）。除上述公认的降解途径外，组学和同位素示踪手段发现咖啡碱也可能通过转化成可可碱，再进行降解代谢（Zhu et al.，2019）。

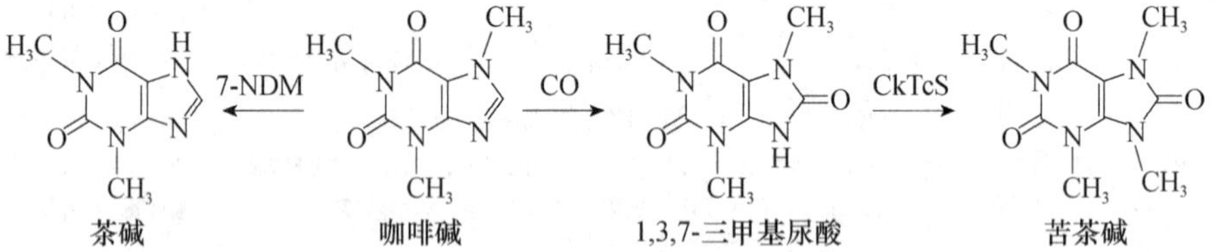

图 8-4　咖啡碱的代谢途径与结构基因
7-NDM. *N*-7-脱甲基酶；CO. 咖啡因氧化酶；CkTcS. 苦茶碱合成酶

脱甲基酶是咖啡碱降解代谢过程中的关键酶，尤其是咖啡碱降解代谢中第一步的脱甲基是降解途径中的限速步骤，有可能正是因为这步反应速率相对较慢而促成了茶树叶片中咖啡碱的高含量蓄积（Ashihara et al.，1996）。参与后两步的脱甲基酶分别是 *N3*-脱甲基酶和 *N1*-脱甲基酶，在可可树中已经有了相关的报道（Ashihara et al.，2008）。但目前关于在茶树中参与这 3 步脱甲基反应的关键酶还未被确定，它们是否有共同之处也仍然未知，如是否会像咖啡碱合成酶一样，存在双功能的作用，以参与多步的反应仍需要进一步探究。此外，最近利用茶树和苦茶树资源解析了咖啡碱到苦茶碱（1,3,7,9-Tetramethyluric acid）的代谢途径。苦茶碱是一种类咖啡碱黄嘌呤生物碱，相比于咖啡碱，它的 N-9 位多了一个甲基，C-8 位多了个酮基基团。研究发现，咖啡碱先发生 C-8 氧化生成 1,3,7-三甲基尿酸，再在 N9 甲基转移酶的作用下生成苦茶碱（Zhang et al.，2020e）。

（四）生态因子对咖啡碱的代谢调控研究

1. 季节对咖啡碱代谢的调控　　在 1991 年，科学家就利用同位素标记实验发现，在不同季节，茶树的咖啡碱合成能力具有差别，咖啡碱的生物合成主要发生在 4～6 月的茶叶幼苗中，同时，与咖啡碱生物合成相关的 3 种甲基转移酶的活性也仅仅在这 3 个月期间的叶片中被检测到（Fujimori et al.，1991）。同时，茶树的生长期是依赖于季节的，生长期的不同也会通过影响咖啡碱合成酶 CsCS 的表达来影响咖啡碱的生物合成（Mohanpuria et al.，2009）。通常，夏茶中的含量常比春、秋茶高（宛晓春和夏涛，2015）。这与夏季温度高，茶树体内生物代谢旺盛密切相关。

2. **光照对咖啡碱代谢的调控**　　咖啡碱代谢属于氮代谢。光照可以通过影响植物碳氮平衡来调节光合产物的分配。通常随着日照强度的增加，茶树的光合作用增强，促进碳代谢。而于日照不足的情况下，茶树处于碳饥饿状态，碳水化合物合成和积累受阻，碳代谢减弱导致氮代谢物消耗减少，使得氮代谢化合物增加（俞少娟等，2016）。因此，遮阴处理下，茶树咖啡碱的含量会增加（Shao et al.，2022）。同时，茶树氮代谢对复光的响应高于碳代谢，可能由于光合作用增强，氮分解代谢增强，产生并提供更多碳骨架用于能量代谢，以适应环境变化下缺碳胁迫引起的代谢剧烈变化（张兰等，2018）。因此遮阴后的复光过程会引起咖啡碱的显著减少（陈建娆等，2022）。然而也有研究表明，在黑暗中生长幼芽的咖啡碱含量较低，同时咖啡碱合成酶的活性也较低，但是光对于茶叶幼芽中咖啡碱的合成不是必需的，这种咖啡碱含量较低的现象是无光条件下幼芽生长速度降低的间接结果（Koshiishi et al.，2000）。此外，研究表明蓝紫光促进含氮化合物的形成（俞少娟等，2016）。因此，在茶树栽培阶段寻找合适的红、蓝光配比，可以调节茶树碳、氮平衡，使得咖啡碱含量提高。

3. **温度对咖啡碱代谢的调控**　　温度会影响茶树的酶活，从而影响茶树体内各项生理生化反应，进而影响化合物的合成与积累。通常夏茶中的咖啡碱含量比春、秋茶高，这与夏季温度高、茶树体内生物代谢旺盛密切相关。同样，研究发现，低温会使咖啡碱含量比正常情况下降0.63%（田永辉等，2005）。亚高温会影响咖啡碱合成通路相关基因的表达，亚高温下使 S-腺苷-L-甲硫氨酸合酶基因 CssAMS 的表达显著下调了 34.5%。然而将肌苷 5′-单磷酸脱氢酶基因 CsTIDH 的转录水平刺激上调了 76.1%，同时，亚高温没有改变 CsTCS1 的表达水平（Li et al.，2020c）。

4. **水肥条件对咖啡碱代谢的调控**　　当茶树受到水分胁迫时，不仅会对茶树造成机械损伤，还会使得茶树叶片中碳、氮合成代谢减弱。茶树总的有机物积累减少，分解代谢加强，合成代谢减弱，使得咖啡碱含量降低。当茶树面临干旱时，叶片中的咖啡碱积累迅速下降，层次聚类分析表明，这可能是 TCS 基因家族的大多数成员，如 CsTCS1、CsTCS3、CsTCS4、CsTCS5和 CsTCS6，在干旱胁迫下均下调而导致的（Wang et al.，2016a）。同时，茶树中的含氮化合物代谢通过根部以水为介质吸收、运输。因此，缺水会影响茶树的氮素代谢，从而影响咖啡碱的合成与积累。

咖啡碱是茶树氮循环的重要物质，施氮后茶树新梢叶片中的硝酸还原酶活性提高，咖啡碱的含量增加。已有研究表明，咖啡碱可以作为一种储存代谢物，用于储存超过植物直接需求的氮元素（Chapin et al.，1990）。随着氮肥的增加，韧皮部渗出物中的咖啡碱浓度也会增加（Gonthier et al.，2011）。在缺乏肥料的植物中，咖啡碱合成前体的含量会下降，同时还会影响咖啡碱合成酶的活性（Pompelli et al.，2013）。同时，缺乏肥料还会影响咖啡碱在植株中的分配，因为缺氮的植物倾向于把氮元素从老叶重新调动至新叶中（Pompelli et al.，2013）。因此，即使是缺氮的植物，其新叶中咖啡碱的含量相较于老叶而言也会较高（Pugnaire and Valladares，2007）。同时，不同形态的氮也会影响咖啡碱合成基因的表达，在铵根离子处理 5min 后，有 2 个咖啡碱生物合成相关的基因被上调；在用硝酸根离子处理 5min 后，有 2 个咖啡碱生物合成相关的基因被下调，然而延长处理时间后，1 个基因表达又被上调，这说明氮的形态和处理时间会影响咖啡碱的生物合成（Yang et al.，2018）。同时还发现，在不同形态和时间的氮处理下，参与调控咖啡碱合成的转录因子 CsNAC 的表达也有变化（Ma et al.，2022；Yang et al.，2018）。然而，不同茶树品种在根系吸收氮素效率方面存在差异，过量施用氮素不仅增加了生产成本，而且增加了土壤、水源中的硝酸盐含量，造成环境污染。因此需要加强茶树氮素吸收利用调控方面的研究，确定茶树最佳氮肥用量和施用时间，提高茶园氮素利用效率以调控咖啡碱含量。此外，在磷和钾缺乏的情况下，也有与咖啡碱合成相关的基因显示下调（Su et al.，2020）。此外，激素的施用也会对咖啡碱造成影响。例如，喷施褪黑素可以通过诱导 *CsTIDH*、*CssAMS* 和 *CsTCS1* 的表达来增加咖啡因含量（Li et al.，2020c）。

5. 生物对咖啡碱代谢的调控 咖啡碱被普遍认为是帮助植物抵御生物胁迫的重要次生代谢物（Nathanson，1984；Hollingsworth et al.，2002；Ashihara et al.，2001）。咖啡碱具有苦味，能抑制昆虫的取食（Kim et al.，2011）。用 1%的咖啡因溶液喷洒番茄叶，可以阻止烟草角虫的摄食，而用 0.01%~0.10%的咖啡因溶液处理白菜叶和兰花，可以作为一种神经毒素，杀死或驱除蛞蝓和蜗牛（Hollingsworth et al.，2002）。目前这项工作得到了扩展，构建咖啡碱的转基因植物，使得最初不合成咖啡碱的植物获得合成咖啡碱的能力，结果表明，这些植物的防御能力明显增强（Uefuji et al.，2005；Kim et al.，2008）。同时，咖啡碱还能通过抑制磷酸二酯酶活性和提高细胞内环磷酸腺苷的水平使昆虫麻痹及中毒（Nathanson，1984）。此外，在昆虫取食过程中，咖啡碱还可以通过增加 SA 的含量或者诱导防御相关基因的表达来激活植物体内源性的防御机制（Kim et al.，2008，2014）。茶树中的咖啡碱也被证明具有同样的生物学功能。茶树在受到茶尺蠖侵害后，咖啡碱含量显著上调，同时咖啡碱合成相关基因的表达上调（Wang et al.，2016b）。外源喷施咖啡碱后也可以抑制茶树中小圆胸小蠹的产卵而保护茶树免受昆虫幼虫的侵害（Hewavitharanage et al.，2000）。同时，茶树茎中的咖啡碱也可在甲虫侵害后大量积累而抑制共生菌的生长，发挥防御功能（Kumar et al.，1995）。同时，在面对炭疽病时，茶树中与咖啡碱合成相关的 *CsSAM* 和 *CsTCS1* 的表达也会被显著激活，以应对炭疽菌的侵袭（Wang et al.，2016c）。同时，在茶树中，外源咖啡因诱导的 miRNA 还可以通过调节 JA/ET 信号通路动态发挥防御炭疽菌的活性（Jeyaraj et al.，2021）。

三、茶氨酸的代谢与调控

由于茶氨酸（*N*-乙基-γ-谷氨酰胺）对茶叶品质和人体健康的良好贡献，在过去的几十年里，对茶氨酸的研究一直是研究者关注的重点（宛晓春和夏涛，2015）。茶氨酸是茶叶中重要的呈味物质，在茶汤中贡献了鲜爽的口感。因此，茶氨酸含量的高低是评价茶叶品质的关键指标。

（一）茶氨酸在茶树体内的分布

茶氨酸是含量最丰富的游离氨基酸，也是茶树体内中唯一的非蛋白源氨基酸。在鲜叶中，茶氨酸占总游离氨基酸的 60%~70%；在干茶中，占干重的 1%~2%（宛晓春和夏涛，2015）。天然茶氨酸呈现 L 构型，在整个植株中，茶树的各个组织中都分布着茶氨酸，但是茶氨酸优先在茶树的根部高效地合成并且运输至新梢（Deng et al.，2009）。在细胞中，茶氨酸的分布有着一定的组织特异性，叶绿体和细胞质是 L-茶氨酸积累的两个主要部位（Fu et al.，2021）。茶氨酸的代谢主要分为两个部分（表 8-5）：一是在根部的合成；二是在新梢中的水解。

表 8-5　茶树体内茶氨酸的组织分布　　　（单位：mg/100g 鲜重）

组织	第一叶	第六叶	茎皮	茎木质部	根皮	根木质部	吸收根
含量	214.0	21.3	8.9	6.9	49.0	13.8	38.3

（二）茶氨酸的生物合成

目前，茶氨酸的生物合成途径已比较明确。在种子的萌发期间，子叶中的茶氨酸含量较低，然而当根茎开始出现时，茶氨酸开始大量合成（Chen et al.，2008）。茶氨酸合成的直接前体谷氨酸和乙胺在茶氨酸合酶（TS）的作用下合成茶氨酸（Fu et al.，2021）。值得注意的是，谷氨酰胺合成酶（GS）和茶氨酸合酶有着很高的同源性，也可以催化谷氨酸和乙胺合成，当 *CsGS1.1* 和 *CsGS2* 高表达时，茶氨酸含量增加（Yamamoto et al.，2006；Fu et al.，2021；Cheng et al.，2017）。

有趣的是，茶氨酸的合成前体（谷氨酸和乙胺）和合成酶在茶树的各个组织都有存在，但茶氨酸主要在根部合成，并且在根部含量最高（Deng et al.，2009）。目前，非水相分离的方法已经揭开了茶氨酸亚细胞分布的神秘面纱。此方法测定表明，茶氨酸主要在茶树根部的细胞质中合成。在根部的细胞质中，CsTSI 是合成茶氨酸的关键酶；同时在茶树茎和叶中，定位在细胞质的谷氨酰胺合成酶 CsGS1.1 和定位在叶绿体的 CsGS2 也会调控茶氨酸的合成（Fu et al.，2021）（图 8-5）。

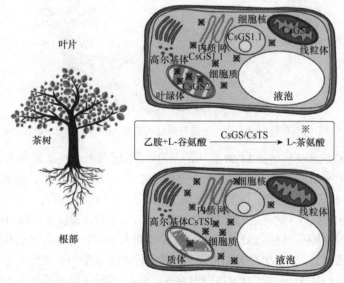

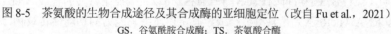

图 8-5　茶氨酸的生物合成途径及其合成酶的亚细胞定位（改自 Fu et al.，2021）

GS. 谷氨酰胺合成酶；TS. 茶氨酸合酶

茶树吸收氮元素（尤其是铵态氮）后，在谷氨酸脱氢酶（GDH）的作用下生成谷氨酸。同时，谷氨酰胺合成酶/谷酰胺-α-酮戊二酸氨基转移酶（GS/GOGAT）酶系也可以高效率地实现谷氨酸和谷氨酰胺之间的转化。因此，茶树吸收的铵态氮不会大量以谷氨酸的形式积累，而是快速地转化为茶氨酸等化合物（宛晓春和夏涛，2015）。

乙胺是茶氨酸生物合成的另一种前体。同位素示踪实验表明，乙胺是 L-茶氨酸合成过程中重要的限制物质，大部分的植物都具有合成 L-The 的能力，几乎所有含乙胺的植物都含有 L-茶氨酸，但是乙胺的缺失造成了除山茶属外的其他植物都不含有 L-茶氨酸的现象（图 8-6）（Cheng et al.，2017），因此乙胺的由来也引起了广泛的关注。已探明的理论上能够构成茶氨酸 *N-*乙基组成部分的化合物有乙醛、丙氨酸、乙醇胺等。另外，Deng 等（2009）等在研究中指出，乙胺似乎是用于合成茶氨酸的独特代谢产物。Takeo（1974）利用同位素示踪的方法对乙胺的前体物质进行了探索研究，利用 [14]C 标记的丙氨酸和 [14]C 标记的乙醛同时处理茶树根部，发现用 [14]C 标记的丙氨酸处理后，根部茶氨酸含量是用 [14]C 标记的乙醛处理后的 5 倍。此外，[14]C 标记的丙氨酸放射性渗入茶氨酸的速率高于用 [14]C 标记的乙醛处理组。通过向培养液中添加过量的乙胺，可以有效地中断 [14]C 从根中的 [14]C-丙氨酸向茶氨酸的乙胺部分中的渗入。因此，Takeo（1974）得出结论，丙氨酸相较于乙醛在生物合成上更接近于茶氨酸，同时也表明了丙氨酸是乙胺的重要前导物。Shi 等（2011）在筛选茶特征代谢物主要代谢途径的候选基因的研究中指出了茶树中合成茶氨酸时的丙氨酸脱羧酶（AIDA）的存在。Bai 等（2019）发现一个在茶树根部表达显著的丝氨酸脱羧酶基因具有催化丙氨酸脱羧反应形成乙胺的作用，并将它命名为丙氨酸脱羧酶（alanine decarboxylase）。目前的研究已经表明，*CsAlaDC* 在根中特异性表达，并且具有体外催化活性（Lin et al.，2023）。同时，*CsAlaDC* 和 *CsTSI* 的协同作用决定了茶树茶氨酸的大量合成（Zhu et al.，2021）。

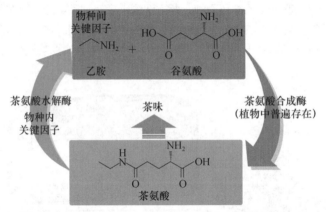

图 8-6　茶氨酸在物种间和物种内的差异分布原因（改自 Cheng et al.，2017）

茶氨酸的合成调控受到包括 MYB 在内的上游转录因子调控。在茶氨酸的生物合成中，存在着有趣的"加速"和"刹车"现象，这种现象也是围绕着 *CsAlaDC* 进行的。CsHHO3 和 CsMYB40 鉴定为 CsAlaDC 转录的抑制因子和激活因子，它们具有相反的表达模式和调节作用，可能在氮波动下维持乙胺和茶氨酸生物合成的稳定性（Guo et al.，2022）。过表达 CsMYB6 可以激活几个与茶氨酸代谢相关的基因，包括 *CsTSI*、*CsAlaDC* 和其他与 *GS-GOGAT* 相关的基因，同时茶树毛状根中茶氨酸含量增加，这说明 CsMYB6 是茶氨酸生物合成的活化剂（Zhang et al.，2021）。同时有研究表明，CsMYB73 通过抑制 CsGS1 和 CsGS2 可以负调控茶氨酸的合成（Wen et al.，2020）。

非编码 RNA（ncRNA）是具有最小或没有蛋白质编码能力的功能性转录物，包含植物转录组的大部分。其中，microRNA（miRNA）、长链非编码 RNA（lncRNA）和环状 RNA（circRNA）已被广泛证明通过调节植物中关键合成相关基因的表达，在次生代谢物的生物合成中发挥重要的调节作用（Zhou et al.，2022a）。关于非编码 RNA 调控茶氨酸合成的信息相对较少。目前，已经有研究者发现 miRNA 可以靶向地调节茶氨酸的合成。NF-YA（nuclear factor Y）是植物生长的关键转录因子，与茶树的形态建成和多个生理途径相关（Wang et al.，2019a）。通过 5′RLM-RACE 证明 miR169 可以调控 NF-YA。从茶芽到第 4 片叶 miR169 表达量的减少将增强其靶基因 *NF-YA* 的表达，同时 miR169 的表达水平与茶氨酸的含量呈正相关（Zhao et al.，2020）。根据加权基因共表达网络分析（WGCNA）进一步发现，生长素、茉莉酸、脱落酸、玉米素的含量及茶氨酸含量与 miR169 的表达显著相关。这表明，在特定发育过程中 miRNA 介导的植物激素交叉调节可能调节茶氨酸的生物合成（Zhao et al.，2020）。然而，还需要进一步的实验进行验证。

（三）茶氨酸的水解

目前对于茶氨酸水解的相关研究较少。在 20 世纪就已发现从嫩叶中纯化得到的粗酶可以催化茶氨酸水解成为谷氨酸和乙胺（宛晓春，2003）。目前的研究表明，茶氨酸的水解由吡哆醇生物合成酶（pyridoxine biosynthesis）催化，该酶主要存在于幼叶中，定位在细胞质和核质中（Fu et al.，2021）。因此，茶氨酸的水解可能发生在细胞质中。在新梢中，茶氨酸重新水解成谷氨酸和乙胺，谷氨酸可以转化成其他氨基酸或蛋白质，而乙胺又可以最终转化为儿茶素，参与茶树的碳循环（宛晓春，2003）。在茶叶的特殊种质资源中，人们发现黄叶品种的茶氨酸含量明显较高，这种积累并非茶氨酸的合成较强，而是其降解较弱导致的（表 8-6）（Cheng et al.，2017）。

表 8-6 茶氨酸代谢相关基因

基因名称	全称	验证体系	催化底物	催化产物	基因号	上游调控因子	参考文献
CsPDX2.1	pyridoxine biosynthesis 2	大肠杆菌；拟南芥亚细胞定位；黄化茶树	L-茶氨酸	谷氨酸、乙胺	MT726050	CsWRKY40	Fu et al.，2020；Cheng et al.，2022
CsTS1	theanine synthetase	大肠杆菌	—	—	DD410896		Okada et al.，2006
CsTS2	theanine synthetase	大肠杆菌	—	—	DD410895		Okada et al.，2006
CsTSI	theanine synthetase	拟南芥过表达	乙胺	谷氨酰胺、茶氨酸	TEA015198.1	CsMYB6	She et al.，2022；Wei et al.，2018；Zhang et al.，2021
CsTS1-1/ GS1-1	glutamine synthetase	同位素示踪，在拟南芥中克隆，重组蛋白，体外酶活	茶氨酸	谷氨酸、乙胺			Cheng et al.，2017
CsTS1-2/ GS1-2	glutamine synthetase	同位素示踪	茶氨酸	谷氨酸、乙胺			Cheng et al.，2017
CsGS2	glutamine synthetase	烟草和拟南芥的瞬时表达、体外酶活	乙胺	谷氨酰胺、茶氨酸	MG778706	CsMYB73	Fu et al.，2021
CsGS1.1	glutamine synthetase	烟草和拟南芥的瞬时表达、体外酶活	乙胺	谷氨酰胺、茶氨酸	MG778703		Fu et al.，2020；Wen et al.，2020

同样地，茶氨酸的水解也受到转录因子的调控。虽然目前还没有研究对采前阶段 WRKY 家族是否会参与茶氨酸的合成调控进行阐明，但已有证据表明，在采后的萎凋过程中，CsWRKY40 通过激活茶叶萎凋过程中的 CsPDX2.1 启动子调控 L-茶氨酸水解（Cheng et al.，2022）。

（四）茶氨酸的转运

于根部合成的茶氨酸在多个定位于质膜上的茶氨酸转运蛋白（CsAAP）的作用下转运至地上部分的新梢并发生水解（Li et al.，2020a）。在根中，茶氨酸主要分布在表面韧皮部和中心木质部，那么它是如何进行组织间的运输和再分布的呢？目前的共识是，茶氨酸由根部合成，再通过维管束系统运输至新梢。近期研究表明，茶树中的 CsAAP1 蛋白具有转运茶氨酸的功能，并且它在根中的表达与季节和运输效率高度相关（Dong et al.，2020）。这表明，CsAAP1 蛋白参与了茶氨酸从根到茎的长距离运输（Dong et al.，2020）。早前，人们一直认为只有在茶树的根部才能合成茶氨酸。然而同位素示踪的实验表明，茶树幼苗的叶片中也含有合成茶氨酸的底物和酶（Deng et al.，2009）。用不含根组织的枝条直接饲喂标记的合成前体，同样可以在叶片中检测到标记的茶氨酸（Cheng et al.，2017），并且其代谢相关基因（*CsTS*、*CsGS* 和 *CsTH*）的表达也在叶中显示出组织特异性。这表明茶氨酸不仅仅是在根部合成，茶氨酸合成前体也可能被运输至叶中，茶氨酸从而得以在叶中合成。同时，叶中的茶氨酸还会水解成乙胺，水解得到的乙胺可再次作为前体参与茶氨酸的代谢循环。

（五）生态因子对茶氨酸代谢的调控

1. 品种对茶氨酸代谢的调控　　由于氨基酸（主要为茶氨酸）对茶叶品质的重要贡献，研究者一直关注于高氨基酸种质资源的筛选，尤其将目光集中在白化品种上。对于大多数植物来说，白化对生长有不良影响，然而白化的茶树制成的茶却由于高氨基酸含量备受消费者喜爱。在大多数干茶中，茶氨酸占茶叶干重的 1%～2%（宛晓春和夏涛，2015）。但在一些高氨基酸品种中，茶氨酸含量可以高达 4% 以上，如在'安吉白茶'中，茶氨酸含量高达 4.8%，保靖'黄金茶 1 号'中，茶氨酸含量高达 5.15%（岳婕等，2010；张湘生等，2012）。茶氨酸在白化品种的高积累并不是因为茶氨酸的生物合成被激活，而是它的分解被抑制（Fu et al.，2020）。除茶树种质资源会影响茶氨酸的分布外，茶氨酸的代谢也会收到外界条件的影响，包括环境条件和农艺措施等。

2. 光照对茶氨酸代谢的调控　　茶树是喜阴的植物，而在实际生产中，也常用遮阴来提高茶氨酸的含量。氨基酸含量的增加可能是氮的同化增加、一些蛋白质水解和茶氨酸分解代谢减少导致的。减少碳的同化可以直接增加茶氨酸的含量（宛晓春和夏涛，2015）。在遮阴条件下，茶苗根部和地上部分的谷氨酸和茶氨酸含量均增加，但是地上部分茶氨酸含量的升高滞后于根部（Yang et al.，2012；Deng et al.，2012）。茶氨酸合成相关酶的基因在遮阴下会受到 DNA 甲基化介导的抑制。同时，芽中茶氨酸的降解也需要光的参与（Unno et al.，2020）。

光照强度可以通过调控叶绿体的形成来影响氨基酸的代谢。在黑暗条件下，叶片叶绿体形态正常但数量减少，可溶性蛋白 Rubisco 降低，这表明，茶叶中游离氨基酸的积累不是生物合成被激活，而是叶绿体蛋白水解的结果（Cheng et al.，2017）。同时该过程中与谷氨酸和谷氨酰胺相互转化相关的酶——谷氨酰胺合成酶（GS1-1）和谷氨酸合成酶（GLT1）在遮阴时也特异地积累（Chen et al.，2017）。遮阴处理导致茶叶中葡萄糖水平的显著降低，因此叶绿体蛋白的降解可能是碳饥饿而导致的（Ji et al.，2018）。在黑暗条件下，茶氨酸的转运同样会受到影响。同时，在遮阴时，茎中茶氨酸转运蛋白基因表达量升高，叶中的转运蛋白表达量降低，因此也促进了茶氨酸从根部向芽的运输，从而促进了不同组织中茶氨酸的生物合成和分配（Yang et al.，2021）。总的来说，光照强度可以通过调节茶树的碳、氮代谢，叶绿体降解和茶氨酸的转运来影响茶氨酸含量。

3. 温度对茶氨酸代谢的调控　　茶氨酸的含量呈现季节性变化，春季茶氨酸含量较高，夏秋季含量较低。由于高温下 TS、GS 和 GOGAT 的转录减少，因此茶氨酸的合成受到抑制（Li et al.，2018）。在同一个季节中，早春的茶叶茶氨酸含量较高，而晚春时大幅下降。已有研究表明，CsGDH2.1 具有分解谷氨酸的活性，早春晚春时茶氨酸含量的差异是 *CsGDH2.1* 在早春时表达较低，在晚春时表达量升高导致的。温敏型的白化茶叶（黄色）和正常茶叶（绿色）相比，茶氨酸含量显著高于绿叶，这种积累是茶氨酸分解较弱导致的（Fu et al.，2020）。白化品种对温度敏感，在白化期，谷氨酰胺浓度升高，因此茶氨酸含量较高，在温度升高后的复绿期，叶绿素的合成抑制了茶氨酸的合成（Li et al.，2015）。高温处理会使茶氨酸含量降低，38℃时，与茶氨酸含量呈正相关的 *CsNADH-GOGAT* 表达下调，而与茶氨酸含量呈负相关的 *CsFd-GOGAT* 表达下调，这导致了相较于低温组（4℃）的茶氨酸含量降低（Liu et al.，2017b）。除此之外，也有研究表明，在温度的影响下，诸多关于激素的途径如油菜甾醇类、褪黑素也会对茶氨酸的积累造成影响。例如，外施一定浓度的 2,4-表油菜素内酯（EBR）可以诱导 *CsGS*

和 *CsGOGAT* 的表达，从而提高 L-茶氨酸的含量（Li et al.，2018；Li et al.，2016；Liu et al.，2017b）。但目前激素影响茶氨酸含量的机制并不清楚。

4. 水肥条件对茶氨酸代谢的调控　关于水分对茶氨酸代谢的研究较少。干旱胁迫下，茶氨酸含量显著降低，同时谷氨酸的含量显著降低，随着胁迫时间的延长，与氨基酸代谢相关的差异表达基因数量显著增加，谷氨酸合酶、茶氨酸合成酶基因被下调，而茶氨酸水解酶基因的表达量升高（Wang et al.，2016a）。也有研究表明，茶树面对长期的干旱胁迫时，茎中茶氨酸含量降低，但是根中的茶氨酸含量却增加（Zhang et al.，2020d）。虽然茎中茶氨酸的含量降低，但是谷氨酸和谷氨酰胺的含量却上升，因此茶氨酸可能转化为谷氨酸和谷氨酰胺，用于氮的再分配（Zhang et al.，2020d）。

在茶树的栽培管理中，施肥是必不可少的农艺措施。铵盐和硝酸盐都是植物生长的重要氮源。对于大多数植物来说，高浓度的铵根离子是一种毒害。作为一种喜铵耐铵的植物，茶树对于铵态氮的利用效率明显高于硝态氮，在添加铵盐的条件下能够更好地生长。在用铵根离子处理茶树时，茶树的根系生长可以得到促进（Ruan et al.，2019）。已有研究表明，在施用铵根离子的条件下，茶叶中包括茶氨酸、谷氨酸、谷氨酰胺在内的游离氨基酸含量大大增加。铵根离子通过 GS/GOGAT 被同化，铵根离子的供应可以大幅度提高根部 GS 和氮转运蛋白的活性，从而在下游转化为谷氨酸和茶氨酸，减少铵积累造成的毒害（Ruan et al.，2007；Huang et al.，2018）。同位素示踪实验表明，铵根离子更容易转化为茶氨酸（Ruan et al.，2016）。长期施氮可以显著提高鲜茶叶中总游离氨基酸和主要氨基酸（L-茶氨酸、L-谷氨酸和 L-谷氨酰胺）的含量，然而其中茶氨酸的积累和合成酶没有明显的相关性，因此茶氨酸的含量升高可能是前体谷氨酸的积累造成的（Chen et al.，2021a）。施肥会带来土壤酸碱度的变化，这种变化也会影响茶树对氮的吸收利用，从而影响茶氨酸的含量（Ruan et al.，2007）。同时，增加氮素改变茶树细胞的酸碱度，促进磷酸烯醇丙酮酸羧化酶（PEP）的活性，促进碳循环，为氨同化提供碳骨架，从而促进氨基酸的合成（宛晓春和夏涛，2015）。然而，过度施肥造成的碳氮比不平衡会增加精氨酸的含量，影响茶叶口感，造成茶叶品质下降（Ruan et al.，2007）。

其他元素也会影响茶氨酸的含量。例如，在磷和钾的浓度处在合适范围时，它们的含量和茶氨酸呈现正相关，然而过高时，却和茶氨酸积累呈现负相关（Sun et al.，2019a）。除此之外，微量元素也会对茶氨酸产生影响。在有充足的镁元素时，茶氨酸的合成和运输都得到促进，从而增加了嫩芽中茶氨酸的积累（Ruan et al.，2012）。在对茶树进行氟处理时，茶氨酸展现出了与时间相关的差异。在处理 2d 时，茶氨酸含量的上升和相关基因的上调有关，然而在 4d 的处理中茶氨酸的含量下降。但是具体的机制并不清楚。

5. 生物对茶氨酸代谢的调控　茶树在生长中面对各种各样的生物胁迫，茶氨酸作为一种关键的次生代谢物，可在胁迫中保护茶树减少因胁迫带来的威胁。

植食性昆虫可造成严重的茶叶产量和品质损失。目前昆虫取食对茶氨酸影响的研究并不明朗。比如，在灰茶尺蠖（*Ectropis grisescens*）的侵害下，茶氨酸的含量明显增加，但是在茶小绿叶蝉（*Empoasca onukii*）的侵害下没有明显的影响（Liao et al.，2019b）。茶氨酸合成酶基因在两种昆虫的侵害下均发生变化，但却导致了茶氨酸含量的不同趋势，同时乙胺的含量也没有明显的变化（Liao et al.，2019b）。这说明灰茶尺蠖侵害造成的茶氨酸含量上升可能是其他因素导致的（Liao et al.，2019b）。但是也有研究表明，蚜虫的侵食会影响茶氨酸的含量（Pokharel et al.，2022）。茶纵卷叶螟的侵袭会促使茶氨酸含量局部增加，但在整个植株中含量减少。局部茶氨酸的升高和整个茶树系统中茶氨酸的下降可能主要是茶氨酸向受侵袭的部位运输、局部反应中底物谷氨酸的增加和系统反应中谷氨酸下降所致（Li et al.，2020b）。

目前已有研究从盆栽实验和体外酶测定表明，接种芽孢杆菌分泌的有机酸增加了土壤有效钾的含量。钾水平的增加激活了重组 CsTSI 活性并增加了乙胺含量，从而促进了茶根中茶氨酸的合成（Zhou et al.，2022b）。目前解淀粉芽孢杆菌（*Bacillus amyloliquefaciens*）已成为商业化叶面肥，叶面喷施可提高茶叶中茶氨酸含量，并和 GOGAT 酶相关基因具有关联（Huang et al.，2022a）。此外，茶树本身的内生菌 *Luteibacter* 的 γ-谷氨酰转肽酶 rCsEGGT 可以将谷氨酰胺和乙胺转化为茶氨酸并且分泌到细胞外（Sun et al.，2019b）。在实际生产中常把茶与其他植物间作，茶和豆科植物间作时，芽孢杆菌的群落组成被改变，同时 *CsGS* 高表达，使茶叶的氨基酸含量增加（Huang et al.，2022d）。

四、芳香物质的代谢与调控

茶叶的香气物质属于挥发性成分，是茶叶中一类重要的感官品质成分。相比于其他次生代谢物，茶叶芳香物质含量很少，是由多种物质组成的有机物，所占比例低于干茶重量的 0.03%（宛晓春和夏涛，2015）。虽然挥发性香气物质在茶叶中含量较低，却是决定茶叶风味品质、产品等级和品质优劣的一个重要指标，为茶叶生产者、消费者高度关注（Yang et al.，2013）。茶树叶片中除了含有少量的游离态香气，还存在大量以香气糖苷体形式存在的化合物。近年来茶树中香气物质的研究受到越来越多的关注，香气物质生物合成及生理功能方面的研究也取得了一定的突破。

（一）不同类型茶叶中香气特征及关键化合物鉴定

根据加工方式不同，茶叶分为绿茶、白茶、乌龙茶、红茶、黑茶和黄茶六大类，且不同类型茶叶的香型各具其特色。通过对挥发性成分提取、鉴定分析，目前获得了不同类型茶叶香气特征及其关键呈香物质的全面信息。

1. 绿茶　　绿茶中芳香物质的组成包括碳氢化合物、醇类、酮类、酸类、酯类、酚类、醛类、内酯类、过氧化物类、含硫化合物类。由于原料来源、加工工艺、提取方法、鉴定分析方法不同，不同类型绿茶中呈香物质存在较大差异（表 8-7）。总体上，绿茶的典型香气类型主要有栗香型、清香型和花香型，不同香型中呈香物质构成各有差异。在栗香型绿茶中，醛类、烯类、酮类和芳香烃类香气物质含量较高。清香型绿茶挥发性成分中醛类、醚类、醇类、烷烃类、芳香烃化合物及酯类化合物占较高，其中芳樟醇、香叶醇、叶绿醇、己醛、吲哚等香气成分含量较高。而在花香型绿茶中，主要香气成分为芳樟醇及其氧化物、水杨酸甲酯、香叶醇、己酸叶醇酯、橙花叔醇等。

表 8-7　不同类型绿茶的香气特征及关键呈香物质

类型	香气特征	关键呈香物质
'龙井'	青草香、甜香、花香、果香、烘烤香	2-甲基丁醛、庚醛、苯甲醛、1-辛烯-3-醇、(*E,E*)-2,4-庚二烯醛、苯乙醛、芳樟醇及其氧化物、(*E,E*)-3,5-辛二烯-2-酮、壬醛、水杨酸甲酯、香叶醇、β-紫罗兰酮
'西湖龙井'	花香、果香、清香	(*Z*)-3-己烯醇、芳樟醇、α-松油醇、香叶醇、壬醛、己酸叶醇酯、吲哚、芳樟醇氧化物（吡喃型）
'洞庭碧螺春'	清香、花香、果香	2-戊基呋喃、6-甲基-5-庚烯-2-酮、1-辛烯-3-醇、1,5-辛二烯-3-醇、乙位环高柠檬醛、α-紫罗兰酮、β-紫罗兰酮、5,6-环氧紫罗兰酮、柏木脑、二氢猕猴桃内酯
'六安瓜片'	木香、果香、清香、花香、烘烤香	β-大马士酮、β-紫罗兰酮、芳樟醇、香叶丙酮、(*E*)-β-罗勒烯、橙花醇、1-辛醇、2-乙基-3,5-二甲基吡嗪
'薄纱绿茶'	栗香、清香、果香、坚果香、烘烤香	芳樟醇、α-水芹烯、蒎烯、香叶醇、茶吡咯、2-甲基丁醛
'信阳毛尖'	清香	β-芳樟醇、壬醛、环氧芳樟醇、(*E*)-香叶醇、δ-杜松烯、橙花叔醇、棕榈酸、(*E*)-植醇
'黄山毛峰'	香气馥郁、带兰花香	棕榈酸、β-芳樟醇、(*E*)-香叶醇、壬醛、己醛、(*E*)-植醇、环氧芳樟醇、庚醛

2. 乌龙茶 乌龙茶属半发酵茶，发酵程度介于绿茶和红茶间。乌龙茶加工过程对其品质有显著影响。乌龙茶主要加工工艺有萎凋、做青、杀青、揉捻、干燥（烘焙）。研究各加工工序对茶树代谢物的影响，是指导生产高品质茶的基础。乌龙茶因其独特香气和醇厚口感而被称为"茶中香槟"。在乌龙茶中，萜类、酯类、烯醇类化合物在乌龙茶中含量较高且具有良好的呈香特性。橙花叔醇、香叶醇、苯甲醇、苯乙醇、(Z)-茉莉酮和吲哚等物质被认为是其关键香气成分。花香、果香是乌龙茶的代表性香气特征。受产地、品种、加工工艺影响，香气物质组成与含量的差异也使乌龙茶香气类型丰富多样，各具特色（表 8-8）。

表 8-8　不同类型乌龙茶的香气特征及关键呈香物质

类型	香气特征	关键呈香物质
'大红袍'	花香、果香、烘烤香、焦香、蜜香	橙花叔醇、苯乙腈、苯乙醇、α-法尼烯、(Z)-己酸-3-己烯酯、己酸正己酯、吲哚、脱氢芳樟醇及苯乙醛
'铁观音'	火香、蜜香、花香、果香	橙花叔醇、脱氢芳樟醇、吲哚、α-法尼烯、罗勒烯、苯乙腈、茉莉内酯、苯乙醛、苯乙醇、(Z)-茉莉酮、3-呋喃甲醛、芳樟醇、苯甲醛、苯甲醇
'凤凰水仙'	果香、玫香、兰香、木香、药香	苯乙醛、茶吡咯、(S)-氧化芳樟醇、E-氧化芳樟醇（呋喃型）、芳樟醇、脱氢芳樟醇、β-紫罗兰酮、橙花叔醇、邻苯二甲酸二乙酯
'凤凰单丛'	花果香、甜香、清香、木香、烤香	脱氢芳樟醇、芳樟醇、芳樟醇氧化物、D-柠檬烯、β-月桂烯、吲哚、茉莉酮、橙花叔醇、苯乙腈、伞花烃
'金萱乌龙'	果香、花香、甜香、坚果香、清香、烟熏气	乙酸异戊酯、二甲基环戊吡嗪、γ-杜松烯、戊酮、(Z)-2-戊-1-醇、3,5-辛二烯酮、(-)-(Z)-玫瑰氧化物
'白芽奇兰'	兰花香、青草香、甜香	6-甲基-5-庚烯-2-酮、苯乙醛、E,E-3,5-辛二烯-2-酮、3-乙基-2,5-二甲基-吡嗪、(E)-芳樟醇氧化物、脱氢芳樟醇、藏花醛、香叶醇、吲哚、(E,E)-2,4-癸二烯醛、(E)-β-大马士酮、己酸叶醇酯、(E)-α-紫罗兰酮、(Z)-香叶基丙酮、β-紫罗兰酮、(Z)-茉莉内酯

3. 红茶 红茶中香气成分种类繁多，其主要香气成分是在鲜叶发酵过程中产生的。迄今为止，已从红茶中检测出了 400 多种挥发物。花香、甜香、果香是红茶的典型香气特征。徐元骏等研究表明，花香型红茶中醇类、烷烃类、酯类和酮类化合物含量较高，橙花叔醇、法尼烯、吲哚为花香型红茶的特征香气物质（表 8-9）。有研究者采用 HS-SPME/GC-O-MS 对红茶花香和甜香香型的关键呈香物质进行了分析与鉴定，发现 (E)-芳樟醇氧化物、芳樟醇、香叶醇、苯甲醇为花香型和甜香型红茶中所共有的主要挥发性成分；水杨酸甲酯、橙花醇、芳樟醇氧化物在花香型红茶中呈香更显著，而脱氢芳樟醇、(E,E)-2,4-庚二烯醛（辛臭味）、(E,E)-3,5-辛二烯-2-酮在甜香型红茶中呈香更显著。

表 8-9　不同类型红茶的香气特征及关键呈香物质

类型	香气特征	关键呈香物质
'英德红茶'	果香、花香、焦糖香、清香、木质香	β-大马士酮、β-紫罗兰酮、芳樟醇、乙酸乙酯、二甲基硫醚、三甲基硫醚、壬醛、水杨酸甲酯、异戊酸 3-己烯酯、雪松醇、长叶烯
'滇红'	甜香、花香、果香、木香、焙烤香	3-甲基戊烷、3-乙基戊烷、月桂烯、芳樟醇、橙花醇、α-萜品烯
'福鼎红茶'	花香、甜香、果香	芳樟醇及芳樟醇氧化物、β-环柠檬醛、β-紫罗兰酮、香叶基丙酮、二氢猕猴桃内酯、β-柏木烯、2,2,6-三甲基-6-乙烯基四氢-2H-吡喃-3-醇、水杨酸甲酯
'祁门红茶'	花香、焦糖香、甜香	1-辛烯-3-醇、芳樟醇氧化物、愈创木酚、(E,Z)-2,6-壬二烯醛、4,5-二甲基-3-羟基-2,5-二氢呋喃-2-酮、(E,E)-2,4-壬二烯醛、2-甲基丁酸乙酯、2-戊基呋喃、苯乙醛、2-乙酰噻唑、α-紫罗兰酮、香叶醇
'大吉岭红茶'	花香、蜜香、焦糖香、甜香	香兰素、苯乙酸、3-羟基-4,5-二甲基-3(2H)-呋喃酮、4-羟基-2,5-二甲基-2(5H)-呋喃酮、β-紫罗兰酮、(E,E,Z)-2,4,6-壬三烯醛
'信阳红茶'	花香、果香	香叶醇、芳樟醇、苯乙醛、己酸叶醇酯、β-大马士酮、β-紫罗兰酮、香叶醇、癸醛、(E)-氧化芳樟醇、壬醛

4.黑茶　黑茶呈香物质主要包括醇类、醛类、酮类、酯类、酚类、碳氢类、含氮类等。黑茶香气特征在于其独特的陈香、菌花香等属性；其陈香特征与1,2,3-及1,2,4-三甲氧基苯等烷氧基苯类化合物相关，而烯醛类化合物则与菌花香存在一定关联。不同产区黑茶香气特征及组成也存在着明显差异：'青砖茶'陈香纯正，以醛类和酮类化合物为主；'安化茯砖茶'菌花香突出，以醇类和芳香烃为主；'六堡黑茶'香气纯正，以醇类和醛类为主；'普洱熟茶'陈香持久，以醛类和醇类为主；'康砖茶'香气纯正，以酮类和醛类为主。一些常见类型黑茶的香气特征及关键呈香物质见表8-10。

表8-10　不同类型黑茶的香气特征及关键呈香物质

类型	香气特征	关键呈香物质
'六堡黑茶'	果香、花香、陈香	棕榈酸、乙苯、1,2,3-三甲氧基苯、2-萘甲醚、苯甲醛、3-甲基丁醛、α-紫罗兰酮
'普洱熟茶'	陈香、木香	1,2-二甲氧基苯、1,2,3-三甲氧基苯、4-乙基-1,2-二甲氧基苯、1,2,4-三甲氧基苯、1,2,3-三甲氧基-5-甲基-苯、α-紫罗兰酮、β-紫罗兰酮、α-雪松醇、α-雪松烯、β-愈创烯、二氢猕猴桃内酯
'四川黑茶'	木香、果香、脂肪香	β-紫罗兰酮、芳樟醇、乙酸苄酯、1-辛烯-3-醇、β-环柠檬醛、(E,E)-2,4-庚二烯醛、香叶醇、芳樟醇氧化物Ⅱ、壬醛、橙花醇、芳樟醇氧化物Ⅰ、水杨酸甲酯
'青砖茶'	花香、木香、陈香	(E,E)-2,4-庚二烯醛、β-紫罗兰酮、芳樟醇、(Z)-4-庚烯醛、(E)-2-壬烯醛、香叶醇
'安化茯砖茶'	花香、清香、陈香	芳樟醇、(E)-β-紫罗兰酮、己醛、二氢猕猴桃内酯、α-萜品醇、壬醛、(E)-α-紫罗兰酮
	花香、甜香、果香	β-紫罗兰酮、芳樟醇、乙酸苄酯、β-环柠檬醛、(E,E)-2,4-庚二烯醛、1-辛烯-3-醇、芳樟醇氧化物Ⅱ、芳樟醇氧化物Ⅰ、水杨酸甲酯、壬醛

（二）茶叶中主要香气物质的合成途径

茶叶中的芳香物质尽管含量少，但种类多，目前，已分离鉴定的茶叶芳香物质约有600种，有醇、醛、酮、酸、酯、内酯等十余类。这些挥发性成分大都具有独特的气味，但它们对茶叶或茶汤整体香气的贡献与其香气阈值和含量关系密切。按照香气物质的生源途径，将茶叶中的香气物质分为类胡萝卜素衍生挥发物、脂肪酸分解产物、美拉德反应产物、糖苷水解产物4种。

1.类胡萝卜素衍生挥发物　类胡萝卜素是一类由多个共轭双键组成的类异戊烯聚合物。茶叶中的类胡萝卜素主要包括α-胡萝卜素、β-胡萝卜素、六氢番茄红素、β-玉米胡萝卜素、玉米黄素、隐黄素和黄体素等，这些物质是许多茶叶香气化合物的前体，在茶叶中特别是经过加工之后可以形成一系列环状化合物，如β-紫罗兰酮、大马士酮、茶螺烯酮及其氧化衍生物。这些化合物一般具有花果香，对红茶、绿茶和乌龙茶的香气形成具有极其重要的作用。

类胡萝卜素转化成香气化合物有两条途径：一条途径在酶的参与下形成酮类香气物质，如新叶黄素氧化裂解生成蚱蜢酮，进一步在酶的作用下生成连二烯三醇，脱水后生成大马士酮（图8-7）；胡萝卜素裂解双加氧酶（CCD）氧化裂解生成C14-二醛和β-紫罗兰酮，β-紫罗兰酮可以继续被氧化生成一系列的小分子香气物质，目前茶树中CCD1和CCD4已经被证实可以参与茶树鲜叶萎凋过程中β-紫罗兰酮等香气物质的产生（图8-8）。另一条途径是在非酶的作用下（紫外线、氧气、光、热等），氧化裂解形成酮类香气物质，如在绿茶加工过程中，β-类胡萝卜素可在紫外线和氧气的作用下，生成β-紫罗兰酮、5,6-环氧-β-紫罗兰酮、二氢猕猴桃内酯等香气物质。六氢番茄红素在乌龙茶加工过程中可通过光、热等非酶促氧化形成橙花叔醇、α-法尼醇、香叶基丙酮等香气物质。红茶发酵期间，儿茶素在多酚氧化酶的催化下被空气中的氧气氧化形成邻醌，邻醌可氧化降解β-胡萝卜素，形成β-紫罗兰酮、大马士酮和茶螺烯酮等香气物质。

2.脂肪酸分解产物　脂肪类化合物，特别是脂肪酸类，对茶叶挥发性香气物质也有重要贡献。这类化合物在茶鲜叶中含量较高（茶叶中含量为12.76%），但其沸点较低，易挥发，

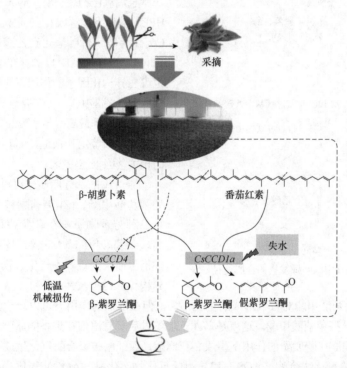

图 8-7　茶叶中大马士酮的生物合成

新叶黄素　蚱蜢酮　丙二烯三醇　大马士酮

氧化裂解　酶促转化　−2H₂O　红茶、绿茶 果香

图 8-8　茶叶萎凋过程中 CCD1 和 CCD4 催化 β-紫罗兰酮合成的示意图

采摘　β-胡萝卜素　番茄红素　CsCCD4　CsCCD1a　失水　低温 机械损伤　β-紫罗兰酮　β-紫罗兰酮　假紫罗兰酮

彩图

约占鲜叶芳香油的 60%。主要的脂肪酸衍生物包括醇类、醛类和内酯，其中醇类、醛类物质是茶叶青草气的重要组成成分（图 8-9）。茉莉酸甲酯是乌龙茶"茉莉香"的主要成分。其中醇类主要为青叶醇，高浓度的青叶醇有强烈的青草气，稀释后有清香的感觉。在茶叶加工过程中，随着温度的升高，低沸点的青叶醇会挥发，同时由于异构化作用，形成具有清香的反式青叶醇。一般春茶中含量较高，不同等级绿茶中的含量为自高而低递减。红茶加工中的萎凋及绿茶加工中的摊放过程对其形成有很大的促进作用。

　　茶叶中的不饱和脂肪酸如 α-亚麻酸、亚油酸等，是构成茶鲜叶青草气主体成分 (Z)-3-己烯醇（青叶醇）等的前体。通常脂类可通过非酶促氧化（自动氧化、光氧化、热氧化）和酶促氧化（脂氧合酶介导的脂质氧化）两种途径形成香气化合物。茶叶中的 α-亚麻酸和亚油酸形成 6 个碳原子的香气化合物是脂氧合酶所介导的脂质氧化的一个典型例子。α-亚麻酸和亚油酸可在脂氧合酶

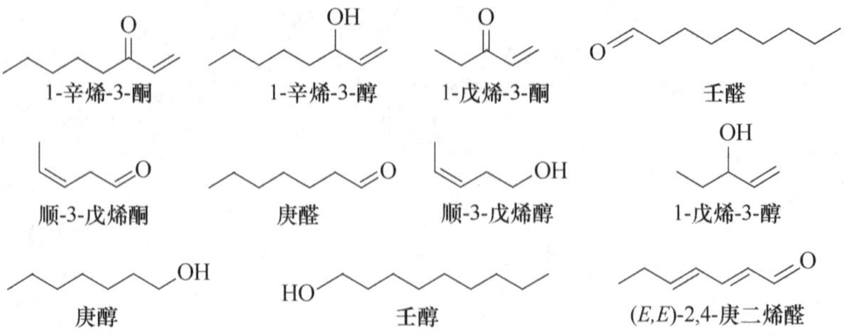

1-辛烯-3-酮
1-辛烯-3-醇
1-戊烯-3-酮
壬醛
顺-3-戊烯酮
庚醛
顺-3-戊烯醇
1-戊烯-3-醇
庚醇
壬醇
(E,E)-2,4-庚二烯醛

图 8-9　茶叶中主要脂类氧化降解产物

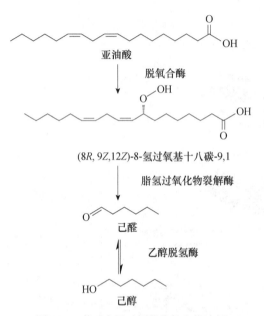

亚油酸
脱氧合酶
(8R, 9Z,12Z)-8-氢过氧基十八碳-9,1
脂氢过氧化物裂解酶
己醛
乙醇脱氢酶
己醇

图 8-10　茶叶中绿叶挥发物的合成途径

（lipoxygenase，LOX）作用下将不饱和双键的一个碳原子过氧化，生成1,3-氢过氧化物，进一步在脂氢过氧化物裂解酶（hydroperoxide lyase，HPL）催化下裂解成(*Z*)-3-己烯醛（青叶醛）等C6 化合物。青叶醛可在乙醇脱氢酶（alcohol dehydrogenases，ADH）的存在下还原成青叶醇，也可在异构化因子的作用下异构化后还原成对应的醇（图 8-10）。LOX 是这一过程的关键酶，其活性在夏季最高，冬季最低。其中 CsHPL 的功能已经被鉴定和报道，而其他参与这一过程的相关基因报道较少。

茶叶中的部分脂质也可以降解成芳香环，如茉莉酸甲酯、(*Z*)-茉莉酮和茉莉内酯。它们是一种芳香物质，在乌龙茶和绿茶中含量较高。茉莉酸甲酯（MeJA）是乌龙茶中由脂肪酸衍生而来的重要香气化合物，其有两种对应异构体：（*1R*，*2R*）型和（*1R*，*2S*）型。其中（*1R*，*2R*）型茉莉酸甲酯对香气形成的贡献不大，但在加热的作用下可以转化为对香气影响较大的（*1R*，*2S*）型茉莉酸甲酯。这就是乌龙茶加工过后具有浓郁花果香的原因。茉莉酸甲酯的形成过程为：膜脂在磷脂酶的作用下生成 a-亚麻酸，后经脂肪氧合酶氧化生成 13-(*S*)-羟基亚麻酸，再经异丙烯氧化物合酶（AOS）和异丙烯氧化物环化酶（AOC）转化为 12-氧植二烯酸（OPDA），OPDA 经 3 步 β-氧化生成茉莉酸（JA），茉莉酸可通过羟基化、糖基化或者是与氨基酸偶联形成各种茉莉酸衍生物，也可进一步转化为红茶、乌龙茶中一类重要的香气物质 (*Z*)-茉莉酮，或者在茉莉酸羧甲基转移酶（JMT）的催化下转化为茉莉酸甲酯（图 8-11）。

采摘
机械损伤
摇青
低温胁迫
萎凋
CsJMT
COOH
水杨酸
COOMe
水杨酸甲酯

图 8-11　茶叶萎凋过程中茉莉酸甲酯合成示意图

3．美拉德反应产物　在茶叶加工过程中，茶叶中来自蛋白质、肽、游离氨基酸的氨基与糖、醛、酮或糖分解、脂肪酸氧化生成的羰基易发生美拉德反应，形成的吡嗪、吡咯及喹啉类等化合

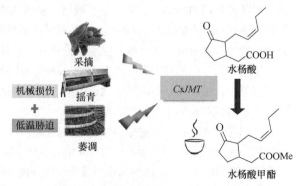

物通常具有烘炒香，是茶叶"板栗香""焦糖香"等主要的物质基础。通常反应过程如下：首先，羰基类化合物和氨基缩合反应生成不稳定氮取代的席夫碱（Schiff Base），席夫碱易发生不可逆重排形成中间产物。对于醛糖，经过阿玛多里（Amadori）分子重排使醛糖变为酮糖衍生物；对于酮糖，则经过海因氏（Heyenes）分子重排形成2-氨基-2-脱氧葡萄糖。接着，Amadori分子重排产物有3条降解路径：一是进行1,2-烯醇化反应后再脱氨基，最终生成羟甲基糠醛、甲基呋喃醛或呋喃醛；二是进行2,3-烯醇化反应后再脱氨基，最终产生羟甲基糠醛、还原酮类及脱氢还原酮类；三是斯却科尔降解（Strecker degradation）路线，在有游离氨基酸存在时，Amadori分子重排产物可发生脱羧脱氨作用，生成少一个碳的Strecker醛等羰氨类物质及α-氨基酮。最后，羰氨类物质再缩合生成吡嗪类物质。

在美拉德反应过程中，除吡嗪类物质具有香气以外，Strecker醛也具有特殊的醛类香气。理论上，所有游离氨基酸都有相对应的Strecker醛，实际上只有甘氨酸、丙氨酸、异亮氨酸、亮氨酸、甲硫氨酸、缬氨酸、苯丙氨酸有直接对应的Strecker醛。一个原因是形成了非挥发性产物，如谷氨酸降解形成琥珀酰亚胺；另一个原因可能是对应的Strecker醛本身化学性质不稳定，发生环化、偶联和脱水作用生成了其他物质，代表例子就是茶氨酸降解。茶氨酸是茶叶中主要的游离氨基酸，当加热到180℃以上时，茶氨酸会分解成 N-乙基甲酰胺、乙基胺、丙基胺、2-吡咯烷酮等物质。国内学者近期发现茶氨酸与D-葡萄糖在加热的条件下可生成2,5-二甲基吡嗪类焦糖香物质（图8-12）。

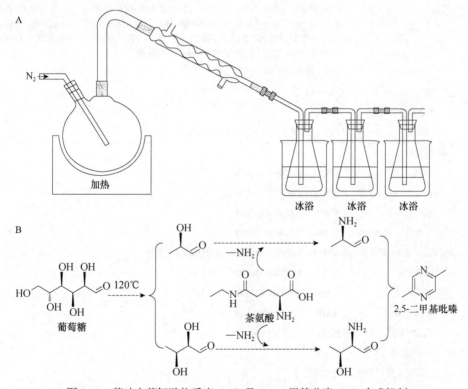

图8-12 茶叶中茶氨酸热反应（A）及2,5-二甲基吡嗪（B）合成机制

4. 糖苷水解产物 糖苷结合挥发物（glycosidically bound volatile，GBV）是由糖或者糖的衍生物与另一种非糖物质通过糖苷键连接而成的化合物。茶树在生长发育过程中，会形成以樱草糖苷（木糖和葡萄糖结合的双糖）和葡萄糖苷为主要形式的糖苷类物质。茶树鲜叶采摘前遭遇胁迫或采摘后，糖苷类物质易水解或酶解为糖基和挥发性的配基。目前茶树中鉴定到的糖

苷类香气物质见表 8-11。可见，这些挥发性的配基如萜烯醇和芳香醇类，呈现出花果香，是构成茶叶香气的物质基础。芳香醇类具有类似的花香或果香，沸点较高，较重要的有：苯甲醇、苯乙醇、苯丙醇。苯甲醇和苯乙醇具特殊玫瑰香气，苯丙醇具微弱的似水仙花香味，存在于茶鲜叶和成品茶中。萜烯醇类具有花香或果实香，沸点较高，对茶香的形成有重要作用，这些物质包括芳樟醇、香叶醇、橙花醇、香草醇、橙花叔醇等。

表 8-11　茶树中鉴定到的小分子 *C*-糖苷与 *O*-糖苷

苷元	糖
酚类	
芹菜素	二-6,8-*C*-二葡萄糖、6-*C*-葡萄糖-8*C*-阿拉伯糖、6-*C*-阿拉伯糖-8-*C*-葡萄糖、5-*O*-葡萄糖-4′-*O*-鼠李糖、8-*C*-葡萄糖-2′-*O*-鼠李糖、6-*C*-葡萄糖、8-*C*-葡萄糖、6-*C*-葡萄糖-2′-*O*-葡萄糖、6-*C*-葡萄糖-7-*O*-葡萄糖
木犀草素	6-*C*-葡萄糖、8-*C*-葡萄糖
杨梅素	3-*O*-半乳糖-6-*O″*-鼠李糖、3-*O*-葡萄糖-2-*O″*-鼠李糖、3-*O*-半乳糖、3-*O*-葡萄糖、3-*O*-葡萄-6-*O″*-鼠李糖
槲皮素	3-*O*-葡萄糖、3-*O*-半乳糖、3-*O*-半乳糖-*O″*-葡萄糖-6-*O‴*-鼠李糖、3-*O*-葡萄糖-*O″*-葡萄糖-6-*O″*-鼠李糖、3-*O*-葡萄糖-6-*O″*-鼠李糖、3-*O*-己糖-阿拉伯糖-鼠李糖-葡萄糖、3-*O*-己糖-己糖-鼠李糖-葡萄糖、7-*O*-鼠李糖-3-*O″*-己糖-鼠李糖-葡萄糖、3-*O*-葡萄糖-6″-*O*-鼠李糖-3‴-*O*-葡萄糖、3-*O*-半乳糖-6″-鼠李糖-3‴-葡萄糖
山柰酚	3-*O*-葡萄糖、3-*O*-半乳糖、3-*O*-半乳糖-*O″*-葡萄糖-6-*O″*-鼠李糖、3-*O*-葡萄糖-*O″*-葡萄糖-6-*O‴*-鼠李糖、3-*O*-葡萄糖-6-*O″*-鼠李糖、3-*O*-己糖-阿拉伯糖-鼠李糖-葡萄糖、3-*O*-己糖-己糖-鼠李糖-葡萄糖、7-*O*-鼠李糖-3-*O″*-己糖-鼠李糖-葡萄糖、3-*O*-葡萄糖-6″-*O*-鼠李糖-3‴-*O*-葡萄糖、3-*O*-半乳糖-6″-鼠李糖-3‴-葡萄糖
圣草酚	二-5,3-*O*-葡萄糖、7-*O*-葡萄糖
柚皮素	二-*O*-葡萄糖
没食子酸	葡萄糖
儿茶素	7-*O*-鼠李糖、3-*O*-半乳糖、3-*O*-葡萄糖-6″-鼠李糖
挥发物	
苄醇	葡萄糖，葡萄糖-6′-*O*-木糖
(*Z*)-3-己烯基	葡萄糖，葡萄糖-6′-*O*-木糖
香叶醇	葡萄糖，葡萄糖-6′-*O*-木糖
(*E*)-和 (*Z*)-芳樟醇 3,6-氧化物	葡萄糖，葡萄糖-6′-*O*-木糖
(*E*)-和 (*Z*)-芳樟醇 3,7-氧化物	葡萄糖，葡萄糖-6′-*O*-木糖，葡萄糖-6′-*O*-芹菜糖
2-苯基乙醇	葡萄糖，葡萄糖-6′-*O*-木糖
1-苯基乙醇	葡萄糖，葡萄糖-6′-*O*-木糖
水杨酸甲酯	葡萄糖，葡萄糖-6′-*O*-木糖
苯乙醇腈	葡萄糖
巨豆-6,7-二烯-3,5,9-三醇	葡萄糖
3-羟基-7,8-二脱氢-β-紫罗兰醇	葡萄糖
8-羟基香叶醇	葡萄糖-6′-*O*-木糖
(*S*)-芳樟醇	葡萄糖-6′-*O*-木糖
（3*R*,9*R*）-3-羟基-7,6-二羟基-β-紫罗兰醇	葡萄糖-6′-*O*-芹菜糖
香叶醇	葡萄糖-6′-*O*-阿拉伯糖

近年来，对茶树糖苷类香气前体物质研究越来越多，与其相关的内源糖苷水解酶也越来越受到关注。茶树叶片存在多种糖苷水解酶，其中 β-葡萄糖苷酶、β-樱草糖苷酶是最重要的糖苷水解酶。茶树香气糖苷主要以葡萄糖苷和 β-樱草糖苷为主，其中 β-樱草糖苷含量是单糖苷含量的 3 倍。迄今为止，已从茶叶中分离、鉴定了 3 个 β-葡萄糖苷酶和 1 个 β-樱草糖苷酶（表 8-12）。研究表明，β-樱草糖苷酶 50%～60% 的蛋白质序列与 β-葡萄糖苷酶相同。β-樱草糖苷酶具有底物特异性，只能专一性水解 β-樱草糖苷和配基之间的糖苷键而不能水解葡萄糖苷。与茶叶中糖苷类香气前体分布一致，β-樱草糖苷酶等内源糖苷水解酶含量和活性在幼嫩组织中较高，随着茶叶成熟逐渐降低。β-樱草糖苷酶位于细胞壁，而 β-葡萄糖苷酶除分布于细胞壁，还分布于细胞质溶液和液泡。此外，香叶醇和芳樟醇可分别由香叶醇合成酶和芳樟醇合成酶从香叶基焦磷酸糖苷前体中水解释放。

表 8-12　茶内源糖苷水解酶及其相关的生物合成基因

水解酶	基因名称	基因编号	亚细胞定位
β-樱草糖苷酶	β-primeverosidase	BAC78656	细胞壁
	CsGH1BG1	KY379513	细胞液
β-葡萄糖苷酶	CsGH3BG1	KY379523	液泡
	CsGH5BG1	KY379530	细胞壁

糖苷化是植物次生代谢最为重要的修饰反应之一，在调节植物细胞代谢平衡、解除外源毒素毒性、维持植物正常生长发育等方面具有重要作用。糖苷化可提高代谢产物的化学稳定性和水溶性，降低其生物学毒性，在次生代谢产物的胞间运输、细胞中的储存和积累等过程中也发挥着关键作用。植物中的糖基化过程是由 UDP-糖基转移酶（UGT）将活化的尿苷二磷酸糖（UDP-糖）特异性地转移到受体苷元上，形成 O-、S-、N- 和 C-糖苷。C-糖苷的生物活性与相应的 O-糖苷类似，但在体内清除的稳定性方向得到了显著提高，催化 C-糖苷合成的 UGT 可作为一种新的生物资源，在药物开发方面具有潜在的应用价值。近期研究表明，UGT 在植物生长发育及生物、非生物胁迫应答中发挥重要作用。

糖基转移酶在形成香气糖苷中发挥重要作用，研究糖基转移酶功能是揭示香气糖苷形成机制的关键。其中最重要、研究最多的是尿苷二磷酸糖基转移酶（uridine diphosphate glycosyltransferase，UGT）。UGT 具有 44 个氨基酸保守域，该保守域可与活性糖供体中 UDP 部分结合（图 8-13）。从茶基因组中已发现 300 多个 UGT，但只有少数参与茶香气糖苷形成的 UGT 功能被验证。我国学者发现糖基转移酶 UGT74AF3、UGT85K11、UGT85A53、UGT91Q2 可分别催化 4-羟基-2,5-二甲基-3(2H)-呋喃酮（HDMF）、香叶醇、(Z)-3-己烯醇、橙花叔醇形成相应葡萄糖苷。日本学者发现 CsUGT85K11 参与香叶醇糖苷的形成，而 CsUGT94P1 可特异性地利用香叶醇糖苷为底物，形成香叶醇樱草糖苷。

图 8-13　UDP-糖基转移酶（PSPG box）的保守域蛋白质序列

（三）加工工艺与环境因素对茶叶香气的影响

虽然香气物质在茶叶干重中所占比率不到 0.03%，但香气在茶叶品质中占据重要的地位。加工过程是茶叶香气形成的重要阶段，不同加工工艺塑造了茶叶千变万化的香气属性。

1. 加工工艺对茶叶香气的影响

（1）萎凋对茶叶香气的影响　　萎凋是六大茶类加工工艺之一，也是影响茶叶品质的第一关键工艺。茶叶是否进行萎凋，对茶叶品质的形成有很大的影响。萎凋过程中，随着水分不断散失，鲜叶中的内含成分发生明显变化，为茶叶品质的形成奠定一定的物质基础。萎凋过程中，茶叶青草气成分得到一定的挥发。茶叶摊放至含水量为 70% 左右时，成茶茶叶品质最好。茶叶在摊放 8h 后，糖苷态香气总量高于鲜叶。摊放后一些花香型物质如芳樟醇及其氧化物、橙花醇和香叶醇等含量增加。适当的增加萎凋时间，可以改善夏秋茶的香气品质。研究表明，在室内萎凋下萜烯类香气的含量在增加，但 C_6 挥发物的含量在减少。研究表明，随着萎凋时间的增加，其水杨酸甲酯的含量增加。有研究结果表明，在萎凋过程，由氨基酸衍生的香气含量增加，如异丁醇、苯乙醛、正己醇，但类胡萝卜素的含量下降，这主要与萎凋过程中类胡萝卜素降解产生挥发性化合物有关，如形成紫罗兰酮。

（2）杀青对茶叶香气的影响　　杀青对茶叶的挥发性成分有很大的影响，杀青后具有青草气物质（青叶醇、青叶醛）的含量急剧降低，杀青后花果香的物质（芳樟醇、紫罗兰酮、茶螺烯酮）的含量大量增加。研究发现采用 190℃ 和 220℃ 进行杀青时，成品茶香气清香、栗香持久。研究表明，热风杀青的茶叶香气高，滋味好。相关学者认为锅炒杀青成茶香气的熟栗香更明显，但存在杀不透、杀不匀的问题。具青草气的化合物在茶叶杀青后大量挥发，而具有花果香等高香成分的物质如月桂稀、柠檬稀、芳香族香气和萜烯族香气等含量增加。

（3）做青对茶叶香气的影响　　做青是影响乌龙茶品质和香气的关键工序之一。做青过程中，花香物质化合物的含量增加，如芳樟醇氧化物、橙花叔醇、茉莉酮、茉莉内酯和苯乙醛等。做青强度、温湿度均对乌龙茶香气有重要影响。Cho 等（2007）检测了做青后茶叶中的香气，发现在做青后具有花果香的物质显著增加，如芳樟醇、香叶醇、芳樟醇氧化物、苯甲醇、苯乙醇、香茅醇、橙花醇。研究发现乌龙茶中的丁酸己酯、丁酸己烯酯、丁酸-(Z)-3-己烯酯、己酸叶醇酯等酯类香气在做青过程中增加。做青对乌龙茶香气会产生影响，芳樟醇、香叶醇、芳樟醇氧化物的含量总体呈上升趋势，紫罗兰酮、吲哚、己酸叶醇酯的含量也增加，但做青后会有下降的趋势。研究表明乌龙茶在做青过程中丁酸-(E)-3-己烯酯、己酸己烯酯、2-甲基-丁酸-(Z)-3-己烯酯、2-甲基-丁酸己烯酯、己酸叶醇酯的含量明显高于其他加工过程。做青过程中乌龙茶 C-6 的醛类化合物含量降低，C-6 的醇类和酯类化合物的含量增多。另有研究表明丁酸-(Z)-3-己烯酯、己酸叶醇酯、2-甲基-丁酸己烯酯、苯甲酸-(Z)-3-己烯酯、苯乙酸-(Z)-3-己烯酯、己酸己烯酯在摇青和摊青过程中含量有所增加。

（4）烘焙对茶叶香气的影响　　烘焙是影响茶品质和香气的关键工序。研究表明 100℃下烘焙 2.0～3.0h，120℃ 下烘焙 1.0～1.5h 时夏秋绿茶香气和滋味得到较佳改善，烘焙可增加芳樟醇、法尼烯和橙花叔醇的含量。研究结果表明，90℃ 烘焙的茉莉花茶综合品质最高，且香精油总量最高，且提高茶叶的辉锅温度可增加芳樟醇等萜烯醇类的含量，增强酯化反应，有利于茶叶香气的形成。此外，冻干茶的香气品质最好，呈花果香的香味物质芳樟醇、橙花叔醇、法尼醇、石竹烯等含量高于烘干组。

2. 环境因素对茶叶香气的影响

茶树生长对环境条件有一定的要求。光、热、水等气象因子对茶叶生长和品质的形成有十分明显的影响（图 8-14）。研究各种气象因子对茶树品质的影响，是科学生产高品质茶的基础。

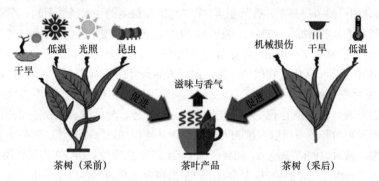

图 8-14　环境因素对茶叶香气的影响

（1）地理状况对香气物质的调控　　我国幅员辽阔，茶树的栽培历史悠久，范围广泛。茶树是耐阴喜湿植物，土壤中水分是否充足直接影响着茶叶的品质。曹潘荣等（2006）研究单枞在水分胁迫下香气的含量，发现茶树缺水越严重，其萜烯指数越高。这也是江南、江北茶区秋茶香气一般比夏茶高的原因。自古有"高山云雾出好茶"的说法。高海拔茶园有利于茶叶合成氨基酸及部分清香型芳香物质。一些研究表明，随着海拔的增高，茶叶中芳樟醇有增加的趋势。对海拔 670m 和 200m 种植的'信阳毛尖'茶进行 GC-MS 分析发现，无论是高山茶香气物质的含量还是种类均比低山茶丰富。除了海拔高低的影响，不同种植地的土壤和微量元素也会影响茶叶香气的形成。例如，浙江省及邻近地区名茶产地的成土母质主要有石英砂岩、花岗岩、酸性凝灰岩与片麻岩等。

（2）季节对香气物质的调控　　季节对茶叶香气有一定的影响。一般来说，春茶的香气最好，夏茶的香气最差。江南、江北茶区，春季生产的绿茶味鲜香高。而鲜叶中的糖苷态香气含量，随季节发生显著变化，春茶、秋茶的含量高于夏茶，且春季鲜叶糖苷态香气含量远高于夏秋季鲜叶的含量。对不同季节的单枞进行研究，结果表明，秋茶中花香型香气成分明显，如香叶醛、茉莉酮、橙花叔醇等秋季含量最高，而具有青草气的石竹烯、杜松烯和薄草烯等在秋茶中含量最低，故而乌龙茶秋茶的花果香更明显。不同季节的大吉岭和阿萨姆红茶研究结果表明，春茶中花果香型的挥发物含量较高。郑挺盛和张凌云（2007）对春、夏、秋季节的单枞茶的香气进行分析，虽然秋、春茶芳香物质种类相对较少，但花香型的物质含量较高，如香叶醛、吲哚、茉莉酮、橙花叔醇等物质。曹潘荣（2006）研究表明，适宜的低温条件还有助于茶香气物质的形成，这也是春秋茶香气含量高的部分原因。

（3）遮阴对香气物质的调控　　茶树为多年生常绿叶用园艺作物，具有耐阴湿、喜漫射光等生态习性。夏秋季光照强度大、气温高，导致夏秋茶苦涩味重、香气淡薄，严重影响其品质和经济效益，造成大量夏秋茶原料撂荒。遮阴是使茶树接收的光量子密度受到限制的环境或人为因素。已有研究指出，遮阴可调节茶园微生态，降低茶树叶片与土壤温度，降低有效光合辐射强度，提高散射光比例，改善光质，显著提高茶叶色泽、滋味与香气品质。遮阴可采用橡胶、林木、果树等进行生态遮阴，也可采用稻草、秸秆、苇帘、遮阳网等进行覆盖遮阴，其中遮阴网具有使用方便、省力省工等优点，且以黑色遮阳网遮阴效果最好。茶叶中香气物质的含量与茶树生长环境中光温变化呈现一定的规律性（闫振等，2021）。在 20 世纪，研究人员针对遮阴与茶叶香气形成之间的关系进行了积极探索，发现遮阴后茶叶中芳樟醇、橙花醇、香草醇、香叶醇等香气物质含量显著增加。此外，遮阴还可提高采前茶叶苯丙烷类/苯环类（如苯甲醛、苯甲醇和2-苯乙醇）香气的含量，这些香气贡献了茶叶的花香味。苯丙烷类/苯环类香气在遮阴条件下增加，源自它们共有的上游前体 L-苯丙氨酸含量受遮阴调控而显著上升（Yang et al.，2012）。夏季 50%、75%遮阴可显著提高茶叶香气积累，其中增加量最多的为水杨酸甲酯、芳樟醇与香叶醇，在 50%遮阴条件下分别增加了 73%、1886%与 297%。光谱的改变也会显著影响茶叶香气组成，如蓝光（470nm）和红光（660nm）可通过诱导相关合成基因表达，提高采前茶叶中脂肪酸衍生物、苯丙烷类/苯环类和萜烯类物质的产生，而对采后茶叶的影响却不大（Fu et al.，2015）。

（4）温度对香气物质的调控　　在受到环境胁迫时，植物会释放挥发性化合物来减少胁迫造成的负面影响。在冷胁迫下，茶树橙花叔醇、香叶醇、芳樟醇和水杨酸甲酯的释放量显著增加，这些挥发物的释放可以触发植物间的通信，从而增加对寒冷环境的耐受。茶树通过温度调控因子增强低温胁迫的防御能力，如转录因子 CsICE2 直接与 CsJAZ2 相互作用，解除对茉莉酸响应转录因子 CsMYC2a 的抑制，从而促进 JA 生物合成和编码合成吲哚所必需的色氨酸合成酶基因 *CsTSB2* 的下游表达，最终增强吲哚生物合成。在冷胁迫下，寒冷可以通过上调 CBF1 和 CBF2 的表达促使植物挥发物质的释放，从而触发邻近植物对寒冷的抵抗。此外，香气物质糖基化也有利于茶树抵御冷胁迫的侵害。在冷胁迫下，茶树吸收空气中的橙花叔醇，并通过糖基化酶 UGT91Q2 特异性催化生成橙花叔醇糖苷，增强茶树的活性氧清除能力，从而更好地应对氧化应激，抵御寒冷胁迫。

（5）水肥对香气物质代谢的调控　　茶树对温度和水分条件都极为敏感，高温、干旱灾害严重影响茶树生长及茶叶产量和品质。茶园土壤含水量对茶树的产量、品质均具有重要意义。70%～90%为茶树生长所需最适宜的土壤含水量，能使根系对养分的吸收利用能力有所提高；而土壤含水量低于 50%或高于 90%，都对根系的生长发育有抑制作用。许多研究表明，土壤养分条件影响初级和次级代谢物的生物合成，进而影响茶叶品质。因此，茶园土壤是茶树品质的重要基础。通常情况下，土壤中各种营养物质有限，其比例也不平衡，不能满足茶树不同发育阶段的养分需求。因此，为了保持茶叶的产量和品质，从夏至秋季，在茶园中广泛施用肥料。施氮可以改变茶叶中的脂肪代谢，并影响茶叶中脂肪衍生的香气化合物的含量（Liu et al.，2017a）。在茶叶生产过程中，这些化学物质可以转化为其他香气的前体。然而，过量的氮素供应导致亚麻酸和绿叶挥发物含量过高，引起强烈难闻的青草味。这种不愉悦的气味降低了茶叶的香气品质（Liu et al.，2017a）。夏季采摘的茶叶中，GBV 含量比游离的挥发性物质更高（陈勤操等，2019），有机肥可以增强 β-葡萄糖苷酶的活性，从而 GBV 被水解为游离型化合物（Dong et al.，2000）。芳樟醇、香叶醇等游离型化合物含量越高，乌龙茶香气品质越好。在实际的茶叶生产中，大多数农民使用化肥代替有机肥来降低成本。

（6）生物胁迫对香气物质代谢的调控　　除了以上非生物胁迫，生物因素也会影响茶树香气化合物的形成。植物胁迫响应是指当植物受到环境胁迫因素刺激时，植物通过识别防御信号启动体内的防御系统并通过一系列的生理反应以抗衡和降低胁迫伤害的一种自我保护反应。食叶害虫取食和病原菌侵染不仅会严重影响茶叶的产量和外观品质，同时也会诱导茶叶形成并释放大量的香气物质。食叶害虫取食茶树叶片对茶叶香气的影响方式主要有取食方式造成的机械损伤和取食过程中分泌的诱导因子两种。一方面，食叶害虫取食方式（如咀嚼式和刺吸式等）直接对茶叶造成的机械损伤可影响茶叶香气等挥发性物质的合成与释放（Wu et al.，2007；Arimura et al.，2008）。另一方面，食叶害虫特别是咀嚼式害虫在取食茶叶的同时往往分泌一些诱导因子如 β-葡萄糖苷酶、脂肪酸-氨基酸共轭衍生物和一种热不稳定化合物等，这些诱导因子可通过与茶叶内部化合物发生酶促反应促进茶叶香气等挥发性物质的合成与释放（Bonaventure et al.，2011；Alborn et al.，2007；Schmelz，2006）。茶卷叶蛾、红蜘蛛、茶尺蠖、茶小绿叶蝉取食茶叶时均会诱导茶叶释放大量的 α-法尼烯（Wang et al.，2019b）。

茶叶被小绿叶蝉取食后，作为信号物质的茶叶内源茉莉酸大量生成，并上调 α-法尼烯合成酶基因 *CsAFS* 的表达，从而促进 α-法尼烯的合成与释放（Wang et al.，2019b）。在田间管理上，可以应用生物胁迫的农艺措施来提高原材料的质量，特别是改善夏秋两季的茶叶品质，如利用茶小绿叶蝉的侵害来改善茶叶的品质（Cai et al.，2014；Dong et al.，2016）。著名的东方美人茶就是利用这种农艺措施，必须经过茶小绿叶蝉侵害后的茶叶才能经加工而独具蜜果香（Cho et al.，2007）。除响应损伤胁迫的香气外，茶小绿叶蝉的侵害还会诱导其他变化，如二醇物质的形成（Cho et al.，2007）。二醇是东方美人茶的关键香气物质，仅在茶小绿叶蝉侵害后才会产生，它会在茶叶的后续加工过程中发生脱水反应，生成具有蜜果香的脱氢芳樟醇（Dong et al.，2016；Maffei et al.，2007）。病原菌侵染可对茶叶香气物质产生影响。例如，茶云纹叶枯病也称作茶树叶枯病，当茶叶受到茶云纹叶枯病致病菌侵染时，GBV 水解释放出游离态挥发性糖苷元抑制病菌的生长。

◆ 第二节　生态因子与茶树次生代谢

一、气候因子对茶树次生代谢的影响

气候因子包括光、温、水、气（O_2、CO_2）等，是关系茶树生存的重要条件，对茶树的形态、生理生化特性都有重要影响。适宜的温度、适量的降水、充足的日照等是茶树树冠生长发育必不可少的气象要素。气候因子的变化直接影响茶树的生长代谢，并影响茶叶理化成分的合成与转化，进而影响茶叶的产量及品质。

（一）温度对茶树次生代谢的影响

温度是茶树生命活动最基本的生态因子，对茶树的生长发育及代谢具有重要的影响，茶树的各种生理活动、生化反应、生长发育等都必须在一定的温度条件下才能进行。温度对茶树生长发育的影响是综合的，它对茶树生长发育的影响不仅在于温度本身，还在于它会引起其他生态因子的变化，如空气湿度、土壤水分等，从而使生态因子的综合作用发生变化进而影响茶树次生代谢产物的形成和积累。当外界温度满足茶树生长发育的温度要求时，茶树可迅速生长、发育，产生次生代谢产物。

植物生理过程中所需温度有其相应的三基点：即最低、最适和最高温度。对茶树而言，新梢生长最适温度是 20～25℃，在此温度期间茶树生长随温度上升而迅速加快。气温高于 35℃或者低于 15℃时，茶树生长减慢甚至受到抑制。高温下芽叶生长过快，老化加速，内含物减少，持嫩性差；夏季极端高温灼伤茶树的枝叶，甚至致使茶树死亡；温度较低时芽叶生长减慢，冬季气温过低或倒春寒现象则将对茶树产生一定的冷害、冻害（洪永峰等，2010）。茶树品种不同，对最低气温的要求也不同，一般来说，灌木型的中小叶种相对较为耐寒，−10℃下时才开始受冻，而乔木型的大叶种茶树品种在−5℃以下便会遭受冻害。

在茶树生长的适宜范围内，温度升高可促进酶促作用，提高茶树体内各项生化反应速度，有利于有机物的合成与积累，促进茶树生长。温度对茶树儿茶素、氨基酸、咖啡碱等次生代谢物合成代谢的影响主要体现在不同季节的差异上。茶树鲜叶儿茶素各组分含量随着季节变化而变化，一般是春季较低，夏季最高，秋季次之；张贱根和胡启开（2007）研究也表明，不同季节茶树鲜叶中 EGCG 含量变化为夏梢＞春梢＞秋梢。与此相反，氨基酸在春季气温较低时含量较高，在夏季气温最高时，氨基酸含量达到最低点。

　　夏季温度过高，茶树长期处于高温环境中会表现出系列热害症状，高温天气常造成茶树生理功能下降明显。其中决定茶叶滋味和香气的氨基酸因高温下加速分解积累量减少，同时高温阻碍了根部氨基酸的合成，从而造成其含量大量降低；高温下呼吸作用增强，可溶性碳水化合物被大量消耗，因降解量大于合成量，导致碳水化合物含量也呈下降趋势；而有苦涩味的茶多酚、咖啡碱呈上升趋势，从而导致茶叶品质下降（杨菲等，2017）。韩冬（2016）以 26℃/17℃ 处理为对照，研究三组高温处理（34℃/25℃、38℃/29℃、42℃/33℃）和持续时间（3d、6d、9d、恢复 3d）对 '龙井 43' 夏茶品质及次年春茶品质的影响，发现随着高温持续时间延长，茶叶中水浸出物、游离氨基酸、可溶性糖含量逐渐降低，茶多酚、咖啡碱含量逐渐升高；恢复期间 34℃/25℃ 处理恢复程度最大，38℃/29℃ 次之，42℃/33℃ 恢复程度最小。34℃/25℃ 处理的次年 '龙井 43' 春茶品质优于 38℃/29℃ 处理的春茶品质。

　　茶树新生芽对低温非常敏感，而我国北方部分茶区常面临霜冻或者"倒春寒"现象的冷害胁迫。低温对于茶树生理生化指标的影响，多年来有很多的研究。杨亚军等（2005）研究表明，低温期间茶树叶片可溶性蛋白含量和组分基本稳定，而膜蛋白含量在低温胁迫时大幅度上升，且经低温诱导出现了分子量分别为 46kDa 和 38kDa 的两种新蛋白质组分，并在温度升高后消失。在气温历经持续降低、低温持续、温度日渐提升的 3 个过程中，茶树鲜叶可溶性糖、脯氨酸和游离氨基酸总含量分别呈现出增加、增加和下降的趋势，表现出对低温的抗性。研究还发现，可溶性糖对低温的变化更敏感，对气温变化的跟随性更强，在茶鲜叶中含量更高，因此比脯氨酸和游离氨基酸抗寒效能稍强（田野等，2015）。对茶树分别进行 -6℃、-9℃、-12℃ 和 -18℃ 的低温处理，提出温度在 -6℃ 时茶树体内的可溶性蛋白质量高于未经低温处理的茶树，而在 -12℃ 和 -18℃ 时可溶性蛋白质含量下降，表明 -6℃ 的低温不会造成茶树叶片细胞膜的损伤。但是，日最低气温持续在 -2℃ 时，茶树叶片的细胞膜结构被破坏，茶树体内的可溶性蛋白和叶绿素含量不断下降，SOD、POD 活性逐渐增强。这可能是因为茶树品种自身的抗寒性有较大差异。

（二）水分对茶树次生代谢的影响

　　水是茶树的重要组成成分，是茶树进行一切正常生命活动的必要条件。茶树体内的一系列生理活动，都必须在细胞含有一定水分的状态下进行，水分直接参与茶树的光合作用、蒸腾作用、各种有机物的合成与转化等过程，还可以调节土壤和树体温度，溶解土壤有机质，影响有机物在根与茎之间的分配等。茶树只有在处于水分平衡时，才能进行旺盛的生命活动，水分过饱和（或）亏缺时，则会影响茶树生长发育和体内代谢的正常进行，从而不利于有效成分的积累。

　　1. 降水量对茶树的影响　　水是茶树生命活动的维持者，而降水是影响空气湿度和土壤水分的直接气候因子。茶树喜湿怕涝，适合茶树生长发育的地区年降水量至少为 1000mm，1500mm 左右的年降水量为茶树生长的最适宜量，水分过多或不足，都不利于茶树生长发育。在茶树生长期内，月降水量应大于 100mm，但也不可过高；若月降水量高于 300mm，并且该月出现一次以上的暴雨天气，将导致茶树的涝灾；若月降水量持续几个月小于 50mm，并且没有采取相应的人工灌溉措施，则将导致茶树的旱灾，茶叶产量和品质都会受到影响（蒋宗孝等，2004）。

　　2. 空气湿度对茶树的影响　　茶树芽叶的生长也与空气相对湿度紧密相关，空气相对湿度在 80%～90% 较为适宜，适宜的空气湿度对于新梢叶面积、持嫩性、内含物积累、叶质柔软度均有积极的影响（蒋宗孝等，2004）。研究发现提高茶园中的空气湿度能够提高氨基酸总量（唐颢等，2008）。谭梦等（2021）探究不同空气湿度（40%、50%、70%、90%）对茶鲜叶中不同风味特征游离氨基酸组分的影响，甜味氨基酸在空气湿度 90% 时含量最高，不同空气湿度条件呈极显著差异，茶氨酸、苏氨酸、丙氨酸、脯氨酸为主要贡献氨基酸；苦味氨基酸总量在空气湿度40%时出现最高值，赖氨酸与组氨酸是主要贡献氨基酸；鲜味氨基酸在空气湿度90%时出现最高值，不同湿度条件呈显著水平差异，茶氨酸、天冬氨酸为主要贡献氨基酸；芳香类氨基酸在不同湿度调控下无显著差异。

3. 土壤水分对茶树的影响　　土壤水分可影响营养物质的有效性、土壤通气性及地上部光合能力和有机物向根系的分配等，因此土壤水分状况可以直接或间接地影响茶树的生长发育和代谢。土壤相对含水量 70%～90%是茶树生育的适宜条件（杨跃华等，1987）。低于 50%或高于 110%时，根系发育均受到严重抑制。适宜的土壤水分不仅能提高茶树根系吸收利用养分的能力，提高土壤养分的利用率，而且能使土壤的 pH 降低。不同品种在高湿、低湿、中湿 3种土壤水分条件下净光合速率、蒸腾速度和气孔导度表现出不同的变化特征，说明了品种间对水分需求的差异。在强干旱胁迫下，耐旱性强的品种能维持相对较高的叶片含水量及蒸腾速率和气孔导度，并具有相对较高的水分利用率。此外，无论在哪种供水水平下，叶片的蒸腾速率与气孔导度都呈极显著正相关。孙有丰（2007）研究发现76%±6%是茶树最适宜生长的土壤湿度，最适土壤湿度处理，茶树的相对生长量最大，但随着土壤水分胁迫强度的增加，对应最大相对生长量逐渐下降。

4. 水分胁迫对茶树的影响　　我国茶区分布较广，各茶区之间气候和年降水量差异较大，有些茶区降水量严重不足。在茶树体内，水几乎参与了所有重要的代谢过程，因此干旱胁迫对茶树的生长发育、生理过程和产量造成极大的影响。在干旱胁迫下，茶树的关键光合色素的含量显著下降，从而导致 CO_2 同化速率降低，茶树的净光合速率、蒸腾速率、水分利用效率及气孔导度也明显下降；F_v/F_m 和 PSⅡ显著下降，茶树叶片 PSⅡ反应中心受到伤害；茶树叶片相对含水量（RWC）和水势均有较大的降低。干旱胁迫下相对电导率（REL）逐渐增大，细胞膜透性增加，茶树叶片活性氧积累增多，MDA 含量提高；而 SOD、POD、CAT、APX 活性及可溶性蛋白和脯氨酸含量随着干旱胁迫程度的加大先增加后降低（杨跃华等，1987）。潘根生等（1996）研究表明，干旱胁迫引起茶树体内生长素和脱落酸含量不断增加，玉米素的含量下降。干旱胁迫情况下茶树嫩梢中儿茶素、咖啡碱、茶氨酸和某些游离氨基酸等与品质相关的成分含量显著减少，严重影响了茶树叶片中主要生物活性成分的积累，最终影响茶叶品质（杨菲，2017）。大量研究表明，外源喷施 ABA 能够提高茶树对干旱胁迫的响应（周琳，2014）。

在避免茶树遭受干旱胁迫的同时，也要防止茶树溃涝的发生。若空气的湿度大，降水量过度，会导致茶树的根系不能得到完全的发育，阻碍茶树对养分的吸收，过度的降水也会使茶树的根系难以进行呼吸作用，进而影响茶树的生长，使茶树的品质下降。徐亚婷（2016）模拟涝害环境，发现随着涝害时间的延长，茶树叶片中 POD、MDA、可溶性糖和游离脯氨酸含量显著提高，而 SOD 活性呈现先上升后下降的趋势。SOD 活性下降，可能是茶树对环境适应的表现。与土壤含水量为 70%、90%时相比，当土壤含水量为110%时，茶树叶片长度、宽度、表面积都有所下降，氨基酸、茶多酚和儿茶素也有不同程度的降低，降低了茶园产量和茶叶品质（杨跃华等，1987）。

（三）光照对茶树次生代谢的影响

光在植物生长发育中起着至关重要的作用，光照因子对植物的影响主要包括光照强度、光照时间和光质等因素。光是地球上所有生物得以生存和繁衍的最基本的能量来源，地球上生物生活所必需的全部能量，都直接或间接地来源于太阳光。光质、光强、光周期的变化都能引起植物形态和体积的变化，光作为环境中的重要生态因子，调控植物的生长发育。光是光合作用的能量来源，是植物生长发育的必要条件。光不仅影响植物的光合作用，同时还调节植物的生长、发育和形态建成，以使植物更好地适应外界环境，光作为植物光形态建成的信号强烈地影响着植物的初生代谢和次生代谢。

与其他园艺植物一样，茶树也属于光合自养植物，能利用光能进行光合作用，合成自身生长所需要的初生代谢产物，其生物产量的90%~95%是光合作用产物。同时光能通过影响茶树的代谢状况和周围生态环境的变化从而影响茶叶的产量和品质。茶树喜光耐阴，忌强光直射，在其生长发育的过程中，茶树对光照强度、光质、光照时间等有着与其他作物不完全一致的要求与变化。

1. 光照强度与茶树生长发育与品质　光是植物形成糖类的必要条件，影响着植物的生长发育，茶树幼苗在不同的光照条件下，生长发育状态呈现明显的不同。强光照促进茶树叶片类黄酮物质的生物合成，尤其是黄酮醇苷类和花色苷的积累，茶树类黄酮合成相关基因启动子序列含有多种光响应元件，如G-box、ACE、GT1-motif等，这是茶树类黄酮合成易受到光照条件影响的重要原因（间怡清，2022）。茶树耐阴，喜漫射光或者散射光，通常认为适当的遮阴，对茶叶品质的形成是有利的，能促进香气物质和色素积累。蒋宗孝等（2004）研究表明，日照百分率在45%以下，茶树的同化产物能够得到充分积累，茶叶滋味醇厚，品质提升。遮阴后，茶树体内的代谢物质会发生一定变化。Zhao等（2021）研究表明，茶树的遮阴促进了茶氨酸在不同组织中的生物合成和分配；Chen等（2021b）研究表明，遮阴可能通过抑制 *CsHY5* 的表达来促进 *CsPORL-2* 的表达，从而导致茶叶中叶绿素的高积累改善茶汤鲜叶色泽。黑网遮阴能有效降低茶树生长环境的光照强度，从而减少茶树叶片苦涩味物质的合成，使茶叶色泽更绿，滋味更鲜爽（Chen et al.，2021b）。遮阴原理已被广泛运用到抹茶的栽培生产，在实际生产中，一般采用90%~95%遮阴度的黑色遮阳网覆盖20d左右。黑网覆盖遮阴能有效下调茶树苯丙烷途径结构基因的表达水平（Wang et al.，2012；Zhao et al.，2021）；不同类黄酮物质对光照强度的响应存在差异，黄酮醇苷类物质相较于儿茶素类物质更容易受到光照的影响，此外，不同茶树品种同一次生代谢物的合成在同一遮阴度处理下，也会有不同，如研究表明在相同遮阴条件下，'龙井43''中茗192''望海1号''景宁1号''中黄2号'的黄酮醇苷类物质降幅大于儿茶素类化合物；Li等（2020d）研究发现玉绿新梢的茶多酚含量在遮阴后期不再降低，而毛头种新梢的茶多酚含量在遮阴后期仍有明显减少。Wang等（2012）研究也发现遮阴处理后茶树叶片的黄酮醇苷类物质的降幅较其他类黄酮化合物大，而不同儿茶素类化合物亦对光照存在差异响应。研究表明茶树叶片EGCG、ECG的含量经遮阴处理的降幅较小，具体表现为遮阴后酯型儿茶素占比增加。总的来说，遮阴提高了茶叶品质，主要表现为茶多酚含量降低，氨基酸含量、茶叶中叶绿素和游离氨基酸的含量增加，同时优化了氨基酸和儿茶素组分，反映绿茶品质的儿茶素品质指数增加，对苦涩味具有一定减弱作用的茶氨酸、谷氨酸、天冬氨酸和精氨酸等氨基酸含量增加。

2. 光质与茶树生长发育与品质　光质是指太阳辐射光谱（spectrum of radiation）成分及各波段所含能量。其辐射波长从0至无穷大，但主要波长为150~4000nm。其主要的特征光谱包括紫外线、可见光和红外线。根据人眼所能感受到的光谱波段，光可分为可见光和不可见光两部分（图8-15）。可见光由红光、橙光、黄光、绿光、青光、蓝光、紫光等七色光组成，茶树叶片中含有几种光合色素，其主要为叶绿素a和叶绿

到达地面的太阳辐射
- 可见光
  - 红光626~760nm
  - 橙光595~626nm
  - 黄光575~595nm
  - 绿光490~575nm
  - 青光470~490nm
  - 蓝光435~470nm
  - 紫光380~435nm
- 不可见光
  - 紫外线10~380nm
  - 红外线760~3000nm

图8-15　太阳光波分区

素 b，茶树叶绿素吸收最多的为红光、橙光和蓝光、紫光，其他的波长不能被叶绿素吸收。不同光质对茶树的光合作用、形态建成、次生代谢物形成有着不同的生理生态作用。

（1）蓝光　　蓝光可促进茶树儿茶素类化合物含量增加，且茶树中儿茶素类化合物对有色光补光的响应与其补光强度和补光时间有关。王加真等（2020）研究发现，纯蓝光（450nm）处理起促进茶叶色素的合成、矮化植株的作用。Zheng 等（2019）研究发现夜间使用高强度补充蓝光 4h 可诱导 *CsMYBs*、*CsCRY2/3*、*Csspa* 和 *CsHY5* 的表达，从而促进茶叶中花青素和儿茶素的积累，蓝绿光混合补光能增加主要儿茶素类化合物的含量，且蓝光的效果要优于蓝绿混合光。

（2）红光　　在红光的作用下，植物种子的萌发，根系的形成，茎杆叶片的伸长都以最快的速度形成，光合作用的速率也加快。这个波段光谱主要激发光合作用中产生 ATP 的第一阶段光反应，随后在暗反应中，C_3 途径（卡尔文循环）、C_4 二羧酸途径（C_4 途径）和景天酸代谢途径（CAM 途径）主要是利用 ATP 提供能量促使生成淀粉、糖的过程，因此红橙光谱辐射的增加能促进糖类化合物的形成。

红光可以降低细胞中 IAA 氧化酶的活性，有利于增加 IAA 的含量，促进植物营养生长。红光可强烈抑制 PAL 活性和黄酮的合成，不利于花青苷合成。王加真等（2020）研究发现红、蓝光配比对茶树叶片的类黄酮含量影响不大，而夜间进行红、蓝光混合光补光，在一定程度内能增加茶树叶片多酚含量。

（3）黄光　　黄光和红光漫射光中含量可达 50%～60%，并能被茶树叶片吸收利用。黄光能使茶树的形态结构发生变化，日本中山仰用不同颜色薄膜覆盖处理茶树，发现以黄色薄膜覆盖处理的新梢最长，叶面积最大，叶片较薄，气孔密度较小。研究发现，黄光处理下的茶树有更高的咖啡碱含量（4.37%），高于红光（4.10%）和蓝光（4.06%）。张泽岑和王能彬（2002）研究发现，黄色薄膜覆盖的茶树花青苷含量要高于不覆盖的对照组。

（4）其他可见光　　蓝紫光促进叶绿素的形成和累积，可提高 IAA 氧化酶活性，降低 IAA 水平，而有利于抑制植物伸长生长，提高叶的蛋白质和淀粉含量。蓝紫光促进植物花青苷等色素的形成，有利于果实着色。蓝光、红光和黄绿光最易被叶绿素吸收，仅 4%～10%能透过叶片。

（5）紫外线对茶树次生代谢的影响　　紫外线是波长 10～380nm 的电磁波段，可分为短波紫外线（UVC，200～280nm）、中波紫外线（UVB，280～320nm）和长波紫外线（UBA，320～380nm）3 个光谱区，大气上界为 10～200nm 真空紫外线。紫外诱导能够影响植物生物合成途径，从而使其次生代谢产物发生质变或量变。大量研究表明，通过紫外诱导，可以使植物次生代谢产物增加或产生结构新颖的化合物，这些化合物在植物的生理生化代谢、植物生长发育、应激抗逆反应及抗性物种鉴别等方面扮演着重要的角色。

紫外线对茶树中类黄酮的合成存在影响。弱紫外线［紫外照度＜1μmol/（m²·s）］或短时间（30min 以内）的 UVB 辐照能促进茶树叶片儿茶素类化合物的积累，而过量的 UVB 辐照会减少儿茶素类化合物的含量（Zheng et al.，2008）。Jin 等（2021）研究表明，紫外线在芽叶花色苷和黄酮醇苷的积累中起主要作用；Zhao 等（2021）研究表明，UVB 辐照还能促进转录因子 CsBZIP1 和 CsMYB12 形成复合体，进而促进 CsFLS 和 CsUGT78A14 转录，提高黄酮醇苷类化合物的含量。

3. 光照时间与茶树生长发育与品质　　光照时间对植物的影响主要表现为两个方面，即辐射总量及光周期现象。植物对光照长度的反应，最突出的是光周期，同时也与生长发育和光合产量形成有关。例如，高原和高纬度地区，温度低，生长期内平均光时和光合作用时间都较长，有机物制造、累积较多，一季产量较高，超过低纬度和平地地区。

早在 1920 年，美国 Grarner 和 Allard 以烟草为材料，发现花诱导取决于日照长短。以后又观察到不同植物的开花对日长有不同的反应。植物对自然界昼夜长短规律性变化的反应，叫作光周期现象（photoperiodism）。早期光周期现象研究多以开花现象为中心。后来进一步发现不仅与花芽分化、开花有关，还诱导了植物的落叶、休眠、地下营养储藏器官的形成、种子萌发等一系列生长发育过程。按植物开花过程对日照反应的不同，一般分为长日植物（long-day plant，LDP）、短日植物（short-day plant，SDP）、中日植物（intermediate-day plant，IDP）和中间型植物（day-neutral plant，DNP）4 种类型。

茶树是一种短日植物，日照时数能够显著影响其生长发育，如种植在格鲁吉亚的南方茶树品种往往不会结实，因为该地区的日照比原产地长得多。光周期即光照时间对茶树生理代谢也有一定影响。一般来说，光照时间充足，茶树的光合作用增强，光合产物积累量增加，促进了茶树的生长发育和产量积累。此外，充足的光照时间有利于碳代谢，可以促进碳水化合物的积累（吴淑平，2011）。

（四）CO_2 对茶树次生代谢的影响

CO_2 是绿色植物光合作用的原料，是植物初级代谢过程（气孔响应和光合作用）、光合同化物分配和生长的调节剂，是影响植物发育的重要因素。近年来大规模的人类活动，大气中的 CO_2 浓度持续升高，不仅产生温室效应，导致全球温度升高，对植物产生间接影响，还通过调节植物一系列的生理生化过程，直接影响植物的光合作用、产量及品质。茶树是一种多年生木本植物，通过大量的生理、代谢和转录重编程以适应大气中 CO_2 浓度的增加。

CO_2 浓度升高可以提高茶树的光合作用和呼吸作用（图 8-16），以促进茶树生长和生物量积累，从而提高茶叶产量（Li et al.，2017）。分别将茶苗在环境 CO_2（380μmol/mol）和高浓度 CO_2（800μmol/mol）条件下培养 24d，结果表明 CO_2 浓度升高不仅增加了植株高度，还促进了芽叶和根系干重增加，与环境 CO_2 浓度相比，CO_2 浓度升高最终导致根冠比增加 27.66%（表 8-13）。蒋跃林等（2006）的研究发现相较于 350μmol/mol 的 CO_2 浓度处理，550μmol/mol 和 750μmol/mol 的 CO_2 浓度处理后，新梢长度、叶节间长度和叶面积明显增大，新梢重量显著提高（表 8-14）。

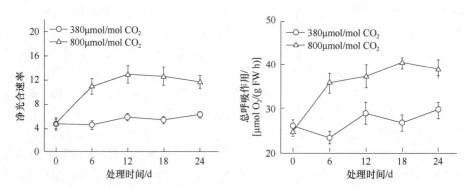

图 8-16　CO_2 浓度升高（800μmol/mol）对茶苗净光合速率和总呼吸作用的影响（Li et al.，2017）

表 8-13　CO_2 浓度升高（800μmol/mol 24d）对茶树生长和生物量的影响（Li et al.，2017）

处理	株高/cm	叶干重/g	茎干重/g	芽干重/g	根干重/g	根冠比
环境二氧化碳	55.7±3.73b	4.8±1.26b	7.7±0.98b	12.5±2.24b	5.9±0.74b	0.47±0.031b
高浓度二氧化碳	63.2±4.65a	7.0±1.33a	9.6±1.47a	16.7±2.80a	9.9±1.32a	0.60±0.064a

注：不同字母表示在 0.05 水平上差异显著

表 8-14　CO_2 浓度升高条件下茶树春梢生长的变化（蒋跃林等，2006）

二氧化碳浓度/（μmol/mol）	新梢长度/cm	叶节间长度/cm	叶面积/cm²	新梢质量/g
350（对照）	6.25±0.21b	2.12±0.11b	6.55±0.19b	0.36±0.01c
550	6.49±0.18ab	2.28±0.09ab	6.67±0.24ab	0.39±0.02b
750	6.89±0.24a	2.31±0.11a	7.02±0.23a	0.43±0.02a

注：不同字母表示在 0.05 水平上差异显著

　　当茶树生长在高浓度 CO_2 环境下时，茶树新梢会积累更多的可溶性糖、蔗糖和淀粉，但总氮浓度降低，导致茶叶中碳、氮比增加（Ahammed et al.，2020）。CO_2 浓度升高除影响茶叶的初级代谢产物外，还会通过不同程度地影响游离氨基酸、儿茶素、咖啡碱等次级代谢产物生物合成基因的表达来改变茶叶品质。一般情况下，茶树新梢茶多酚和茶氨酸浓度在 CO_2 浓度升高后升高，咖啡碱浓度在 CO_2 浓度升高后降低，而必需氨基酸含量对 CO_2 浓度升高的响应不同（蒋跃林等，2006）。

　　CO_2 浓度升高条件下，儿茶素组分如 GC 和 C 的含量变化不大，而 EGC 和 EGCG 在 CO_2 浓度升高后显著增加，导致总儿茶素浓度增加（图 8-17）（Li et al.，2017）。通过分析儿茶素合成途径中所需关键酶的基因表达发现，CO_2 浓度升高在转录水平上促进了儿茶素的生物合成，在 CO_2 浓度升高的情况下，苯丙氨酸解氨酶（CsPAL）和花青素还原酶（CsANR）等转录水平显著上调。此外，CO_2 浓度升高提高茶叶中信号分子水杨酸（SA）的浓度从而触发一氧化氮（NO）的积累，随后诱导苯丙氨酸解氨酶（PAL）的活性，促进茶叶中类黄酮化合物（FLA）生物合成（图 8-18）（Li et al.，2019）。尽管如此，高浓度的 CO_2 也可能以不依赖 SA 的方式通过 NO 促进 FLA 生物合成。

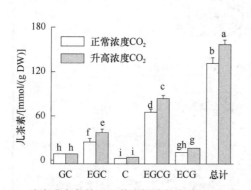

图 8-17　CO_2 浓度升高条件下儿茶素组分的变化（Li et al.，2017）
GC. 没食子儿茶素；EGC. 表没食子儿茶素；
C. 儿茶素；EGCG. 表没食子儿茶素没食子酸酯；
ECG. 表儿茶素没食子酸酯. 不同字母表示在 0.05 水平上差异显著

图 8-18　水杨酸和一氧化氮在高 CO_2 浓度诱导茶叶类黄酮生物合成中的功能层次和关系（Li et al.，2019）

　　茶氨酸是一种非蛋白质氨基酸，约占茶叶中游离氨基酸总量的 50%，是茶叶鲜味的主要来源。在 CO_2 浓度升高的条件下，茶氨酸合成途径的关键基因谷氨酰胺合成酶（CsGS）和茶氨酸合成酶（CsTS）的表达水平上调，说明 CO_2 富集诱导茶氨酸生物合成基因的转录，从而提高了茶氨酸的含量（Li et al.，2017）。然而，在 CO_2 浓度升高的情况下，茶叶中一些必需氨基酸的浓度会发生差异调节。与对照 CO_2 浓度相比，10 种必需氨基酸中，天冬氨酸（Asp）显著降低 75.04%，谷氨酸（Glu）显著降低 46.1%，丝氨酸（Ser）显著升高 31.85%，组氨酸（His）显著升高 53.69%，精氨酸（Arg）显著升高 70.99%，同时，苏氨酸（Thr）、甘氨酸（Gly）、丙氨酸（Ala）、异亮氨酸（Ile）、赖氨酸（Lys）浓度不受 CO_2 浓度升高的影响（图 8-19）（Li et al.，2019）。

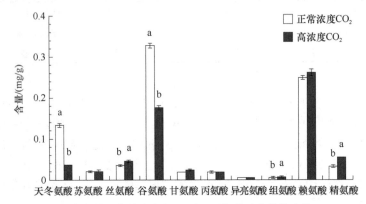

图 8-19　CO_2 浓度升高条件下茶树叶片中 10 种必需氨基酸含量的变化（Li et al.，2019）

不同字母表示在 0.05 水平上差异显著

除了茶多酚类和氨基酸类，CO_2 浓度对咖啡碱的积累也有影响。在茶树中，咖啡碱的合成依赖于次黄嘌呤核苷酸脱氢酶（CsTIDH）、S-腺苷甲硫氨酸合成酶（CssAMs）和咖啡碱合成酶（CsTCS1）等关键基因，CO_2 浓度升高可以显著抑制茶叶中 *CsTIDH*、*CssAMS* 和 *CsTCS1* 的转录水平，表明 CO_2 浓度升高诱导咖啡碱生物合成基因下调最终降低了咖啡碱浓度（Li et al.，2017）。总的来说，CO_2 浓度升高对茶树的影响如图 8-20 所示。

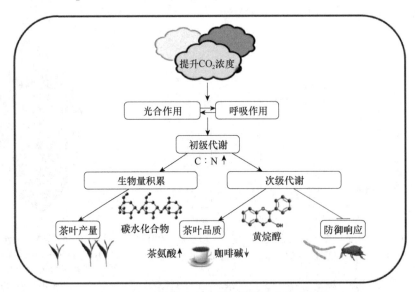

图 8-20　CO_2 浓度升高对茶树整体影响的示意图

黑色箭头表示提升，灰色箭头和"T"形线表示抑制

二、土壤因子对茶叶次生代谢的影响

土壤里的物质可以概括为 3 个部分：固体部分、液体部分和气体部分。由矿物质和腐殖质组成的固体土粒是土壤的主体，约占土壤体积的 50%，固体颗粒间的孔隙由气体和水分占据。土壤气体中绝大部分是由大气层进入的氧气、氮气等，小部分为土壤内生命活动产生的二氧化

碳和水汽等。土壤中的水分主要由地表进入土中，其中包括许多溶解物质。土壤物理性质包括土壤质地、土壤结构、容重、孔隙度、土壤水分、土壤空气、土壤热量和土壤耕性等。其中，土壤水分、空气和热量作为土壤肥力的构成要素直接影响着土壤的肥力状况，其余的物理性质则通过影响土壤水分、空气和热量状况制约着土壤微生物的活动和矿质养分的转化、存在形态及其供给等，进而对土壤肥力状况产生间接影响。土壤化学性质主要包括土壤有机质的化学组成、土壤胶体、土壤溶液、土壤电荷特性、土壤吸附性能、土壤酸度、土壤缓冲性、土壤氧化还原性等。它们之间相互联系、相互制约，而以土壤矿物和有机质等居主导地位。这些性质深刻影响土壤的形成与发育过程，对土壤的保肥能力、缓冲能力、自净能力和养分循环等也有显著影响。

　　土壤是茶树赖以生存的场所，提供了茶树生长发育所需要的水、肥、气、热及微生物环境，直接影响茶树生长发育及产量和品质的形成。植物根系是植物吸收水分、养分的重要器官，而根系扎根于土壤中，因此，土壤的环境与根系的生长发育、活动有着密切的关系，土壤物化性质和土壤无机元素可影响植物根系对水分的吸收和营养物质的积累，以及影响植物的次生代谢物质的合成和积累。研究表明，土壤的类型、pH、营养元素等均会对茶树次生代谢产物产生一定的影响，所以学习和掌握土壤物理和化学性质的基本理论及其调控措施，对于持续培肥土壤、提高土壤生产力、实现茶树高产优质等均具有十分重要的意义。

（一）土壤物理性状与类型对茶树次生代谢的影响

1. 土壤物理性状　　土壤物理性状对环境质量和植物生长有直接或间接的影响，影响方面主要包括土壤质地、土壤结构、土层厚度、容重、孔隙性、土壤水分、土壤空气、土壤热量等。

（1）土壤质地　　土壤中各粒级占土壤重量的百分比组合，叫作土壤质地。土壤质地是土壤最基本的物理性质之一，中国拟定的土壤质地分类是按沙粒、粉粒和黏粒的质量分数划分出砂土、壤土和黏土三类。砂土的通透性好但持水能力低，黏土的通透性比较差但保水能力强，壤土不论是通透性还是持水能力都属于中等水平。

　　土壤的质地与土壤的松紧度有关，是影响茶园土壤中固相、液相、气相比率的重要因素，也是影响土壤中水、气、肥力和微生物存在的重要因子。茶树对土壤质地的适应范围较广，但以壤土最为理想，在砂土和黏土上生长较差。茶树为深根植物，要求土壤的土层深厚，土质疏松，排水和通气较好，陆羽曾在《茶经》中写道："其地，上者生烂石，中者生砾壤，下者生黄土"，表明了茶树品质与土壤质地的关系，相关研究也表明生长茶树的土壤质地一般以砂壤土为好，但砂性过强的土壤保水、保肥力弱，干旱或严寒时容易受害；质地过黏的土壤通气性差，茶树根系吸收水分和养分能力降低，茶树生长不好。王润泽等（2016）的研究发现砂质壤土透气性好，矿物质元素丰富，有利于茶树代谢，其中富含的 K、P 等元素有利于谷氨酸的合成，从而有利于重要品质因子茶氨酸的合成。

（2）土壤结构　　土壤颗粒通过不同的堆积方式相互黏结而形成土壤结构，不同的排列方式往往形成不同的土壤结构体，主要包括片状结构体、块状结构体、柱状结构体和团粒结构体。片状、块状、柱状结构体按其性质、作用均属于不良结构体，团粒结构体才是符合农业生产要求的良好的土壤结构体。团粒结构体是指在腐殖质等多种因素作用下形成近似球形较疏松多孔的小土团，具有团粒结构的土壤有着水汽、养分供应与积累协调、耕性良好、根系生长良好的特性，是农业丰产稳产的重要保障。因此，对于茶树在一些结构不良土壤中生长的情况，可采取各种措施如混入客土、增施有机肥、精耕细作、间作绿肥、应用土壤结构改良剂等增强其团粒结构，改善茶树生长环境，促进茶树品质提高。

（3）土层厚度　　茶树根系发达，主根可长达 1m 以上，想要让茶树根系能较好生长，土层厚度一般不少于 60cm，通常高产优质茶园要求土层厚度超过 80cm，这才能使茶树根系舒展，发育良好。茶园土壤剖面层次一般分为耕作层（表土层）、心土层（中层）、底土层（下层）。茶树特别是幼龄茶树吸收根主要分布在土层的 0～20cm 处，故表土层厚度要求 20～30cm，这一层也是直接受耕作、施肥和茶树凋落物影响形成。亚表层（也称亚耕作层）在表土层以下，心土层之上，这层土在种茶前需通过深翻后施基肥和终止后耕作施肥等措施，使得原来较为紧实的心土层变为疏松轻熟化的亚表土层，其厚度在 30～40cm，其吸收根分布较多，是茶树的主要容根层。心土层要求 50cm 以上，底土层无硬结层和黏盘层，其应该具有渗透性和保水性。总体而言，高产茶园土壤要求为有效土层深厚疏松，耕作层比较肥厚，心土层和底土层紧而不实，土质不黏不砂，通气透水，保水蓄肥。

（4）其他物理性质　　土壤容重指一定容积土壤（包括土粒及土粒间的孔隙）烘干后质量与烘干前体积比。土壤越疏松多孔，容重越小，而土壤越紧实，容重越大，可用来计算一定面积耕层土壤重量和土壤孔隙度。土壤孔隙度即土壤孔隙容积占土体容积的百分比，土壤孔隙是水分运动和储存的场所，根据其粗细又分为 3 种类型，即无效孔隙、毛管孔隙和非毛管孔隙。无效孔隙增加导致透水透气困难，土壤耕性恶化；毛管孔隙是对作物最有利的。土壤容重、孔隙度影响土壤的持水性、通透性、抗蚀性，进而影响土壤中的水、肥、气、热，影响土壤酶的种类和活性，从而微控土壤水及养分的迁移及分布和茶树根系的生长产生。

土壤疏松，上松下紧，全土层 1m 以上，松土层 20cm 以上，通透性好的砂壤土有利于茶树的根系发育，树体的健壮生长，所产茶叶品质较好。田永辉等（2000）研究了土壤物理性状对茶叶品质的影响，结果表明，氨基酸、咖啡碱与总孔隙度、液相、气相呈正相关，与固相、容重呈负相关：茶多酚与总孔隙度、气相呈负相关，与液相、固相、容重呈正相关：水浸出物与总孔隙度、液相呈负相关，与气相、固相、容重呈正相关。

2. 不同土壤类型　　我国现行的土壤分类系统是在学习和借鉴苏联土壤分类系统基础上，结合我国土壤具体特点建立起来的，属于地理发生学土壤分类体系。在我国根据地域环境不同，土壤一般分为砖红壤、赤红壤、红壤、黄壤、黄棕壤、棕壤、暗棕壤、寒棕壤、褐土、黑钙土、栗钙土、棕钙土、黑垆土、荒漠土、草甸土及漠土。不同类型的土壤其组成与结构不同，有不同的通透性和持水能力，所以不同土壤中的植物根系生长情况不同，有效成分也存在着差异。

茶树生长的土壤类型十分广泛，主要植茶土壤类型有红壤和黄壤，不同类型土壤及其母岩发育对茶叶品质的影响也各不相同。梁远发等（2003）对乌江流域主要茶场茶园土壤性状的调查表明，不同母岩发育的土壤理化性状各不相同，其对应的茶叶品质也不相同，土壤理化性状及茶叶品质优劣依序为硅质黄壤＞砂页岩黄壤＞第四纪黏质黄壤＞小黄泥＞黄棕壤。王润泽等（2016）研究发现凤凰单枞茶种植区的红壤中富含植物可吸收利用的氮元素，有利于咖啡碱各步合成途径，同时，充足的积温有利于咖啡碱的代谢产生。该红壤中含有大量茶氨酸合成中所需的镁离子，故谷氨酸及茶氨酸代谢合成均十分旺盛。

（二）土壤酸碱度和有机质对茶树次生代谢的影响

土壤化学性质和化学过程对茶树生长的影响是多方面的，其中影响较大的是土壤酸碱度、有机质含量和无机养分含量。土壤酸碱度是土壤酸度和碱度的总称，主要由氢离子和氢氧根离子在土壤溶液中的浓度决定，以 pH 表示，它的变化不仅对土壤中营养元素的有效性，土壤离子的交换、运动、迁移和转化有直接影响，而且影响物质的溶解度，直接关系到土壤微生物的活动，可改变土壤可溶性养分的含量。土壤有机质是土壤肥力的物质基础，是各种营养元素特别是氮、磷的主要来源，是肥力高低的一个重要指标。彭福元等（1999）对湖南省的茶园土壤调查显示，高产优质茶园土壤的 pH 为 4.5～5.5，有机质大都在 2.5%以上。对粤北、中、南 7 个高产茶园的土壤酸度进行了研究，表明该区茶园土壤 pH 均在 5.0 以下，最低在 3.55，茶叶产量与 pH 呈显著负相关。故判断最适合茶树生长的土壤 pH 为 4.5～5.5，高产优质的茶园土壤有机质含量要求达 2.0%以上。

1．土壤酸碱度　　土壤酸碱度又称土壤 pH，土壤胶体所吸附的阳离子的组成影响土壤酸碱性。在一般情况下，吸附的阳离子以钙离子为主，如果土壤胶体中所吸附的钙离子不断地被钠离子所代换，土壤就趋向碱化，最终形成碱土；如果钙离子不断地为铝离子、氢离子所代换，土壤就趋向酸化，形成酸性土壤（如红壤）。在正常范围内，植物对土壤酸碱性敏感的原因是土壤 pH 影响土壤溶液中各种离子的浓度，影响各种元素对植物的有效性；氮在 pH 6～8 时有效性较高，是由于在 pH 小于 6 时，固氮菌活动降低，而 pH 大于 8 时，硝化作用受到抑制；磷在 pH 6.5～7.5 时有效性较高，是由于在 pH 小于 6.5 时，磷酸和钙或铁、铝易形成迟效态（磷酸铁、磷酸铝），在 pH 高于 7.5 时，则易形成磷酸二氢钙，使有效性降低；酸性土壤的淋溶作用强烈，钾、钙、镁容易流失，导致这些元素缺乏。在 pH 高于 8.5 时，土壤钠离子增加，钙、镁离子被取代形成碳酸盐沉淀，在强碱性土壤中溶解度低，有效性降低，因此钙、镁的有效性在 pH 6～8 时最好。

茶树是喜酸植物，最适宜茶树生长的 pH 为 4.5～5.5，长期在酸性土壤生长的茶树已产生对这种环境的适应性和遗传机制，该范围内茶树对矿质元素铝、锰、钙、钼、硼的吸收最有利且茶叶中水浸出物含量、氨基酸、茶多酚和咖啡碱含量也较高。强酸性土壤和强碱性土壤中 H^+ 和 Na^+ 较多，缺少 Ca^{2+}，难以形成良好的土壤结构，不利于茶树生长。研究表明，茶树自身生长发育可引起茶园土壤酸化，茶树在生长发育过程中会产生多酚类等有机化合物，以凋落物或分泌物的形式进入土壤，且茶树是富铝植物，在其生长过程中每年都要从土壤中吸收大量活性铝，导致根系释放大量质子，这是土壤酸化的重要原因（万青等，2013）。茶园土壤酸化，会引起锰离子大量淋失，减少茶树叶绿素合成原料，降低光合作用，影响产量和茶叶品质。土壤酸化还会破坏茶树叶片细胞的酸碱平衡，降低茶叶多酚物质合成，影响氨基酸合成与转运，造成茶叶原料品质下降（韩官运等，2007）。

2．有机质　　土壤有机质是土壤固相部分的重要组成成分，来源于植物、动物及微生物残体，是植物营养的主要来源之一，能促进植物的生长发育，改善土壤的物理性质，促进微生物和土壤生物的活动，促进土壤中营养元素的分解，提高土壤的保肥性和缓冲性。它与土壤的结构性、通气性、渗透性和吸附性、缓冲性有密切的关系，通常在其他条件相同或相近的情况下，在一定含量范围内，有机质的含量与土壤肥力水平呈正相关。

土壤腐殖质是土壤有机质的主体，对植物营养有重要作用。日本的施肥试验表明，增施有机肥料能改善茶叶的汤色、香气、滋润并增加水浸出物。施用生物有机肥可以提高茶叶内含物含量，尤其是氨基酸含量，从而降低酚氨比，有利于绿茶滋味的形成（任红楼等，2009）。

（三）土壤营养元素状况对茶树次生代谢的影响

苏联土壤学家威廉斯指出："土壤是地球陆地上能够生长绿色植物的疏松表层。"这个定义正确地表示了土壤的基本功能和特性。土壤之所以能生长绿色植物，是由于土壤中含有植物生长发育所必需的化学元素，一般包括 N、P、K、Ca、Mg、S、Fe、Cu、B、Zn、Mo、Se、Mn、

I、Cl 等元素。根据植物对不同营养元素吸收量的差异，可将它们划归为大量营养元素，包括 N、P、K；中量营养元素，包括 Ca、Mg、S 等；微量营养元素，包括 Fe、Mn、B、Zn、Cu、Mo、Cl 等。植物体内矿质元素组成与含量受植物类型、土壤养分等多种因素影响，如表 8-15 所示，在茶树中，同一元素在不同新梢部位的含量具有差异。

表 8-15　不同新梢茶叶的矿质元素含量（'黔湄 601'）（任明强等，2010）

叶位	N/(g/kg)	P/(g/kg)	K/(g/kg)	Ca/(g/kg)	Mg/(g/kg)	Al/(g/kg)	Mn/(g/kg)	Fe/(g/kg)	S/(g/kg)	Zn/(mg/kg)	Cu/(mg/kg)	Mo/(mg/kg)	B/(mg/kg)
单芽	53.94	5.73	13.64	1.51	1.58	0.22	0.67	0.05	2.74	28.41	10.48	0.43	1.45
一芽一叶	53.14	5.44	13.47	1.76	1.92	0.22	0.79	0.08	2.75	44.77	10.41	0.43	1.2
一芽二叶	54.95	5.8	17.21	1.53	2.03	0.47	0.56	0.07	2.45	27.4	10.98	0.45	1.5
一芽三叶	53.37	5.41	16.56	1.76	1.95	0.49	0.6	0.07	2.56	26.82	10.79	0.53	1.53
成叶	35.28	1.49	5.84	3.13	2.06	0.89	1.82	0.08	1.8	10.88	6.35	0.45	1.32

1. 氮、磷、钾　　同其他植物一样，茶树消耗最大的营养元素是氮、磷、钾三元素，即植物三要素。氮是构成茶叶中蛋白质、氨基酸等滋味物质的重要组成成分，对新梢的生长具有促进作用，氮又是咖啡碱的组成成分之一，咖啡碱含量高低与茶叶品质高低呈正相关。张文锦（1992）研究表明，茶树鲜叶含氮量与鲜叶及成茶主要生化成分氨基酸、儿茶素、茶多酚和碳水化合物密切相关，与氨基酸呈显著正相关，同时氮素还是茶叶中蛋白质、氨基酸、咖啡碱等含氮化合物的重要组成成分，叶绿素、各种酶类、维生素等也离不开氮，这些物质不仅是构成茶树体的基础，而且还是茶树新陈代谢的重要产物。苏有健等（2011）研究发现氮素营养对茶树原初代谢和次级代谢之间的关系有显著影响。随着氮水平的增加，分配到游离氨基酸中的氮也逐渐增加，茶氨酸虽有所增加，但是幅度较小；咖啡碱的含量随氮水平的提高而增加，显然这是茶树氮营养状况得到改善的结果。Huang 等（2018）采用代谢组学和转录组学相结合的技术手段研究发现，茶树缺氮积累黄酮类物质，供氮后富集脯氨酸、茶氨酸和谷氨酰胺等氨基酸类物质；供应铵态氮则利于茶氨酸累积。刘健伟（2016）分析了不同氮素水平（0.3mmol/L、1.5mmol/L、4.5mmol/L）对茶树新梢、成熟叶、根品质成分生物合成的影响，发现新梢和成熟叶中，氮素显著抑制了新梢和成熟叶中类黄酮化合物的合成，同时与类黄酮合成有关的基因表达量在高氮条件也显著降低；在糖类代谢中，发现了高氮限制了主要糖类物质合成；同时氨基酸代谢显示，氮素升高显著增加了茶树各类自由氨基酸的含量；在茶树根系中的代谢物变化显示，在氮素调节下的初级和次级代谢物的变化与新梢和成熟叶的变化基本一致。

土壤磷含量增加有利于茶多酚和水浸出物的增加，对茶叶品质的提高有良好的影响。根据各地的研究结果表明，凡是品质好的红茶，磷的含量也比较高，磷对提高茶叶品质的作用，主要表现在香气和滋味两方面。鲜叶中的类黄酮物质是决定红茶品质的重要物质基础，而磷与类黄酮物质的形成有密切的关系，同时，磷还可以增加鲜叶中多酚类含量，对红茶的香气和滋味均有良好的影响（刘美雅等，2015）。磷对绿茶也有良好的促进作用，茶氨酸是茶叶中特有的氨基酸，它与绿茶滋味等级的相关系数达 0.787～0.867，而它的形成需要 ATP 供给能量（肖伟祥，1982）。

土壤中钾含量的增加，可以显著改善茶叶的品质。许多研究已经表明，钾能够显著提高茶叶中游离氨基酸、茶多酚等内含物的含量。潘根生和小西茂毅（1995）的研究表明，在茶氨酸合成时茶氨酸合成酶的酶促反应必须在钾和镁的参与下才能进行，因此钾能够提高茶叶中的茶氨酸含量。钾对于茶叶中的其他品质成分如茶多酚、水浸出物、儿茶素等也有影响。根据广东、福建和湖南等地的试验结果，施钾提高了茶叶的茶多酚、水浸出物、儿茶素的含量。

周志等（2019）通过边界线分析方法，发现不同土壤养分指标对茶叶品质成分的影响比例有所不同（图 8-21）。其中，碱解氮对总儿茶素、芦丁和 EGCG 的影响最大，比例分别为 25.63%、32.92% 和 29.11%；土壤有效磷对咖啡碱和茶氨酸含量的影响最大，比例分别为 31.90% 和 38.89%；土壤有机质对 ECG 含量影响最大，比例为 32.72%。茶园土壤中氮、磷、钾含量丰富且比率适当是获得较高品质茶叶的保证，某种元素含量过多或过少都会对茶叶的品质产生影响。国内研究表明氮过多，磷、钾含量相对较少时，蛋白质和茶多酚会合成较多的不溶性化合物，使水浸出物减少，香气指数下降。国外的研究表明，磷含量过多，虽能增加茶多酚、复杂儿茶素和水浸出物含量，从而提高茶叶香气和滋味，但无助于提高茶叶叶底品质，而且还会降低茶叶中蛋白质、氨基酸和咖啡碱的含量。这对调高茶叶嫩度和品质是不利的。因此氮、磷、钾的比例在 2∶1∶1 到 5∶1∶2 的范围内较为适宜。

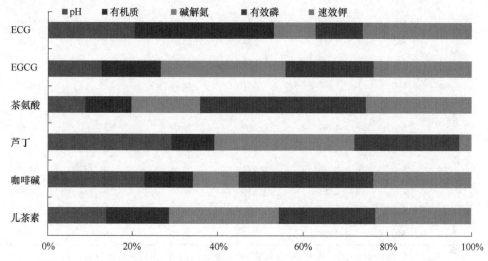

彩图

图 8-21　武夷茶园土壤养分对茶青中次级代谢物含量影响的比较分析（周志，2019）

2. 硫、钙、镁、铝　　硫是茶树必需的营养元素，其需要量仅次于氮、磷和钾三要素。硫不仅是氨基酸的重要成分，直接参与蛋白质的合成，而且与维生素和叶绿素的合成有关。试验表明，当茶树缺硫时，会出现"茶黄"，表现为顶叶失绿，叶色变黄，变小卷曲，乃至脱落，茎细而短，茶叶茶多酚、氨基酸、水浸出物含量下降，导致茶叶产量降低、品质下降（潘建义等，2016）（表 8-16）。研究表明施硫改变了茶树的生理代谢，硝酸还原酶和苯丙氨酸解氨酶活性增强，促进了氮代谢，但多酚氧化酶活性和茶多酚代谢受到一定的抑制，对茶叶适当施硫能够增加甲硫氨酸、茶氨酸和茶黄素含量，提高汤色亮度，从而提高茶叶产量和品质（李杰和马立峰，2006）。

表 8-16　施硫对茶叶产量和品质的影响（潘建义等，2016）

地点	处理	产量/（kg/hm²）	氨基酸/%	茶多酚/%	咖啡碱/%	水浸出物/%
杭州（1）	CK	2 397	2.30	23.40	3.85	39.70
	S60	2 655	2.50	24.10	3.99	40.20
杭州（2）	CK	782	3.00	25.40	3.71	38.50
	S60	827	2.92	24.60	3.74	38.00

续表

地点	处理	产量/（kg/hm²）	氨基酸/%	茶多酚/%	咖啡碱/%	水浸出物/%
绍兴	CK	15 900	0.72	15.40	1.49	30.90
	S60	1 675	0.83	16.20	1.65	31.90
龙泉	CK	548	1.76	23.50	2.96	35.00
	S60	617	1.94	24.20	3.10	36.10
丽水	CK	60	2.12	18.50	3.56	34.00
	S60	75	2.30	18.20	3.41	35.10
云和	CK	981	3.26	18.30	3.68	36.20
	S60	1 084	3.42	19.20	3.76	38.40
兰溪	CK	2 897	2.23	27.10	4.06	38.30
	S60	2 931	2.55	26.20	4.39	41.10
龙游	CK	1 266	2.41	22.50	3.30	37.00
	S60	1 382	2.54	23.80	3.47	38.40
无锡	CK	776	1.94	16.70	3.84	35.90
	S60	872	2.51	18.00	3.76	38.50
上饶	CK	1 582	2.01	28.60	5.20	39.40
	S60	1 707	2.09	29.10	5.30	41.10
东至	CK	2 265	0.63	25.60	3.28	35.00
	S60	2 218	0.68	25.40	3.41	34.60
祁门	CK	2 008	1.10	24.30	2.97	34.90
	S45	2 376	1.21	22.50	2.92	33.10
	S90	2 478	1.22	26.80	2.95	39.10

注：CK（S0）、S45、S60、S90 相应的施硫（S）量分别为 0kg/hm²、45kg/hm²、60kg/hm²、90kg/hm²

茶树对钙、镁的需要量较低，钙、镁含量过高会降低茶树对铝和锰的吸收。土壤中交换性钙、镁与茶叶茶多酚、咖啡碱、水浸出物均呈显著至极显著负相关，说明土壤中交换性钙、镁含量增加会降低茶叶中茶多酚、咖啡碱、水浸出物的含量，从而在一定程度上降低茶叶品质；但钙、镁含量过低，就会因土壤酸度太高导致养分比例失调和损失加剧，影响茶树生长。阮建云和吴洵（2003）的研究表明，对土壤中镁含量较低的红黄壤茶园施用镁肥，一方面可以显著增加茶叶产量，另一方面可以明显提高茶叶的品质。

铝可以促进茶树对一些元素的吸收。分析水培液培养的茶树体内无机成分发现，某些元素如氮、钾、锰、硼等，在一定的铝浓度范围内随铝浓度的升高，这些元素的吸收积累增加，因此，茶叶中铝含量的多寡可作为茶叶品质的指标之一。此外，施铝可以促使铁向地上部移动，提高茶树对铁的吸收利用；铝还可以影响茶树的耐锰性，在水培条件下，铝可以有效地抑制过量锰的危害。

3. 其他营养元素 茶树是富锰植物，增施适量锰可提高茶叶中赖氨酸、组氨酸、精氨酸、天门冬氨酸、苏氨酸、胱氨酸、茶氨酸、谷氨酸和丙氨酸等的含量，从而提高茶叶的品质。锌是茶树生长所必需的营养元素，茶树从土壤中吸收锌是茶叶中锌的主要来源。据研究，土壤中的有效锌与茶叶氨基酸含量呈显著正相关，施用锌肥可以减少自由基对细胞膜的损害，促进茶叶的生长代谢,提高茶叶品质。茶叶硒含量与土壤有关,茶树通过根系吸收土中的硒,并将其转化为可供人体吸收利用的有机硒。茶叶鲜叶含硒量与土壤有效态硒含量之间呈显著正相关,硒不是茶树的必需元素,但硒能够提高茶叶中咖啡碱、茶多酚含量,又能促进根系贮藏糖、结构糖、结构蛋白等次生物质的合成与积累。我国茶园土壤钼含量一般较低,茶树缺钼,常表现为类似于缺氮的症状,对硝化强度大、硝态氮含量高的茶园施钼肥,可以使茶叶新梢的持嫩性加强,氨基酸含量增加,从而改善茶叶品质。施硼可以提高茶叶儿茶素和氨基酸含量,促进茶树生长,调高茶叶品质。

(四)土壤微生物对茶树次生代谢的影响

所谓土壤微生物,主要指的是生活在土壤中的细菌、真菌、放线菌、藻类的总称,它们是土壤不可或缺的重要组成部分,在土壤中进行氧化、硝化、氨化、固氮、硫化等过程,促进土壤有机质的分解和养分的转化。茶园土壤微生物类群具有数量较大的特点。采用传统培养计数法分析了湖南省 14 个茶场 17 块茶园土壤微生物的数量状况,结果发现,茶园土壤微生物总数为每克干土 1000 万个以上,多的达到 5800 多万个,远较一般农田和旱地土壤的微生物数量大。不同季节、不同茶树年龄时期,茶园土壤中微生物数量不同,秋季以真菌为优势种群,夏天雨季以细菌为优势种群,春季的优势种群则是放线菌类。茶园中常见的真菌有链格孢菌、曲霉菌、枝孢菌、弯孢霉菌、毛霉菌、青霉菌、梭孢壳菌、木霉菌、木贼镰孢菌、根霉菌、拟青霉菌和镰刀菌、假丝酵母菌、酿酒酵母菌、球拟酵母菌、维氏固氮菌、拜尔固氮菌等;细菌主要有假单胞菌、短杆菌、土壤杆菌、微球菌;放线菌类由于生境条件的限制,相对较弱,主要是一些耐酸性的链霉菌及其近缘属菌类(表 8-17)。

表 8-17 不同茶园根际细菌分离及鉴定结果(孙海新等,2004)

肥沃程度	茶龄/年	单菌落数/个	属及单菌落数
肥沃	4	13	氮单胞菌属(1)、假单胞菌属(4)、固氮菌属(2)、肠杆菌属(1)、土壤单胞菌属(1)、微球菌属(1)、芽孢杆菌属(2)、土壤杆菌属(1)
	10	21	假单胞菌属(7)、固氮菌属(1)、欧文氏菌属(1)、拜叶林克氏菌属(2)、芽孢杆菌属(3)、土壤杆菌属(1)、克雷伯氏菌属(2)、葡萄球菌属(2)、德克斯氏菌属(2)
	20	9	氮单胞菌属(1)、假单胞菌属(2)、土壤单胞菌属(1)、微球菌属(1)、芽孢杆菌属(2)、土壤杆菌属(1)、纤维单胞菌属(1)
中等	4	12	氮单胞菌属(3)、假单胞菌属(2)、拜叶林克氏菌属(1)、微球菌属(1)、芽孢杆菌属(2)、德克斯氏菌属(1)、纤维单胞菌属(2)、卟啉单胞菌属(1)
	10	21	假单胞菌属(3)、固氮菌属(2)、欧文氏菌属(1)、拜叶林克氏菌属(2)、微球菌属(1)、芽孢杆菌属(5)、土壤杆菌属(1)、克雷伯氏菌属(1)、葡萄球菌属(2)、德克斯氏菌属(2)、节杆菌属(1)
	20	8	肠杆菌属(1)、微球菌属(1)、芽孢杆菌属(1)、芽孢八叠球菌属(2)、壤霉菌属(1)、黄色杆菌属(1)、明串球菌属(1)
贫瘠	4	6	假单胞菌属(2)、固氮菌属(1)、土壤单胞菌属(1)、芽孢杆菌属(1)、节杆菌属(1)
	10	5	假单胞菌属(1)、欧文氏菌属(1)、芽孢杆菌属(1)
	20	7	微球菌属(2)、芽孢杆菌属(3)、土壤杆菌属(1)、壤霉菌属(1)

近年来,越来越多的研究表明植物根系和根际微生物的生理活动对土壤性状、植物养分吸收、植物生长发育都具有明显的影响,这些微生物可促进茶树的生长,从而增加茶叶中的氨基

酸、蛋白质、咖啡因和多酚含量。采用单因素随机区组试验设计方法，研究了茶树生物菌肥、化肥和有机肥等施肥方案对茶叶产量和芽头密度、百芽重、茶多酚、咖啡碱和氨基酸含量等主要生化性状的影响，结果表明，施用生物菌肥在提高茶叶产量及茶叶中茶多酚、咖啡碱和氨基酸含量方面效果最显著。究其原因是固氮菌等菌肥可以提高茶树的光合效率和茶树根系酶活性，能分泌多种植物激素，促进作物根系生长，提高茶树对磷、氮、钾、镁、铜、钙和铁等矿质元素的吸收能力。土壤微生物还可以通过分泌蛋白类抗菌物质或非蛋白类抗菌物质来抑制病原菌生长，利用生物或非生物因子处理植物，诱导植物高表达产生一些具有抗逆活性的物质来提高植物的抗逆性。真菌中有一类可与茶树根系共生形成菌根，如泡囊丛枝菌根（VA 菌根），能在茶树根际形成大量外生菌丝，大大扩展了根系吸收面积，促进茶树水分和营养元素的吸收和利用。另外，大量外生菌丝能将土壤中不易流动的氮、锌、铜等元素和有机质转变成为茶树容易吸收的物质，以促进茶树营养物质的积累和输导。VA 菌根能使茶树对镁、铁等元素的吸收率提高 1.6～2.8 倍。

三、地形因子对茶叶品质的影响

　　纬度、海拔、坡向、坡度、地势等地形生态因子对茶树的生长发育和茶叶品质的形成具有较大影响，这些因子主要是通过对气象因子的影响，来综合地影响茶树的生长发育和茶叶品质。

（一）纬度对茶树次生代谢的影响

　　纬度主要决定着日照时数、强度、光谱、气温、降水量等气候环境变化，这些对于茶叶内含物质代谢有着非常明显的影响。纬度越高，正午阳光入射角就越小，日照强度越弱，在日照和气温作用下，大气和土壤湿度相应发生变化，直接影响土壤母质，形成不同土壤类型，在这些因子综合影响下，从而使茶树代谢类型与代谢方向不同。

　　北纬 30° 被称为"黄金产茶带"，在这个纬度上囊括了中国绝大部分的茶区。北纬 30° 以北有产'日照绿茶'的山东、产'信阳毛尖'的河南、产'雨花茶'的南京、产'西湖龙井'的杭州、产'恩施玉露'的湖北等茶区；以南则包含了浙江、广西、贵州、云南、江西、湖南、福建等茶区。中国十大名茶中，除'安溪铁观音'之外均产自这一纬度带。据研究，地球的这一纬度带地质地貌最为纷繁多样、自然生态环境较好、物种矿藏丰富。由于板块挤压，这一地区形成了包括黄山、武夷山、蒙顶山等中国著名茶山；正所谓"高山浓雾"出好茶，得天独厚的地理优势，为茶树创造了极佳的生长环境。

　　在北纬 30° 左右地带，一般来说茶叶品质会较好。按不同发酵程度的工艺技术加工的红茶、青茶和绿茶，同一茶树品种的感官品质会随着纬度的增加，绿茶品质较好，红茶品质较差。陈兴琰（1963）选择'祁门槠叶种'为南茶高纬度北引代表性品种，研究南茶高纬度北引后对茶类适制性及绿茶品质产生的影响。通过对不同纬度茶区茶鲜叶中有效成分的分析，发现除茶多酚外，其他有效成分均表现为高纬度的山东茶高于低纬度的安徽郎溪茶，尤其是水浸出物、水溶性糖和氨基酸含量明显较高。这可能与高纬度北方冬季气温较低、春季气温回升缓慢、茶树休止期较长更有利于光合产物积累有关。将南茶高纬度北引后，发现因地理纬度的变化，叶片厚度、氨基酸、水溶性糖、水浸出物和芳香物质（精油）总量等含量随纬度增大而增加，而茶多酚含量则相反，从而使在南方适宜加工红茶和绿茶的茶树品种在高纬度的北方较适宜加工绿茶，且绿茶品质具有"栗香浓郁、滋味醇厚、耐冲泡"特点（汪曙晖等，2015）。张顺高等（1994）通过对不同纬度茶树吸收太阳光能进行测定，结果表明：①总辐射，吸收能几乎随纬度的增高而提高，而吸收能占能量总投入量比率的变化与吸收能的变化趋势不一；②生理辐射，吸收能随纬度的增高而提高，而吸收能占能量总投入量比率的变化不大；③紫光辐射，吸收能以 24.7λ（λ 表示波长）处最大，但吸收能占能量总投入量的比率以 22.0°N 处最大；④蓝光辐射，吸收能随纬度的增高而提高，然而吸收能占能量投入量的比率以 24.7°N 处最大，其他纬度相差不大；⑤橙光辐射，吸收能几乎随纬度的增高而提高，除 23.5°N 处外，各纬度处吸收能占能量总投入量的比率差异不大。不同纬度产地春季茶鲜叶蒸青样有效成分比较如表 8-18 所示。

表 8-18　不同纬度产地春季茶鲜叶蒸青样有效成分比较（$n=3$）（汪曙晖等，2015）

有效成分	崂山	胶南	日照	郎溪
氨基酸/%	3.99±0.68[*]	3.95±0.16[*]	3.79±0.18[*]	2.82±0.49
茶多酚/%	20.25±0.74[**]	21.30±0.81[*]	21.43±2.17[*]	25.08±1.94
咖啡碱/%	2.70±0.28	3.09±0.24	2.67±0.20	2.67±0.18
水浸出物/%	44.27±0.65[**]	43.13±1.12[*]	40.62±4.12	38.25±0.77
水溶性糖/%	5.71±0.29[**]	4.41±0.26[**]	3.79±0.11	3.83±0.13

注：数据用平均值±标准误表示。

[*]表示与郎溪春季茶鲜叶蒸青样比较，两者差异显著（$P\leq0.05$）；[**]表示两者差异极显著（$P\leq0.01$）

（二）海拔对茶树次生代谢的影响

海拔的差异直接影响着光照、温度、湿度、土壤等生态因子，这也是造成茶树鲜叶和成品茶叶品质及其理化成分差异的重要原因。

中国重要高山名茶分布在海拔 400～1000m，生长在山区和昼夜温差大的茶区往往茶叶品质很好。海拔对茶叶品质的影响，关键是气温的影响，气温伴随海拔而改变，昼夜温差随海拔升高而增加。

方洪生等（2014）研究结果表明，随海拔上升，茶园年均气温逐渐下降：每增加 100m，年均气温平均下降 0.65℃，年平均相对湿度增加 3.65%。阮惠瑾和余会康（2019）研究周宁县茶园气候表明，气温对高、中海拔茶叶生长的影响最大，高海拔温度较低，达到茶芽萌发的生物学零度较迟，茶芽萌发较晚，相对而言物质积累时间更长；空气相对湿度大，芽叶持嫩性好；昼夜温差较大，茶叶中有机物积累多，增加了可溶性糖的含量。

茶园土壤是茶树生长和优质高产的重要前提。茶园土壤 pH、全氮、有效氮、全钾、速效钾、土壤有机质均与海拔呈显著正相关（唐颢等，2015）。已有研究表明，增施磷肥，提高茶树鲜叶中茶多酚和水浸出物含量；增施钾肥，显著提高茶叶中茶多酚、游离氨基酸等内含物。

段建真和郭素英（1991）的研究认为，安徽黄山为代表的皖茶南区海拔小于 700m，大别山区海拔低于 500m，其产量与品质都处于较好状态；谢庆梓（1996）对福建山地气候条件研究认为闽西南海拔小于 1200m，闽西北、闽北、闽东北海拔小于 950m 是适宜种茶的海拔上限。海拔过高不仅产量受到影响，而且鲜叶中氨基酸含量也会有所下降。鲜叶中香气成分也有类似表现，曾晓雄（1990）的研究结果认为，海拔 500～700m，茶叶香气相对较好（表 8-19），从表中可见，海拔 500m、700m 茶叶的香气中醇类、酯类与酮类含量比例较高，与炒青绿茶香气的分析结果相一致，即炒青绿茶香气成分的花香与酯类化合的在一定程度上左右香气的嗅觉表现及其差异。

表 8-19   不同海拔鲜叶香气成分比例（曾晓雄，1990）   （单位：%）

化合物	海拔/m				
	300	500	700	900	1000
萜烯醇	30.684	27.764	26.150	29.256	26.533
醇（非萜）	16.254	18.017	17.998	20.936	10.881
酮类	8.460	10.525	13.661	5.836	9.342
酯类	12.039	14.872	12.603	7.456	11.192
醛类	5.517	5.979	5.876	8.921	4.392
碳氢化合物	19.285	18.270	15.596	16.973	26.508

高山湿度大，降水多，降水量随海拔的增加而增多。高山云雾较多，光照短而漫射光多，光合作用形成的糖类化合物缩合困难。茶叶中纤维素不易形成，茶叶鲜叶原料在长时间内保持鲜嫩而不易老化。同时在漫射光条件下，光质中红黄色光多而蓝紫光不易透过，减少紫外线的照射，有利于叶绿素、含氮物和香气的形成。从表 8-20 中可以看出，氨基酸和咖啡碱含量均随着海拔的增加而增加，茶多酚和水浸出物含量均是海拔 600m 的茶园最高，而酚氨比与海拔呈明显的负相关（方洪生等，2014）。

表 8-20   不同海拔茶园茶叶的生化成分含量（方洪生等，2014）

海拔/m	氨基酸/%	茶多酚/%	咖啡碱/%	水浸出物/%	酚氨比
200	2.15±0.02	23.46±1.16	3.24±0.46	38.36±1.12	10.91±0.05
400	2.56±0.12	25.50±1.20	3.69±0.07	40.72±0.86	9.96±0.04
600	2.95±0.08	26.32±0.09	4.10±0.25	41.40±0.95	8.92±0.07
800	3.44±0.04	24.38±1.32	4.25±0.19	40.32±1.07	7.09±0.03

海拔越高，紫外线越强。紫外线（ultraviolet，UV）辐射根据生物效应分为 UVA、UVB、UVC，其中 UVB 是一种高能辐射，易被核酸和蛋白质等生物大分子吸收，诱发生物大分子变异，进而对地球动植物造成危害（范方媛，2020）。

作为重要的光照作用因子，UVB 辐射对茶树的生长发育及物质代谢有着非常重要的影响。茶树叶片对 UVB 辐射最为敏感，UVB 辐射诱导的茶树叶片表皮细胞中的类黄酮和花色苷等紫外吸收类物质的积累并且能够促进茶树叶片多酚积累增加（Zagoskina et al.，2003）。有研究显示，UVB 辐射对茶树叶片儿茶素的影响与 UVB 处理方式有关，低强度短时间 UVB 处理能够促进儿茶素积累，而高强度或长时间 UVB 处理则会抑制儿茶素积累（Zheng et al.，2008）。

不同种类儿茶素单体中，UVB 辐射对 EGCG、EGC 的影响程度大于其他儿茶素单体。UVB 辐射还能够通过调节 MYB、bHLH、WD40 等调控基因的表达来调控结构基因 PAL、CHI、CHS、F3H、DFR、ANS 等的表达，从而调控花青素、儿茶素的代谢途径（范方媛，2020）。

通过研究还发现，一定时间内 UVB 辐射处理茶树鲜叶能增加挥发性化合物种类，时间过长则导致香气物质种类减少，即短时间 UVB 处理能够促进茶叶香气成分释放，检测显示显著提高苯甲醇、苯乙醇等芳香醇类成分的含量。

不同海拔区间茶树鲜叶的芳香品质存在显著差异：生态环境较优的高海拔茶树芽叶中，醇类、酮类、酚类芳香物质种类更多，而杂环类、酯类芳香物质略少。以潮州市凤凰镇茶区 5 个位于不同海拔区间（300～1100m）的八仙单丛成龄茶园作为研究对象，分析比较其茶鲜叶的芳香物质种类和含量。结果表明，高海拔茶树鲜叶中的脱氢芳樟醇、(Z)-氧化芳樟醇、橙花醇、α-

萜品醇、β-紫罗兰酮、苯甲醛等的相对含量显著高于低山茶（赵和涛，1992）。

（三）坡向、坡度对茶树次生代谢的影响

1. 坡向对茶树的影响　　《云茶大典》中记载，除海拔之外，坡向也是影响茶叶氨基酸含量的一个重要因素。一般阳坡光照较强，水分较低，盖度较高，适合喜阳植物生长；阴坡光照较弱，湿度较大，适合喜阴植物和湿生植物生长，土壤腐生物质多。而茶树是喜散射光、漫射光的耐阴叶用经济作物，因此东南向和西南向的茶园，在早晨和傍晚，空气湿度高、气温较低时，受到较多的漫射光照射，这些条件都有利于茶中氨基酸的合成和积累，其中又以东南向为最佳。而正南向的茶园主要受中午前后强直射光照射，此时空气湿度低、气温较高，植株容易水分亏失，不利于茶叶品质成分的积累，在强光下茶氨酸趋向分解，氨基酸总量相对降低。

我国处在北半球，产茶区域主要分布在北回归线（23.5°N）以北地区，阳光终年由南而照。我们将偏南坡地（包括南坡、东南坡、西南坡）称为"阳坡"，将偏北坡地称为"阴坡"。阳坡（偏南坡地）获得的太阳辐射总量，都比平地上多，因此阳坡吸收的热量多，温度高；但湿度比较低，土壤较干燥。而阴坡（偏北坡地）的情况正好相反。调查证明，在春季阳坡的茶园，茶芽萌动较阴坡早 1～3d，因而春茶采摘期也相应提早；而阴坡冻害比阳坡重。因此从减轻冻害角度出发，也应选择阳坡种茶为好，在我国江北茶区更是如此。

我国南方一些产茶区，终年热量充足，南北坡都可以种茶，但一般来说阳坡茶树的生长势春、秋季优于夏季，而阴坡茶树则夏季比春、秋季的长势好。此外，地形起伏对茶树的生育和冻害影响很大。在冬季晴天的条件下，冷空气向低洼地段汇集，谷底温度低，常引起茶树冻害。但在寒潮或冷空气南下时，坡顶迎风面的温度最低，坡底的温度都相对较高，受冻的地方不是在谷底，而是在坡顶，这就是"风打山梁，霜打洼"的道理。因此在冻害严重的地区，茶树应避免在坡顶和坡脚处种植；冻害中等的地区，若在低洼处种茶，应选择耐寒性强的品种。

王莹等（2013）通过选取相近海拔的阳坡、阴坡、半阳半阴坡和林下 4 种不同光照条件，以云雾'鸟王'茶实生茶树鲜叶为研究对象，分析了各种光照条件下氨基酸含量和酶活性的影响。结果表明，在 4 种光照条件下，'鸟王'茶鲜叶氨基酸含量均以 4 月、10 月最高，3 月、6 月最低，且阳坡＞半阴半阳＞林下＞阴坡。'鸟王'茶鲜叶的氨基酸和酶含量分析结果（表 8-21）表明，阴坡的鲜叶氨基酸含量显著低于其他处理，阳坡、林下、半阳半阴坡处理之间差异不显著，鲜叶的氨基酸含量大小顺序为阳坡＞半阴半阳＞林下＞阴坡。王莹等（2011）以栽培在贵定县云雾镇的云雾贡茶实生苗为试验对象，选取相近海拔的阳坡、阴坡、林下和半阴半阳坡 4 种不同的光照条件进行研究，测定云雾贡茶在不同光照条件下游离氨基酸的含量。研究结果得出，氨基酸含量大小顺序为阳坡＞半阴半阳＞林下＞阴坡。

表 8-21　不同光照处理'鸟王'茶鲜叶氨基酸和酶含量（活性）（王莹等，2013）

处理	氨基酸/%	MDA/（μmol/g）	SOD/［U/（g·min）］	CAT/［U/（g·min）］	POD/［U/（g·min）］
阳坡	2.99a	1.00a	318a	7.89a	80.1a
阴坡	1.41b	0.99a	198a	11.2a	39.5b
林下	2.92a	1.09a	276a	9.86ab	60.4ab
半阴半阳	2.74a	0.94a	312a	12.3a	54.6ab

注：不同字母表示差异显著

2. 坡度对茶树的影响　　坡度大小对温度变化和接受太阳辐射量有一定的影响。如同为阳坡，10°坡的直接太阳辐射量为平地的 116%，20°坡为 130%，30°坡为 150%。坡度不同，在接受热量方面差异也较大。但随着坡度加大，土壤含水量减少，冲刷程度则越大，对茶树不利影响也越明显。所以选择地形时，一般要求 30°坡以下的山地或丘陵地。坡度太陡（30°坡以上），在建园时不仅费工夫，对今后茶园管理也不利，不宜栽植茶树。而'云南大叶种'稍有不同，适宜生长在 2200m 以下的海拔，坡度不超过 45°宜种茶，通风透光且阳光不直射。

3. 坡度、坡向对土壤的影响   此外，坡度和坡向对茶园土壤有机质空间分布、有机质的腐殖化和矿化过程也有影响，从而影响其存在形态、含量及空间分布等。黄平等（2009）通过空间叠置分析，探讨了坡度、坡向对低山茶园土壤有机质空间变异的影响。结果表明，在 15°～35°的坡度区域，土壤有机质含量较高。而坡向对土壤有机质的空间分布影响不如坡度明显。

阳坡可接受更多的太阳辐射，以加快土壤有机质循环速度，而阴坡处于微地形条件下的寡日照部位，有机质循环周期相对较长，致使土壤有机质空间分布差异较大。

土壤有机质是植物养分的重要源泉，是土壤肥力的重要指标。表土中 80%以上的氮、20%～80%的磷，湿润带表土中 70%～95%的硫都存在于有机质中。土壤有机质是一种疏松多孔物质，故能增强土壤团聚体的数量和稳定性，增强通气透水性和持水力，提高土壤吸附力和保肥力。土壤有机质可提高对酸碱的缓冲力。有机质是微生物的主要营养和能量来源，因而可促进微生物活性，有利于土壤理化性质改良。

赵虎等（2020）通过将茶苗种植于不同种植年限的土壤中，分析了土壤对茶树氮素效率、氮素吸收效率、氮素生理利用率和氮素经济效率的影响。研究结果表明，随着土壤年限的增加，茶树根际土壤的氨基酸含量与氮素效率、氮素吸收效率、氮素生理利用率、氮素经济效率呈显著或极显著负相关。氮素效率、氮素吸收效率、氮素生理利用率、氮素经济效率之间则呈极显著正相关。

（四）地势对茶树次生代谢的影响

地势是指地表形态起伏的高低与险峻的态势。包括地表形态的绝对高度和相对高差或坡度的陡缓程度。地势的陡峭起伏、坡度的缓急等，不但会形成小气候的变化而且对水土的流失与积聚都有影响，因此可直接或间接地影响到茶树的生长和分布。不同地势造就了茶树生长环境海拔、土壤水热差异和坡向的不同，茶树生长环境在一定程度上也是随着环境和气候的变化而呈动态变化。

坡度通常分为 6 级，即平坦地<50°，缓坡为 60°～150°，中坡为 160°～250°，陡坡为 260°～350°，急坡为 360°～450°，险坡为 450°以上。在坡面上水流的速度与坡度及坡长成正比，而流速越大、径流量越大时，冲刷掉的土壤量也越多。地势低的地方气温比较高，地势高的地方气温比较低；高大山地面迎冷空气的一侧，冬季气温很低。高大山地面迎暖湿空气的一侧，降水比较丰富，背风一侧降水较少。高海拔地区气压低，空气稀薄。低海拔地区气压高，地势引起的气压差异，会形成热力环流，影响当地气候。

地势不同，茶叶的品质不同。高山茶比低山茶好。高山地区日夜温差大，白昼光合作用强，有机物积累多、消耗少，同时，高山茶园有着良好的小气候环境，终年云雾缭绕，相对湿度大，土层深厚，排水良好，有机质丰富，有利于品质的提高。坡地与谷地、山腰与山顶、山南与山北等，茶叶品质也有差异。不同方位的山坡地的降雨量、日照和风力的影响也不同，因而，就影响到不同方位斜坡上的土壤结构、冲刷量和气温。一般应选择避风、云雾较多的向南山坡种茶为好。我国绿茶品质较好的产区，多分布在海拔 500m 上下的山地。据研究，茶氨酸在一定范围内随海拔的提高而增加（曾华聪和池仰坤，2015）。

主要参考文献

曹潘荣, 刘克斌, 刘春燕, 等. 2006. 适度低温胁迫诱导岭头单枞香气形成的研究. 茶叶科学, 2: 136～140.

陈建姣, 吕智栋, 刘婕, 等. 2022. 遮阳及复光下茶树新梢主要碳氮代谢物动态变化. 南方农业学报, 53 (2): 314～323.

陈勤操, 戴伟东, 蔺志远, 等. 2019. 代谢组学解析遮阴对茶叶主要品质成分的影响. 中国农业科学, 52 (6): 1066～1077.

陈兴琰. 1963. 茶树南种北移与北种南迁. 中国农业科学, 4 (9): 37～40.

段建真, 郭素英. 1991. 丘陵地区茶树生态的研究. 生态学杂志, 10 (6): 19～23.

范方媛. 2020. 紫外辐射对茶树生理代谢的影响及防控策略. 中国茶叶, 42 (6): 1～4, 9.

方洪生, 周迎春, 苏有健. 2014. 海拔高度对茶园环境及茶叶品质的影响. 安徽农业科学, 42 (20): 6573～6575.

韩冬. 2016. 高温对龙井 43 叶片光合特性、抗氧化酶活性和内在品质的影响. 南京: 南京信息工程大学硕士学位论文.

韩官运, 邓先保, 蒋诚, 等. 2007. 植物铝毒害的产生及防治研究进展. 福建林业科技, (2): 174～179.

洪永峰, 周游游, 郑洲. 2010. 河南省固始县茶区气候资源分析. 市场论坛, (8): 53～54, 31.

黄平, 李廷轩, 张佳宝, 等. 2009. 坡度和坡向对低山茶园土壤有机质空间变异的影响. 土壤, 41 (2): 264～268.

蒋跃林, 张庆国, 张仕定. 2006. 大气 CO_2 浓度对茶叶品质的影响. 茶叶科学, (4): 299～304.

蒋宗孝, 林森知, 魏荣源, 等. 2004. 三明市茶树气候条件分析及气候区划. 气象科技, (S1): 87～90.

李杰, 马立峰, Jóska Gerendás, 等. 2006. 硫营养对绿茶产量和品质的影响. 茶叶科学, (3): 177～180.

李伟伟. 2013. 茶树酰基转移相关的 SCPL1 和 SCPL2 基因克隆与表达分析. 合肥: 安徽农业大学硕士学位论文.

梁远发, 田永辉, 王国华, 等. 2003. 乌江流域茶园土壤理化性状对茶叶品质影响的研究. 中国农学通报, (3): 44～46.

刘健伟. 2016. 基于组学技术研究氮素对于茶树碳氮代谢及主要品质成分生物合成的影响. 北京: 中国农业科学院博士学位论文.

刘美雅, 伊晓云, 石元值, 等. 2015. 茶园土壤性状及茶树营养元素吸收、转运机制研究进展. 茶叶科学, 35 (2): 110～120.

刘亚军, 王培强, 蒋晓岚, 等. 2022. 茶树单体和聚合态儿茶素生物合成的研究进展. 茶叶科学, 42 (1): 1～17.

闫怡清, 金晶, 胡美娟, 等. 2022. 光信号对茶树叶片类黄酮合成调节机制的研究进展. 中国茶叶, 44 (7): 16～22.

潘根生, 吴伯千, 沈生荣, 等. 1996. 水分胁迫过程中茶树新梢内源激素水平的消长及其与耐旱性的关系. 中国农业科学, (5): 10～16.

潘根生, 小西茂毅. 1995. 供铝条件下氮对茶苗生长发育的影响. 浙江农业大学学报, (5): 461～464.

潘建义, 洪苏婷, 张友炯, 等. 2016. 茶树体内硫的分布特征及施硫对茶叶产量和品质影响研究. 茶叶科学, 36 (6): 575～586.

彭福元, 刘继尧, 张亚莲, 等. 1999. 湖南传统名优茶产地土壤特性的调查研究 II——土壤营养状况. 茶叶通讯, (1): 2～6.

任红楼, 肖斌, 余有本, 等. 2009. 生物有机肥对春茶的肥效研究. 西北农林科技大学学报: 自然科学版,

37（9）：105～109，116.

任明强，赵宾，赵国宣，等. 2010. 不同叶位新梢绿茶的品质及其影响因素探讨. 贵州农业科学，38（12）：
　　77～79.

阮惠瑾，余会康. 2019. 周宁县高、中海拔茶叶生长气候分析. 浙江农业科学，60（10）：1788～1790.

阮建云，吴洵. 2003. 钾、镁营养供给对茶叶品质和产量的影响. 茶叶科学，23（增）：21～26.

山本万里，切田雅信，佐见学. 2007. 编码甲基化儿茶素生物合成酶的基因：CN101061222A. 2005-11-14.

苏有健，廖万有，丁勇，等. 2011. 不同氮营养水平对茶叶产量和品质的影响. 植物营养与肥料学报，
　　17（6）：1430～1436.

孙海新，刘训理. 2004. 茶树根际微生物研究. 生态学报，（7）：1353～1357.

孙平，章国营，向萍，等. 2018. 茶树中莽草酸途径 *DHD/SDH* 基因的表达调控. 应用与环境生物学报，
　　24（2）：6.

孙有丰. 2007. 土壤湿度和气温对茶树生长影响的研究. 合肥：安徽农业大学硕士学位论文.

谭梦，向萍，朱秋芳，等. 2021. 空气湿度调控不同味觉特征的茶树氨基酸含量研究. 广东茶业，（2）：
　　20～26.

唐颢，唐劲驰，操君喜，等. 2015. 凤凰单丛茶品质的海拔区间差异分析. 中国农学通报，31（34）：143～151.

唐颢，唐劲驰，黎健龙. 2008. 高温干旱季节茶园覆盖遮荫的综合效应研究. 广东农业科学，（8）：26～29.

田野，王梦馨，王金和，等. 2015. 茶鲜叶可溶性糖和氨基酸含量与低温的相关性. 茶叶科学，35（6）：
　　567～573.

田永辉，梁远发，令狐昌弟，等. 2005. 冻害、冰雹对茶树生理生化的影响. 山地农业生物学报，24（2）：
　　135～137.

田永辉，梁远发，魏杰，等. 2000. 茶园土壤物理性状对茶叶品质的影响研究. 蚕桑茶叶通讯，（3）：14～16.

宛晓春. 2003. 茶叶生物化学. 北京：中国农业出版社.

宛晓春，夏涛. 2015. 茶树次生代谢. 北京：科学出版社.

万青，徐仁扣，黎星辉. 2013. 氮素形态对茶树根系释放质子的影响. 土壤学报，50（4）：720～725.

汪曙晖，汪东风，李晓东，等. 2015. 南茶高纬度北引对茶叶品质的影响. 食品安全质量检测学报，（4）：
　　1314～1322.

王加真，金星，熊云梅，等. 2020. 红蓝 LED 光照强度对茶树生长及生物化学成分的影响. 分子植物育
　　种，18（5）：1656～1660.

王润泽，马三梅，王永飞. 2016. 品质因子及生态因子对凤凰单枞茶品质影响的研究进展. 生态科学，
　　35（4）：210～214.

王文钊. 2017. 茶树儿茶素生物合成相关结构基因的鉴定、调控及 *CHI* 基因的功能验证. 合肥：安徽农业
　　大学博士学位论文.

王莹，贺红早，任春光，等. 2013. 不同光照水平对云雾'鸟王'茶氨基酸及酶的影响. 广东农业科学，
　　40（13）：32～33，49.

王莹，罗国坤，孙超. 2011. 光照对贵定云雾贡茶酶和氨基酸含量年变化规律研究. 吉林农业：学术版，
　　（5）：138～139.

吴淑平. 2011. 茶树营养生长与生殖生长的关系及调控方法. 中国园艺文摘，27（5）：182～183.

夏涛. 2016. 制茶学. 3 版. 北京：中国农业出版社.

肖伟祥. 1982. 茶氨酸与茶红素的组成研究. 贵州茶叶，（1）：32～34.

谢凤，孙威江，邓婷婷. 2019. 茶树表没食子儿茶素-3-*O*-（3-*O*-甲基）没食子酸酯研究进展. 天然产物研
　　究与开发，31：1291～1297.

谢庆梓. 1996. 福建省高海拔山地气候特点及开发茶叶的战略措施. 中国茶叶, (3): 12~14.

徐亚婷. 2016. 水分胁迫下茶树抗性机理的研究. 南京: 南京农业大学硕士学位论文.

闫振, 王登良, 王瑾, 等. 2011. 真菌侵染引发的茶树内源糖苷酶基因差异表达. 植物学报, 46 (5): 552~559.

杨菲, 李蓓蓓, 何辰宇. 2017. 高温干旱对茶树生长和品质影响机理的研究进展. 江苏农业科学, 45 (3): 10~13, 40.

杨亚军, 郑雷英, 王新超. 2005. 低温对茶树叶片膜脂脂肪酸和蛋白质的影响. 亚热带植物科学, (1): 5~9.

杨跃华, 庄雪岚, 胡海波. 1987. 土壤水分对茶树生理机能的影响. 茶叶科学, (1): 23~28.

叶创兴, 林永成, 苏建业, 等. 1999. 苦茶 Camellia assamica var. kucha Chang et Wang 的嘌呤生物碱. 中山大学学报, 38 (5): 82~86.

俞少娟, 王婷婷, 陈寿松, 等. 2016. 光对茶树生产与茶叶品质影响及其应用研究进展. 福建茶叶, (5): 3.

岳婕, 李丹, 杨春, 等. 2010. 不同茶树品种氨基酸组分及含量分析. 湖南农业科学, 12: 141~143.

曾华聪, 池仰坤. 2015. 生态条件对茶叶品质的影响. 东南园艺, (5): 28~30.

曾晓雄. 1990. 不同海拔鲜叶香气成分的研究. 茶叶, 16 (2): 34~37.

张贱根, 胡启开. 2007. 茶叶中儿茶素类物质含量的影响因素. 蚕桑茶叶通讯, (5): 26~28.

张兰, 魏吉鹏, 沈晨, 等. 2018. 秋茶光合作用与品质成分变化的分析. 茶叶科学, 38 (3): 271~280.

张顺高, 钟铃声, 单勇, 等. 1994. 云南茶区不同纬度和海拔高度太阳光谱的考察与研究. 中国茶叶, (6): 2~4.

张文锦. 1992. 鲜叶氮磷钾含量与乌龙茶品质关系的研究. 福建茶叶, 16 (3): 16~19.

张湘生, 彭继光, 龙承先, 等. 2012. 特早生高氨基酸优质绿茶茶树新品种保靖黄金茶 1 号选育研究. 茶叶通讯, 39 (3): 11~16.

张泽岑, 王能彬. 2002. 光质对茶树花青素含量的影响. 四川农业大学学报, (4): 337~339, 382.

赵和涛. 1992. 茶园生态环境对红茶芳香化学物质及品质影响. 生态学杂志, (5): 61~63, 67.

赵虎, 王海斌, 陈晓婷, 等. 2020. 茶树根际土壤氮素组成及其吸收利用效率分析. 中国农业科技导报, 22 (7): 148~154.

郑挺盛, 张凌云. 2007. 不同采摘季节对重发酵单枞茶香气品质影响研究. 现代食品科技, 23 (2): 11~15.

周琳, 徐辉, 朱旭君, 等. 2014. 脱落酸对干旱胁迫下茶树生理特性的影响. 茶叶科学, 34 (5): 473~480.

周志, 刘扬, 张黎明, 等. 2019. 武夷茶区茶园土壤养分状况及其对茶叶品质成分的影响. 中国农业科学, 52 (8): 1425~1434.

Ahammed G J, Li X, Liu A, et al. 2020. Physiological and defense responses of tea plants to elevated CO_2: A review. Frontiers in Plant Science, 11: 305.

Ahmad M Z, Li P, She G, et al. 2020. Genome-wide analysis of serine carboxypeptidase-like acyltransferase gene family for evolution and characterization of enzymes involved in the biosynthesis of galloylated catechins in the tea plant (Camellia sinensis). Frontiers in Plant Science, 11: 848.

Alborn H T, Hansen T V, Jones T H, et al. 2007. Disulfooxy fatty acids from the American bird grasshopper Schistocerca americana, elicitors of plant volatiles. Proceedings of the National Academy of Sciences, 104(32): 12976~12981.

Arimura G, Kopke S, Kunert M, et al. 2008. Effects of feeding Spodoptera littoralis on lima bean leaves: Ⅳ. Diurnal and nocturnal damage differentially initiate plant volatile emission. Plant Physiology, 146(3): 965~973.

Ashihara H. 1993. Purine metabolism and the biosynthesis of caffeine in mate leaves. Phytochemistry, 33(6):

1427～1430.

Ashihara H. 2006. Metabolism of alkaloids in coffee plants. Brazilian Journal of Plant Physiology, 18(1): 1～8.

Ashihara H, Crozier A. 1999. Biosynthesis and catabolism of caffeine in low-caffeine-containing species of coffea. Journal of Agricultural and Food Chemistry, 47: 3425～3431.

Ashihara H, Crozier A. 2001. Caffeine: A well known but little mentioned compound in plant science. Trends in Plant Science, 6: 407～413.

Ashihara H, Crozier A, Komamine A. 2011. Plant metabolism and Biotechnology. Wiltshire: Wiley.

Ashihara H, Gillies F M, Crozier A. 1997. Metabolism of caffeine and related purine alkaloids in leaves of tea (*Camellia sinensis* L.). Plant Cell Physiology, 38(4): 413～419.

Ashihara H, Kato M, Ye C. 1998. Biosynthesis and metabolism of purine alkaloids in leaves of cocoa tea (*Camellia ptilophylla*). Journal of Plant Research, 111: 599～604.

Ashihara H, Mizuno K, Yokota T, et al. 2017. Xanthine alkaloids: Occurrence, biosynthesis, and function in plants. Progress in the Chemistry of Organic Natural Products, 105: 1～88.

Ashihara H, Monteiro A M, Moritz T, et al. 1996. Catabolism of caffeine and related purine alkaloids in leaves of *Coffea arabica* L. Planta, 198: 334～339.

Ashihara H, Sano H, Crozier A. 2008. Caffeine and related purine alkaloids: Biosynthesis, catabolism, function and genetic engineering. Phytochemistry, 69(4): 841～856.

Bai P, Wei K, Wang L, et al. 2019. Identification of a novel gene encoding the specialized alanine decarboxylase in tea (*Camellia sinensis*) plants. Molecules, 24(3): 540.

Bonaventure G, Van Doorn A, Baldwin I T. 2011. Herbivore-associated elicitors: FAC signaling and metabolism. Trends in Plant Science, 16(6): 294～299.

Cai X, Sun X, Dong W, et al. 2014. Herbivore species, infestation time, and herbivore density affect induced volatiles in tea plants. Chemoecology, 24(1): 1～14.

Chakraborty U, Chakraborty N. 2005. Impact of environmental factors on infestation of tea leaves by *Helopeltis theivora*, and associated changes in flavonoid flavor components and enzyme activities. Phytoparasitica, 33(1): 88～96.

Chapin III F S, Schulze E D, Mooney H A. 1990. The ecology and economics of storage in plants. Annual Review of Ecology and Systematics, 21(1): 423～447.

Chen G, Yang C, Lee S J, et al. 2014. Catechin content and the degree of its galloylation in oolong tea are inversely correlated with cultivation altitude. Journal of Food and Drug Analysis, 22(3): 303～309.

Chen J, Wu S, Dong F, et al. 2021b. Mechanism underlying the shading-induced chlorophyll accumulation in tea leaves. Frontiers in Plant Science, 12: 779819.

Chen L, Wan X, Zhang Z, et al. 2008. Distribution of catechins, purine alkaloids and free amino acids in tea seedlings. Journal of Tea Science, 28(1): 43～49.

Chen Y, Fu X, Mei X, et al. 2017. Proteolysis of chloroplast proteins is responsible for accumulation of free amino acids in dark-treated tea (*Camellia sinensis*) leaves. Journal of Proteomics, 157: 10～17.

Chen Z, Lin S, Li J, et al. 2021a. Theanine improves salt stress tolerance *via* modulating redox homeostasis in tea plants (*Camellia sinensis* L). Frontiers in Plant Science, 12: 770398.

Cheng H, Wu W, Liu X, et al. 2022. Transcription factor CsWRKY40 regulates L-theanine hydrolysis by activating the CsPDX2. 1 promoter in tea leaves during withering. Horticulture Research, 9: uhac025.

Cheng S, Fu X, Wang X, et al. 2017. Studies on the biochemical formation pathway of the amino acid L-theanine in tea (*Camellia sinensis*) and other plants. Journal of Agricultural and Food Chemistry, 65(33): 7210～7216.

Cho J Y, Mizutani M, Shimizu B I, et al. 2007. Chemical profiling and gene expression profiling during the manufacturing process of Taiwan oolong tea 'Oriental Beauty'. Bioscience, Biotechnology, and Biochemistry, 71(6): 1476～1486.

Dai X, Liu Y, Zhuang J, et al. 2020. Discovery and characterization of tannase genes in plants: Roles in hydrolysis of tannins. New Phytologist, 226(4): 1104～1116.

Deng W, Ashihara H. 2010. Profiles of purine metabolism in leaves and roots of *Camellia sinensis* seedlings. Plant Cell Physiology, 51(12): 2105～2118.

Deng W, Ogita S, Ashihara H. 2009. Ethylamine content and theanine biosynthesis in different organs of *Camellia sinensis* seedlings. Zeitschrift für Naturforschung C, 64(5-6): 387～390.

Deng W, Wang S, Chen Q, et al. 2012. Effect of salt treatment on theanine biosynthesis in *Camellia sinensis* seedlings. Plant Physiology and Biochemistry, 56: 35～40.

Dong C, Li F, Yang T, et al. 2020. Theanine transporters identified in tea plants (*Camellia sinensis* L). Plant Journal, 101(1): 57～70.

Dong F, Fu X, Watanabe N, et al. 2016. Recent advances in the emission and functions of plant vegetative volatiles. Molecules, 21(2): 124.

Dong S, Luo Y, Wu J, et al. 2000. Effect on shading and organic fertilizer on the alcoholic aroma production in summer tea leaves (in Chinese). Journal of Tea Science, 20(2): 133～136.

Fan K, Fan D, Ding Z, et al. 2015. Cs-miR156 is involved in the nitrogen form regulation of catechins accumulation in tea plant (*Camellia sinensis* L). Plant Physiology and Biochemistry, 97: 350～360.

Fu X, Chen Y, Mei X, et al. 2015. Regulation of formation of volatile compounds of tea (*Camellia sinensis*) leaves by single light wavelength. Scientific Reports, 5(1): 16858.

Fu X, Cheng S, Liao Y, et al. 2020. Characterization of I-theanine hydrolase *in vitro* and subcellular distribution of its specific product ethylamine in tea (*Camellia sinensis*). Journal of Agricultural and Food Chemistry, 68(39): 10842～10851.

Fu X, Liao Y, Cheng S, et al. 2021. Nonaqueous fractionation and overexpression of fluorescent-tagged enzymes reveals the subcellular sites of L-theanine biosynthesis in tea. Plant Biotechnology Journal, 19(1): 98～108.

Fujimori N, Ashihara H. 1990. Adenine metabolism and the synthesis of purine alkaloids in flowers of *Camellia* plants. Phytochemistry, 29(11): 3513～3516.

Fujimori N, Suzuki T, Ashihara H. 1991. Seasonal variations in biosynthetic capacity for the synthesis of caffeine in tea leaves. Phytochemistry, 30(7): 2245～2248.

Gonthier D J, Witter J D, Spongberg A L, et al. 2011. Effect of nitrogen fertilization on caffeine production in coffee (*Coffea arabica*). Chemoecology, 21: 123～130.

Guo J, Zhu B, Chen Y, et al. 2022. Potential 'accelerator' and 'brake' regulation of theanine biosynthesis in tea plant (*Camellia sinensis*). Horticulture Research, 9: uhac169.

Guo L, Gao L, Ma X, et al. 2019. Functional analysis of flavonoid 3'-hydroxylase and flavonoid 3',5'-hydroxylases from tea plant (*Camellia sinensis*), involved in the B-ring hydroxylation of flavonoids. Gene, 717: 144046.

Han W, Huang J, Li X, et al. 2017b. Altitudinal effects on the quality of green tea in east China: A climate change perspective. European Food Research and Technology, 243(2): 323～330.

Han Y, Huang K, Liu Y, et al. 2017a. Functional analysis of two flavanone-3-hydroxylase genes from *Camellia sinensis*: A critical role in flavonoid accumulation. Gene, 8(11): 300.

Hewavitharanage H, Karunaratne S, Kumar N S. 2000. Effect of caffeine on shot-hole borer beetle (*Xyleborus fornicatus*) of tea (*Camellia sinensis*). Phytochemistry, 51: 35~41.

Hollingsworth R G, Armstrong J W, Campbell E. 2002. Caffeine as a repellent for slugs and snails. Nature, 417(6892): 915~916.

Hong G, Wang J, Zhang Y, et al. 2014. Biosynthesis of catechin components is differentially regulated in dark-treated tea (*Camellia sinensis* L). Plant Physiology and Biochemistry, 78: 49~52.

Huang H, Yao Q, Xia E, et al. 2018. Metabolomics and transcriptomics analyses reveal nitrogen influences on the accumulation of flavonoids and amino acids in young shoots of tea plant (*Camellia sinensis* L.) associated with tea flavor. Journal of Agricultural and Food Chemistry, 66(37): 9828~9838.

Huang K, Li M, Liu Y, et al. 2019. Functional analysis of 3-dehydroquinate dehydratase/shikimate dehydrogenases involved in shikimate pathway in *Camellia sinensis*. Frontiers in Plant Science, 10: 1268.

Huang W, Lin M, Liao J, et al. 2022b. Effects of potassium deficiency on the growth of tea (*Camelia sinensis*) and strategies for optimizing potassiumlevels in soil: A critical review. Horticulturae, 8(7): 660.

Huang X, Tang Q, Li Q, et al. 2022a. Integrative analysis of transcriptome and metabolome reveals the mechanism of foliar application of *Bacillus amyloliquefaciens* to improve summer tea quality (*Camellia sinensis*). Plant Physiology and Biochemistry, 185: 302~313.

Huang X, Yu S, Chen S, et al. 2022c. Complementary transcriptomic and metabolomics analysis reveal the molecular mechanisms of EGCG3″Me biosynthesis in *Camellia sinensis*. Scientia Horticulturae, 304: 111340.

Huang Z, Cui C, Cao Y, et al. 2022d. Tea plant-legume intercropping simultaneously improves soil fertility and tea quality by changing *Bacillus* species composition. Horticulture Research, 9: uhac046.

Jeyaraj A, Elango T, Yu Y, et al. 2021. Impact of exogenous caffeine on regulatory networks of microRNAs in response to *Colletotrichum gloeosporioides* in tea plant. Scientia Horticulturae, 279: 109914.

Ji H, Lee Y R, Lee M S, et al. 2018. Diverse metabolite variations in tea (*Camellia sinensis* L.) leaves grown under various shade conditions revisited: A metabolomics study. Journal of Agricultural and Food Chemistry, 66(8): 1889~1897.

Jiang X, Huang K, Zheng G, et al. 2018. CsMYB5a and CsMYB5e from *Camellia sinensis* differentially regulate anthocyanin and proanthocyanidin biosynthesis. Plant Science, 270: 209~220.

Jiang X, Shi Y, Fu Z, et al. 2020. Functional characterization of three flavonol synthase genes from *Camellia sinensis*: Roles in flavonol accumulation. Plant Science, 300: 110632.

Jin J, Chai Y, Liu Y, et al. 2018. Hongyacha, a naturally caffeine-free tea plant from Fujian, China. Journal of Agricultural and Food Chemistry, 66(43): 11311~11319.

Jin J, Lv Y, He W, et al. 2021. Screening the key region of sunlight regulating the flavonoid profiles of young shoots in tea plants (*Camellia sinensis* L.) based on a field experiment. Molecules, 26(23): 7158.

Jin J, Yao M, Ma L, et al. 2016. Association mapping of caffeine content with *TCS1* in tea plant and its related species. Plant Physiology & Biochemistry, 105: 251~259.

Jin L, Bhuiya M W, Li M, et al. 2014. Metabolic engineering of *Saccharomyces cerevisiae* for caffeine and theobromine production. PLoS One, 9: e105368.

Jodra P, Lago R A, Sanchez O A J, et al. 2020. Effects of caffeine supple mentation on physical performance and mood dimensions in elite and trained-recreational athletes. Journal of the International Society of Sports Nutrition, 17: 2.

Kato M, Kanehara T, Shimizu H, et al. 1996. Caffeine biosynthesis in young leaves of *Camellia sinensis in vitro* studies on *N*-methyltransferase activity involved in the conversion of xanthosine to caffeine. Physiologia Plantarum, 98: 629~636.

Kato M, Mizuno K. 2004. Caffeine synthase and related methyltransferases in plants. Frontiers in Bioscience-Landmark, 9: 1833~1842.

Kato M, Mizuno K, Crozier A, et al. 2000. Caffeine synthase gene from tea leaves. Nature, 406(6799): 956~957.

Kato M. 2001. Biochemistry and molecular biology in caffeine biosynthesis-Molecular cloning and gene expression of caffeine synthase. Culture and Science, 2: 21~24.

Kim Y S, Choi Y E, Sano H. 2014. Plant vaccination: Stimulation of defense system by caffeine production in planta. Plant Signaling and Behavior, 5: 489~493.

Kim Y S, Lim S, Kang K K, et al. 2011. Resistance against beet armyworms and cotton aphids in caffeine-producing transgenic chrysanthemum. Plant Biotechnology, 28: 393~395.

Kim Y S, Sano H. 2008. Pathogen resistance of transgenic tobacco plants producing caffeine. Phytochemistry, 69: 882~888.

Kirita M, Honma D, Tanaka Y, et al. 2010. Cloning of a novel *O*-methyltransferase from *Camellia sinensis* and synthesis of *O*-methylated EGCG and evaluation of their bioactivity. Journal of Agricultural and Food Chemistry, 58(12): 7196~7201.

Koshiishi C, Ito E, Kato A, et al. 2000. Purine alkaloid biosynthesis in young leaves of *Camellia sinensis* in light and darkness. Journal of Plant Research, 113: 217~221.

Kumar N S, Hewavitharanage P, Adikaram N K B. 1995. Attack on tea by *Xyleborus fornicatus*: Inhibition of the symbiote, *Monacrosporium ambrosium*, by caffeine. Phytochemistry, 40: 1113~1116.

Li C, Yao M, Ma C, et al. 2015. Differential metabolic profiles during the albescent stages of 'Anji Baicha' (*Camellia sinensis*). PLoS One, 10: 9996.

Li F, Li H, Dong C, et al. 2020a. Theanine transporters are involved in nitrogen deficiency response in tea plant (*Camellia sinensis* L). Plant Signaling & Behavior, 15(3): 1728109.

Li J, Li Q, Zhang X, et al. 2021. Exploring the effects of magnesium deficiency on the quality constituents of hydroponic-cultivated tea (*Camellia sinensis* L.) leaves. Journal of Agricultural and Food Chemistry, 69(47): 14278~14286.

Li L, Li T, Jiang Y, et al. 2020b. Alteration of local and systemic amino acids metabolism for the inducible defense in tea plant (*Camellia sinensis*) in response to leaf herbivory by *Ectropis oblique*. Archives of Biochemistry and Biophysics, 683: 108301.

Li M, Guo L, Wang Y, et al. 2022a. Molecular and biochemical characterization of two 4-coumarate: CoA ligase genes in tea plant (*Camellia sinensis*). Plant Molecular Biology, 109: 579~593.

Li P, Fu J, Xu Y, et al. 2022b. CsMYB1 integrates the regulation of trichome development and catechins biosynthesis in tea plant domestication. New Phytologist, 234(3): 902~917.

Li X, Ahammed G J, Li Z, et al. 2016, Brassinosteroids improve quality of summer tea (*Camellia sinensis* L.) by balancing biosynthesis of polyphenols and amino acids. Frontiers in Plant Science, 7: 1304.

Li X, Li M, Deng W, et al. 2020c. Exogenous melatonin improves tea quality under moderate high temperatures by increasing epigallocatechin-3-gallate and theanine biosynthesis in *Camellia sinensis* L. Journal of Plant Physiology, 253: 153273.

Li X, Wei J, Ahammed G J, et al. 2018. Brassinosteroids attenuate moderate high temperature-caused decline in tea quality by enhancing theanine biosynthesis in *Camellia sinensis* L. Frontiers in Plant Science, 9: 1016.

Li X, Zhang L, Ahammed G J, et al. 2017. Stimulation in primary and secondary metabolism by elevated carbon dioxide alters green tea quality in *Camellia sinensis* L. Scientific Reports, 7(1): 7937.

Li X, Zhang L, Ahammed G J, et al. 2019. Salicylic acid acts upstream of nitric oxide in elevated carbon dioxideinduced flavonoid biosynthesis in tea plant (*Camellia sinensis* L.). Environmental and Experimental Botany, 161: 367～374.

Li Y, Jeyaraj A, Yu H, et al. 2020d. Metabolic regulation profiling of carbon and nitrogen in tea plants [*Camellia sinensis* (L.) O. Kuntze] in response to shading. Journal of Agricultural and Food Chemistry, 68(4): 961～974.

Liao Y, Fu X, Zhou H, et al. 2019a. Visualized analysis of within-tissue spatial distribution of specialized metabolites in tea (*Camellia sinensis*) using desorption electrospray ionization imaging mass spectrometry. Food Chemistry, 292: 204～210.

Liao Y, Yu Z, Liu X, et al. 2019b. Effect of major tea insect attack on formation of quality-related nonvolatile specialized metabolites in tea (*Camellia sinensis*) leaves. Journal of Agricultural and Food Chemistry, 67(24): 6716～6724.

Liao Y, Zhou X, Zeng L. 2022. How does tea (*Camellia sinensis*) produce specialized metabolites which determine its unique quality and function: A review. Critical Reviews in Food Science and Nutrition, 62(14): 3751～3767.

Lin S, Chen Z, Chen T, et al. 2023. Theanine metabolism and transport in tea plants (*Camellia sinensis* L.): Advances and perspectives. Critical Reviews in Biotechnology, 43(3): 327～341.

Lin Z, Zhong Q, Cheng C, et al. 2012. Effects of potassium deficiency on chlorophyll fluorescence in leaves of tea seedlings. Plant Nutrition and Fertilizer Science, 18(4): 974～980.

Liu L, Li Y, She G, et al. 2018. Metabolite profiling and transcriptomic analyses reveal an essential role of UVR8-mediated signal transduction pathway in regulating flavonoid biosynthesis in tea plants (*Camellia sinensis*) in response to shading. BMC Plant Biology, 18(1): 1～18.

Liu M, Burgos A, Ma L, et al. 2017a. Lipidomics analysis unravels the effect of nitrogen fertilization on lipid metabolism in tea plant (*Camellia sinensis* L). BMC Plant Biology, 17(1): 165, 1468.

Liu Y, Gao L, Liu L, et al. 2012. Purification and characterization of a novel galloyltransferase involved in catechin galloylation in the tea plant (*Camellia sinensis*). Journal of Biological Chemistry, 287(53): 44406～44417.

Liu Y, Gao L, Xia T, et al. 2009. Investigation of the site-specific accumulation of catechins in the tea plant [*Camellia sinensis* (L.) O. Kuntze] *via* Vanillin-HCl staining. Journal of Agricultural and Food Chemistry, 57(21): 10371～10376.

Liu Z, Wu Z, Li H, et al. 2017b. L-Theanine content and related gene expression: Novel insights into theanine biosynthesis and hydrolysis among different tea plant (*Camellia sinensis* L.) tissues and cultivars. Frontiers in Plant Science, 8: 498.

Luo Y, Yu S, Li J, et al. 2018. Molecular characterization of WRKY transcription factors that act as negative regulators of *O*-methylated catechin biosynthesis in tea plants (*Camellia sinensis* L.). Journal of Agricultural and Food Chemistry, 66: 11234～11243.

Luo Y, Yu S, Li J, et al. 2019. Characterization of the transcriptional regulator CsbHLH62 that negatively regulates EGCG3"Me biosynthesis in *Camellia sinensis*. Gene, 699: 8～15.

Lv Z, Zhang C, Shao C, et al. 2021. Research progress on the response of tea catechins to drought stress. Journal of the Science of Food and Agriculture, 101(13): 5305～5313.

Ma W, Kang X, Liu P, et al. 2022. The NAC-like transcription factor CsNAC7 positively regulates the caffeine biosynthesis-related gene yhNMT1 in *Camellia sinensis*. Horticulture Research, 9: uhab046.

Maffei M E, Mithofer A, Boland W. 2007. Before gene expression: Early events in plant–insect interaction. Trends in Plant Science, 12(7): 310~316.

Mizuno K, Kato M, Irino F, et al. 2003. The first committed stepreaction of caffeine biosynthesis: 7-methylxanthosine synthase is closely homologous to caffeine synthases in coffee (*Coffea arabica* L.). FEBS Letters, 547: 56~60.

Mohanpuria P, Kumar V, Joshi R, et al. 2009. Caffeine biosynthesis and degradation in tea [*Camellia sinensis* (L.) O. Kuntze] is under developmental and seasonal regulation. Molecular Biotechnology, 43: 104~111.

Nagata T, Sakai S. 1986. Differences in caffeine, flavanols and amino acids contents in leaves of cultivated species of *Camellia*. Japanese Journal of Breed, 34(4): 459~467.

Nathanson J A. 1984. Caffeine and related methylxanthines: Possible naturally occurring pesticides. Science, 226: 184~187.

Negishi O, Ozawa T, Imagawa H. 1985. Conversion of xanthosine into caffeine in tea plants. Agricultural and Biological Chemistry, 49: 251~253.

Ogino K, Taniguchi F Y, Yoshida K, et al. 2019. A new DNA marker CafLess-TCS1 for selection of caffeine-less tea plants. Breeding Science, 69(3): 393~400.

Okada Y, Ozeki M, Shu M, et al. 2006. Theanine synthetase: Japanese Patent JP. 2006-254780A.

Pang Y, Peel G J, Sharma S B, et al. 2008. A transcript profiling approach reveals an epicatechin-specific glucosyltransferase expressed in the seed coat of *Medicago truncatula*. Proceedings of the National Academy of Sciences, 105(37): 14210~14215.

Pokharel S S, Zhong Y, Changning L, et al. 2022. Influence of reduced N-fertilizer application on foliar chemicals and functional qualities of tea plants under *Toxoptera aurantii* infestation. BMC Plant Biology, 22(1): 1~19.

Pompelli M F, Pompelli G M, de Oliveira A F M, et al. 2013. The effect of light and nitrogen availability on the caffeine, theophylline and allantoin contents in the leaves of *Coffea arabica* L. AIMS Environmental Science, 1: 1~11.

Pugnaire F I, Valladares F. 2007. Functional Plant Ecology. New York: CRC press.

Ren T, Zheng P, Zhang K, et al. 2021. Effects of GABA on the polyphenol accumulation and antioxidant activities in tea plants (*Camellia sinensis* L.) under heat-stress conditions. Plant Physiology and Biochemistry, 159: 363~371.

Roberts E A, Myers M. 1959. The phenolic substances of manufactured tea: Ⅳ. Enzymic oxidations of individual substrates. Journal of the Science of Food and Agriculture, 10: 167~172.

Ruan H, Shi X, Gao L, et al. 2022. Functional analysis of the dihydroflavonol 4-reductase family of *Camellia sinensis*: Exploiting key amino acids to reconstruct reduction activity. Horticulture Research, 9: uhac098.

Ruan J, Gerendás J, Härdter R, et al. 2007. Effect of nitrogen form and root-zone pH on growth and nitrogen uptake of tea (*Camellia sinensis*) plants. Annals of Botany, 99(2): 301~310.

Ruan J, Ma L, Yang Y. 2012. Magnesium nutrition on accumulation and transport of amino acids in tea plants. Journal of the Science of Food and Agriculture, 92(7): 1375~1383.

Ruan L, Wei K, Wang L, et al. 2016. Characteristics of NH_4^+ and NO_3^- fluxes in tea (*Camellia sinensis*) roots measured by scanning ion-selective electrode technique. Scientific Reports, 6(1): 1~8.

Ruan L, Wei K, Wang L, et al. 2019. Characteristics of free amino acids (the quality chemical components of tea) under spatial heterogeneity of different nitrogen forms in tea (*Camellia sinensis*) plants. Molecules, 24(3): 415.

Saijo R. 1982. Isolation and chemical structures of two new catechins from fresh tea leaf. Agricultural and Biological Chemistry, 46(7): 1969~1970.

Saijo R. 1983. Pathway of gallic acid biosynthesis and its esterification with catechins in young tea shoots. Agricultural and Biological Chemistry, 47(3): 455~460.

Sano M, Suzuki M, Miyase T, et al. 1999. Novel antiallergic catechin derivatives isolated from oolong tea. Journal of Agricultural and Food Chemistry, 47(5): 1906~1910.

Schmelz E A, Carroll M J, Clere S, et al. 2006. Fragments of ATP synthase mediate plant perception of insect attack. Proceedings of the National Academy of Sciences, 103(23): 8894~8899.

Schulthess B H, Morath P, Baumann T W. 1996. Caffeine biosynthesis starts with the metabolically channelled formation of 7-methyl-XMP-a new hypothesis. Phytochemistry, 41(1): 169~175.

Shao C, Jiao H, Chen J, et al. 2022. Carbon and nitrogen metabolism are jointly regulated during shading in roots and leaves of *Camellia sinensis*. Frontiers in Plant Science, 13: 894840.

Sharma V, Joshi R, Gulati A. 2011. Seasonal clonal variations and effects of stresses on quality chemicals and prephenate dehydratase enzyme activity in tea (*Camellia sinensis*). European Food Research and Technology, 232(2): 307~317.

She G, Yu S, Li Z, et al. 2022. Characterization of CsTSI in the biosynthesis of theanine in tea plants (*Camellia sinensis*). Journal of Agricultural and Food Chemistry, 70(3): 826~836.

Shi C, Yang H, Wei C, et al. 2011. Deep sequencing of the *Camellia sinensis* transcriptome revealed candidate genes for major metabolic pathways of tea-specific compounds. BMC Genomics, 12(1): 1~19.

Su H, Zhang X, He Y, et al. 2020. Transcriptomic analysis reveals the molecular adaptation of three major secondary metabolic pathways to multiple macronutrient starvation in tea (*Camellia sinensis*). Genes, 11(3): 241.

Sun B, Zhu Z, Cao P, et al. 2016. Purple foliage coloration in tea (*Camellia sinensis* L.) arises from activation of the R2R3-MYB transcription factor CsAN1. Scientific Reports, 6: 32534.

Sun J, Chang M, Li H, et al. 2019b. Endophytic bacteria as contributors to theanine production in *Camellia sinensis*. Journal of Agricultural and Food Chemistry, 67(38): 10685~10693.

Sun L, Liu Y, Wu L, et al. 2019a. Comprehensive analysis revealed the close relationship between N/P/K status and secondary metabolites in tea leaves. Acs Omega, 4(1): 176~184.

Sun P, Cheng C, Lin Y, et al. 2017. Combined small RNA and degradome sequencing reveals complex microRNA regulation of catechin biosynthesis in tea (*Camellia sinensis*). PLoS One, 12(2): e0171173.

Sun P, Zhang Z, Zhu Q, et al. 2018. Identification of miRNAs and target genes regulating catechin biosynthesis in tea (*Camellia sinensis*). Journal of Integrative Agriculture, 01717: 1154~1164.

Suzuki T, Takahashi E. 1975a. Biosynthesis of caffeine by tea-leaf extracts. Biochemical Journal, 146: 87~96.

Suzuki T, Takahashi E. 1975b. Metabolism of xanthine and hypoxanthine in the tea plant (*Thea sinenesis* L). Biochemical Journal, 1(46): 79~85.

Suzuki T, Waller G R. 1985. Purine alkaloids of fruits of *Camellia sinensis* L. and *Coffea arabica* L. during fruit development. Annals of Botany, 56: 537~542.

Takeo T. 1974. L-Alanine as a precursor of ethylamine in *Camellia sinensis*. Phytochemistry, 13(8): 1401~1406.

Teng J, Yan C, Zeng W, et al. 2019. Purification and characterization of theobromine synthase in a theobromine-enriched wild tea plant (*Camellia gymnogyna* Chang) from Dayao Mountain, China. Food Chemistry, 12: 125875.

Uefuji H, Tatsumi Y, Morimoto M, et al. 2005. Caffeine production in tobacco plants by simultaneous expression of three coffee N-methyltrasferases and its potential as a pest repellant. Plant Molecular Biology, 59(2): 221.

Unno K, Sumiyoshi A, Konishi T, et al. 2020. Theanine, the main amino acid in tea, prevents stress-induced brain atrophy by modifying early stress responses. Nutrients, 12(1): 174.

Wang J, Li X, Wu Y, et al. 2022c. HS-SPME/GC-MS reveals the season effects on volatile compounds of green tea in high-latitude region. Foods (Basel, Switzerland), 11(19): 3016.

Wang L, Di T, Peng J, et al. 2022a. Comparative metabolomic analysis reveals the involvement of catechins in adaptation mechanism to cold stress in tea plant (*Camellia sinensis*). Environmental and Experimental Botany, 201: 104978.

Wang P, Liu Y, Zhang L, et al. 2020b. Functional demonstration of plant flavonoid carbocations proposed to be involved in the biosynthesis of proanthocyanidins. Plant Journal, 101: 18～36.

Wang P, Zhang L, Jiang X, et al. 2018. Evolutionary and functional characterization of leucoanthocyanidin reductases from *Camellia sinensis*. Planta, 247: 139～154.

Wang P, Zheng Y, Guo Y, et al. 2019a. Identification, expression, and putative target gene analysis of nuclear factor-Y (NF-Y) transcription factors in tea plant (*Camellia sinensis*). Planta, 250(5): 1671～1686.

Wang Q, Wu Y, Peng A, et al. 2022b. Single-cell transcriptome atlas reveals developmental trajectories and a novel metabolic pathway of catechin esters in tea leaves. Plant Biotechnology Journal, 20: 2089～2106.

Wang S, Liu S, Liu L, et al. 2020a. MiR477 targets the phenylalanine ammonia-lyase gene and enhances the susceptibility of the tea plant (*Camellia sinensis*) to disease during *Pseudopestalotiopsis* species infection. Planta, 251: 59.

Wang W, Xin H, Wang M, et al. 2016a. Transcriptomic analysis reveals the molecular mechanisms of drought-stress-induced decreases in *Camellia sinensis* leaf quality. Frontiers in Plant Science, 7: 385.

Wang X, Zeng L, Liao Y, et al. 2019b. Formation of α-farnesene in tea (*Camellia sinensis*) leaves induced by herbivore-derived wounding and its effect on neighboring tea plants. International Journal of Molecular Sciences, 20(17): 4151.

Wang Y, Gao L, Shan Y, et al. 2012. Influence of shade on flavonoid biosynthesis in tea [*Camellia sinensis* (L.) O. Kuntze]. Scientia Horticulturae, 141: 7～16.

Wang Y, Qian W, Li N, et al. 2016c. Metabolic changes of caffeine in tea plant [*Camellia sinensis* (L.) O. Kuntze] as defense response to *Colletotrichum fructicola*. Journal of Agricultural and Food Chemistry, 64(35): 6685～6693.

Wang Y, Tang L, Hou Y, et al. 2016b. Differential transcriptome analysis of leaves of tea plant (*Camellia sinensis*) provides comprehensive insights into the defense responses to *Ectropis oblique* attack using RNA-Seq. Functional and Integrative Genomics, 16(4): 383～398.

Wang Y, Xu Y, Gao L, et al. 2014. Functional analysis of flavonoid 3′,5′-hydroxylase from tea plant (*Camellia sinensis*): Critical role in the accumulation of catechins. BMC Plant Biology, 14: 347.

Wei C, Yang H, Wang S, et al. 2018. Draft genome sequence of *Camellia sinensis* var. *sinensis* provides insights into the evolution of the tea genome and tea quality. Proceedings of the National Academy of Sciences, 115(18): 4151～4158.

Wei K, Wang L, Zhang Y, et al. 2019a. A coupled role for CsMYB75 and CsGSTF1 in anthocyanin hyperaccumulation in purple tea. Plant Journal, 97(5): 825～840.

Wei K, Wang L, Zhou J, et al. 2011. Catechin contents in tea (*Camellia sinensis*) as affected by cultivar and environment and their relation to chlorophyll contents. Food Chemistry, 125(1): 44～48.

Wei W, Bi Y, Pu W, et al. 2019b. Enantiomeric trimethylallantoin monomers, dimers, and trimethyltriuret: Evidence for an alternative catabolic pathway of caffeine in tea plant. American Chemical Society, 21: 5147～5151.

Wen B, Luo Y, Liu D, et al. 2020. The R2R3-MYB transcription factor CsMYB73 negatively regulates lL-Theanine theanine biosynthesis in tea plants (*Camellia sinensis* L). Plant Science, 298: 110546.

Wu J, Hettenhausen C, Meldau S, et al. 2007. Herbivory rapidly activates MAPK signaling in attacked and unattacked leaf regions but not between leaves of *Nicotiana attenuate*. The Plant Cell, 19(3): 1096～1122.

Wu Y, Wang W, Li Y, et al. 2017. Six phenylalanine ammonia-lyases from *Camellia sinensis*: Evolution, expression, and kinetics. Plant Physiology and Biochemistry, 118: 413～421.

Xia J, Liu Y, Yao S, et al. 2017. Characterization and expression profiling of *Camellia sinensis* cinnamate 4-hydroxylase genes in phenylpropanoid pathways. Gene, 8(8): 193.

Xiang P, Wilson I W, Huang J, et al. 2021. Co-regulation of catechins biosynthesis responses to temperature changes by shoot growth and catechin related gene expression in tea plants (*Camellia sinensis* L). The Journal of Horticultural Science and Biotechnology, 96(2): 228～238.

Xie H, Wang Y, Ding Y, et al. 2019. Global ubiquitome profiling revealed the roles of ubiquitinated proteins in metabolic pathways of tea leaves in responding to drought stress. Scientific Reports, 9(1): 4286.

Yamamoto S, Wakayama M, Tachiki T. 2006. Cloning and expression of *Pseudomonas taetrolens* Y-30 gene encoding glutamine synthetase: An enzyme available for theanine production by coupled fermentation with energy transfer. Bioscience, Biotechnology, and Biochemistry, 70(2): 500～507.

Yang T, Xie Y, Lu X, et al. 2021. Shading promoted theanine biosynthesis in the roots and allocation in the shoots of the tea plant (*Camellia sinensis* L.) cultivar Shuchazao. Journal of Agricultural and Food Chemistry, 69(16): 4795～4803.

Yang Y, Wang F, Wan Q, et al. 2018. Transcriptome analysis using RNA-Seq revealed the effects of nitrogen form on major secondary metabolite biosynthesis in tea (*Camellia sinensis*) plants. Acta Physiologiae Plantarum, 40: 1～17.

Yang Z, Baldermann S, Watanabe N. 2013. Recent studies of the volatile compounds in tea. Food Research International, 53(2): 585～599.

Yang Z, Kobayashi E, Katsuno T, et al. 2012. Characterisation of volatile and non-volatile metabolites in etiolated leaves of tea (*Camellia sinensis*) plants in the dark. Food Chemistry, 135(4): 2268～2276.

Yao S, Liu Y, Zhuang J, et al. 2022. Insights into acylation mechanisms: Co-expression of serine carboxypeptidase-like acyltransferases and their non-catalytic companion paralogs. Plant Journal, 111(1): 117～133.

Yu S, Li P, Zhao X, et al. 2021. CsTCPs regulate shoot tip development and catechin biosynthesis in tea plant (*Camellia sinensis*). Horticulture Research, 8(1): 21.

Zagoskina N V, Dubravina G A, Alyavina A K, et al. 2003. Effect of ultraviolet (UV-B) radiation on the formation and localization of phenolic compounds in tea plant callus cultures. Russian Journal of Plant Physiology, 50(2): 270～275.

Zhang C, Wang M, Chen J, et al. 2020d. Survival strategies based on the hydraulic vulnerability segmentation hypothesis, for the tea plant [*Camellia sinensis* (L.) O. Kuntze] in long-term drought stress condition. Plant Physiology and Biochemistry, 156: 484～493.

Zhang G, Yang J, Cui D, et al. 2020a. Genome-wide analysis and metabolic profiling unveil the role of peroxidase CsGPX3 in theaflavin production in black tea processing. Food Research International, 137: 109677.

Zhang G, Yang J, Cui D, et al. 2020b. Transcriptome and metabolic profiling unveiled roles of peroxidases in theaflavin production in black tea processing and determination of tea processing suitability. Journal of Agricultural and Food Chemistry, 68: 3528～3538.

Zhang X, He Y, He W, et al. 2019. Structural and functional insights into the LBD family involved in abiotic stress and flavonoid synthases in *Camellia sinensis*. Scientific Reports, 9(1): 15651.

Zhang X, Wang J, Zheng J, et al. 2020c. Design of artificial climate chamber for screening tea seedlings' optimal light formulations. Computers and Electronics in Agriculture, 174: 105451.

Zhang Y, Li P, She G, et al. 2021. Molecular basis of the distinct metabolic features in shoot tips and roots of tea plants (*Camellia sinensis*): Characterization of MYB regulator for root theanine synthesis. Journal of Agricultural and Food Chemistry, 69(11): 3415~3429.

Zhang Y, Li Y, Wang Y, et al. 2020e. Identification and characterization of *N9*-methyltransferase involved in converting caffeine into non-stimulatory theacrine in tea. Nature Communication, 11: 1~8.

Zhang Y, Lv H, Ma C, et al. 2015. Cloning of a caffeoyl-coenzyme A *O*-methyltransferase from *Camellia sinensis* and analysis of its catalytic activity. Journal of Zhejiang University-Science B, 16(2): 103~112.

Zhao S, Mi X, Guo R, et al. 2020. The biosynthesis of main taste compounds is coordinately regulated by miRNAs and phytohormones in tea plant (*Camellia sinensis*). Journal of Agricultural and Food Chemistry, 68(22): 6221~6236.

Zhao X, Zeng X, Lin N, et al. 2021. CsbZIP1-CsMYB12 mediates the production of bitter-tasting flavonols in tea plants (*Camellia sinensis*) through a coordinated activator-repressor network. Horticulture Research, 8(1): 1495~1512.

Zheng C, Ma J, Ma C, et al. 2019. Regulation of growth and flavonoid formation of tea plants (*Camellia sinensis*) by blue and green light. Journal of Agricultural and Food Chemistry, 67(8): 2408~2419.

Zheng X, Jin J, Chen H, et al. 2008. Effect of ultraviolet B irradiation on accumulation of catechins in tea [*Camellia sinensis* (L) O. Kuntze]. African Journal of Biotechnology, 7(18): 3283~3287.

Zhou C, Tian C, Zhu C, et al. 2022a. Hidden players in the regulation of secondary metabolism in tea plant: Focus on non-coding RNAs. Beverage Plant Research, 2(1): 1~12.

Zhou Z, Chang N, Lv Y, et al. 2022b. K-solubilizing bacteria (*Bacillus*) promote theanine synthesis in tea roots (*Camellia sinensis*) by activating CsTSI activity. Tree Physiology, 42(8): 1613~1627.

Zhu B, Chen L, Lu M, et al. 2019. Caffeine content and related gene expression: Novel insight into caffeine metabolism in *Camellia* plants containing low, normal and high caffeine concentrations. Journal of Agrurital and Food Chemistry, 67(12): 3400~3411.

Zhu B, Guo J, Dong C, et al. 2021. CsAlaDC and CsTSI work coordinately to determine theanine biosynthesis in tea plants (*Camellia sinensis* L.) and confer high levels of theanine accumulation in a non-tea plant. Plant Biotechnology Journal, 19(12): 2395~2397.

Zhu J, Xu Q, Zhao S, et al. 2020. Comprehensive co-expression analysis provides novel insights into temporal variation of flavonoids in fresh leaves of the tea plant (*Camellia sinensis*). Plant Science, 290: 110306.

Zhuang J, Dai X, Zhu M, et al. 2020. Evaluation of astringent taste of green tea through mass spectrometry-based targeted metabolic profiling of polyphenols. Food Chemistry, 305: 125507.

Zrenner R, Stitt M, Sonnewald U, et al. 2006. Pyrimidine and purine biosynthesis and degradation in plants. Annual Review of Plant Biology, 57: 805~836.